非线性随机波动方程

梁　飞　刘　杰　著

中国矿业大学出版社
· 徐州 ·

内 容 提 要

近几十年来，在流体力学、等离子体物理、非线性光学以及分子生物学等领域，逐渐形成了更符合实际的、具有不同于确定性系统的新模型——随机偏微分方程，无论从理论角度还是应用角度，对其进行深入的研究都具有重要的现实意义。而其中一类重要的随机偏微分方程是随机波动方程，主要描述自然界中各种波动现象，包括横波和纵波，其理论、方法和应用遍及物理学、光学、力学、化学、数学和通信等许多学科分支。

本书从应用数学角度出发，对几类非线性随机波动方程解的性质进行研究，主要考虑解的存在唯一性、局部解的爆破性、不变测度等。

图书在版编目（ＣＩＰ）数据

非线性随机波动方程/梁飞,刘杰著. —徐州：
中国矿业大学出版社，2020.1
ISBN 978 - 7 - 5646 - 4091 - 0

Ⅰ. ①非… Ⅱ. ①梁… ②刘… Ⅲ. ①非线性方程－
随机方程－波动方程－研究 Ⅳ. ①O175.27

中国版本图书馆 CIP 数据核字(2018)第 184455 号

书　　名	非线性随机波动方程
著　　者	梁　飞　刘　杰
责任编辑	张　岩
出版发行	中国矿业大学出版社有限责任公司
	（江苏省徐州市解放南路　邮编 221008）
营销热线	(0516)83884103　83885105
出版服务	(0516)83995789　83884920
网　　址	http://www.cumtp.com　E-mail:cumtpvip@cumtp.com
印　　刷	江苏凤凰数码印务有限公司
开　　本	787 mm×1092 mm　1/16　**印张** 14　**字数** 349 千字
版次印次	2020 年 1 月第 1 版　2020 年 1 月第 1 次印刷
定　　价	38.00 元

（图书出现印装质量问题，本社负责调换）

前　言

偏微分方程是反映未知变量偏导数之间的制约关系的等式。许多领域中的数学模型都可以用偏微分方程来描述，很多物理、力学等学科的重要的基本方程本身就是偏微分方程。经典偏微分方程在过去几个世纪为人类认识自然规律、改造自然提供了有力的科学工具，如在人口问题、传染病原理和金融学中的应用等。但是随着科学的发展和对自然现象规律的进一步认识，原有经典偏微分方程已不能很好地解释自然界中的一些偶发随机现象和小概率事件。

得益于伊藤(Itō)随机分析思想以及由此发展的随机微分方程理论的帮助，人们对于自然界无处不在的随机现象有了更加深刻的理解。由于随机偏微分方程能够很好地描述自然界中千变万化的各种自然现象，因此被广泛应用于系统科学、工程控制、物理学、生物学和金融经济等领域。特别是近20年来，随机非线性偏微分方程的研究得到蓬勃发展，不少数学家均得出了一系列很有价值的研究成果。

近几年来，笔者及合作者对三类典型的随机波动方程(非线性波动方程、黏弹性波动方程和梁方程)解的性质做了系统研究，并且得到了一些有意义的成果，本书对这些研究成果进行了全面介绍。主要内容包括非线性波动方程的局部或整体适定性理论、研究方法，以及解的爆破性质等，全书共分6章。

第1章介绍了随机偏微分方程发展的背景及研究意义；第2章介绍了研究随机偏微分方程理论所需要的预备知识，包括索伯列夫(Sobolev)空间基本理论、算子半群以及无穷维随机积分的基本概念和性质；第3章主要介绍了加法噪声驱动下带有线性阻尼或非线性阻尼的非线性波动方程和黏弹性波动方程解的存在性、爆破性及非线性指数的竞争关系；第4章介绍了乘法噪声驱动下带有线性阻尼或非线性阻尼的梁方程和黏弹性波动方程解的局部存在性、爆破性及整体存在性；第5章主要介绍了莱维(Lévy)过程驱动下随机梁方程和随机黏弹性波动方程的不变测度，有限传播速度等；第6章介绍了维纳(Wiener)过程和带补偿泊松(Poisson)随机测度驱动下随机波动方程解的渐近性及稳定性。

本书可作为综合性大学或师范院校数学系偏微分方程专业研究生和青年学者的研究参考书。希望本书的出版能够对随机偏微分方程这一领域感兴趣的读者有所帮助，相信读者在阅读完本书的大部分内容之后，能快速了解该领域中的最新研究成果，为尽快进入国际前沿打好基础，从而促进我国在这一领域的研究得到更好的发展。

本书第3、第5、第6章由梁飞执笔，第1、第2和第4章由刘杰执笔。在本书的编写过程中，南京师范大学高洪俊教授和耶拿弗里德里希·席勒大学的B. Schmalfuss教授曾经提出过许多宝贵的意见，研究生陈郁丛、乔焕和李敏对本书进行了认真校阅，对此我们表示衷心的感谢。感谢国家自然科学基金(11501442)、陕西省自然科学基金(2019JM-283)、西安科技大学优秀青年科技基金和西安科技大学研究生“数学物理方程”慕课建设项目所给予的支持。由于作者水平有限，书中难免存在一些缺点和疏漏，敬请广大读者批评指正。

作　者

2018年12月

目　录

第1章　绪　　论

1.1　研究背景与意义

现代科学技术的发展很大程度依赖于物理学、化学、数学、生物学及工程技术等学科的发展，而这些学科自身的不断精确化，则是取得发展的重要保证. 学科的精确化往往是通过建立数学模型来实现的，而在建立数学模型过程中提出大量的非线性问题，其中许多是关于非线性偏微分方程方面的，这些问题的解决将从根本上影响和改变整个科学体系，对科学技术的发展产生推动作用，同时也对数学自身的发展有重要影响.

偏微分方程主要借助于未知函数及其导数来刻画客观世界物理量的一般变化规律. 人类对它的研究已经有将近 300 年的历史. 最初的研究工作主要集中在物理、力学、几何学等方面的具体问题，其典型代表是波动方程、热传导方程和位势方程(调和方程). 通过对这些问题的研究，形成了至今仍然使用的有效方法. 例如，分离变量法、傅里叶(Fourier)变换法等. 早期的偏微分方程研究的特点基本上是针对某一个方程来进行的，研究方法和研究结果都难以得到广泛应用.

现实中，科学家在用数学手段解决实际问题时，往往舍弃"次要因素"，根据"主要因素"建立确定性模型，并希望据此预测真实情况. 然而实际情况却总不能如人所愿，甚至对某些问题用确定的手法根本无法建立合适的数学模型，即使建立模型也会丢掉许多重要的信息. 例如，大气科学、流体力学、化学反应中的许多问题在维数、时间和空间的不同尺度间分离很大，而且由于系统内部自激产生大量"噪声"，外部也会有许多不可预知的因素影响着实际的系统. 偏微分方程和常微分方程用来描述现实世界现象的发展规律. 特殊的方程是对某一类特定现象的具体描述，在描述过程中总有一些被认为是次要的因素不得不被忽略，那么这种忽略是否合理？也就是说，被忽略的因素是否会影响方程解的性质？一个可行的方法是加入小的随机项，考虑当随机项趋于零时，方程渐近不变性质，如果这些性质是稳定的，那么可以认为当初的忽略是合理的，确定性分析是可靠的.

此外，近几十年来，在流体力学、等离子体物理、非线性光学以及分子生物学等许多领域，科学家考虑非线性波在随机介质、外压力湍流和白色噪声扰动中传播，形成了更符合实际的、具有不同于确定性系统的新现象和新特征. 这要求对确定性方程引入"噪声"或"激发力"来弥补确定性方程中所忽略的微观部分,也即是把这些问题用随机偏微分方程(stochastic partial differential equations,SPDEs)描述. 实际上,尽管引入的这些随机噪声比较小,但对于非线性随机噪声,可产生重要的影响,甚至在一定情况下起决定作用. 一个明显的例子就是流体力学模型中微观尺度(分子)的动力行为遵从统计力学和热力学原理. 这些本质随机的微观尺度的运动对宏观尺度的累计影响产生确定的动力行为. 在系统中如果湍流处于统计平衡态则它们对宏观系统的影响用确定函数逼近是合适的. 但是若处于非平衡态,比如统计力学系统中微观和宏观之间有无穷多个分离的尺度,湍流的影响就不能用确定的函数来描述,引入随机因素是合适而且必然的[1-2]. 这个思想类似柯尔莫戈洛夫(Kolmogorov)对湍流的研究. 另外一个例子就是,无线电信号在大气中传输时必然会受一些杂乱不确定的无用信号影响,这都可以被刻画为随机因素. 值得注意的是,外界的随机干扰并不总是起消极破坏的作用,一定条件下它对系统建立"有序性"起十分积极的创造性作用,而且人们也在利用随机因素来控制系统. 比如耗散系统中增大噪声的强度引起系统的相变使之趋向于平衡态[3-4]. 由此可见,深入研究随机偏微分方程具有重要的现实意义.

从理论角度上说,20 世纪 70 年代以前,没有一般的框架用来研究随机偏微分方程. 之后,通过把随机偏微分方程转化为希尔伯特(Hilbert)空间或巴拿赫(Banach)空间的随机发展方程或随机常微分方程,随机偏微分方程理论开始稳步发展. 例如,Walsh[5]对随机偏微分方程的基本理论给出了一个概括性的介绍. 他首先给出鞅测度的定义,并利用其定义鞅测度下的积分,从而给出随机偏微分方程解的定义. Prato 和 Zabczyk[6]在 Hilbert 空间利用半群对发展方程作了比较详尽的总结,并对几类不同类型的方程研究解的存在唯一性及遍历性质. 相对于确定性的偏微分方程,随机偏微分方程起源于研究数学物理中的实际模型,需要更多有关函数空间中发展方程的理论,同时它也是随机分析的一个重要分支. 最近随机偏微分方程理论研究引起越来越多人的重视,在定性理论研究上取得了很大的发展并应用到很多重要的学科,如湍流理论的研究[1-2]. 但作为一个新兴的学科,随机偏微分方程的许多理论有待发展.

因此,无论从理论角度还是从应用角度,研究随机偏微分方程都有重要意义. 而其中一类重要的随机偏微分方程是随机波动方程,主要描述自然界中各种波动现象,包括横波和纵波,其理论、方法和应用遍及物理学、光学、力学、化学、数学和通信等许多学科分支. 著名的光的波粒二象性、湍流、超导、电磁波等都与其密切相关. 对于非线性随机波动方程的研究,主要考虑解的存在唯一性、不变测度、随机吸引子和解的爆破性等. 可见解的存在唯一性和爆破性是两个重要的主题. 对解的存在唯一性,原有的关于确定性方程解存在性的证明方法,基本上不再适用,必须建立更为细致、更加复杂的新的估计. 而解的爆破性,也就是解是否在有限时间内成为无穷,对于确定性方程已被广泛研究,但对于随机情形,这方面的研究不是很多,目前尚处于初级和创新阶段.

本书从应用数学角度出发,考虑三类具有广泛应用背景的非线性随机波动方程解的存在唯一性、爆破性和不变测度等,即考虑非线性随机黏弹性波动方程、带有非线性阻尼的随机波动方程和非线性随机梁方程.

1.2 研究现状及主要工作

目前关于上述三类方程确定性的情形已经被广泛研究,但对于随机的情形的研究还不是很多.本节我们就这三类方程分别给出其研究现状及本书所做的工作.

1.2.1 黏弹性波动方程

黏弹性波动方程

$$\begin{cases} u_{tt}-\Delta u+\int_0^t g(t-\tau)\Delta u(\tau)\mathrm{d}\tau=0, & x\in D,t>0,\\ u(x,t)=0, & x\in\partial D,t>0,\\ u(x,0)=u_0(x),u_t(x,0)=u_1(x), & x\in D,\end{cases} \tag{1.2.1}$$

用来描述由弹性材料(非记忆项)和黏性材料(记忆项)混合而成的模型中物质微粒 x 在时间 t 的位置 $u(x,t)$.众所周知,黏弹性物质具有自然的阻尼,由于这个特殊性,而使得这些物质保留原有的性质,具体的物理意义可参阅文献[7-10].问题(1.2.1)解的渐近性行为已经被广泛研究[11-16].例如,在文献[13-14]中,作者证明 g 的指数退化是 u 指数退化的充分条件.Appleby 等[11]进一步获得 g 的指数退化也是 u 指数退化的必要条件.如果方程(1.2.1)具有阻尼项,Fabrizio 等[17]也证明了 g 的指数退化性是 u 指数退化的必要条件.另外,方程(1.2.1)也可以应用到带有记忆项的热传导理论中[18-22].由此可见,由于方程(1.2.1)在自然科学中的广泛应用,研究它解的性质具有重要意义.这个问题也被另外一些学者广泛研究,主要关注解的存在性、爆破性及渐近性等.Cavalcanti 等[23]考虑下面方程

$$u_{tt}-\Delta u+\int_0^t g(t-\tau)\Delta u(\tau)\mathrm{d}\tau+a(x)u_t+|u|^{\gamma}u=0,D\times(0,\infty). \tag{1.2.2}$$

假设在 $D_1\subset D$ 上 $a(x)\geqslant a_0>0$,这里 D_1 满足某些几何限制,且

$$-\xi_1 g(t)\leqslant g'(t)\leqslant -\xi_2 g(t),t\geqslant 0,$$

他们给出了解的指数退化率.Cavalcanti 和 Oquendo[24],Berrimi 和 Messaoudi[25]后来精确了这个结果,在他们的工作中,Cavalcanti 和 Oquendo 考虑这种情形关于内部耗散项仅作用于 D 的一部分,而黏弹性耗散作用于另一部分.对 g 加适当的条件,他们获得了解的指数退化和多项式退化;而 Berrimi 和 Messaoudi 考虑内部耗散项是非线性的情形,他们也证明内部耗散项是强的充分的可确保系统的稳定性,并证明解能量的指数退化性.假设 g 满足

$$g'(t)\leqslant -\xi g(t),t\geqslant 0,$$

在文献[25]中,Berrimi 和 Messaoudi 考虑问题(1.2.2),建立解的局部存在性结果.并对 g 附加适当的条件和取适当的初值,证明该解关于能量是全局存在的.进一步,他们还展示解

的能量退化是指数的还是多项式的关键依赖 g 的退化率.

对于确定的黏弹性波动方程解的爆破性,Messaoudi[26]考虑方程

$$u_{tt}-\Delta u+\int_0^t g(t-\tau)\Delta u(\tau)\mathrm{d}\tau+|u_t|^{m-2}u_t=|u|^{p-2}u,D\times(0,\infty),\qquad(1.2.3)$$

并证明:如果 $p>m\geqslant 2$ 且初始能量是负的,方程(1.2.3)的解有限时刻爆破;如果 $2\leqslant p\leqslant m$,方程(1.2.3)的解全局存在. Messaoudi[27]后来将上述爆破结果推广到初始能量取正的情形. Wu[28]用不同的方法也获得一个相似的爆破结果. 对于问题(1.2.3)在整个空间 $\mathbf{R}^n$ 上,Kafini 和 Messaoudi[29]考虑 $m=2$ 的情形. 对 g 附加适当的条件和取适当的初值,他们证明解在有限时刻爆破关于负的初始能量. Song 等[30]考虑方程(1.2.3)关于非线性阻尼为强阻尼 $-\Delta u_t$ 的情形,并利用 Payne 和 Sattinger[31]引入的方法证明方程(1.2.3)的解关于正的初始能量在有限时刻爆破. Wang[32]考虑式(1.2.3)关于 $m=2$ 的情形,获得一个充分条件使得方程(1.2.3)的解关于任意正的初始能量在有限时刻爆破. 这个爆破结果精确了文献[26-27]中的结果.

对于随机黏弹性波动方程目前研究得不多,Wei 和 Jiang 考虑一个可加噪声的随机黏弹性波动方程

$$u_{tt}-\Delta u+\int_0^t g(t-\tau)\Delta u(\tau)\mathrm{d}\tau+u_t=|u|^p u+\sqrt{Q}\mathrm{d}W(t,x).\qquad(1.2.4)$$

对于这个方程,如果利用处理非线性随机波动方程的方法处理,这个记忆项不仅会增加能量不等式估计的困难,而且温和解的存在性也不能再利用简单的半群知识获得. 因此,Wei 和 Jiang 采取预解算子定义解的方法获得上述问题解的存在唯一性及均方意义下解的能量泛函的指数退化估计[33].

考虑了方程(1.2.4)关于乘法噪声的情形,即考虑方程

$$u_{tt}-\Delta u+\int_0^t g(t-\tau)\Delta u(\tau)\mathrm{d}\tau++\mu u_t=k\ |u|^p u+\varepsilon\sigma(u,\nabla u,x,t)\partial_t W(t,x)$$

局部温和解的存在唯一性和爆破性. 我们将利用确定性方程使用预解算子定义解的方法并把它推广到随机方程的情形,再通过迭代技巧证明上述方程局部温和解的存在唯一性. 进一步,我们也利用确定性方程处理爆破的方法,并通过适当的能量不等式证明:要么局部解在 L^2 模意义下有限时刻爆破关于正的概率,要么平方矩在有限时刻爆破.

1.2.2 波动方程

对于波动方程

$$\begin{cases}u_{tt}-\Delta u+a\ |u_t|^{q-2}u_t=b\ |u|^{p-2}u, & (x,t)\in D\times(0,T),\\ u(x,t)=0, & (x,t)\in\partial D\times(0,T),\\ u(x,0)=u_0(x),u_t(x,0)=u_1(x), & x\in D,\end{cases}\qquad(1.2.5)$$

在最近 30 年中已经被很多学者广泛研究,这里 D 是 $\mathbf{R}^d$ 中带有光滑边界 ∂D 的有界区域;a,$b\geqslant 0$,是常数. 这些研究主要关注解的存在性、爆破性、光滑解的渐近性及弱解的存在性等.

例如，当 $b=0$ 时，阻尼项确保方程(1.2.5)对任意的初值解都是全局存在和能量退化的[34-35]. 当 $a=0$ 时，源项造成方程(1.2.5)对于负的初始能量解在有限时刻爆破[36-37]. 阻尼项 $a|u_t|^{q-2}u_t$ 和源项 $b|u|^{p-2}u$ 之间的相互关系使得问题(1.2.5)更具有研究意义. Levine[38-39]考虑了关于阻尼项是线性的情形($q=2$)，他证明问题(1.2.5)关于负的初始能量解在有限时刻爆破. 在文献[40]中，Georgiev 和 Todorova 把 Levine 的结果推广到非线性阻尼的情形($q>2$). 作者引进一个新的方法确定 q 和 p 之间的关系使得问题(1.2.5)的解或全局存在，或有限时刻爆破. 更精确地说，他们证明：如果 $q\geqslant p\geqslant 2$，问题(1.2.5)关于负的初始能量解是全局存在的；如果 $p>q\geqslant 2$，并且初始能量是充分负的，问题(1.2.5)的解在有限时刻爆破. 最近，Messaoudi 把文献[26-27]中的爆破结果进一步推广到初始能量仅需负的情形[41]. 对于其他的相关结果，读者可以参阅 Levine，Serrin，Vitillaro，Messaoudi 和 Houari 等人的研究成果[42-45].

对于随机波动方程

$$u_{tt}-\Delta u+h(u_t)=f(u)+\sigma(u)\partial_t W(t,x),(x,t)\in D\times(0,T), \tag{1.2.6}$$

如果不含有阻尼项($h(u_t)=0$)或者阻尼项为线性阻尼($h(u_t)=\alpha u_t$ 或 $-\Delta u_t$)，这方面的研究也相当成熟. 主要结果是关注解的爆破性、解的渐近稳定性及不变测度等.

对于爆破性，当 $D\in\mathbf{R}^d(d\leqslant 3)$ 且不含阻尼项时，Chow 在 D 中讨论问题(1.2.6)关于非线性项 $f(u)$ 是 m 次多项式的情形：Chow 首先构造一个全局解不存在的例子，即 $f(u)$ 是某些三次多项式，$\sigma(u)$ 是可加噪声情形，并利用能量不等式验证要么解 $u(x,t)$ 在 L^2 模意义下有限时刻爆破关于正的概率，要么均方解 $\mathbf{E}\left\|u\right\|^2$ 在有限时刻趋向无穷；其次，他也证明一般情况下局部解和全局解的存在唯一性[46]. 之后，Chow 在文献[47]中进一步将爆破结果推广到更一般的情形. Bo 等[48]考虑了问题(1.2.6)关于阻尼项为 ku_t 和 $-k\Delta u_t$ 的情形，并利用能量不等式给出充分条件：要么解 $u(x,t)$ 在 L^2 模意义下有限时刻爆破关于正的概率，要么均方解 $\mathbf{E}\left\|u\right\|^2$ 在有限时刻趋向无穷. 在这些文献中，证明爆破的主要方法是“凸函数方法”. 该方法的基本思路是：利用式(1.2.6)的解构造一个正的函数 $F(t)$，并利用能量不等式证明 $F^{-\alpha}(t)$ 是关于 t 的凸函数. 不幸的是，相似于确定性方程的情形，上述“凸函数方法”对于非线性阻尼的情形不再适合，如何构造适当的 Lyapunov(李雅普诺夫)函数是一个难点，也是一个创新点. 另外，利用“凸函数方法”证明解的爆破性时，一个关键点是利用能量泛函关于 t 递减，但对于随机的情形，能量泛函不一定关于 t 递减，因此上述文献所考虑的爆破性都是关于可加噪声情形，这时可采取适当的能量不等式克服这个问题. 而对于乘法噪声，解的爆破性仍然是一个公开问题.

对于渐近稳定性和不变测度，在文献[49]中，Crauel 等在适当的条件下验证吸引子的存在性，这暗示不变测度的存在性. Chow 在文献[50]中考虑一类半线性随机波动方程解的大时间渐近性质：他首先对一个线性随机波动方程建立能量不等式及指数界，并在适当条件下给出解的全局存在唯一性定理；进一步，在均方和几乎确定意义下，研究了平衡解的指数稳定性；最后，给出了不变测度存在唯一的充分条件. 另外一些文献也关注带有线性阻尼的随机波动方程解的存在性和不变测度，参见文献[51-58]等.

Pardouxé 于 1975 年首次考虑带有非线性阻尼项的随机波动方程[59]，但并没有太大的进展. 20 世纪初 Kim 和 Barbu 等[60-61]分别考虑问题(1. 2. 6)关于非线性阻尼和扩散阻尼的情形，都证明问题(1. 2. 6)不变测度的存在性，而 Barbu 等还证明不变测度是唯一的.

本书第 3 章将考虑问题(1. 2. 6)带有阻尼项 $h(u_t)=|u_t|^{q-2}u_t$ 和源项 $f(u)=|u|^{p-2}u$ 的可加噪声情形. 对于非线性阻尼的随机波动方程解的存在唯一性，不能再像证明线性阻尼那样采取半群的方法获得，我们将采取伽辽金(Galerkin)逼近方法建立该问题局部轨道解的存在唯一性. 而对于乘法噪声，即，当 σ 依赖 u 和 ∇u 时，证明解存在的标准方法是通过可加噪声的解进行迭代获得的，这需要迭代序列中的近似解收敛，因此我们需要获得期望意义下的能量估计，但这还有一些技巧上的困难. 另外，这也是获得轨道解唯一性的一个主要障碍. 所以，本书仅考虑可加噪声情形，即 $\sigma(u,\nabla u,x,t)=\sigma(t,x,\omega)$，这使得随机积分可以被很好地定义为 $L^2(D)$值的连续鞅. 对于局部解，我们也将像确定性方程那样，考虑阻尼项和源项之间的竞争关系，将采取 Khasminskii 验证方法证明如果 $q\geqslant p$ 解是全局存在；其次，由于问题自然引入的困难，我们将通过修复能量泛函，并利用文献[40]中的技巧证明：当 $p>q$ 时，要么解 $u(x,t)$在 L^2 模意义下有限时刻爆破关于正的概率，要么均方解 $\mathbf{E}\left\|u\right\|^2$ 在有限时刻趋向无穷.

1.2.3 梁方程

欧拉-伯努利(Euler-Bernoulli)梁方程

$$EI\,\frac{\mathrm{d}^4u}{\mathrm{d}x^4}=w$$

作为一个简单的线性梁理论在 1750 年被首次引入，用来描述偏转与负载之间的关系. 后来非线性梁方程

$$\frac{\partial^2u}{\partial t^2}+\gamma\frac{\partial^4u}{\partial x^4}=\left(a+b\int_0^l\left(\frac{\partial u}{\partial x}\right)^2\mathrm{d}x\right)\frac{\partial^2u}{\partial x^2}\tag{1. 2. 7}$$

被 Woinowsky-Krieger 作为一个模型提出，该模型用来描述一个两端固定在支点上自然长度为 l 可扩张的梁在轴向力作用下横向变形的情形[62]. 现实中，在各种实际问题中经常会出现这类问题，例如，文献[63]表明：方程(1. 2. 7)解的性质可能与动态屈曲现象有关. 一个类似于式(1. 2. 7)的带有两个空间变量的方程

$$\frac{\partial^2u}{\partial t^2}+\gamma\frac{\partial u}{\partial t}+\Delta^2u+\left(\alpha-\int_D|\nabla u|^2\mathrm{d}x\right)\Delta u+\rho\frac{\partial u}{\partial x_1}=p(x,t),x=(x_1,x_2)\in D$$

已经被作为一个超音速气流中板的非线性振动模型讨论. 对于物理背景有兴趣的读者可参阅文献[64-67]. 问题(1. 2. 7)解的性质也已经被很多学者广泛研究，研究兴趣主要关注正解的存在性和唯一性、全局解的渐近稳定性、爆破解的爆破分析等[68-71]. 在文献[72]中，Patcheu 考虑问题(1. 2. 7)关于摩擦力的模型，并获得解的全局存在性和渐近性行为. Chow 和

Menaldi 考虑非线性梁方程

$$\frac{\partial^2 u}{\partial t^2}-(a+b\int_0^l(\frac{\partial u}{\partial x})^2\mathrm{d}x)+\gamma\frac{\partial^4 u}{\partial x^4}+f(t,x,\frac{\partial u}{\partial t},\frac{\partial u}{\partial x})+\sigma(t,x,\frac{\partial u}{\partial t},\frac{\partial u}{\partial x})\partial W(x,t)=0,$$

并获得全局解的存在唯一性，这里白噪声来自于气弹性板的振动[73]. Brzeźniak 等研究下面带有随机迫使项为白噪声类型的抽象梁方程

$$u_{tt}+A^2u+g(u,u_t)+m(\left\|B^{1/2}u\right\|_2^2)Bu=\sigma(u,u_t)W_t(x,t), \tag{1.2.8}$$

这里 A 和 B 是自伴算子. 假设噪声项 $\sigma(u,u_t)$ 在 $\mathscr{H}$ 的有界子集合中是 Lipschitz 连续和线性增长，$g(u,u_t)$ 在 $\mathscr{H}$ 的有界子集合中是 Lipschitz 连续，他们首先建立方程(1.2.8)全局温和解的存在唯一性. 进一步，如果 $g(u,u_t)=\beta u_t(\beta>0)$，他们用 Lyapunov 泛函技巧也获得平衡解的渐近稳定性[74].

对于不连续噪声驱动下的随机偏微分方程是一个非常新的学科，目前仅系数为 Lipschitz 连续的一些问题被研究[75-76]. 在文献[77]中，Gyöngy 和 Krylov 在有限维空间中考虑一类不连续噪声驱动下的单调和强制系数的随机偏微分方程，这类方程弱于系数为 Lipschitz 连续或线性增长的情形，后来 Gyöngy 将这个结果扩充到无穷维空间[78]. 对于带跳的波动方程，Peszat 和 Zabczyk 考虑下面带有可加噪声的波动方程

$$u_{tt}-\Delta u=f(u)+b(u)P\mathrm{d}Z(t), \tag{1.2.9}$$

这里 $f,b:\mathbf{R}\to\mathbf{R}$ 是利普希茨(Lipschitz)连续，P 是正则的线性算子，而可加噪声 $Z=(Z_t)_{t\geqslant 0}$ 被定义为一个泊松(Poisson)随机测度. 假设拉普拉斯(Laplace)算子的特征函数在 Z 的列紧测度下形成的无穷级数是有限的，通过估计相对于 Poisson 随机测度的随机卷积，他们证明方程(1.2.9)存在唯一的温和解[75-76]. Bo 等考虑非高斯的(Gaussian) Lévy 噪声扰动下的波动方程

$$u_{tt}-\Delta u+ku_t=\int_{Z_1}a(u(t-,x),z)\widetilde{N}(\mathrm{d}z,\mathrm{d}t)+\int_{Z/Z_1}b(u(t-,x),z)N(\mathrm{d}z,\mathrm{d}t).$$

他们首先证明该问题温和解的存在唯一性，并在温和解的条件下进一步证明该解生成半群不变测度的存在唯一性[79]. Brzeźniak 和 Zhu 讨论了一个由补偿 Poisson 随机测度驱动的非线性梁方程

$$u_{tt}+A^2u+f(u,u_t)+m(\left\|B^{1/2}u\right\|^2)Bu=\int_Z g(u(t-,x),u_t(t-),z)\widetilde{N}(\mathrm{d}z,\mathrm{d}t),$$

其中 A 和 B 是自伴算子. 通过利用适当的 Lyapunov 函数和利用 Khasminskii 验证方法，他们获得全局温和解的存在性. 另外，在适当的假设下他们也获得解的指数稳定性[80].

本书第 4 章考虑 Gaussian 白噪声驱动的非线性梁方程

$$\begin{cases}u_{tt}+\gamma\Delta^2u-m(\left\|\nabla u\right\|^2)\Delta u+g(u_t)=f(u)+\sigma(u,u_t,\nabla u,x,t)W_t(x,t),\\ u(x,t)=\dfrac{\partial u}{\partial \nu}=0, \qquad x\in\partial D,t\in(0,T),\\ u(x,0)=u_0(x),u_t(x,0)=v_0(x), \qquad x\in D,\end{cases}$$

这里假设 σ 在 $\mathscr{H}$ 中仅是局部 Lipschitz 连续，这个条件明显弱于文献[80]中的条件. 我们首

先利用截断函数法和半群方法获得局部温和解的存在唯一性;其次,完全不同于第 3 章、第 4 章证明爆破的方法,我们利用文献[81]中的技巧,通过建立适当的李雅普诺夫(Lyapunov)泛函并对初始能量的取值进行讨论,给出解在 L^2 模意义下以正的概率在有限时间爆破或平方矩在有限时间爆破的充分条件,进一步,我们也获得爆破时间 T^* 的上界估计. 目前,这也是随机波动方程中首个有关乘法噪声的爆破性结果. 最后,给出一个实际应用的例子.

第 5 章进一步考虑非 Gaussian Lévy 噪声扰动下的梁方程

$$
\begin{cases}
u_{tt}(t,x)+\gamma\Delta^2 u(t,x)-m\left(\left\|\nabla u\right\|^2\right)\Delta u+ku_t(t,x) \\
\quad =\int_{Z_1} a(u(t-,x),z)\widetilde{N}(\mathrm{d}z,\mathrm{d}t)+\int_{Z/Z_1} b(u(t-,x),z)N(\mathrm{d}z,\mathrm{d}t), \\
u(x,t)=\dfrac{\partial u}{\partial v}=0, x\in\partial D, t\in(0,T), \\
u(x,0)=u_0(x), u_t(x,0)=v_0(x), x\in D,
\end{cases}
$$

相对文献[75,76,80],我们考虑的噪声更加广泛. 相对文献[79],这里增加了非线性项 $m\left(\left\|\nabla u\right\|^2\right)$,显然给问题带来一定难度,解的全局存在性也不能直接获得. 因此,我们先考虑一个截断的确定性梁方程全局解的存在性,进而推广到带有小跳动修复的随机方程情形,再通过截断函数法获得局部解的存在唯一性,最后利用 Khasminskii 验证方法证明该解全局存在. 进一步,我们也给出该解生成半群不变测度的存在唯一性.

第 2 章　基础知识简介

2.1　函数空间

在工程技术领域中广泛应用的 δ 函数被定义为

$$\delta(x)=\begin{cases}\infty, & x=0,\\ 0, & x\neq 0,\end{cases}$$

它满足条件 $\int_{-\infty}^{\infty}\delta(x)\mathrm{d}x=1$. 但从经典微积分的观点来看，这种定义显然是矛盾的，因而不能像普通函数那样进行某些数学运算. 为了对这类函数建立严格的数学基础，有必要对数学分析的函数概念加以推广. 推广的函数就是本节所说的广义函数. 本节采用连续线性泛函的观点来理解广义函数.

2.1.1　基本函数空间

定义 2.1　记 $D\subset\mathbf{R}^n$ 上的无穷次可微函数构成的空间为 $C^\infty(D)$. 在 $C^\infty(D)$ 中引进拓扑：若函数列 $\{\varphi_j(x)\}\subset C^\infty(D)$ 对任意指标 α 和任意紧集 $K\subset D$，有 $\sup\limits_{x\in K}|\partial^\alpha\varphi_j|\to 0$，则称函数列 $\{\varphi_j(x)\}$ 在 $C^\infty(D)$ 中弱收敛于 0，记为 $\varphi_j(x)\to 0(C^\infty(D))$. 将赋予了该拓扑的 $C^\infty(D)$ 记为 $\mathscr{E}(D)$.

对于 $D\subset\mathbf{R}^n$ 上定义的函数 $\varphi(x)$，记 $\operatorname{supp}\varphi(x)=\overline{\{x\mid\varphi(x)\neq 0,x\in D\}}$，称为函数 $\varphi(x)$ 的支集.

定义 2.2　记 $D\subset\mathbf{R}^n$ 上的无穷次可微并且具有紧支集的函数构成的线性空间为 $C_0^\infty(D)$. 在 $C_0^\infty(D)$ 中引进拓扑：若函数列 $\{\varphi_j(x)\}\subset C_0^\infty(D)$ 对任意指标 α，存在紧集 $K\subset D$ 使得 $\operatorname{supp}\varphi_j\in K$ 且 $\sup\limits_{x\in K}|\partial^\alpha\varphi_j|\to 0$，则称函数列 $\{\varphi_j(x)\}$ 在 $C_0^\infty(D)$ 中弱收敛到 0，记为 $\varphi_j(x)\to 0(C_0^\infty(D))$. 将赋予了该拓扑的 $C_0^\infty(D)$ 记为 $\mathscr{D}(D)$.

以上定义的两种空间 $\mathscr{E}(D)$ 和 $\mathscr{D}(D)$ 在 $D=\mathbf{R}^n$ 时分别简记为 $\mathscr{E}$ 和 $\mathscr{D}$.

定义 2.3　记 $\mathscr{Y}(\mathbf{R}^n)$ 或 $\mathscr{Y}$ 为空间 $C^\infty(\mathbf{R}^n)$ 的子空间，若 $\varphi(x)\in C^\infty(\mathbf{R}^n)$ 对任意指标 α,β 有 $\lim\limits_{|x|\to 0}x^\alpha\partial^\beta\varphi(x)\to 0$，则 $\varphi(x)\in\mathscr{Y}(\mathbf{R}^n)$. $\mathscr{Y}(\mathbf{R}^n)$ 上的拓扑为：$\varphi(x)\in C^\infty(\mathbf{R}^n)$ 对任意指标 α,β，

若$\sup\limits_{x\in \mathbf{R}^n} x^{\alpha}\partial^{\beta}\varphi_j(x)\to 0$，则称函数列$\{\varphi_j(x)\}$在$\mathscr{Y}(\mathbf{R}^n)$上收敛到0，记为$\varphi_j(x)\to 0(\mathscr{Y}(\mathbf{R}^n))$.

例如，定义$\mathbf{R}^n$中的函数

$$j(x)=\begin{cases}\frac{1}{c}\exp\frac{1}{|x|^2-1}, |x|<1,\\ 0, |x|\geqslant 1,\end{cases} \tag{2.1.1}$$

其中，$c=\int_{|x|<1}\exp\frac{1}{|x|^2-1}\mathrm{d}x$. 显然函数$j(x)$分别是$\mathscr{D},\mathscr{Y},\mathscr{E}$中的函数，其支集为$\operatorname{supp} j(x)=\{x\,|\,|x|\leqslant 1\}$，并且在其定义域上的积分值为1. 此外，对于任意$\varepsilon>0$，令$j_{\varepsilon}(x)=\varepsilon^{-n}j(x/\varepsilon)$，则对任意$\varepsilon>0$，$j_{\varepsilon}(x)\in\mathscr{D},\mathscr{Y},\mathscr{E}$；当$|x|\geqslant\varepsilon$时，$j_{\varepsilon}(x)=0$，而且$\int j_{\varepsilon}(x)\mathrm{d}x=1$.

对于$u\in L^2(\mathbf{R}^n)$，若定义算子J_{ε}使得

$$J_{\varepsilon}u(x)=\int_{\mathbf{R}^n}u(y)j_{\varepsilon}(x-y)\mathrm{d}y=\int_{\mathbf{R}^n}u(x-y)j_{\varepsilon}(y)\mathrm{d}y, \tag{2.1.2}$$

称算子J_{ε}为光滑化算子或软化算子，而式(2.1.1)中定义的函数称为光滑化核或软化核. 由卷积运算的性质可知，对于$u\in L^2(\mathbf{R}^n)$，$J_{\varepsilon}u(x)\in\mathbf{E}$.

定理 2.1 $\mathscr{D}(D)$，$\mathscr{Y}$和$\mathscr{E}(D)$均为完备空间.

空间$\mathscr{D},\mathscr{Y}$和$\mathscr{E}$之间显然存在关系$\mathscr{D}\subset\mathscr{Y}\subset\mathscr{E}$，而且有如下定理.

定理 2.2 $\mathscr{E}$是连续函数空间$C^0(\mathbf{R}^n)$的稠密子空间.

因此，由$\mathscr{D}\subset\mathscr{Y}\subset\mathscr{E}$可以推出：$\mathscr{Y}$在$\mathscr{E}$中稠密，$\mathscr{D}$在$\mathscr{Y}$中稠密.

2.1.2 广义函数空间

2.1.2.1 广义函数的定义

定义 2.4 设$\mathscr{E}$为基本函数空间，空间$\mathscr{E}$上的连续线性泛函u称为定义于空间$\mathscr{E}$上的广义函数，简称为广函或分布.

记$\mathscr{E}$上的全部广义函数所构成的集合为$\mathscr{E}'$，则根据线性泛函的加法和数乘运算，广义函数集合$\mathscr{E}'$是一个线性空间. 广义函数u作用在基本函数空间$\mathscr{E}$中的函数$\varphi(x)$上的结果记为$\langle u,\varphi\rangle$或$u(\varphi)$. 连续线性泛函具有以下性质.

(1) 线性：对任意数a,b，使得

$$u(a\varphi+b\psi)=au(\varphi)+bu(\psi),\ \forall\,\varphi,\psi\in\mathscr{E}.$$

(2) 连续性：当$\varphi_j\to 0(\mathscr{E})$时，$u(\varphi_j)\to 0$.

因此，广义函数空间$\mathscr{E}'$中可以引进两种收敛概念：如果对任意$\varphi(x)\in\mathscr{E}$，广义函数空间$\mathscr{E}'$中的广义函数序列$\{u_j\}$使得

$$\langle u_j,\varphi\rangle\to\langle u,\varphi\rangle,(j\to\infty),$$

式中，$u\in\mathscr{E}'$，则称u_j弱收敛于u；若当$j\to\infty$时，$\langle u_j,\varphi\rangle$在$\mathscr{E}$中的每个有界集合上一致收敛于$\langle u,\varphi\rangle$，则称$u_j$强收敛于$u$.

特别地，设$D\subset\mathbf{R}^n$为开集，则$\mathscr{D}(D)$上的广义函数亦称为分布. $\mathscr{D}(D)$上的全体广义函数

记成 $\mathscr{D}'(D)$. 此外，$\mathscr{Y}(\mathbf{R}^n)$上的广义函数称为缓增分布或缓增广函，$\mathscr{Y}$ 上的全体广义函数记成 $\mathscr{Y}'$. 而 $\mathscr{E}$ 上的广义函数称为超分布，记为 $\mathscr{E}'$. 由基本函数空间 $\mathscr{D}$，$\mathscr{Y}$ 和 $\mathscr{E}$ 之间的关系 $\mathscr{D}\subset\mathscr{Y}\subset\mathscr{E}$，易知 $\mathscr{D}'\supset\mathscr{Y}'\supset\mathscr{E}'$. 因此在不至于引起混淆的情况下，可以直接将局部可积函数 f 称为广义函数.

例 2.1　空间 $\mathbf{R}^n$ 上的任意局部可积函数 $f(x)$ 通过公式

$$\langle f,\varphi\rangle=\int_{\mathbf{R}^n}f(x)\varphi(x)\mathrm{d}x,\ \forall\,\varphi(x)\in\mathscr{D}\tag{2.1.3}$$

定义了 $\mathscr{D}$ 上的一个广义函数.

定义 2.5　由局部可积函数 $f(x)$ 按照式(2.1.3)定义的广义函数，称为函数型广义函数或正则广义函数，非正则的广义函数称为奇异型广义函数.

奇异型广义函数是存在的. 事实上，若不存在奇异型广义函数，则有局部可积函数 $f(x)$ 使得 δ 函数满足

$$\langle\delta,\varphi\rangle=\int f(x)\varphi(x)\mathrm{d}x=\varphi(0),\ \forall\,\varphi(x)\in\mathscr{D}.\tag{2.1.4}$$

选取式(2.1.1)中定义的函数 $j(x)$ 作为 $\varphi(x)$，则有

$$\int_{|x|\leqslant\varepsilon}f(x)j(x)\mathrm{d}x=j(0)=(c\mathrm{e})^{-1},$$

上式右边为与 ε 无关的常数，而左边当 $\varepsilon\to 0$ 时趋于 0，这产生矛盾. 因此，不存在函数型广义函数使式(2.1.4)成立，即 δ 是一个奇异型广义函数.

奇异型广义函数的存在表明广义函数确实扩大了经典函数的范畴.

定理 2.3　设空间 $\mathscr{D}'$ 中的广义函数列 $\{f_j(x)\}$ 存在弱极限 f，则极限 $f\in\mathscr{D}'$.

根据该定理可以证明，对 $\mathscr{D}'$ 中的弱基本列 $\{f_j(x)\}$，若 $\forall\,\varepsilon>0$ 存在 $N(\varepsilon)$，使得当 j，$k\geqslant N$ 时，有

$$|\langle f_i-f_k,\varphi\rangle|<\varepsilon,\ \forall\,\varphi\in\mathscr{D}$$

数值基本序列 $\{\langle f_j,\varphi\rangle\}$ 有极限. 由 $\{f_j(x)\}$ 的弱收敛性以及定理 2.3 知，收敛极限 $f\in\mathscr{D}'$. 因此 $\mathscr{D}'$ 为完备空间.

2.1.2.2　广义函数的唯一确定性

从上面的描述中可知，广义函数 f 一般不能进行逐点描述，但可以按下式定义广义函数 f 在某一点 x_0 的邻域 U 中为 0：

$$f(\varphi)=0,\ \forall\,\varphi(x)\in\mathscr{D}(U).$$

若广义函数 f 和 g 在区域 U 上使得 $f-g=0$，则称 f 与 g 在 U 上相等. 另外，u 取 0 值的最大开集的余集称为 u 的支集，记为 $\mathrm{supp}\ u$.

定理 2.4　若 $\forall\,x_0\in\mathbf{R}^n$，存在 x_0 的某个邻域中不等于 0 的基本函数空间 $\mathscr{E}$ 中的任意函数 $\varphi(x)$，使得 $\int\varphi(x)\mathrm{e}^{-ix\xi}\mathrm{d}x\in\mathscr{E}$，并且使得函数型广义函数 $f(x)\in\mathscr{E}'$ 满足 $\int f(x)\varphi(x)\mathrm{d}x=0$，则在 $\mathbf{R}^n$ 上广义函数 f 几乎处处为 0.

从该定理很容易知道，$\mathscr{D}$，$\mathscr{Y}$，$\mathscr{E}$ 上的函数型广义函数都是唯一确定的，即若 $f(\varphi)=$

$g(\varphi)$，$\forall\,\varphi(x)\in\mathscr{D}$(或 $\mathscr{Y},\mathscr{E}$)，则在$\mathbf{R}^n$ 上几乎处处 $f=g$.

定理 2.4 可以用于唯一确定所谓的有限阶广义函数，这种广义函数定义如下.

定义 2.6 若 $\mathscr{E}$ 上的广义函数 f 可以由某个局部可积函数 $F(x)$表示如下

$$\langle f,\varphi\rangle=\int F(x)\partial^p\varphi(x)\mathrm{d}x,\ \forall\,\varphi\in\mathscr{E}.$$

则称 f 为有限阶广义函数. 满足该式的 $|p|$ 的最小值被称为广义函数的阶.

下面讨论有界区域上的广义函数的唯一确定性问题. 先不加证明地介绍单位分解定理.

定理 2.5 设 D 是$\mathbf{R}^n$ 中的区域，并且 D 存在局部有限的有界开覆盖$\{D_j\}$，使得 D 中的每一点仅含在有限个 D_j 中，则具有如下性质的函数列$\{\psi_j\}$：

(1) $\psi_j\in C_0^\infty(D_j)$，$0\leqslant\psi_j\leqslant 1$，$j=1,2,\cdots$，

(2) $\sum_{j=1}^\infty\psi_j=1,\ \forall\,x\in D$，

称为 D 上从属于覆盖$\{D_j\}$的单位分解.

定理 2.6 设 D 上的广义函数 f 在 D 中的每个点的一个邻域中为 0 广义函数，则 f 在 D 中为 0 广义函数；反之，若 f 在 D 中为 0 广义函数，则 f 在 D 中的每个点的一个邻域中为 0 广义函数.

2.1.2.3 广义函数的运算

为了便于使用广义函数，下面将在广义函数空间中引进一些有用的运算.

(1) 广义函数与无穷可微函数的乘积

对基本函数空间 $\mathbf{E}$，其上的广义函数 f 与任意无穷可微函数 $a(x)\in\mathbf{E}$ 的乘积定义为

$$\langle af,\varphi\rangle=\langle f,a\varphi\rangle,\ \forall\,\varphi\in\mathscr{E},\tag{2.1.5}$$

这显然是线性泛函，而且当 $\mathbf{E}=\mathscr{D}$ 和 $\mathscr{E}$ 时，若 $\varphi_j\to 0(\mathbf{E})$，则由莱布尼茨(Leibniz)法则知

$$\partial^\alpha(a\varphi_j)=\sum_{\beta\leqslant\alpha}\begin{pmatrix}\alpha\\ \beta\end{pmatrix}\partial^\beta a\,\partial^{\alpha-\beta}\varphi_j,$$

(其中 $\beta\leqslant\alpha$ 表示 $\beta_j\leqslant\alpha_j$，$j=1,2,\cdots,n$)，$a\varphi_j\to 0(\mathscr{E})$是显然的. 因此，式(2.1.5)所定义的泛函还是连续线性的，即 af 为 $\mathscr{E}$ 上的广义函数.

但当 $\mathscr{E}=\mathscr{Y}$时，为了保证 af 为 $\mathscr{Y}$上的广义函数，除了在式(2.1.5)中要求 $a(x)\in\mathscr{E}$ 外，还要求$\partial^\alpha(x)=O(|x|^{k_\alpha})$，$|x|\to\infty$，$\forall\,\alpha\in N^\alpha$，其中 k_α 为非负正数.

(2) 广义函数的导数

对广义函数 $f\in\mathscr{D}'$，其导数表示为$\partial^\alpha f$，它满足

$$\langle\partial^\alpha f,\varphi\rangle=(-1)^{|\alpha|}\langle f,\partial^\alpha\varphi\rangle,\ \forall\,\varphi\in\mathscr{D},\tag{2.1.6}$$

这显然是线性泛函. 由 $\mathscr{D}$ 中的函数序列的收敛性定义，不难证明式(2.1.6)所定义的泛函还是连续线性的. 根据定义式(2.1.6)以及 $\mathscr{D}'$中的函数序列的收敛定义，容易知道 $\mathscr{D}'$中的广义函数具有无穷阶广义导数，即 $\mathscr{D}'$中的广义函数为无穷可微的，它的各阶导数都在 $\mathscr{D}'$中，并且与微分运算的顺序无关.

无穷可微函数 $a(x)$与广义函数 f 的乘积也适用 Leibniz 法则.

（3）广义函数的卷积

若 $\varphi\in\mathscr{D}$，$u\in\mathscr{D}'$，则称

$$u*\varphi=\langle u_y,\varphi(x-y)\rangle,\ \forall x\in\mathbf{R}^n,$$

所定义的广义函数为 u 与函数 φ 的卷积，记为 $u*\varphi$（式中记 u_y 为关于自变量 y 的广义函数 u，下同）. 若广义函数 g，f 满足 $f\in\mathscr{D}'$，$g\in\mathscr{E}'$，则称

$$\langle f_x,\langle g_y,\varphi(x+y)\rangle\rangle,\ \forall\varphi\in\mathscr{E}$$

所定义的广义函数为 f 与 g 的卷积，记为 $f*g$.

根据卷积的定义及广义函数的性质，容易证明

$$\partial^\alpha(u*\varphi)=u*\partial^\alpha\varphi,\partial^\alpha(f*g)=\partial^\alpha f*g=f*\partial^\alpha g,$$

式中，$u,f\in\mathscr{D}'$，$g\in\mathscr{E}'$，$\varphi\in\mathscr{D}$.

当 $\varphi\in\mathscr{S}$ 时，还可以证明 $u*\psi\in\mathscr{S}$.

借助于卷积运算，可以用光滑函数逼近广义函数. 事实上，利用式(2.1.1)所定义的函数 $j(x)$ 以及由此函数定义的 $j_\varepsilon(x)$ 和式(2.1.2)的光滑化算子 J_ε，可以得到如下定理.

定理 2.7　设 $f\in\mathscr{D}'$，则

$$J_\varepsilon f=(f*j_\varepsilon)(x)\in C^\infty,\operatorname{supp}(J_\varepsilon f)\subset\operatorname{supp}f+\{x\,|\,|x|\leqslant\varepsilon\},$$

且当 $\varepsilon\to0$ 时，$J_\varepsilon f\to f(\mathscr{D}')$.

（4）广义函数的 Fourier 变换

对局部可积函数 $f\in L^l_{\mathrm{loc}}(\mathbf{R}^n)$，其 Fourier 变换为

$$\mathscr{F}(f)(\xi)=\int e^{-ix\cdot\xi}f(x)\mathrm{d}x,x\cdot\xi=x_1\xi_1+\cdots+x_n\xi_n.\tag{2.1.7}$$

而其 Fourier 逆变换为

$$\mathscr{F}^{-1}(f)(x)=\frac{1}{(2\pi)^n}\int e^{ix\cdot\xi}f(\xi)\mathrm{d}x,\tag{2.1.8}$$

其中，$\mathscr{F}$ 和 $\mathscr{F}^{-1}$ 都是 L^l_{loc} 上的线性算子. 若 $u\in\mathscr{S}'$，则将

$$\langle\mathscr{F}(u),\psi\rangle=\langle u,\mathscr{F}(\psi)\rangle,\ \forall\psi\in\mathscr{S}\tag{2.1.9}$$

所定义的广义函数 $\mathscr{F}(u)$ 称为 $u\in\mathscr{S}'$ 的 Fourier 变换；而将

$$\langle\mathscr{F}^{-1}(u),\psi\rangle=\langle u,\mathscr{F}^{-1}(\psi)\rangle,\ \forall\psi\in\mathscr{S}\tag{2.1.10}$$

所定义的广义函数 $\mathscr{F}^{-1}(u)$ 称为 $u\in\mathscr{S}'$ 的 Fourier 逆变换.

可以证明，式(2.1.7)定义的古典函数的 Fourier 变换与式(2.1.9)所定义的广义函数的 Fourier 变换是一致的；式(2.1.8)定义的 Fourier 逆变换与式(2.1.10)所定义的广义函数的 Fourier 逆变换也是一致的. 因此，对两种 Fourier 变换使用同样的记号. $\mathscr{F}(u)$ 也记成 $\hat{u}$.

若函数序列 ψ_k 在 $\mathscr{S}$ 中收敛于 0，则 $\mathscr{F}(\psi_k)$ 也在 $\mathscr{S}$ 中收敛于 0. 因此 $\langle\hat{u},\psi_k\rangle=\langle u,\hat{\psi}_k\rangle\to0$ $(k\to0)$，也就是说 $\mathscr{F}(u)\in\mathscr{S}'$. 因此，Fourier 变换是 $\mathscr{S}'$ 到 $\mathscr{S}'$ 的连续线性算子. 另外，对于广义函数的 Fourier 变换，由于 $\langle\mathscr{F}^{-1}(\mathscr{F}(u)),\psi\rangle=\langle\mathscr{F}(u),\mathscr{F}^{-1}(\psi)\rangle=\langle u,\psi\rangle$，$\forall\psi\in\mathscr{S}$，因此 $\forall u\in\mathscr{S}'$，$\mathscr{F}^{-1}(\mathscr{F}(u))=u$.

另外，若把 $\mathscr{F}(\delta)=1$ 作为已知，容易导出 $\langle \hat{1},\psi\rangle=\langle 1,\hat{\psi}\rangle=\langle\delta,\psi\rangle=(2\pi)^n\langle\delta,\psi(-x)\rangle=(2\pi)^n\langle\delta,\psi\rangle$，故 $\hat{1}=(2\pi)^n\delta$.

$\mathscr{Y}'$ 上的 Fourier 变换与 $\mathscr{Y}$ 上的 Fourier 变换有类似的性质. 例如，容易证明以下性质：

（ⅰ）对 $u\in\mathscr{Y}'$，有 $\mathscr{F}(D^\alpha u)=\xi^\alpha\mathscr{F}(u)$，$\mathscr{F}(x^\alpha u)=(-1)^{|\alpha|}D^\alpha\mathscr{F}(u)$；

（ⅱ）当 $\forall\psi\in\mathscr{Y}, u\in\mathscr{Y}'$ 时，$\mathscr{F}(u*\psi)=\hat{u}\cdot\hat{\psi}$.

另外，由于 $L^2(\mathbf{R}^n)$ 为 $\mathscr{Y}'$ 的子空间，因此把 L^2 上的函数看作 $\mathscr{Y}'$ 上的广义函数时，具有一般缓增广义函数的性质，不仅如此，还有下述定理.

定理 2.8［帕塞瓦尔（Plancherel）定理］ Fourier 变换为 L^2 到自身的保范同构映射.

保范映射保持内积不变，因此，对任意 $f,g\in L^2$，有 $(f,g)=(\hat{f},\hat{g})$，其中 $(\cdot,\cdot)$ 是 L^2 的内积.

2.1.3 广义函数的结构

下面介绍广义函数的一些具体形式，这些具体形式在下面被称为广义函数的结构. 先介绍一个重要性质，即定理 2.9.

定理 2.9 $\forall f\in\mathscr{D}'$ 和有界区域 $D\subset\mathbf{R}^n$，存在非负整数 $N(f,D)$ 和正常数 $C(f,D)$，使得

$$|\langle f,\psi\rangle|\leqslant C\sum_{|\alpha|\leqslant N}\max_D|\partial^\alpha\varphi(x)|,\ \forall\varphi(x)\in\mathscr{D}(D). \tag{2.1.11}$$

在定理 2.8 的帮助下，可以证明关于广义函数的结构定理如下.

定理 2.10 $\forall f\in\mathscr{D}'$ 和有界区域 $D\subset\mathbf{R}^n$，存在 D 上具有紧支集的平方可积函数 g_α，使得

$$f=\sum_{|\alpha|\leqslant m}\partial^\alpha g_\alpha(x),\ g_\alpha(x)\in L^2(D),\ \mathrm{supp}g_\alpha(x)\subset D.$$

注意到 $g_\alpha(x)$ 的原函数就是连续函数，因此只要将上式中的 m 换成 $m+1$，就可以认为 $g_\alpha(x)$ 是连续函数空间的元素.

利用定理 2.10 可以得到全局广义函数的结构.

定理 2.11 $\forall f\in\mathscr{D}'$，存在 $\mathrm{supp}\ g_\alpha(x)\subset\mathrm{supp}\ f$，使得 $f=\sum\limits_{|\alpha|\leqslant m}\partial^\alpha g_\alpha(x)$，并且其右端和号中仅有有限项不为零.

缓增广义函数的结构与具有紧支集的广义函数的结构相比，具有更简单的形式.

2.1.4 线性偏微分方程的基本解

由偏微分方程的基本概念知道，以 u 为未知函数，x 为自变量的偏微分方程的常系数线性偏微分方程一般可以表示为

$$P(D)u=\sum_{|\alpha|\leqslant k}a_\alpha\partial^\alpha u=f(x), \tag{2.1.12}$$

其中 a_α 是与 α 有关的常数. 下面将利用广义函数理论讨论该方程的解.

对于线性偏微分方程(2.1.12)，若设 $D\subset\mathbf{R}^n$ 上的函数 $u\in C^{|\alpha|}(D)$ 使式(2.1.12)在 D

上恒等，则 u 是式(2.1.12)在 D 中的一个经典解. 然而，为了讨论涉及广义函数的偏微分方程(2.1.12)，需要将解的定义推广到广义函数. 为此给出如下定义.

定义 2.7　若广义函数 u 使得

$$\sum_{|\alpha|\leqslant k}(-1)^{\alpha}\langle u,\partial^{\alpha}(a_{\alpha}\psi)\rangle=\langle f,\psi\rangle,\forall\varphi\in\mathscr{D}(D),$$

则称 u 是式(2.1.12)的广义函数解(分布解)或弱解.

定义 2.8　若存在广义函数 $E\in\mathscr{D}'$ 使得

$$P(x,\mathscr{D})E=\delta(x),\tag{2.1.13}$$

则称 E 是算子 $P(x,\mathscr{D})$ 的基本解.

很容易从算子 $P(\mathscr{D})$ 的基本解求出方程的解. 实际上，若从式(2.1.13)得到了基本解 E，那么

$$P(x,\mathscr{D})(E*f)=(P(x,\mathscr{D})E)*f=\delta*f=f,\tag{2.1.14}$$

所以 $u=E*f$ 是方程(2.1.12)的一个广义函数解.

对一般的偏微分方程来说，求其基本解并不容易. 但对常系数偏微分算子能够证明其基本解的存在性.

定理 2.12　常系数偏微分算子 $P(\mathscr{D})$ 必有基本解.

关于广义函数的更多详细理论，方法不再赘述，读者可参考有关著作[82].

2.2　泛函空间

令 D 是 $\mathbf{R}^d$ 中带有光滑边界 ∂D 的有界区域. 当 $1\leqslant q\leqslant\infty$ 时，用 $\|\cdot\|_q$ 表示空间 $L^q(D)$ 的模，其中 L^∞ 表示 D 上本性有界函数的全体，其范数为

$$\|\varphi(x)\|_\infty=\operatorname{esssup}\{|\varphi(x)|,x\in D\}.$$

进一步，令

$$\langle\varphi,\psi\rangle=\int_\Omega\varphi(x)\psi(x)\mathrm{d}x,\forall\varphi,\psi\in L^2(D)$$

表示 $H=L^2(D)$ 空间中的内积. 令 $H^k=W^{k,2}$ 表示 k 阶 L^2 模 Sobolev 空间并装备模 $\|\cdot\|_{H^k}$，而 H_0^k 表示 C_0^∞ 在 H^k 中的完备化空间. 令 H^{-k} 表示 H^k 的对偶并装备范数 $\|\cdot\|_{H^{-k}}$，并用 $\langle\cdot,\cdot\rangle_k$ 代表 H^k 和 H^{-k} 之间的对积.

引理 2.1[83]　如果 $1\leqslant q\leqslant\dfrac{2d}{[d-2m]^+}$(当 $d=2m$ 时，$1\leqslant q\leqslant\infty$)，则有

$$\|u\|_q\leqslant c\left\|(-\Delta)^{\frac{m}{2}}u\right\|_2,\forall u\in D((-\Delta)^{\frac{m}{2}}),$$

其中 c 是某一正数，$[\mu]^+=\max\{0,\mu\}$ 和 $\dfrac{1}{[\mu]^+}=\infty$，如果 $[\mu]^+=0$.

设 p 满足

$$\begin{cases} 2 < p \leqslant \dfrac{2d}{d-2}, & d \geqslant 3, \\ p > 2, & d = 1,2, \end{cases} \tag{2.2.1}$$

由引理 2.1 可得

$$\left\| u \right\|_{2(p-1)} \leqslant c \left\| \nabla u \right\|_{2}, \forall u \in H_0^1(D).$$

引理 2.2 假设条件(2.2.1)成立,则存在常数 $c=c(d,p)>0$ 使得

$$\left\| u^{p-2} v \right\|_{2} \leqslant c^{p-1} \left\| \nabla u \right\|_{2}^{p-2} \left\| \nabla v \right\|_{2}, \forall u,v \in H_0^1(D). \tag{2.2.2}$$

引理 2.3 若 p 满足

$$\begin{cases} 2<p\leqslant \dfrac{2d}{d-4}, & d>4, \\ p>2, & d\leqslant 4, \end{cases}$$

则存在常数 $\theta=\theta(d,p)>0$ 使得

$$\left\| u^{p-2} v \right\|_{2} \leqslant \theta^{p-1} \left\| \Delta u \right\|_{2}^{p-2} \left\| \Delta v \right\|_{2}, \forall u,v \in H_0^2(D). \tag{2.2.3}$$

另外,若设 $\mu_1>0$ 是 $-\Delta$ 的第一特征值,这时对任意的 $\alpha\leqslant\beta$ 和 $u\in D((-\Delta)^{\frac{\beta}{2}})$,我们也有熟知的 Poincare 不等式[84-85].

$$\left\| u \right\|_{H^\alpha} \leqslant \mu_1^{\frac{\alpha-\beta}{2}} \left\| u \right\|_{H^\beta}. \tag{2.2.4}$$

特别地,记 V 是 Sobolev 空间 $H_0^2(D)$,由式(2.2.4)知对任意的 $\varphi\in V$,可装备 V 的范数为 $\left\| \phi \right\|_V = \left\| \Delta\varphi \right\|_2$.

2.3 Sobolev 空间理论

用泛函分析方法讨论偏微分方程时,需要用到刻画其解的光滑性的 Sobolev 空间理论.本节介绍 Sobolev 空间的结构和 Sobolev 空间之间的嵌入定理.

2.3.1 整指数 Sobolev 空间

定义 2.9 设 D 为 $\mathbf{R}^n$ 中的开集,m 为非负整数.记所有直到 m 阶导数$\partial^\alpha u(|\alpha|\leqslant m)$均属于 $L^p(D)(1\leqslant p\leqslant +\infty)$的广义函数 u 组成的集合为 $W^{m,p}(D)$.装备了范数

$$\left\| u \right\|_{m,p,D} = \left\| u \right\|_{W^{m,p}(D)} = \left(\int \sum_{|\alpha|\leqslant m} |D^\alpha u|^p \mathrm{d}x \right)^{1/p} \tag{2.3.1}$$

的 $W^{m,p}(D)$空间,称为整指数 Sobolev 空间.而记 $W^{m,p}(D)$的一个子空间 $W_0^{m,p}(D)$为 $C_0^\infty(D)$在 $W^{m,p}(D)$内的闭包.

可以证明,对任何 $m\geqslant 0, 1\leqslant p\leqslant\infty$, $W^{m,p}(D)$和 $W_0^{m,p}(D)$都是 Banach 空间,而且当 $1\leqslant p\leqslant +\infty$时,$W^{m,p}(D)$和 $W_0^{m,p}(D)$还都是可分自反的 Banach 空间.特别地,当 $m=0$ 和 $1\leqslant$

$p \leqslant +\infty$时，$W^{0,p}(D)=W^{0,p}(D)=L(D)$. 但一般情况下，$W_0^{m,p}(D)$是$W^{m,p}(D)$的真子空间. 另外，还可以证明，范数(2.3.1)等价于以下范数

$$\left\| u \right\|_{W^{m,p}(D)} = \sum_{|\alpha| \leqslant m} \left\| D^\alpha u \right\|_p,$$

其中，$\left\| \cdot \right\|_P$ 表示 L^p 空间的范数. 此外，当 $P=2$ 时，$W^{m,2}(D)$ 和 $W_0^{m,2}(D)$ 为 Hilbert 空间，通常记为 $H^m(D)$ 和 $H_0^m(D)$，其内积定义为$(u,v)_m = \int_{D}\sum_{|\alpha| \leqslant m} D^\alpha u D^\alpha v \mathrm{d}x$. 以后也将 $H^m(\mathbf{R}^n)$ 和 $H_0^m(\mathbf{R}^n)$ 分别简记为 H^m 和 H_0^m.

设 m 为非负整数，$\dfrac{1}{p}+\dfrac{1}{q}=1(1\leqslant p\leqslant +\infty)$，记 $W^{-m,q}(D)$为 Banach 空间 $W_0^{-m,q}(D)$的对偶空间. 由于$W_0^{m,p}(D)$为以$C_0^\infty(D)$作为子空间的广义函数空间，因此$W_0^{m,p}(D)$的对偶空间$W^{-m,q}(D)$应为$D'(D)$的子空间. 其结构可以由以下定理给出.

定理 2.12　设 m 为非负整数，$\dfrac{1}{p}+\dfrac{1}{q}=1(1\leqslant p\leqslant +\infty)$，则 $W^{-m,q}(D)$与由所有形如

$$T = \sum_{|\alpha| \leqslant m} D^\alpha f_\alpha, \tag{2.3.2}$$

这样的广义函数所组成的空间是一致的，其中 $f_\alpha \in L^q(D)$.

由定义知，$W_0^{m,p}(D)$为$C_0^\infty(D)$在$W^{m,p}(D)$中的闭包，即为$C_0^\infty(D)$在范数(2.3.1)下的完备化. 而$C_0^\infty(D)$与$W^{m,p}(D)$之间存在下面的关系.

定理 2.13　当 $1\leqslant p\leqslant +\infty$时，$C_0^\infty(\mathbf{R}^n)$为$W^{m,p}(\mathbf{R}^n)$的稠密子空间.

有时，以下定义的 Sobolev 空间使用起来会更方便：设 D 为 $\mathbf{R}^n$ 中的开集，对任意有界开集 D'，$D'\subset D$，所有属于$W^{m,p}(D')$的广义函数 u 组成的集合 $W_{\mathrm{loc}}^{m,p}(D)$，称为局部 Sobolev 空间. 这里对其不作进一步介绍，有兴趣的读者可以参考本书所附的参考文献.

2.3.2　实指数 Sobolev 空间

众所周知，L^2 空间是 Hilbert 空间，且是 Fourier 变换的自同态空间. 相应于 L^2 空间的 Sobolev 空间 $H^m(\mathbf{R}^n)$也具有这些性质. 这些性质使其在研究中得以广泛应用. 以下就集中讨论 $p=2$ 的 Sobolev 空间.

由 $H^m(R^n)$的定义和 Fourier 变换的性质，$f\in H^m(R^n)$既等价于 $D^\alpha f\in L^2(\mathbf{R}^n)$ $\forall\ |\alpha|\leqslant m$，也等价于$\forall\ |\alpha|\leqslant m, \xi\in \mathbf{R}^n, \xi^\alpha \hat{f}(\xi)\in L^2(\mathbf{R}^n)$. 而后一条件又等价于$(1+|\xi|^2)^{m/2}\hat{f}(\xi)\in L^2(\mathbf{R}^n)$. 推广这一等价表示可定义实指数 Sobolev 空间.

定义 2.10　设 s 为任意实数，记

$$H^s(R^n) = \{ f\in \varphi' \mid (1+|\xi|^2)^{m/2}\hat{f}(\xi)\in L^2(R^n) \},$$

则称具有内积

$$(f,g)_s = \int_{R^n} (1+|\xi|^2)^s \hat{f}(\xi)\,\overline{g(\xi)}\mathrm{d}\xi \tag{2.3.3}$$

以及该内积所导出的范数 $\left\|f\right\|_s=\left[\int_{R^n}(1+|\xi|^2)^2\ |\hat{f}(\xi)|^2\mathrm{d}\xi\right]^{1/2}$ 的 $H^s(\mathbf{R}^n)$ 为实指数 Sobolev 空间. 并记 $H^{-\infty}(\mathbf{R}^n)=\bigcup\limits_s H^s(\mathbf{R}^n)$，以及 $H^{\infty}(\mathbf{R}^n)=\bigcap\limits_s H^s(\mathbf{R}^n)$. 另外，$H^s(\mathbf{R}^n)$ 有时也被简记为 H^s. 显然，对每个实数 s，$H^s(\mathbf{R}^n)$ 是 Sobolev 空间，且有如下定理.

定理 2.14 对任意实数 s，φ 或 $g\ell$ 在 $H^s(R^n)$ 中稠密.

Banach 空间到 Banach 空间的线性一一映射，称为嵌入. 由于 $\forall s,t,s\geqslant t$，有 $H^s\mapsto H^t$，(其中 $\mapsto$ 表示 $H^s\mapsto H^t$ 的嵌入是连续的)且有 $H^s\subset\ell$. 由于 $C_0^{\infty}(\mathbf{R}^n)$ 是 ℓ 的稠密子空间，因此 $C_0^{\infty}(\mathbf{R}^n)$ 在 $H^s(\mathbf{R}^n)$ 中稠密，即 $H^s(\mathbf{R}^n)$ 可以定义为 $C_0^{\infty}(\mathbf{R}^n)$ 关于范数(2.3.3)的完备化空间.

定理 2.15 对任意实数 s，$H^s(\mathbf{R}^n)$ 的对偶空间与 $H^{-s}(\mathbf{R}^n)$ 相同.

定理 2.16 设 m 为非负整数，则 $H^{-m}(\mathbf{R}^n)$ 是由

$$f=\sum_{|\alpha|\leqslant m}D^{\alpha}g_{\alpha},\ \forall\, g_{\alpha}\in L^2(\mathbf{R}^n) \tag{2.3.4}$$

所定义的全体 f 组成的空间.

这一定理给出了 $D\in\mathbf{R}^n$ 以及 $p=2$ 时，$H^{-m}(\mathbf{R}^n)$ 的详细结构. 对 $H^{-m}(\mathbf{R}^n)$ 来说，该定理比定理 2.12 更深入地揭示了其结构.

定理 2.17 若 $\varphi\in\ell$，$f\in H^s$，则 $\varphi\cdot f\in H^s$，且双线性映射 $A:(\varphi,f)\to\varphi\cdot f$ 是映射 $\ell\times H^s(\mathbf{R}^n)$ 到 H^s 的连续线性映射.

关于 $H^s(\mathbf{R}^n)$ 中的卷积运算，有如下定理.

定理 2.18 若 $\varphi\in\ell$，$f\in H^s$，则 $\varphi * f\in H^s$，且双线性映射 $A:(\varphi,f)\to\varphi * f$ 是映射 $\ell\times H^s(\mathbf{R}^n)$ 到 H^s 的连续线性映射，并且 $\varphi * f\in H^{\infty}$.

2.3.3 嵌入定理

本节讨论 Sobolev 空间中逐点性质与整体性质之间的联系，并证明 Sobolev 不等式.

定理 2.19 对整指数 Sobolev 空间 $W_0^{m,p}(D)$，有

$$W_0^{m,p}\mapsto\begin{cases}L^{mp(m-mp)}(D),mp<n,\\ C^{k,\lambda}(\overline{D}),\quad mp>n.\end{cases}$$

式中，$k=[m-n/p]$，$\lambda=m-n/p-[m-n/p]$，且对 $f\in W_0^{m,p}$，存在常数 $C>0$，使得

$$\left\|f\right\|_{L^{mp(m-mp)}}\leqslant C\left\|f\right\|_{m,p,D},mp<n, \tag{2.3.5}$$

$$\sup_{\alpha}|D^{\alpha}f|\leqslant C(D,\alpha,n)\left\|f\right\|_{m,p,D},mp>n, \tag{2.3.6}$$

其中，$C(D,\alpha,n)$ 为与 (D,α,n) 有关的常数.

一般地，定理 2.19 中的 $W_0^{m,p}(D)$ 不能用 $W^{m,p}(D)$ 替代，但在 D 为具有某些关于边界的光滑条件时，这种替代也是可行的. 关于定理 2.19 中的常数 C 有许多讨论，可参考有关参考文献. 另外，关于嵌入还有如下重要定理.

定理 2.20 设 s 是任意实数，k 为非负整数，$s>\dfrac{n}{2}+k$，则 $H^s(\mathbf{R}^n)$ 连续嵌入 $C^k(\mathbf{R}^n)$ 中.

以上的嵌入是把 $D\subset\mathbf{R}^n$ 上的某个函数空间中的元素映射到 D 上的另一个空间中的元素，这种嵌入称为同维嵌入．还有一种是把 D 中的函数映射到 D 内低维流形上的函数空间中的元素的嵌入，称为低维嵌入，例如：

定理 2.21　若 D 为 $\mathbf{R}^n$ 中的开区域，∂D 是 C 光滑的（$m\geqslant 1$），且 $u\in H^m(D)$，则 u 及导数满足

$$\partial^j u\Big|_{\partial D}\in H^{m-j-1/2}(\partial D),0\leqslant j\leqslant m-1.$$

反之，若在∂D 上有 $\{f_j\}$ 使得 $\forall j,0\leqslant j\leqslant m-1$，有 $f_j\in H^{-j-1/2}(\partial D)$，则必有 $u\in H^m(D)$使得 $\partial^j u\,|_{\partial D}=f_j$．

这就是所谓的迹定理，通常用于研究方程解的函数类与初边值函数类相对应的关系．

以上的结果基本上是关于连续嵌入的．在适当的条件下也可以证明所谓的紧嵌入，即嵌入映射是紧的，例如：

定理 2.22　若 D 为 $\mathbf{R}^n$ 中的开区域，则

$$W_0^{1,p}\to\begin{cases}L^q(D),q<np/(n-p),n>p,\\C^0(\overline{D}),p>n\end{cases}$$

的嵌入是紧的．

2.4　Wiener 过程和常用不等式

令$(\Omega,\mathbf{P},\mathscr{F},\mathscr{F}_t)$是一个完备的概率空间，其中 Ω 表示元素为 ω 的事件集，$\mathbf{P}$ 是一个概率测度，$\mathscr{F}$ 为一个 σ 代数，$\{\mathscr{F}_t,t\geqslant 0\}$是$(\Omega,\mathscr{F})$上的一个右连续的滤波使得 F_0 包含概率测度 P 意义下的所有可以忽略不计的子集．$\mathbf{E}(\cdot)$表示对应于概率测度 $\mathbf{P}$ 意义下的期望．一个可测函数 $X:\Omega\to\chi$ 称为值在 χ 空间的随机变量．令 $T=\mathbf{R}_+$．随机变量系$(X(t))_{t\in T}$或$(X_t)_{t\in T}$被称为值在 χ 中的随机过程．如果函数 $X(t,\omega)$对几乎每一个 ω 关于 t 连续，则称 $X(t,\omega)$为连续的随机过程．当 $\mathscr{O}$ 是一个拓扑空间时，$\mathscr{B}$ 表示 $\mathscr{O}$ 上的 Borel σ 代数．当 χ 是一个 Banach 空间时，如果对于每一个 $G\in\mathscr{B}(\chi)$有 $\psi^{-1}(G)\in\mathscr{F}$则称 χ 值函数 ψ 是 $\mathscr{F}$ 可测的．设 $Y(t)$是一个 χ 值随机过程，如果对任意的 $t>0$，$Y(t)$在$[0,t]$上是 $B([0,t])\otimes\mathscr{F}_t$ 可测的，则称 $Y(t)$是循序可测的．有关随机过程的更多细节，可参阅有关文献．

定义 2.11［布朗(Brownian)运动］　一个随机过程$\{B_t,t\geqslant 0\}$满足：

（1）$B(0)=0$，$B(t)$是一个独立增量过程；

（2）$\forall t>0,s\geqslant 0$，增量 $B(t+s)-B(s)\sim N(0,\nu t)$；

（3）对每一个固定的基本事件 ω，$B(t,\omega)$是 t 的连续函数，

则称$\{B_t,t\geqslant 0\}$是 Brownian 运动或维纳(Wiener)过程．

假设$\{W(t,x):t\geqslant 0\}$是概率空间$(\Omega,\mathbf{P},\mathscr{F},\mathscr{F}_t)$上 Hilbert 空间中的一个连续的 Q-Wiener 过程满足

$$\mathbf{E}[\langle W(t),\varphi\rangle_\chi\langle W(s),\varphi\rangle_\chi]=(t\wedge s)\langle Q\varphi,\phi\rangle_\chi,\forall\varphi,\phi\in\chi,$$

这里$\langle\cdot\rangle_{\chi}$表示$\chi$的内积,$Q$是协方差算子且满足$\mathrm{Tr}Q<\infty$.进一步,假设$Q$满足$Qe_i=\lambda_i e_i$,$i=1,2,\cdots$,这里$\lambda_i$是$Q$的特征值满足$\sum_{i=1}^{\infty}\lambda_i<\infty$,$\{e_i\}$是对应的特征函数满足$c_0:=\sup_{i\geqslant 1}\left\|e_i\right\|_{\infty}<\infty$并形成$\chi$的一组垂直正交基.这种情形下,

$$W(t,x)=\sum_{i=1}^{\infty}\sqrt{\lambda_i}B_i(t)e_i,$$

这里$\{B_i(t)\}$是一维空间中一列相互独立的标准 Brownian 运动.令$\mathscr{H}$是$L_2^0=L^2(Q^{\frac{1}{2}}\chi,\chi)$值过程的一个集合并装备范数

$$\left\|\Psi(t)\right\|_H=\left(\mathbf{E}\int_0^t\left\|\Psi(s)\right\|_{L_2^0}^2\mathrm{d}s\right)^{\frac{1}{2}}=\left(\mathbf{E}\int_0^t\mathrm{Tr}(\Psi(s)Q\Psi^*(s))\mathrm{d}s\right)^{\frac{1}{2}}<\infty,$$

其中$\Psi^*(s)$表示$\Psi(s)$的自伴算子.令$\{t_k\}_{k=1}^n$是$[0,T]$的一个分割使得$0=t_0<t_1<\cdots<t_n=T$.对于过程$\Psi(t)\in\mathscr{H}$,定义对应于Q-Wiener 过程的随机积分为

$$\int_0^t\Psi(s)\mathrm{d}W(s)=\lim_{n\to\infty}\sum_{k=0}^{n-1}\Psi(t_k)(W(t_{k+1}\wedge t)-W(t_k\wedge t)),\tag{2.4.1}$$

此时这个序列在$\mathscr{H}$意义下收敛.易证对于任意的$\Psi(t)\in\mathscr{H}$,积分过程$\int_0^t\Psi(s)\mathrm{d}W(s)$是一个鞅,并且满足

$$\left\langle\!\left\langle\int_0^t\Psi(s)\mathrm{d}W(s)\right\rangle\!\right\rangle=\int_0^t\mathrm{Tr}(\Psi(s)Q\Psi^*(s))\mathrm{d}s.$$

关于无穷维 Wiener 过程和随机积分的更多细节,可参阅文献[25,34]及相应文献.

在本章最后,给出后文中常用的几个不等式.

Hölder 不等式 令$p_i\in\mathbf{R}_+(i=1,2,\cdots,k)$满足$\frac{1}{p_1}+\frac{1}{p_2}+\cdots+\frac{1}{p_k}=1$,则

$$\int_D|u_1(x)u_2(x)\cdots u_k(x)|\mathrm{d}x\leqslant\prod_{i=1}^{k}\left(\int_D|u_i(x)|^{p_i}\right)^{\frac{1}{p_i}}.$$

特别地,当$k=2$时,有

$$\int_D|u_1(x)u_2(x)|\mathrm{d}x\leqslant\left(\int_D|u_1(x)|^{p_1}\right)^{\frac{1}{p_1}}\left(\int_D|u_2(x)|^{p_2}\right)^{\frac{1}{p_2}}.$$

Young 不等式 令$a,b\in\mathbf{R}_+,p>1,\frac{1}{q}=1-\frac{1}{p}$.则

$$ab\leqslant\frac{a^p}{p}+\frac{b^q}{q}.$$

实际上,我们经常使用的是上式的变形

$$ab\leqslant\varepsilon a^p+C_\varepsilon b^q,C_\varepsilon=\frac{(\varepsilon p)^{-\frac{q}{p}}}{q},$$

这里$\varepsilon>0$是任意常数.

Gronwall's 不等式[47] 假设非负函数$y(t)\in C^1([a,b]),h(t),g(t)\in C([a,b])$且满足

$$y'\leqslant g(t)y(t)+h(t),t\in[a,b],$$

则有

$$y(t) \leqslant (y(a) + \int_a^t h(s)\mathrm{d}s)\exp\left\{\int_a^t g(s)\mathrm{d}s\right\}, t \in [a,b].$$

Borel-Cantelli 引理　如果$\{A_n\}$是一列事件集且满足

$$\sum_{n=1}^{\infty} P(A_n) < \infty,$$

则有

$$P(\limsup_{n\to\infty} A_n) = 0.$$

Burkholder-Davis-Gundy 不等式　令 $M_t, t\in[0,T]$是连续鞅满足 $M_0=0$ 和 $\mathbf{E}\,|M_T|^p<\infty$,其中 $p>0$. 这时存在两个正常数 c_p 和 C_p 使得

$$c_p\mathbf{E}[M]_T^{p/2} \leqslant \mathbf{E}\{\sup_{0\leqslant t\leqslant T}|M_T|^p\} \leqslant C_p\mathbf{E}[M]_T^{p/2}.$$

特别地,若 $M(t) = \int_0^t \sigma(s)\mathrm{d}W(s)$,则存在常数 K_p 使得

$$\mathbf{E}\left\{\sup_{0\leqslant t\leqslant T}\left|\int_0^t \sigma(s)\mathrm{d}W(s)\right|^p\right\} \leqslant K_p\mathbf{E}\left\{\int_0^{\mathrm{T}} \mathrm{Tr}(\sigma(s)Q\sigma^*(s))\mathrm{d}s\right\}^{p/2},$$

假设 $\mathbf{E}\left\{\int_0^T \mathrm{Tr}(\sigma(s)Q\sigma^*(s))\mathrm{d}s\right\}^{p/2} < \infty$.

第3章 附加噪声驱动的随机波动型方程

3.1 附加噪声驱动下带有线性阻尼的随机黏弹性波动方程解的爆破性

3.1.1 引言

本节考虑带有阻尼项的随机黏弹性波动方程

$$\begin{cases} u_{tt}-\Delta u+\int_0^t g(t-\tau)\Delta u(\tau)\mathrm{d}\tau+\mu u_t = \\ k\ |u|^p u+\varepsilon\sigma(u,\nabla u,x,t)\partial_t W(t,x), & x\in D,t\in(0,T), \\ u(x,t)=0, & x\in\partial D,t\in(0,T), \\ u(x,0)=u_0(x),u_t(x,0)=u_1(x), & x\in D, \end{cases} \tag{3.1.1}$$

这里 D 是 $\mathbf{R}^d$ 中带有光滑边界∂D 的有界区域;$k,p>0$ 是常数;μ,ϵ 是两个正的常数,分别代表阻尼强度和噪声强度;$u(x,t)$表示物质的微粒 x 在时间 t 的位置;g 是一个正的函数(满足的条件我们将在后文中给出);σ 是一个给定的函数;$W(t,x)$是一个无穷维 Q-Wiener 过程,可以作为随机迫使项处理.

对于确定性黏弹性波动方程已经被广泛研究[12-15,18-22],主要关注解的存在唯一性,解的全局存在性及指数退化性,解的爆破性等.而对于随机黏弹性波动方程,目前研究得不多.仅 Wei 和 Jiang[33]考虑一个可加噪声的随机黏弹性波动方程.这主要因为记忆项不仅增加能量不等式估计的困难,而且温和解的存在性也不能再像处理随机波动方程那样利用简单的半群知识获得.因此,Wei 和 Jiang[33]采取预解算子定义解的方法研究问题(3.1.1)关于 $\sigma\equiv\sqrt{Q}$ 的情形,他们获得问题(3.1.1)解的存在唯一性及解的能量泛函在期望意义下的指数退化估计.

本节我们利用 Cannarsa 和 Sforza 在文献[89]中定义解的方法并把它推广到随机方程的情形,再通过迭代技巧证明问题(3.1.1)局部温和解的存在唯一性;进一步,利用能量不等式我们也给出充分条件使得:要么局部解在 L^2 模意义下以正的概率在有限时刻爆破,要

么 $\mathbf{E}\left\|u\right\|^2$ 在有限时刻趋向无穷.

3.1.2　预备知识

对于松弛函数 $g(t)$,我们假设:

(H1) $g\in C^1[0,\infty)$是一个非负非增函数,满足

$$1-\int_0^\infty g(s)\mathrm{d}s=l>0.$$

(H2) $\int_0^\infty g(s)\mathrm{d}s<\frac{p(p+2)}{(p+1)^2}$.

注 3.1　为了确保(3.1.1)的双曲性,(H1)是必需的.作为一个例子,可以取 $g(s)=\mathrm{e}^{-as}$,$a>(p+1)^2/[p(p+2)]$,使得条件(H1)和(H2)同时成立.

利用与文献[89]和[80]相似的方法,考虑下面积分-微分方程

$$\begin{cases}u_{tt}+Au+\int_0^t B(t-\tau)u(\tau)\mathrm{d}\tau+h(u_t)=f(u), & (x,t)\in D\times(0,T),\\ u(x,t)=0, & (x,t)\in\partial D\times(0,T),\\ u(x,0)=u_0(x),u_t(x,0)=u_1(x), & x\in D,\end{cases}\tag{3.1.2}$$

关于 $u\in L^1([0,T];X)$,这里 X 是一个实的 Hilbert 空间,A 和 B 满足文献[14]中的条件,即 A 和 $B(\cdot)$是无界线性自伴算子,定义域分别用 $D(A)$和 $D(B(\cdot))$表示,并满足:

(A1) 对任意的 $t\geqslant0$,$D(A)\subset D(B(t))$且 $D(A)$在 X 中是稠密的.

(A2) 对任意的 $y\in D(A)$和某个常数 $c_0>0$,$\langle Ay,y\rangle\geqslant c_0\left\|y\right\|^2$.

(A3) 对任意的 $y\in D(A)$,$B(\cdot)y\in W^{1,1}_{\mathrm{loc}}(0,+\infty;X)$.

(A4) $B(t)$和 A 是可交换,也即是

$$B(t)D(A^2)\subset D(A),AB(t)y=B(t)Ay,y\in D(A^2),t\geqslant0.$$

定义 3.1　X 中的一簇有界线性算子 $S(t)_{t\geqslant0}$被称为方程(3.2.1)关于 $f=0$ 和 $h=0$ 的预解算子,那么有:

(S1) $S(0)=I$ 且 $S(t)$在$[0,\infty)$上是强连续的.也就是说,对任意的 $x\in X$,$S(\cdot)x$ 在$[0,\infty)$上连续.

(S2) $S(t)$与 A 是可交换的,这意味着,对于任意的 $y\in D(A)$和 $t\geqslant0$,都有 $S(t)D(A)\subset D(A)$和 $AS(t)y=S(t)Ay$ 成立.

(S3) 对任意的 $y\in D(A)$,$S(\cdot)y$ 在 X 中关于时间 t 在$[0,\infty)$上是两阶连续可导的,并且 $S'(0)=0$.

(S4) 对任意的 $y\in D(A)$和 $t\geqslant0$,这个预解算子满足方程

$$S''(t)y+AS(t)y+\int_0^t B(t-\tau)S(\tau)y\mathrm{d}\tau=0.$$

定义线性算子 A 和 B 为

$$Au=-\Delta u,B(t)u=g(t)\Delta u,u\in D(A)=H^2(D)\cap H_0^1(D),\tag{3.1.3}$$

这里 Δ 是 D 中带有 Dirichlet 边界条件的 Laplace 算子，$g(t)$ 满足假设(H1). 易证算子 A 和 B 满足条件(A1)～(A4). 因此我们有下面的定理，该定理是文献[89]中定理 2 的直接结果.

定理 3.1 假设算子 A 和 B 满足式(3.1.3)，$f=0$ 和 $h=0$. 这时方程(3.1.2)存在唯一的预解算子 $S(t)_{t\geqslant 0}$. 进一步，这个预解算子具有下面的性质：

(1) $S(t)$是自伴算子.

(2) $S(t)$与$\sqrt{A}$可交换，也就是说对任意的 $x\in D(\sqrt{A})$ 和 $t\geqslant 0$，有 $S(t)D(\sqrt{A})\subset D(\sqrt{A})$和$\sqrt{A}S(t)x=S(t)\sqrt{A}x$ 成立.

(3) 对任意的 $x\in L^2(D)$，函数 $t\rightarrow\int_0^t S(\tau)x\mathrm{d}\tau$ 属于$C([0,\infty]);D(\sqrt{A}))$，并且对任意的 $T>0$，存在一个常数 C_T 使得

$$\left\|S(t)x\right\|_2+\left\|\sqrt{A}\int_0^t S(\tau)x\mathrm{d}\tau\right\|_2\leqslant C_T\left\|x\right\|_2,t\in[0,T]. \tag{3.1.4}$$

(4) 对于任意的 $x\in D(\sqrt{A})$，函数 $t\rightarrow\int_0^t S(\tau)x\mathrm{d}\tau$ 属于$C([0,\infty);D(\sqrt{A}))$，并且对于任意的 $T>0$，存在一个常数 C_T 使得

$$\left\|A\int_0^t S(\tau)x\mathrm{d}\tau\right\|_2\leqslant C_T\left\|\sqrt{A}x\right\|_2,t\in[0,T], \tag{3.1.5}$$

$$\left\|S'(t)x\right\|_2\leqslant C_T(\left\|x\right\|_2+\left\|\sqrt{A}x\right\|_2),t\in[0,T], \tag{3.1.6}$$

$$S''(t)x+A\int_0^t S(\tau)x\mathrm{d}\tau+B*1*S(t)x=0,t\in[0,T], \tag{3.1.7}$$

这里 $*$ 代表两个函数的卷积.

(5) 对任意的 $x\in D(\sqrt{A})$，函数 $S'(\cdot)\chi$ 属于$C([0,\infty);D(\sqrt{A}))$.

定义 3.2 (1) 如果 u 属于$C^2([0,T]\times D;X)\cap C([0,T]\times D;D(A))$是$\{\mathscr{F}_t\}_{t\geqslant 0}$可知的并且满足方程(3.1.1)，则称 u 是方程(3.1.1)的一个强解.

(2) 一个$\{\mathscr{F}_t\}_{t\geqslant 0}$可知的 X 值随机过程 u 被称为方程(3.1.1)的一个弱解，如果 $u\in C^1([0,T]\times D;X)\cap C([0,T]\times D;D(\sqrt{A}))$并且对任意的 $\varphi\in D(\sqrt{A})$，下面的方程成立：

$$\frac{\mathrm{d}}{\mathrm{d}t}\langle u_t,\varphi\rangle+\langle\nabla u,\nabla\varphi\rangle-\left\langle\int_0^t g(t-\tau)\ \nabla u\mathrm{d}\tau,\nabla\varphi\right\rangle+\langle\mu u_t,\varphi\rangle=$$

$$\langle k\ |u|^p u,\varphi\rangle+\left\langle\varphi,\varepsilon\sigma(u)\ \frac{\mathrm{d}}{\mathrm{d}t}W(t)\right\rangle.$$

(3) 一个$\{\mathscr{F}_t\}_{t\geqslant 0}$可知的 X 值随机过程 u 被称为方程(3.1.1) 的一个温和解如果 $u\in C^1([0,T]\times D;X)\cap C([0,T]\times D;D(\sqrt{A}))$并且下面的方程成立：

$$u(t)=S(t)u_0+\mu\int_0^t S(\tau)u_0\mathrm{d}\tau+\int_0^t S(\tau)u_1\mathrm{d}\tau-\mu\int_0^t S(t-\tau)u(\tau)\mathrm{d}\tau+$$

$$\kappa\int_0^t 1*S(t-\tau)\ |u|^p u\mathrm{d}\tau+\varepsilon\int_0^t 1*S(t-\tau)\sigma(u)\mathrm{d}W(\tau), \tag{3.1.8}$$

这里 $S(t)$ 是(3.2.1)关于 $f=h=0$ 的预解算子.

由定义 3.2,方程(3.1.1)被重新写为

$$\begin{cases} u_{tt}+Au+\int_0^t B(t-\tau)u(\tau)\mathrm{d}\tau+\mu u_t=\kappa\,|u|^p u+ \\ \qquad \varepsilon\sigma(u,\nabla u,x,t)\partial_t W(t,x),(x,t)\in D\times(0,T), \\ u(x,t)=0,(x,t)\in\partial D\times(0,T), \\ u(x,0)=u_0(x),u_t(x,0)=u_1(x),x\in D, \end{cases} \tag{3.1.9}$$

这时利用上述的预解算子，我们能定义随机波动方程(3.1.1)的解.

注 3.2　由上述定义和定理 3.1 知,(3.1.9)中定义的随机积分是有意义的,并且如果 u 是方程(3.1.1)关于 $u_0\in D(A)$ 和 $u_1\in D(\sqrt{A})$ 的一个温和解,这时 u 也是(3.1.1)的一个强解.

3.1.3　局部解的存在唯一性

在这一节，我们将处理问题(3.1.1)局部解的存在唯一性. 由 A 的定义知 $D(\sqrt{A})=H_0^1(D)$. 对任意给定的 $T>0$,令

$$\Lambda:=\left\{v\in C([0,T];D(\sqrt{A}));\ \sup_{0\leqslant t\leqslant T}\mathbf{E}\left\|\sqrt{A}v\right\|_2<\infty\right\},$$

并给该集合装备由 $C([0,T];D(\sqrt{A}))$ 生成的范数,即

$$d(v,v')=\sup_{0\leqslant t\leqslant T}\mathbf{E}\left\|\sqrt{A}v-\sqrt{A}v'\right\|_2,\ \forall\, v,v'\in\Lambda,$$

这时 (Λ,d) 是一个完备的度量空间. 另外,假设 $\sigma:\mathbf{R}\times\mathbf{R}^d\times\mathbf{R}^d\times\mathbf{R}_+\to\mathbf{R}$ 是一个连续函数并且对于任意的 $u,v\in D(\sqrt{A})$ 满足

$$|\sigma(u,\nabla u,x,t)|^2\leqslant c_1(1+|u|^{2(p+1)}+|\nabla u|^2) \tag{3.1.10}$$

和

$$\begin{aligned}&|\sigma(u,\nabla u,x,t)-\sigma(v,\nabla v,x,t)|^2\leqslant\\ &c_2[(1+|u|^{2p}+|v|^{2p})|u-v|^2+|\nabla u-\nabla v|^2].\end{aligned} \tag{3.1.11}$$

其中 c_1 和 c_2 是两个正的常数.

定理 3.2　假设 $0<p<\dfrac{d}{d-2}-1,d\geqslant 3$ 和 $0<p<\infty,d=1,2$. 如果(H1)，式(3.1.10)和式(3.1.11)成立,则对任意的 $(u_0,v_1)\in H_0^1(D)\times L^2(D)$ 问题(3.1.1)存在唯一的局部温和解 $u\in C([0,T];D(\sqrt{A}))$.

证明　因为 $f(u)=\kappa\,|u|^p u$ 是局部 Lipschitz 连续的,局部解的存在性可以通过标准的截断函数法证明. 对每个 $n\geqslant 1$,定义一个 C^1 函数 k_n,

$$k_n(x)=\begin{cases}1, & x\leqslant n,\\ \in(0,1), & n<x\leqslant n+1,\\ 0, & x\geqslant n+1,\end{cases} \tag{3.1.12}$$

并进一步假设 k_n 满足 $\left\|k'_n\right\|_\infty\leqslant 2$. 对任意的 $u\in\Lambda$,令 $f_n(u)=\kappa k_n(\left\|\sqrt{A}u\right\|_2)|u|^p u,\Sigma_n(u)=$

$\varepsilon k_n(\left\|\sqrt{A}u\right\|_2)\sigma(u)$. 我们将证明下面的随机积分方程存在唯一解

$$u_n(t)=S(t)u_0+\mu\int_0^t S(\tau)u_0\mathrm{d}\tau+\int_0^t S(\tau)u_1\mathrm{d}\tau-\mu\int_0^t S(t-\tau)u_n(\tau)\mathrm{d}\tau+$$
$$\int_0^t 1*S(t-\tau)f_n(u_n)\mathrm{d}\tau+\int_0^t 1*S(t-\tau)\Sigma_n(u_n(\tau))\mathrm{d}W(\tau) \tag{3.1.13}$$

令

$$u_n^{(0)}(t)=S(t)u_0, \tag{3.1.14}$$

$$u_n^{(m)}(t)=S(t)u_0+\mu\int_0^t S(\tau)u_0\mathrm{d}\tau+\int_0^t S(\tau)u_1\mathrm{d}\tau-$$
$$\mu\int_0^t S(t-\tau)u_n^{(m-1)}(\tau)\mathrm{d}\tau+\int_0^t 1*S(t-\tau)f_n(u_n^{(m-1)})\mathrm{d}\tau+$$
$$\int_0^t 1*S(t-\tau)\Sigma_n(u_n^{(m-1)}(\tau))\mathrm{d}W(\tau). \tag{3.1.15}$$

对每个 $n\geqslant1$,下面证明$\{u_n^{(m)}\}$是Λ 中的柯西序列,并且$\{u_n^{(m)}\}$的极限是方程(3.1.13)的一个解. 因为 p 满足 $0<p\leqslant\frac{d}{d-2}-1$ 当 $d\geqslant3$ 和 $0<p<\infty$ 当 $d=1,2$,利用 Gagliardo-Nirenberg 不等式可得

$$\left\|u\right\|_{2(p+1)}\leqslant c\left\|\nabla u\right\|_2, \tag{3.1.16}$$

其中 c 是一个常数. 由(3.1.16)可得

$$\left\|u^p v\right\|_2\leqslant c^{p+1}\left\|\nabla u\right\|_2^p\left\|\nabla v\right\|_2, \forall\, u,v\in\Lambda. \tag{3.1.17}$$

事实上,当 $d=1,2$ 时,令 $q>1$ 和 $k=\frac{q}{q-1}$,利用 Hölder 不等式和式(3.1.16)我们有

$$\left\|u^p v\right\|_2\leqslant\left\|u\right\|_{2pq}^p\left\|v\right\|_{2k}\leqslant c^{p+1}\left\|\nabla u\right\|_2^p\left\|\nabla v\right\|_2. \tag{3.1.18}$$

当 $d>2$ 时,令 $q=\frac{d}{(d-2)p}>1$. 这时 $k=\frac{d}{d-(d-2)p}\leqslant\frac{d}{d-2}$,式(3.1.18)对 $d>2$ 也成立. 由假设条件(3.1.10)和(3.1.11),定理 3.1 及不等式(3.1.16)可得

$$\begin{aligned}\mathrm{Tr}(\Sigma_n(u_n^{(0)})Q\Sigma_n^*(u_n^{(0)}))&=\sum_{i=1}^{\infty}\langle\Sigma_n(u_n^{(0)})Qe_i,\Sigma_n(u_n^{(0)})e_i\rangle\\&=\sum_{i=1}^{\infty}\lambda_i\langle\Sigma_n(u_n^{(0)})Qe_i,\Sigma_n(u_n^{(0)})e_i\rangle\\&\leqslant\varepsilon^2c_1\sum_{i=1}^{\infty}\lambda_ik_n^2\left(\left\|\sqrt{A}u_n^{(0)}\right\|_2\right)\int_\Omega e_i^2(1+|u_n^{(0)}|^{2(p+1)}+|\nabla u_n^{(0)}|^2)\mathrm{d}x\\&\leqslant\varepsilon^2c_1\sum_{i=1}^{\infty}\lambda_ik_n^2\left(\left\|\sqrt{A}u_n^{(0)}\right\|_2\right)\left(\left\|e_i\right\|^2+\sup_{i\geqslant1}\left\|e_i\right\|_\infty^2\left(\left\|u_n^{(0)}\right\|_{2(p+1)}^{2(p+1)}+\left\|\nabla u_n^{(0)}\right\|^2\right)\right)\\&\leqslant\varepsilon^2c_1\sum_{i=1}^{\infty}\lambda_ik_n^2\left(\left\|\sqrt{A}u_n^{(0)}\right\|_2\right)\Big[\left\|e_i\right\|^2+\\&\quad\sup_{i\geqslant1}\left\|e_i\right\|_\infty^2\left(c^{2(p+1)}\left\|\nabla u_n^{(0)}\right\|_2^{2(p+1)}+\left\|\nabla u_n^{(0)}\right\|^2\right)\Big]\end{aligned}$$

$$\leqslant \varepsilon^2 C_{n,T}\left(\left\|\nabla u_0\right\|_2^{2(p+1)}+\left\|\nabla u_0\right\|^2\right). \tag{3.1.19}$$

通过定理 3.1,Sobolev 不等式,式(3.1.17)和式(3.1.19),我们有

$$\begin{aligned}
&\mathbf{E}\left\|\sqrt{A}(u_n^{(1)}-u_n^{(0)})\right\|^2 \leqslant C_T(\left\|u_0\right\|^2+\left\|u_1\right\|^2+\mu E\left\|u_n^{(0)}\right\|^2+\\
&\mathbf{E}\int_0^t\left\|f_n(u_n^{(0)})\right\|^2 \mathrm{d}\tau+\mathbf{E}(\int_0^t \operatorname{Tr}(\Sigma_n(u_n^{(0)})Q\Sigma_n^*(u_n^{(0)}))\mathrm{d}\tau)) \leqslant\\
&C_T(\left\|u_0\right\|^2+\left\|u_1\right\|^2+\mu\mathbf{E}\left\|S(t)u_0\right\|^2+\varepsilon^2 C_{n,T}(\left\|\nabla u_0\right\|_2^{2(p+1)}+\left\|\nabla u_0\right\|^2)+\\
&\kappa^2\mathbf{E}\int_0^t\left\||u_n^{(0)}|^p u_n^{(0)}\right\|^2 \chi_{\{\|\sqrt{A}u_n^{(0)})\|_2\leqslant n+1\}}\mathrm{d}\tau) \leqslant\\
&C_T(\left\|u_0\right\|^2+\left\|u_1\right\|^2+\mu C_T\left\|u_0\right\|^2+\varepsilon^2 C_{n,T}(\left\|\nabla u_0\right\|_2^{2(p+1)}+\left\|\nabla u_0\right\|^2)+\\
&\kappa^2 c^{2(p+1)}\mathbf{E}\int_0^t\left\|\sqrt{A}u_n^{(0)}\right\|_2^{2(p+1)} \chi_{\{\|\sqrt{A}u_n^{(0)})\|_2\leqslant n+1\}}\mathrm{d}\tau) \leqslant\\
&C_{n,T}(\left\|\sqrt{A}u_0\right\|^2+\left\|u_1\right\|^2+\left\|\sqrt{A}u_0\right\|_2^{2(p+1)})<\infty.
\end{aligned} \tag{3.1.20}$$

这里 χ_B 表示集合 B 的指示函数. 对任意的 $v_1, v_2 \in \Lambda$,令

$$\eta(t)=\max\left\{\left\|\sqrt{A}v_1\right\|_2,\left\|\sqrt{A}v_2\right\|_2\right\}.$$

此时由定理 3.1 可得

$$\begin{aligned}
&\left\|\sqrt{A}[\int_0^t 1*S(t-\tau)(f_n(v_1(\tau))-f_n(v_2(\tau)))\mathrm{d}\tau]\right\|_2 \leqslant\\
&k\left\|\sqrt{A}[\int_0^t 1*S(t-\tau)(k_n(\left\|\sqrt{A}v_1\right\|_2)-k_n(\left\|\sqrt{A}v_2\right\|_2))|v_1(\tau)|^p v_1(\tau)\mathrm{d}\tau]\right\|_2+\\
&k\left\|\sqrt{A}[\int_0^t 1*S(t-\tau)k_n(\left\|\sqrt{A}v_2\right\|_2)(|v_1(\tau)|^p v_1(\tau)-|v_2(\tau)|^p v_2(\tau))\mathrm{d}\tau]\right\|_2 \leqslant\\
&k\left\|\int_0^t(k_n(\left\|\sqrt{A}v_1\right\|_2)-k_n(\left\|\sqrt{A}v_2\right\|_2))|v_1(\tau)|^p v_1(\tau)\mathrm{d}\tau\right\|_2+\\
&k\left\|\int_0^t k_n(\left\|\sqrt{A}v_2\right\|_2)(|v_1(\tau)|^p v_1(\tau)-|v_2(\tau)|^p v_2(\tau))\mathrm{d}\tau\right\|_2=\kappa I_1+\kappa I_2
\end{aligned} \tag{3.1.21}$$

对于 I_1,利用 $k_n(x)$的定义及不等式(3.1.16)有

$$\begin{aligned}
&I_1 \leqslant \left\|\int_0^t\left\|k'_n\right\|_\infty(\left\|\sqrt{A}v_1\right\|_2-\left\|\sqrt{A}v_2\right\|_2)|v_1(\tau)|^p v_1(\tau)\mathrm{d}\tau\right\|_2 \leqslant\\
&C\int_0^t\left|\left\|\sqrt{A}v_1\right\|_2-\left\|\sqrt{A}v_2\right\|_2\right|\mathrm{d}\tau\int_0^t\left\|v_1(\tau)\right\|_{2(p+1)}^{p+1}\chi_{\{\eta(t)\leqslant n+1\}}\mathrm{d}\tau \leqslant\\
&Cc^{p+1}\int_0^t\left\|\sqrt{A}v_1-\sqrt{A}v_2\right\|_2\mathrm{d}\tau\int_0^t\left\|\sqrt{A}v_1(\tau)\right\|_2^{p+1}\chi_{\{\eta(t)\leqslant n+1\}}\mathrm{d}\tau \leqslant C_{n,T}\int_0^t\left\|\sqrt{A}v_1-\sqrt{A}v_2\right\|_2\mathrm{d}\tau.
\end{aligned} \tag{3.1.22}$$

对于 I_2,利用 Hölder 不等式可得

$$I_2 \leqslant \int_0^t k_n(\left\|\sqrt{A}v_2\right\|_2)\left\||v_1(\tau)|^p v_1(\tau)-|v_2(\tau)|^p v_2(\tau)\right\|_2\mathrm{d}\tau \leqslant$$

$$C\int_0^t \left\| |v_1(\tau)-v_2(\tau)|(|v_1|^p \vee |v_2|^p)\right\|_2 d\tau \leqslant$$

$$C\int_0^t \left\|v_1(\tau)-v_2(\tau)\right\|_{2(p+1)}(\left\|v_1\right\|_{2(p+1)}^p+\left\|v_2\right\|_{2(p+1)}^p)d\tau \leqslant$$

$$Cc^{p+1}\int_0^t \left\|\sqrt{A}v_1(\tau)-\sqrt{A}v_2(\tau)\right\|_2(\left\|\sqrt{A}v_1\right\|_2^p+\left\|\sqrt{A}v_2\right\|_2^p)d\tau \leqslant$$

$$C_n\int_0^t \left\|\sqrt{A}v_1-\sqrt{A}v_2\right\|_2 d\tau. \tag{3.1.23}$$

这里 $t\vee s=\max(t,s)$. 联立式(3.1.21),式(3.1.22)和式(3.1.23),并利用 Hölder 不等式有

$$\left\|\sqrt{A}[\int_0^t 1*S(t-\tau)(f_n(v_1(\tau))-f_n(v_2(\tau)))d\tau]\right\|^2$$

$$\leqslant \kappa C_{n,T}\int_0^t \left\|\sqrt{A}v_1-\sqrt{A}v_2\right\|^2 d\tau. \tag{3.1.24}$$

相似于式(3.1.19)的估计,利用假设条件(3.1.10)和(3.1.11),易得

$$\mathrm{Tr}((\Sigma_n(v_1)-(\Sigma_n(v_2))Q(\Sigma_n(v_1)-(\Sigma_n(v_2))^*)$$

$$=\sum_{i=1}^{\infty}\lambda_i\left\|(\Sigma_n(v_1)-\Sigma_n(v_2))e_i\right\|^2$$

$$\leqslant 2\varepsilon^2\sum_{i=1}^{\infty}\lambda_i\left\|(k_n(\left\|\sqrt{A}v_1\right\|_2)-k_n(\left\|\sqrt{A}v_2\right\|_2))\sigma(v_1)e_i\right\|^2+$$

$$2\varepsilon^2 k_n^2(\left\|\sqrt{A}v_2\right\|_2)\sup_{i\geqslant 1}\left\|e_i\right\|_\infty^2 \mathrm{Tr}(Q)\left\|\sigma(v_1)-\sigma(v_2)\right\|^2$$

$$\leqslant 8\varepsilon^2\sum_{i=1}^{\infty}\lambda_i\left\|\sqrt{A}v_1-\sqrt{A}v_2\right\|^2\left\|\sigma(v_1)e_i\right\|^2\chi_{\{\eta(t)\leqslant n+1\}}+$$

$$2\varepsilon^2 c_0^2 c_2 \mathrm{Tr}Q[\left\|v_1-v_2\right\|^2+\left\||v_1|^p|v_1-v_2|\right\|^2+$$

$$\left\||v_2|^p|v_1-v_2|\right\|^2+\left\|\sqrt{A}v_1-\sqrt{A}v_2\right\|^2]\leqslant \varepsilon^2 c_n\left\|\sqrt{A}v_1-\sqrt{A}v_2\right\|^2. \tag{3.1.25}$$

联立式(3.1.24)和式(3.1.25),并利用定理 3.1 可得

$$\mathbf{E}\left\|\sqrt{A}(u_n^{(m+1)}-u_n^{(m)})\right\|^2\leqslant \mu^2 C\mathbf{E}\left\|\sqrt{A}\int_0^t S(t-\tau)(u_n^{(m)}(\tau)-u_n^{(m-1)}(\tau))d\tau\right\|^2+$$

$$C\mathbf{E}\left\|\sqrt{A}[\int_0^t 1*S(t-\tau)(f_n(u_n^{(m)}(\tau))-f_n(u_n^{(m-1)}(\tau)))d\tau]\right\|^2+$$

$$C\mathbf{E}\left\|\sqrt{A}[\int_0^t 1*S(t-\tau)(\Sigma_n(u_n^{(m)}(\tau))-\Sigma_n(u_n^{(m-1)}(\tau)))dW(\tau)]\right\|^2$$

$$\leqslant C_T\mathbf{E}\int_0^t \left\|S(t-\tau)\sqrt{A}(u_n^{(m)}(\tau)-u_n^{(m-1)}(\tau))\right\|^2 d\tau+$$

$$kC_{T,n}\int_0^t \left\|\sqrt{A}(u_n^{(m)}(\tau)-u_n^{(m-1)}(\tau))\right\|^2 d\tau+$$

$$C_T\mathbf{E}\int_0^t \mathrm{Tr}((\Sigma_n(u_n^{(m)})-\Sigma_n(u_n^{(m-1)}))Q(\Sigma_n(u_n^{(m)})-\Sigma_n(u_n^{(m-1)}))^*)d\tau$$

$$\leqslant C_{T,n}\int_0^t \left\|\sqrt{A}(u_n^{(m)}(\tau)-u_n^{(m-1)}(\tau))\right\|^2 d\tau.$$

迭代这个不等式，可得

$$\sup_{0\leqslant t\leqslant T}\mathbf{E}\left\|\sqrt{A}(u_n^{(m+1)}-u_n^{(m)})\right\|^2\leqslant\frac{C_{T,n}^m}{m!}\sup_{0\leqslant t\leqslant T}\mathbf{E}\left\|\sqrt{A}(u_n^{(1)}-u_n^{(0)})\right\|^2.$$

由式(3.1.20)，我们有

$$\sum_{m=1}^{\infty}\sup_{0\leqslant t\leqslant T}\mathbf{E}\left\|\sqrt{A}(u_n^{(m+1)}-u_n^{(m)})\right\|^2<\infty.$$

因此，存在 $u_n\in\Lambda$ 使得 $\lim\limits_{m\to\infty}u_n^{(m)}(t)=u_n(t)$ 一致成立. 易证 u_n 是方程(3.1.13)的一个解.

对于唯一性，假设 u_n 和 v_n 是方程(3.1.13)的两个解. 此时通过与上面相似的估计，易得

$$\sup_{0\leqslant t\leqslant T}\mathbf{E}\left\|\sqrt{A}(u_n(t)-v_n(t))\right\|^2\leqslant C_{T,n}\int_0^T\sup_{0\leqslant t\leqslant T}\mathbf{E}\left\|\sqrt{A}(u_n(\tau)-v_n(\tau))\right\|^2\mathrm{d}\tau.$$

利用 Gronwall's 不等式可得

$$\sup_{0\leqslant t\leqslant T}\mathbf{E}\left\|\sqrt{A}(u_n(t)-v_n(t))\right\|^2=0.$$

因此 $u_n=v_n$，唯一性得证. 最后，u_n 的连续性可以通过 $S(t)$ 的连续性及其积分获得.

对于每个 n，定义停时

$$\tau_n=\inf\left\{t>0;\left\|\sqrt{A}u_n\right\|_2\geqslant n\right\}.$$

由解的唯一性知，对任意的 $n_1>n$，在 $[0,\tau_n)$ 上恒有 $u_{n_1}(t)=u_n(t)$. 所以，我们可以在 $[0,T\wedge\tau_n)$ 上通过 $u(t)=u_n(t)$ 定义问题(3.1.1)的一个局部解 u. 因为 τ_n 关于 n 是增加的，令 $\tau_\infty=\lim\limits_{n\to\infty}\tau_n$. 因此，我们在 $[0,T\wedge\tau_\infty)$ 上构造出了问题(3.1.1)的唯一连续的局部解.

3.1.4　局部解的爆破性

在这一节，我们讨论方程(3.1.1)局部温和解的爆破性. 注意到 Itô 公式仅适用于方程(3.1.1)的强解. 然而，由于 $D(\sqrt{A})$ 在 $D(A)$ 中是稠密的，温和解也是强解. 所以我们可以通过一系列强解 $\{u_n\}$ 的能量泛函去逼近温和解 u 的能量泛函，这里 $\{u_n\}$ 收敛到 u. 因此，下面的讨论应该由强解获得，但很容易推广到温和解的情形[22, 34]. 众所周知，方程(3.1.1)与下面 Itô 系统等价

$$\begin{cases}\mathrm{d}u(t)=v(t)\mathrm{d}t,\\ \mathrm{d}v(t)=(\Delta u(t)-\int_0^t g(t-\tau)\Delta u(\tau)\mathrm{d}\tau-\mu v(t)+k\,|u(t)|^p u(t))\mathrm{d}t+\\ \qquad\varepsilon\sigma(u(t),\nabla u(t),x,t)\partial_t W(t,x).\end{cases}\tag{3.1.26}$$

因为 $A=-\Delta$，本节我们将用 ∇ 代替 $\sqrt{A}$. 令 $\sigma(u(t),\nabla u(t),x,t)=\sigma(x,t)$ 且满足

$$\int_0^\infty\int_D\sigma^2(x,t)\mathrm{d}x\mathrm{d}t<\infty.\tag{3.1.27}$$

定义对应 Itô 系统的能量泛函 $\varepsilon(t)$

$$\varepsilon(t)=\frac{1}{2}\left\|v(t)\right\|^2+\frac{1}{2}(1-\int_0^t g(\tau)\mathrm{d}\tau)\left\|\nabla u(t)\right\|^2+\frac{1}{2}(g\circ\nabla u)(t)-\frac{\kappa}{p+2}\left\|u(t)\right\|_{p+2}^{p+2},$$

其中

$$(g\circ w)(t)=\int_0^t g(t-\tau)\left\|w(t)-w(\tau)\right\|^2\mathrm{d}\tau.$$

引理 3.1 假设(H1)和式(3.1.27)成立，$(u_0,u_1)\in H_0^1(D)\times L^2(D)$. 令$(u(t),v(t))$是方程(3.1.26)的全局温和解. 则有

$$\mathbf{E}\varepsilon(t)\leqslant\varepsilon(0)-\mu\int_0^t\mathbf{E}\left\|v(\tau)\right\|^2\mathrm{d}\tau+\frac{1}{2}\varepsilon^2c_0^2\mathrm{Tr}Q\int_0^t\int_D\sigma^2(x,s)\mathrm{d}x\mathrm{d}t \tag{3.1.28}$$

和

$$\begin{aligned}\mathbf{E}\langle u(t),v(t)\rangle=&\langle u_0(x),v_0(x)\rangle-\int_0^t\mathbf{E}\left\|\nabla u(\tau)\right\|^2\mathrm{d}\tau+\frac{\mu}{2}\left\|u_0\right\|^2+\\&\int_0^t\mathbf{E}\left\|v(\tau)\right\|^2\mathrm{d}\tau-\frac{\mu}{2}\mathbf{E}\left\|u(t)\right\|^2+k\int_0^t\mathbf{E}\left\|u(\tau)\right\|_{p+2}^{p+2}\mathrm{d}\tau+\\&\int_0^t\mathbf{E}\left\langle\int_0^t g(s-\tau)\nabla u(\tau)\mathrm{d}\tau,\nabla u(s)\right\rangle\mathrm{d}s,\end{aligned} \tag{3.1.29}$$

这里 c_0 在第 2 章中给出了定义.

证明 对$\left\|v(t)\right\|^2$利用 Itô 公式可得

$$\begin{aligned}\left\|v(t)\right\|^2=&\left\|v_0\right\|^2+2\int_0^t\langle v(\tau),\mathrm{d}v(\tau)\rangle+\int_0^t\langle\mathrm{d}v(\tau),\mathrm{d}v(\tau)\rangle\\=&\left\|v_0\right\|^2-2\int_0^t\langle\nabla u(\tau),\nabla v(\tau)\rangle\mathrm{d}\tau-2\mu\int_0^t\left\|v(\tau)\right\|^2\mathrm{d}\tau+\\&2\int_0^t\langle\int_0^s g(s-\tau)\nabla u(\tau)\mathrm{d}\tau,\nabla v(s)\rangle\mathrm{d}s+2\int_0^t\langle v(\tau),\kappa\left|u(\tau)\right|^pu(\tau)\rangle\mathrm{d}\tau+\\&2\int_0^t\langle v(\tau),\varepsilon\sigma(x,\tau)\mathrm{d}W(\tau)\rangle+\sum_{i=1}^{\infty}\int_0^t\langle\varepsilon\sigma(x,\tau)Qe_i,\varepsilon\sigma(x,\tau)e_i\rangle\mathrm{d}\tau\\=&2\varepsilon(0)-\left\|\nabla u(t)\right\|^2-2\mu\int_0^t\left\|v(\tau)\right\|^2\mathrm{d}\tau+\\&2\int_0^t\langle\int_0^s g(s-\tau)\nabla u(\tau)\mathrm{d}\tau,\nabla v(s)\rangle\mathrm{d}s+\frac{2\kappa}{p+2}\left\|u(t)\right\|_{p+2}^{p+2}+\\&2\int_0^t\langle v(\tau),\varepsilon\sigma(x,\tau)\mathrm{d}W(\tau)\rangle+\varepsilon^2\sum_{i=1}^{\infty}\lambda_i\int_0^t\int_D\sigma^2(x,\tau)e_i^2(x)\mathrm{d}x\mathrm{d}\tau.\end{aligned} \tag{3.1.30}$$

由条件(H1)可得

$$\begin{aligned}\langle\int_0^s g(s-\tau)\nabla u(\tau)\mathrm{d}\tau,\nabla v(s)\rangle=&\int_0^s g(s-\tau)\int_D\nabla v(s)\cdot\nabla u(\tau)\mathrm{d}\tau\mathrm{d}x\\=&\int_0^s g(s-\tau)\int_D\nabla v(s)(\nabla u(\tau)-\nabla u(s))\mathrm{d}x\mathrm{d}\tau+\\&\int_0^s g(s-\tau)\int_D\nabla v(s)\cdot\nabla u(s)\mathrm{d}x\mathrm{d}\tau\\=&-\frac{1}{2}\int_0^s g(s-\tau)\frac{\mathrm{d}}{\mathrm{d}s}\int_D\left|\nabla u(\tau)-\nabla u(s)\right|^2\mathrm{d}x\mathrm{d}\tau+\\&\frac{1}{2}\int_0^s g(\tau)\frac{\mathrm{d}}{\mathrm{d}s}\int_D\left|\nabla u(s)\right|^2\mathrm{d}x\mathrm{d}\tau\end{aligned}$$

$$= \frac{1}{2}\frac{\mathrm{d}}{\mathrm{d}s}\Big(\int_0^s g(\tau)\mathrm{d}\tau \left\|\nabla u(s)\right\|^2 - (g\circ\nabla u)(s)\Big) +$$

$$\frac{1}{2}(g'\circ\nabla u)(s) - \frac{1}{2}g(s)\left\|\nabla u(s)\right\|^2$$

$$\leqslant \frac{1}{2}\frac{\mathrm{d}}{\mathrm{d}s}\Big(\int_0^s g(\tau)\mathrm{d}\tau \left\|\nabla u(s)\right\|^2 - (g\circ\nabla u)(s)\Big),$$

上式表明

$$2\int_0^t\Big\langle\int_0^s g(s-\tau)\ \nabla u(\tau)\mathrm{d}\tau,\nabla v(s)\Big\rangle\mathrm{d}s \leqslant \int_0^t g(\tau)\mathrm{d}\tau\left\|\nabla u\right\|^2 - (g\circ\nabla u)(t).\quad(3.1.31)$$

注意到

$$\mathrm{Tr}\ Q = \sum_{i=1}^{\infty}\lambda_i,c_0 := \sup_{i\geqslant 1}\left\|e_i\right\|_\infty < \infty,\quad(3.1.32)$$

将式(3.1.31)和式(3.1.32)代入式(3.1.30)并取期望，可得式(3.1.28).

下面证明式(3.1.29). 如果$(u(t),v(t))$是式(3.1.25)的全局温和解，这时对每一个$n\geqslant 1$，$\{\langle u(t),\xi_n\rangle;t\geqslant 0\}$是一个$\{\mathscr{F}_t,t\geqslant 0\}$可知的连续变化过程，$\{\langle v(t),\xi_n\rangle;t\geqslant 0\}$是一个$\{\mathscr{F}_t,t\geqslant 0\}$可知的连续半鞅，这里$\{\xi_n\}_{n\geqslant 1}$是$L^2(D)$的垂直正交基. 这时由 Itô 公式可得

$$\langle u(t),\xi_n\rangle\langle v(t),\xi_n\rangle = \langle u_0,\xi_n\rangle\langle u_1,\xi_n\rangle + \int_0^t\langle u,\xi_n\rangle\mathrm{d}\langle v,\xi_n\rangle + \int_0^t\langle v,\xi_n\rangle\mathrm{d}\langle u,\xi_n\rangle.$$

上式表明

$$\langle u(t),v(t)\rangle = \langle u_0,v_0\rangle + \int_0^t\langle u(\tau),\mathrm{d}v(\tau)\rangle + \int_0^t\langle v(\tau),\mathrm{d}u(\tau)\rangle$$

$$= \langle u_0,v_0\rangle - \int_0^t\left\|\nabla u(\tau)\right\|^2\mathrm{d}\tau - \mu\int_0^t\langle v(\tau),u(\tau)\rangle\mathrm{d}\tau +$$

$$\int_0^t\langle\int_0^s g(s-\tau)\ \nabla u(\tau)\mathrm{d}\tau,\nabla u(s)\rangle\mathrm{d}s + \int_0^t\left\|v(\tau)\right\|^2\mathrm{d}\tau +$$

$$\int_0^t\langle u(\tau),\kappa\ |u(\tau)|^p u(\tau)\rangle\mathrm{d}\tau + \int_0^t\langle u(\tau),\varepsilon\sigma(x,\tau)\mathrm{d}W(\tau)\rangle.\quad(3.1.33)$$

注意到

$$\int_0^t\langle v(\tau),u(\tau)\rangle\mathrm{d}\tau = \frac{1}{2}\Big(\left\|u(t)\right\|^2 - \left\|u_0\right\|^2\Big)\quad(3.1.34)$$

和

$$\int_0^t\langle u(\tau),\kappa\ |u(\tau)|^p u(\tau)\rangle\mathrm{d}\tau = \kappa\int_0^t\left\|u(\tau)\right\|_{p+2}^{p+2}\mathrm{d}\tau,\quad(3.1.35)$$

这时式(3.1.29)来自式(3.1.33)～式(3.1.35).

接下来我们讨论问题(3.1.1)局部温和解的爆破性. 事实上，我们有：

定理 3.3　假设$0<p\leqslant\dfrac{d}{d-2}-1$，当$d\geqslant 3$时和$0<p<\infty$，当$d=1,2$时，并且(H1)，(H2)和式(3.1.27)成立. 令$u(t)$是问题(3.1.1)关于初值$(u_0,u_1)\in H_0^1(D)\times L^2(D)$的一个温和解. 如果初值满足

$$2\varepsilon(0) \leqslant -\varepsilon^2 c_0^2\int_0^\infty\int_D\sigma^2(x,t)\mathrm{d}x\mathrm{d}t,\quad(3.1.36)$$

和

$$\frac{p}{2}\langle u_0, v_0\rangle > \mu \left\| u_0 \right\|^2, \tag{3.1.37}$$

那么问题(3.1.1)的温和解 $u(t)$ 在 L^2 模意义下的生命线 τ_∞，

(1) 或者 $\mathbf{P}(\tau_\infty < \infty) > 0$，即 $u(t)$ 在 L^2 模意义下以正的概率在有限时刻爆破；

(2) 或者存在一个正的时刻 $T^* \in (0, T_0]$ 使得

$$\lim_{t\to T^*}\mathbf{E}\left\| u(t) \right\|^2 = +\infty,$$

其中

$$T_0 = \frac{2\left\| u_0 \right\|^2}{p\langle u_0, v_0\rangle - 2\left\| u_0 \right\|^2}.$$

证明 对于方程(3.1.1)的温和解在 L^2 模意义下的生命线 τ_∞，我们考虑 $\mathbf{P}(\tau_\infty = +\infty) = 1$ 的情形. 这时，对充分大的 $T > 0$，定义 $F(t):[0,T]\to\mathbf{R}^+$

$$F(t) := \mathbf{E}\left\| u(t) \right\|^2 + \mu\mathbf{E}\int_0^t \left\| u(\tau) \right\|^2 \mathrm{d}\tau + \mu(T-t)\left\| u_0 \right\|^2.$$

由引理 3.1 中的式(3.1.28)，可得

$$\begin{aligned}
F'(t) &= 2\mathbf{E}\langle u(t), v(t)\rangle + \mu\mathbf{E}\left\| u(t) \right\|^2 - \mu\mathbf{E}\left\| u_0 \right\|^2 \\
&= 2\mathbf{E}\langle u(t), v(t)\rangle + 2\mu\mathbf{E}\int_0^t \langle u(\tau), v(\tau)\rangle \mathrm{d}\tau \\
&= 2\langle u_0(x), v_0(x)\rangle - 2\int_0^t \mathbf{E}\left\| \nabla u \right\|^2 \mathrm{d}\tau + 2\int_0^t \mathbf{E}\left\| v(\tau) \right\|^2 \mathrm{d}\tau + \\
&\quad 2\int_0^t \mathbf{E}\langle \int_0^s g(s-\tau)\nabla u(\tau)\mathrm{d}\tau, \nabla u(s)\rangle \mathrm{d}s + 2\kappa\int_0^t \mathbf{E}\left\| u(\tau) \right\|_{p+2}^{p+2} \mathrm{d}\tau
\end{aligned}$$

进一步有

$$\begin{aligned}
F''(t) = &-2\mathbf{E}\left\| \nabla u(t) \right\|^2 + 2\mathbf{E}\left\| v(t) \right\|^2 + 2\mathbf{E}\langle \int_0^t g(t-\tau)\nabla u(\tau)\mathrm{d}\tau, \nabla u(t)\rangle + \\
&2\kappa\mathbf{E}\left\| u(t) \right\|_{p+2}^{p+2}.
\end{aligned}$$

故可得

$$\begin{aligned}
&F(t)F''(t) - \frac{p+4}{4}(F'(t))^2 \\
&= 2F(t)(-\mathbf{E}\left\| \nabla u(t) \right\|^2 + \mathbf{E}\left\| v(t) \right\|^2 + \mathbf{E}\langle \int_0^t g(t-\tau)\nabla u(\tau)\mathrm{d}\tau, \nabla u(t)\rangle + \\
&\quad \kappa\mathbf{E}\left\| u(t) \right\|_{p+2}^{p+2}) - (p+4)(\mathbf{E}\langle u(t), v(t)\rangle + \mu\mathbf{E}\int_0^t \langle u(\tau), v(\tau)\rangle \mathrm{d}\tau)^2 \\
&= 2F(t)(-\mathbf{E}\left\| \nabla u(t) \right\|^2 + \mathbf{E}\left\| v(t) \right\|^2 + \mathbf{E}\langle \int_0^t g(t-\tau)\nabla u(\tau)\mathrm{d}\tau, \nabla u(t)\rangle + \\
&\quad \kappa\mathbf{E}\left\| u(t) \right\|_{p+2}^{p+2}) + (p+4)[H(t) - F(t)(\mathbf{E}\left\| v(t) \right\|^2 + \mathbf{E}\mu\int_0^t \left\| v(\tau) \right\|^2 \mathrm{d}\tau) +
\end{aligned}$$

$$(T-t)\left\|u_0\right\|^2(\mathbf{E}\left\|v(t)\right\|^2+\mu\mathbf{E}\int_0^t\left\|v(\tau)\right\|^2\mathrm{d}\tau)], \tag{3.1.38}$$

其中

$$H(t)=(\mathbf{E}\left\|u(t)\right\|^2+\mu\mathbf{E}\int_0^t\left\|u(\tau)\right\|^2\mathrm{d}\tau)(\mathbf{E}\left\|v(t)\right\|^2+\mu\mathbf{E}\int_0^t\left\|v(\tau)\right\|^2\mathrm{d}\tau)-$$
$$(\mathbf{E}\langle u(t),v(t)\rangle+\mu\mathbf{E}\int_0^t\langle u(\tau),v(\tau)\rangle\mathrm{d}\tau)^2.$$

由 Hölder 不等式和 Schwarz 不等式,可得

$$(\mathbf{E}\langle u(t),v(t)\rangle)^2\leqslant\mathbf{E}\left\|u(t)\right\|^2\mathbf{E}\left\|v(t)\right\|^2,$$
$$\left(\mathbf{E}\int_0^t\langle u(\tau),v(\tau)\rangle\mathrm{d}\tau\right)^2\leqslant\mathbf{E}\int_0^t\left\|u(\tau)\right\|^2\mathrm{d}\tau\mathbf{E}\int_0^t\left\|v(\tau)\right\|^2\mathrm{d}\tau,$$

和

$$\mathbf{E}\langle u(t),v(t)\rangle\mathbf{E}\int_0^t\langle u(\tau),v(\tau)\rangle\mathrm{d}\tau$$
$$\leqslant\left(\mathbf{E}\left\|u(t)\right\|^2\right)^{\frac{1}{2}}\left(\mathbf{E}\int_0^t\left\|v(\tau)\right\|^2\mathrm{d}\tau\right)^{\frac{1}{2}}\left(\mathbf{E}\left\|v(t)\right\|^2\right)^{\frac{1}{2}}\left(\mathbf{E}\int_0^t\left\|u(\tau)\right\|^2\mathrm{d}\tau\right)^{\frac{1}{2}}$$
$$\leqslant\frac{1}{2}\mathbf{E}\left\|u(t)\right\|^2\mathbf{E}\int_0^t\left\|v(\tau)\right\|^2\mathrm{d}\tau+\frac{1}{2}\mathbf{E}\left\|v(t)\right\|^2\mathbf{E}\int_0^t\left\|u(\tau)\right\|^2\mathrm{d}\tau.$$

联立上述三个不等式可以看出对任意的 $t\in[0,T]$,有 $H(t)\geqslant0$. 因此,代入式(3.1.38)可得

$$F(t)F''(t)-\frac{p+4}{4}(F'(t))^2\geqslant F(t)\Upsilon(t),t\in[0,T], \tag{3.1.39}$$

其中

$$\Upsilon(t)=-2\mathbf{E}\left\|\nabla u(t)\right\|^2-(p+2)\mathbf{E}\left\|v(t)\right\|^2+2\mathbf{E}\langle\int_0^t g(t-\tau)\nabla u(\tau)\mathrm{d}\tau,\nabla u(t)\rangle+$$
$$2\kappa\mathbf{E}\left\|u(t)\right\|_{p+2}^{p+2}-(p+4)\mu\mathbf{E}\int_0^t\left\|v(\tau)\right\|^2\mathrm{d}\tau\,. \tag{3.1.40}$$

对(3.1.40)左边的第 3 项,我们有

$$\langle\int_0^t g(t-\tau)\nabla u(\tau)\mathrm{d}\tau,\nabla u(t)\rangle=\int_0^t g(t-\tau)\int_D\nabla u(\tau)\nabla u(t)\mathrm{d}x\mathrm{d}\tau$$
$$=\int_0^t g(t-\tau)\int_D\nabla u(t)\nabla(u(\tau)-u(t))\mathrm{d}x\mathrm{d}\tau+\int_0^t g(t-\tau)\left\|\nabla u(t)\right\|^2\mathrm{d}\tau$$
$$=\int_0^t g(t-\tau)\int_D\nabla u(t)\nabla(u(\tau)-u(t))\mathrm{d}x\mathrm{d}\tau+\int_0^t g(\tau)\mathrm{d}\tau\left\|\nabla u(t)\right\|^2. \tag{3.1.41}$$

联立(3.1.40)和(3.1.41),可得

$$\Upsilon(t)=-(p+2)\mathbf{E}\left\|v(t)\right\|^2-2(1-\int_0^t g(\tau)\mathrm{d}\tau)\mathbf{E}\left\|\nabla u(t)\right\|^2+2\kappa\mathbf{E}\left\|u(t)\right\|_{p+2}^{p+2}+$$
$$2\mathbf{E}\int_0^t g(t-\tau)\int_D\nabla u(t)\nabla(u(\tau)-u(t))\mathrm{d}x\mathrm{d}\tau-(p+4)\mu\mathbf{E}\int_0^t\left\|v\right\|^2\mathrm{d}\tau$$
$$\geqslant-(p+2)\mathbf{E}\left\|v(t)\right\|^2-2(1-\int_0^t g(\tau)\mathrm{d}\tau)\mathbf{E}\left\|\nabla u(t)\right\|^2+2\kappa\mathbf{E}\left\|u(t)\right\|_{p+2}^{p+2}-$$

$$2\mathbf{E}(\frac{p+2}{2}\int_0^t g(t-\tau)\left\|\nabla u(\tau)-\nabla u(t)\right\|^2 d\tau+$$

$$\frac{1}{2(p+2)}\int_0^t g(\tau)\left\|\nabla u(t)\right\|^2 d\tau)-(p+4)\mu\mathbf{E}\int_0^t\left\|v(\tau)\right\|^2 d\tau$$

$$\geqslant -2(p+2)\mathbf{E}\varepsilon(t)+p(1-\int_0^t g(\tau)d\tau)\mathbf{E}\left\|\nabla u(t)\right\|^2-$$

$$\frac{1}{p+2}\int_0^t g(\tau)d\tau\mathbf{E}\left\|\nabla u(t)\right\|^2)-(p+4)\mu\mathbf{E}\int_0^t\left\|v(\tau)\right\|^2 d\tau.$$

再利用引理 3.1 中的(3.1.28),条件(H2)和式(3.1.36),进一步可得

$$\Upsilon(t)\geqslant -(p+2)(2\varepsilon(0)+\varepsilon^2 c_0^2\int_0^\infty\int_D\sigma^2(x,t)dxdt)+\mu p\mathbf{E}\int_0^t\left\|v(\tau)\right\|^2 d\tau+$$

$$p(1-\int_0^t g(\tau)d\tau)\left\|\nabla u(t)\right\|^2-\frac{1}{p+2}\int_0^t g(\tau)d\tau\ \mathbf{E}\left\|\nabla u(t)\right\|^2$$

$$\geqslant -(p+2)(2\varepsilon(0)+\varepsilon^2 c_0^2\int_0^\infty\int_D\sigma^2(x,t)dxdt)$$

$$\geqslant +p(1-\frac{(p+1)^2}{p(p+2)}\int_0^\infty g(\tau)d\tau)\ \mathbf{E}\left\|\nabla u(t)\right\|^2$$

$$\geqslant 0.$$

因此,对任意的 $t\geqslant 0$,由式(3.1.39)可得

$$F(t)F''(t)-\frac{p+4}{4}(F'(t))^2\geqslant 0.$$

上式表明

$$(F^{-\frac{p}{4}}(t))''=-\frac{p}{4}F^{-\frac{p}{4}-2}(t)(F(t)F''(t)-\frac{p+4}{4}(F'(t))^2)\leqslant 0.$$

由泰勒(Taylor)公式知,存在 $\theta\in(0,1)$ 使得

$$F^{-\frac{p}{4}}(t)=F^{-\frac{p}{4}}(0)-\frac{p}{4}F'(0)F^{-\frac{p}{4}-1}(0)t+\frac{1}{2}(F^{-\frac{p}{4}}(\theta t))''t^2$$

$$\leqslant F^{-\frac{p}{4}}(0)-\frac{p}{4}F'(0)F^{-\frac{p}{4}-1}(0)t.$$

因此,

$$F^{\frac{p}{4}}(t)\geqslant F^{\frac{p}{4}+1}(0)\left(F(0)-\frac{p}{4}F'(0)t\right)^{-1}.$$

注意到 $F(0)=\left\|u_0\right\|^2+T\left\|u_0\right\|^2$ 和 $F'(0)=2\langle u_0,v_0\rangle$,以及由假设条件(3.1.37)可得 $p\langle u_0, v_0\rangle-2\mu\left\|u_0\right\|^2>0$,故令

$$T_0=\frac{2\left\|u_0\right\|^2}{p\langle u_0,v_0\rangle-2\mu\left\|u_0\right\|^2}.$$

则当 $t\to T_0$ 时,$F(t)\to+\infty$.这意味着存在一个正的时间 $T^*\in(0,T_0]$ 使得

$$\lim_{t\to T^*}\left\|u(t)\right\|^2=+\infty.$$

对于这种情形 $P(\tau_\infty=+\infty)<1$(即,$P(\tau_\infty<+\infty)>0$),这说明 $u(t)$ 在 L^2 模意义下在有限时间区间 $[0,\tau_\infty]$ 内爆破的概率是正的.

注 3.3　众所周知,对于确定性方程,即 $\varepsilon=0$,当初值满足 $(u_0,v_0)\in H_0^1(D)\times L^2(D)$ 时,条件 $\varepsilon(0)\leqslant 0$ 已经可以确保方程(3.1.1)的局部解在有限时刻爆破(例如文献[66, 95]).如果 $\varepsilon>0$,即随机情形,利用本节的结果可以看出:若使得式(3.1.1)的局部解在 L^2 模意义下有限时刻爆破的概率是正的,或 $\mathbf{E}\left\|u\right\|^2$ 在有限时刻趋向无穷,此时初始能量必须满足 $E(0)\leqslant -\frac{1}{2}\varepsilon^2c_0^2\int_0^\infty\int_D\sigma^2(x,t)\mathrm{d}x\mathrm{d}t$,这是为了平衡噪声 $W(t,x)$ 带来的影响.

3.2　附加噪声驱动下带有非线性阻尼的随机波动方程解的爆破性

3.2.1　引言

本节考虑下面带有非线性阻尼项和源项的随机波动方程

$$\begin{cases}u_{tt}-\Delta u++|u_t|^{q-2}u_t=|u|^{p-2}u+\\ \quad\varepsilon\sigma(u,\nabla u,x,t)\partial_t W(t,x), & (x,t)\in D\times(0,T),\\ u(x,t)=0, & (x,t)\in\partial D\times(0,T),\\ u(x,0)=u_0(x),u_t(x,0)=u_1(x), & x\in D,\end{cases}\tag{3.2.1}$$

这里 D 是 $\mathbf{R}^d$ 中带有光滑边界 ∂D 的有界区域,$q\geqslant 2$,$p>2$,满足

$$\begin{cases}q\geqslant 2,p>2,\max\{p,q\}\leqslant\dfrac{2(d-1)}{d-2}, & d\geqslant 3,\\ q\geqslant 2,\quad p>2, & d=1,2.\end{cases}\tag{3.2.2}$$

ε 是一个正的常数用来测量噪声强度,初值 $u_0(x)$ 和 $u_1(x)$ 是两个给定的函数. $W(t,x)$ 是 $H_0^1(D)$ 中的一个 Q-Wiener 过程. 为了简化计算,进一步假设协方差算子 Q 和带有齐次 Dirichlet 边界条件的 $-\Delta$ 算子具有相同的特征函数集,即 $\{e_i\}_{i=1}^\infty$ 满足

$$\begin{cases}-\Delta e_i=\mu_i e_i, & x\in D,\\ e_i=0, & x\in\partial D.\end{cases}\tag{3.2.3}$$

众所周知,如果问题(3.2.1)不含有噪声项,即 $\varepsilon\equiv 0$ 时,下面的确定性波动方程

$$u_{tt}-\Delta u+|u_t|^{q-2}u_t=|u|^{p-2}u,$$

近年来已经被很多学者广泛研究.这些研究主要关注解的存在性、爆破性,光滑解的渐近性及弱解的存在性等,参看文献[4,43,48,52,55,58-61,65]及相应的参考文献. 如果问题(3.2.1)不含有阻尼项或者阻尼项为线性阻尼($q=2$),这方面的研究也相当成熟. 主要结果关注解的爆破性,解的渐近稳定性及不变测度等,参看文献[10,17,22,24,26,29,33,34,42,70,76,77]. Pardoux[120] 于 1975 年首次考虑带有非线性阻尼项的随机波动方程,但在过

去的 40 多年里几乎没有进展. Kim[61] 和 Barbu 等[121] 分别考虑了问题(3.2.1)关于非线性阻尼和扩散阻尼的情形,都证明了问题(3.2.1)不变测度的存在性,而 Barbu 等还证明了不变测度是唯一的. 本书将考虑问题(3.2.1)解的全局存在性及爆破性关于可加噪声,即 $\sigma(u,\nabla u,x,t)=\sigma(t,x,w)$,这使得随机积分可以被很好地定义为 $L^2(D)$ 值的连续鞅. 对于带有非线性阻尼项的随机波动方程解的存在唯一性,不能再像证明线性阻尼那样采取半群方法获得,我们将采取 Galerkin 逼近方法建立该问题局部轨道解的存在唯一性,并进一步利用 Khasminskii 验证方法证明,如果 $q\geqslant p$ 则该解全局存在. 对于带有非线性阻尼项的随机波动方程解的爆破性,这里还是首次被研究. 这是因为用来处理线性阻尼情形的"凸函数"方法对非线性阻尼的情形不再适合. 由于问题自然引入的困难,我们将通过修复能量泛函,并利用文献[40]中的技巧证明:当 $p>q$ 时,要么解在 L^2 模意义下以正的概率在有限时刻爆破,要么 $\mathbf{E}\left\|u\right\|^2$ 在有限时刻趋向无穷.

另外,用来证明确定性波动方程解的爆破性时,一个关键点是能量泛函关于 t 递减,但对于随机的情形,能量泛函不一定关于 t 递减. 若考虑带有可加噪声的随机波动方程,可采取适当的能量不等式克服这个问题. 而对于乘法噪声,即当 σ 依赖 u 和∇u,解的爆破性仍然是一个公开问题,即使是线性阻尼的情形.

最后,我们给出问题(3.2.1)解的定义. 为了给出解的定义,进一步假设

$$(u_0,u_1)\in H_0^1(D)\times L^2(D),\mathbf{E}\int_0^T\left\|\sigma(t)\right\|^2\mathrm{d}t<\infty, \tag{3.2.4}$$

这里 $\sigma(x,t)$ 是 $L^2(D)$ 值循序可测的.

定义 3.3 假设式(3.2.4)成立,u 被称为式(3.2.4)在区间$[0,T]$上的一个解,如果

$$(u,u_t)\text{ 是 }H_0^1(D)\times L^2(D)\text{ 值循序可测的}, \tag{3.2.5}$$

$$(u,u_t)\in L^2(\Omega;C([0,T];H_0^1(D)\times L^2(D))),u_t\in L^q([0,T]\times D) \tag{3.2.6}$$

$$u(0)=u_0,\quad u_t(0)=u_1, \tag{3.2.7}$$

$$u_{tt}-\Delta u+|u_t|^{q-2}u_t=|u|^{p-2}u+\varepsilon\sigma(x,t)\partial_tW(t,x) \tag{3.2.8}$$

在扰动意义下对几乎所有的 ω 在 $(0,T)\times D$ 上成立.

注 3.4 式(3.2.6)和式(3.2.8)表明

$$\begin{aligned}\langle u_t(t),\phi\rangle=\langle u_1,\phi\rangle-\int_0^t(\nabla u,\nabla\phi)\mathrm{d}s-\int_0^t\langle|u_s|^{q-2}u_s,\phi\rangle\mathrm{d}s+\\ \int_0^t\langle|u|^{p-2}u,\phi\rangle\mathrm{d}s+\int_0^t\langle\phi,\varepsilon\sigma(x,s)\mathrm{d}Ws\rangle,\end{aligned} \tag{3.2.9}$$

对所有的 $t\in[0,T]$和 $\phi\in H_0^1(D)$成立. 事实上,式(3.2.9)是随机偏微分方程强解的常用定义形式. 因此,这里 u 是方程(3.2.1)的一个强解.

3.2.2 全局解的存在唯一性

本节主要采取 Galerkin 逼近方法证明问题(3.2.1)局部解的存在唯一性,并利用 Khasminskii 验证方法证明如果 $q\geqslant p$ 该局部解全局存在. 令 $f(u)=|u|^{p-2}u$,对每一个 $N\geqslant 1$,定

义一个 C^1 函数 χ_N：

$$\chi_N(x)=\begin{cases}1, & x\leqslant N,\\ \in(0,1), & N<x<N+1,\\ 0, & x\geqslant N+1,\end{cases}$$

并进一步假设 $\left\|\chi'_N\right\|_\infty\leqslant 2$. 定义：

$$f_N(u)=\chi_N(\left\|\nabla u\right\|_2)f(u),u\in H_1^0(D).$$

则由式(2.4.3)得

$$\left\|f_N(u)-f_N(v)\right\|_2\leqslant C_N\left\|\nabla u-\nabla v\right\|_2,u,v\in H_0^1(D), \tag{3.2.10}$$

这里 C_N 是一个仅依赖于 N 的常数. 令 $g(x)=|x|^{q-2}x$, 对任意的 $\lambda>0$, 定义

$$g_\lambda(x)=\frac{1}{\lambda}(x-(I+\lambda g)^{-1}(x))=g\,(I+\lambda g)^{-1}(x),x\in\mathbf{R},$$

这里 g_λ 是映射 g 的 Yosida 逼近. 因为对任意 $x\in\mathbf{R}$, $g(x)$ 满足最大单调原理和 $g'(x)=(q-2)|x|^{q-2}\geqslant 0$, 所以 $g_\lambda\in C^1(\mathbf{R})$ 且满足(参阅 Pazy[104])

$$0\leqslant g'_\lambda\leqslant\frac{1}{\lambda},|g_\lambda(x)|\leqslant|g(x)|,|g_\lambda(x)|\leqslant\frac{1}{\lambda}|x|,\forall x\in\mathbf{R}. \tag{3.2.11}$$

引理 3.2　令 $\{\lambda_n\}$ 和 $\{x_n\}$ 分别是一列正数和一列实数使得当 $n\to\infty$ 时 $\lambda_n\to 0$ 和 $x_n\to x$. 那么

$$\lim_{n\to\infty}g_{\lambda_n}(x_n)=g(x).$$

证明　由 $x_n\to x$ 知存在 $L>0$ 使得 $|x_n|\leqslant L$ 对任意的 $n\geqslant 1$ 成立. 因为 $g(x)$ 是最大单调的, 故对每个 $n\geqslant 1$, 存在唯一的 y_n 使得 $y_n+\lambda_n g(y_n)=x_n$. 因此, 对每个 $n\geqslant 1$

$$|y_n|\leqslant|x_n|\leqslant L,|x_n-y_n|\leqslant\lambda_n C,$$

这里 $C=\sup_{|z|\leqslant L}|g(z)|$. 此时, 引理的结论可由

$$|g(x)-g_{\lambda n}(x_n)|\leqslant|g(x)-g(x_n)|+|g(x_n)-g(y_n)|$$

获得.

引理 3.3(参看 Lions[106]引理 4.3)　令 D 是 $\mathbf{R}^d(d\geqslant 1)$ 中的有界区域 $\{\varphi_k\}$, $\varphi\in L^q(D)$, $1<q<\infty$. 若 $\left\|\varphi_k\right\|_q\leqslant C$, $\varphi_k(x)\to\varphi(x)$ 在 D 中几乎处处收敛, 其中 C 是一个常数, 则 $\varphi_k\to\varphi$ 在 $L^q(D)$ 中弱收敛.

为了获得问题(3.2.4)局部解的存在唯一性, 我们首先建立一个关于正则问题的引理. 固定 λ 和 $N>0$, 考虑初边值问题

$$\begin{cases}u_{tt}-\Delta u+g_\lambda(u_t)=f_N(u)+\varepsilon\sigma(x,t)\partial_t W(t,x), & (x,t)\in D\times(0,T),\\ u(x,t)=0, & (x,t)\in\partial D\times(0,T),\\ u(x,0)=u_0(x),u_t(x,0)=u_1(x), & x\in D,\end{cases} \tag{3.2.12}$$

这里假设

$$(u_0,u_1)\in (H_0^1(D)\cap H^2(D))\times H_0^1(D) \tag{3.2.13}$$

和 $\sigma(x,t)$ 是 $H_0^1(D)\cap L^\infty(D)$ 值循序可测的，使得

$$\mathbf{E}\int_0^T(\left\|\nabla\sigma(t)\right\|^2+\left\|\sigma(t)\right\|_\infty^2)\mathrm{d}t<\infty. \tag{3.2.14}$$

引理 3.4 假设式(3.2.2)，式(3.2.13)和式(3.2.14)成立. 则问题(3.2.12)存在唯一轨道解 u 使得

$$u\in L^2(\Omega;L^\infty(0,T;H_0^1(D)\cap H^2(D)))\cap L^2(\Omega;C([0,T];H_0^1(D)))$$

和

$$u_t\in L^2(\Omega;L^\infty(0,T;H_0^1(D)))\cap L^2(\Omega;C([0,T];L^2(D))).$$

进一步，也有

$$\mathbf{E}\left(\left\|u_t\right\|_{L^\infty(0,T;H_0^1(D))}^2+\left\|u\right\|_{L^\infty(0,T;H_0^1(D)\cap H^2(D))}^2+\int_0^T\int_D g_\lambda(u_t)u_t\mathrm{d}x\mathrm{d}t\right)\leqslant C_N,$$

其中 C_N 表示一个不依赖于 λ 的正常数.

证明 令

$$u_m(t,x)=\sum_{j=1}^m a_{m,j}(t)e_j(x),$$

这里 $\{e_j\}_{j=1}^\infty$ 是 $H_0^1(D)$ 的完备正交基，$a_{m,j}$ 是下面随机微分方程的一个解

$$\begin{cases}a''_{m,j}=-\mu_j a_{m,j}-\langle g_\lambda(\sum_{j=1}^m a'_{m,j}e_j),e_j\rangle+\\ \qquad\langle f_N(\sum_{j=1}^m a'_{m,j}e_j),e_j\rangle+\langle e_j,\varepsilon\sigma(x,t)\mathrm{d}W_t\rangle,\\ a_{m,j}(0)=(u_0,e_j),a'_{m,j}(0)=(u_1,e_j),\end{cases} \tag{3.2.15}$$

其中 $1\leqslant j\leqslant m$. 对所有的 $t\in[0,T]$ 和几乎所有的 w，由 Itô 公式可得

$$\begin{aligned}&\left\|u'_m(t)\right\|^2+\left\|\nabla u_m(t)\right\|^2\leqslant\left\|u'_m(0)\right\|^2+\left\|\nabla u_m(0)\right\|^2-\\&2\int_0^t\int_D g_\lambda(u'_m(s))u'_m(s)\mathrm{d}x\mathrm{d}s+2\int_0^t\int_D f_N(u_m)u'_m\mathrm{d}x\mathrm{d}s+\\&2\int_0^t(u'_m,\varepsilon\sigma\mathrm{d}W_s)+c_0^2\mathrm{Tr}Q\sum_{j=1}^m\int_0^t|\langle e_j,\varepsilon\sigma\rangle|^2\mathrm{d}s\end{aligned} \tag{3.2.16}$$

和

$$\begin{aligned}&\left\|\nabla u'_m(t)\right\|^2+\left\|\Delta u_m(t)\right\|^2\leqslant\left\|\nabla u'_m(0)\right\|^2+\left\|\Delta u_m(0)\right\|^2+\\&2\int_0^t\int_D g_\lambda(u'_m(s))\Delta u'_m(s)\mathrm{d}x\mathrm{d}s-2\int_0^t\int_D f_N(u_m(s))\Delta u'_m\mathrm{d}x\mathrm{d}s+\\&2\int_0^t\langle\nabla u'_m,\varepsilon\,\nabla(\sigma\mathrm{d}W_s)\rangle+c_0^2\mathrm{Tr}Q\sum_{j=1}^m\int_0^t|\langle\nabla e_j,\varepsilon\,\nabla\sigma\rangle|^2\mathrm{d}s+\sum_{j=1}^m\sum_{i=1}^\infty\lambda_i\int_0^t|\langle\nabla e_j,\sigma\,\nabla e_i\rangle|^2\mathrm{d}s,\end{aligned} \tag{3.2.17}$$

这里

$$\operatorname{Tr} Q=\sum_{i=1}^{m}\lambda_i, c_0:=\sup_{i\geqslant 1}\left\|e_i\right\|_{\infty}.$$

利用式(3.2.15)和式(3.2.11),则有

$$\begin{aligned}\int_D f_N(u_m)u'_m\mathrm{d}x &\leqslant \int_D \chi_N(\left\|\nabla u_m\right\|_2)\ |u_m|^{p-1}|u'_m(s)|\mathrm{d}x\\ &\leqslant C_N\left\|\nabla u_m\right\|_2\left\|u'_m\right\|_2,\end{aligned}\tag{3.2.18}$$

$$\begin{aligned}-\int_D f_N(u_m)\Delta u'_m\mathrm{d}x &=(p-1)\int_D \chi_N(\left\|\nabla u_m\right\|_2)\ |u_m|^{p-2}\nabla u_m\cdot\nabla u'_m\mathrm{d}x\\ &\leqslant C_N(p-1)\left\||u_m|^{p-2}\nabla u_m\right\|_2\left\|\nabla u'_m\right\|_2\\ &\leqslant C_N\left\|\Delta u_m\right\|_2\left\|\nabla u'_m\right\|_2,\end{aligned}\tag{3.2.19}$$

和

$$\int_D g(u'_m(s))\Delta u'_m(s)\mathrm{d}x=-\int_D g'_\lambda(u'_m(s))\ |\nabla u'_m(s)|^2\mathrm{d}x\leqslant 0.\tag{3.2.20}$$

由 Burkholder-Davis-Gundy 不等式可得

$$\begin{aligned}\mathbf{E}\Big(\sup_{t\in[0,T]}\Big|\int_0^t\langle u'_m(s),\varepsilon\sigma\rangle\mathrm{d}W_s\Big|\Big)&\leqslant C\mathbf{E}\Big(\sup_{t\in[0,T]}\left\|u'_m\right\|_2\Big(\varepsilon^2\sum_{i=1}^{\infty}\int_0^T\langle\sigma(x,t)Qe_i,\sigma(x,t)e_i\rangle\mathrm{d}t\Big)^{\frac{1}{2}}\Big)\\ &\leqslant \alpha\mathbf{E}\Big(\sup_{t\in[0,T]}\left\|u'_m\right\|^2\Big)+\frac{C\varepsilon^2c_0^2}{\alpha}\operatorname{Tr}Q\mathbf{E}\Big(\int_0^T\left\|\sigma(t)\right\|^2\mathrm{d}t\Big),\end{aligned}\tag{3.2.21}$$

和

$$\begin{aligned}&\mathbf{E}\Big(\sup_{t\in[0,T]}\Big|\int_0^t\langle\nabla u'_m,\nabla(\sigma\mathrm{d}W_s)\rangle\Big|\Big)\leqslant\\ &\quad\alpha\mathbf{E}(\sup_{t\in[0,T]}\left\|\nabla u'_m\right\|^2)+\frac{C\varepsilon^2c_0^2}{\alpha}\operatorname{Tr}Q\mathbf{E}\Big(\int_0^T\Big(\left\|\nabla\sigma(t)\right\|^2+\left\|\sigma(t)\right\|_\infty^2\Big)\mathrm{d}t\Big),\end{aligned}\tag{3.2.22}$$

这里和后文中,C 和 C_N 表示与 m 和 λ 无关的正常数. 由式(3.2.13),式(3.2.14),式(3.2.16)~式(3.2.22)及 Gronwall's 不等式得

$$\mathbf{E}(\sup_{t\in[0,T]}\left\|\nabla u'_m\right\|^2+\sup_{t\in[0,T]}\left\|u_m\right\|_{H_0^1(D)\cap H^2(D)}+\int_0^T\int_D g_\lambda(u'_m(s))u'_m(s)\mathrm{d}x\mathrm{d}s)\leqslant C_N.\tag{3.2.23}$$

定义

$$A_\lambda(v)=\left\|v\right\|^2_{L^\infty(0,T;H_0^1(D)\cap H^2(D))}+\left\|v'\right\|^2_{L^\infty(0,T;H_0^1(D))}+\int_0^T\int_D g_\lambda(v'(s))v'(s)\mathrm{d}x\mathrm{d}s.\tag{3.2.24}$$

则由(3.2.23)可得

$$P(\bigcup_{L=1}^{\infty}\bigcap_{j=1}^{\infty}\bigcup_{m=j}^{\infty}\{A_\lambda(u_m)\leqslant L\})=1.\tag{3.2.25}$$

设 $\mathscr{P}_m$ 是 $L^2(D)\to\{e_1,\cdots,e_m\}$ 的投影映射,这里$[e_1,\cdots,e_m]$表示由$\{e_1,\cdots,e_m\}$张成的子

空间，所以

$$\mathscr{P}_m\varphi = \sum\nolimits_{j=1}^{m}(\varphi,e_j)e_j.$$

由式(3.2.15)，对几乎所有的 ω，在扰动意义下在 $(0,T)\times D$ 上有

$$\partial_t(u'_m - \varepsilon\mathscr{P}_m M(t)) = \Delta u_m - \mathscr{P}_m g_\lambda(u'_m) + \mathscr{P}_m f_N(u_m), \tag{3.2.26}$$

这里 $M(t)$ 被定义在 2.4 部分中且满足式(3.2.14). 因为 $\sigma(x,t)$ 是 $H_0^1(D)\cap L^\infty(D)$ 值循序可测的，$\{W(t,x):t\geqslant 0\}$ 是一个 H_0^1 值过程，所以存在一个满足 $\mathbf{P}(\Omega\backslash\Omega_1)=0$ 的子集合 $\Omega_1\subset\Omega$ 使得对每一个 $\omega\in\Omega_1$，

$$M\in C([0,T];H_0^1(D)) \text{ 并且式(3.2.26)对所有的 } m\geqslant 1 \text{ 成立}. \tag{3.2.27}$$

由式(3.2.23)知，对每一个 $\omega\in\Omega_1$ 都存在某一函数 $u=u(w)$ 和一个子序列 $\{u_{m_k}\}_{k=1}^{\infty}$，对所有的 $k\geqslant 1$ 和某一常数 $L_\omega>0$，使得

$$A_\lambda(u_{m_k})\leqslant L_\omega, \tag{3.2.28}$$

$$u_{m_k}\to u \text{ 在 } L^\infty(0,T;H_0^1(D)\cap H^2(D)) \text{ 中弱 * 收敛}, \tag{3.2.29}$$

$$u_{m_k}\to u \text{ 在 } C([0,T];H_0^1(D)) \text{ 中强收敛}, \tag{3.2.30}$$

和

$$u'_{m_k}\to u' \text{ 在 } L^\infty(0,T;H_0^1(D)) \text{ 中弱 * 收敛}. \tag{3.2.31}$$

另外，对所有的 $x\in\mathbf{R}$，$\lambda>0$，由式(3.2.31)知

$$|g_\lambda(x)|^{\frac{q}{q-1}}\leqslant Cg_\lambda(x)x.$$

由式(3.2.2)，可得嵌入关系 $L^{\frac{q}{q-1}}\to H^{-1}(D)$. 因此，联立式(3.2.24)和式(3.2.28)可得

$$\left\|g_\lambda(u'_{m_k})\right\|_{L^{\frac{q}{q-1}}(0,T;H^{-1}(D))}^{\frac{q}{q-1}}\leqslant CL_\omega. \tag{3.2.32}$$

联立上式和式(3.2.26)，对任意的 $k\geqslant 1$ 有

$$\left\|u'_{m_k}-\varepsilon p_{m_k}M\right\|_{W^{1,\frac{q}{q-1}}(0,T;H^{-1}(D))}\leqslant CL_\omega. \tag{3.2.33}$$

所以由式(3.2.31)和式(3.2.33)得

$$u'_{m_k}-\varepsilon p_{m_k}M\to u'-\varepsilon M \text{ 在 } C([0,T];L^2(D)) \text{ 中强收敛}. \tag{3.2.34}$$

这表明存在一个子序列仍用 $\{u_{m_k}\}$ 表示使得

$$u'_{m_k}(t,x)\to u'(t,x) \text{ 在 } (0,T)\times D \text{ 中几乎处处收敛}. \tag{3.2.35}$$

利用式(3.2.32)，式(3.2.35)及引理 3.3 可得

$$g_\lambda(u'_{m_k})\to g_\lambda(u') \text{ 在 } L^{\frac{q}{q-1}}((0,T)\times D) \text{ 中弱收敛}.$$

因此，$u=u(\omega)$ 在扰动意义下在 $(0,T)\times D$ 上满足(3.2.12). 上面子序列的选取可能依赖 $\omega\in\Omega_1$. 如果有另外一个子序列在上述意义下收敛到 $\tilde{u}=\tilde{u}(\omega)$，这时 $\omega=u(\omega)-\tilde{u}(\omega)$ 满足：

$$\omega''-\Delta\omega+g_\lambda(u'(\omega))-g_\lambda(\tilde{u}'(\omega))=f_N(u(\omega))-f_N(\tilde{u}(\omega)),$$

$$\omega(0)=0,\omega'(0)=0,$$

$$\omega\in L^\infty(0,T;H_0^1(D)\cap H^2(D))\cap C([0,T];H_0^1(D)),$$

$$\omega'\in L^\infty(0,T;H_0^1(D))\cap C([0,T];L^2(D)).$$

由此可得

$$\frac{1}{2}\frac{\mathrm{d}}{\mathrm{d}t}\left(\left\|w'(t)\right\|_2^2+\left\|\nabla w(t)\right\|_2^2\right)+\int_D(g_\lambda(u')-g_\lambda(\widetilde{u}'))w'\mathrm{d}x=\int_D(f_N(u)-f_N(\widetilde{u}))w'\mathrm{d}x. \tag{3.2.36}$$

利用式(3.2.11)有

$$\int_D g_\lambda(u'(\omega))-g_\lambda(\widetilde{u}'(\omega)w'\mathrm{d}x)\geqslant 0\,.$$

通过 Hölder 不等式及条件(3.2.2)可得

$$\begin{aligned}\left|\int_D(f_N(u)-f_N(\widetilde{u}))w'\mathrm{d}x\right| &= \left|\int_D(\chi_N(\left\|\nabla u\right\|_2)\,|u|^{p-2}u-\chi_N(\left\|\nabla\widetilde{u}\right\|_2)\,|\widetilde{u}|^{p-2}\,\widetilde{u})w'\mathrm{d}x\right| \\ &\leqslant C_N(p-1)\int_D\sup\{|u|^{p-2},|\widetilde{u}|^{p-2}\}\,|w|\,|w'|\,\mathrm{d}x \\ &\leqslant C_N(\left\|u\right\|_{(p-2)d}^{(p-2)}+\left\|\widetilde{u}\right\|_{(p-2)d}^{(p-2)}\left\|w\right\|_{\frac{2d}{d-2}}\left\|w'\right\|_2) \\ &\leqslant C_N\left\|\nabla w(t)\right\|_2\left\|w'\right\|_2. \end{aligned} \tag{3.2.37}$$

联立式(3.2.36)和式(3.2.37)可得

$$\left\|w'(t)\right\|^2+\left\|\nabla w(t)\right\|^2\leqslant 2C_N\int_0^t(\left\|w'(s)\right\|^2+\left\|\nabla w(s)\right\|^2)\mathrm{d}s,$$

这表明 $w=0$，即 $u(\omega)=\widetilde{u}(\omega)$. 因此，对每一个 $\omega\in\Omega_1$，$u=u(\omega)$ 被很好地定义.

下面我们将证明对任意的 $0\leqslant t\leqslant T$，(u,u_t) 是 $(H_0^1(D)\cap H^2(D))\times H^2(D)$ 值循序可测的. 令 $\mathscr{B}_r(z)$ 是 $C([0,T];H_0^1(D)\times L^2(D))$ 中球心在 z 半径为 $r>0$ 的闭球. 这时通过已经获得的轨道解 u 可得

$$\begin{aligned}&\{(u,u_t)\in\mathscr{B}_r(z)\}\cap\Omega_1\\ &\quad=\Omega_1\cap\bigcup_{L=1}^{\infty}\bigcap_{v=1}^{\infty}\bigcup_{j=1}^{\infty}\bigcup_{m=j}^{\infty}\{((u_m,u'_m)\in\mathscr{B}_{r+1/v}(z))\cap(\mathscr{A}_\lambda(u_m)\leqslant L)\}.\end{aligned} \tag{3.2.38}$$

因为对几乎所有的 w，$(u,u_t)\in C([0,T];H_0^1(D)\times L^2(D))$，且(3.2.38)的右侧属于 F_T，所以对每个 $A\in B(H_0^1(D)\times L^2(D))$ 有

$$\{(t,\omega)\,|\,0\leqslant t\leqslant T,(u(t,\omega),u_t(t,\omega))\in\mathscr{A}\}\in\mathscr{B}([0,T])\otimes\mathscr{F}_T, \tag{3.2.39}$$

又因 $(H_0^1(D)\cap H^2(D))\times H_0^1(D))$ 中的每一个半径有限的闭球在 $H_0^1(D)\times L^2(D)$ 中是闭的，所以有 $\mathscr{B}(H_0^1(D)\cap H^2(D))\times H_0^1(D))\subset\mathscr{B}(H_0^1(D)\times L^2(D))$. 因此，对每一个 $\mathscr{A}\in\mathscr{B}(H_0^1(D)\cap H^2(D))\times H_0^1(D))$ 都有(3.2.39)成立. 由轨道解的唯一性，可以用任意的 $0\leqslant t\leqslant T$ 代替(3.2.39)中的 T，从而获得 (u,u_t) 是 $(H_0^1(D)\cap H^2(D))\times H_0^1(D))$ 值循序可测的.

接下来证明对每一个 $\omega\in\Omega_1$ 和每一个 $K>0$ 有，

$$\mathscr{A}_\lambda(u)\wedge K\leqslant\varliminf_{m\to\infty}{}_\lambda(u_m)\wedge K. \tag{3.2.40}$$

如果 $\varliminf_{m\to\infty}\mathscr{A}_\lambda(u_m)\wedge K=K$，不等于(3.2.40)显然成立.

如果 $\varliminf_{m\to\infty}\mathscr{A}_\lambda(u_m)\wedge K=\delta<K$，这时存在一个子序列 $\{u_{m_k}\}_{k=1}^\infty$，使得

$$\lim_{k\to\infty}\mathscr{A}_\lambda(u_{m_k})=\delta,$$

并且$\{u_{m_k}(\omega)\}$在式(3.2.28)～式(3.2.31)和式(3.2.34)意义下收敛到$u(\omega)$. 所以有

$$\left\|u\right\|_{L^\infty(0,T;H_0^1(D)\cap H^2(D))}\leqslant\varliminf_{k\to\infty}\left\|u_{m_k}\right\|_{L^\infty(0,T;H_0^1(D)\cap H^2(D))},\left\|u'\right\|_{L^\infty(0,T;H_0^1(D))}\leqslant\varliminf_{k\to\infty}\left\|u'_{m_k}\right\|_{L^\infty(0,T;H_0^1(D))},$$

和

$$\int_0^T\int_D g_\lambda(u'(s))u'(s)\mathrm{d}x\mathrm{d}s\leqslant\varliminf_{k\to\infty}\int_0^T\int_D g_\lambda(u'_{m_k}(s))u'_{m_k}(s)\mathrm{d}x\mathrm{d}s.$$

上述三个不等式表明

$$\mathscr{A}_\lambda(u)\leqslant\delta.$$

因此,式(3.2.40)仍成立. 利用式(3.2.23),式(3.2.40)和 Fatou's 引理,可得

$$\mathbf{E}(\mathscr{A}_\lambda(u)\wedge K)\leqslant C_N,\tag{3.2.41}$$

其中C_N独立于K和λ,令$K\uparrow\infty$可得$\mathbf{E}(\mathscr{A}_\lambda(u))\leqslant C_N$.

下面我们仍将固定$N>0$并考虑方程

$$\begin{cases}u_{tt}-\Delta u+g(u_t)=f_N(u)+\varepsilon\sigma(x,t)\partial_t W(t,x), & (x,t)\in D\times(0,T),\\ u(x,t)=0, & (x,t)\in\partial D\times(0,T),\\ u(x,0)=u_0(x),u_t(x,0)=u_1(x), & x\in D.\end{cases}\tag{3.2.42}$$

引理 3.5 假设式(3.2.2),式(3.2.13)和式(3.2.14)成立,则问题(3.2.41)存在唯一的轨道解u使得

$$u\in L^2(\Omega;L^\infty(0,T;H_0^1(D)\cap H^2(D)))\cap L^2(\Omega;C([0,T];H_0^1(D)),$$
$$u_t\in L^2(\Omega;L^\infty(0,T;H_0^1(D)))\cap L^2(\Omega;C([0,T];L^2(D)),$$

和

$$u_t\in L^q((0,T)\times D).$$

证明 令u_λ表示问题(3.2.12)在条件(3.2.13)和(3.2.14)下的解. 因为对所有$\lambda>0$都有$\mathbf{E}(\mathscr{A}_\lambda(u_\lambda))\leqslant C_N$,所以我们可以像上面讨论一样考虑$\lambda=\frac{1}{m}$,$m=1,2,\cdots$,此时存在一个$\Omega_2\subset\Omega$使得$\mathbf{P}(\Omega\backslash\Omega_2)=0$,且也有下面一些性质成立.

对每个$\omega\in\Omega_2$和每个$\lambda=\frac{1}{m}(m\geqslant1)$,有

$$M\in C([0,T];H_0^1(D)),\tag{3.2.43}$$
$$(u'_\lambda-\varepsilon M(t))'-\Delta u_\lambda+g_\lambda(u'_\lambda)=f_N(u_\lambda),$$

在扰动意义下在$(0,T)\times D$上成立,以及存在一个子序列和某一函数$u=u(\omega)$满足:对所有的$k\geqslant1$和某一常数$L_\omega>0$使得

$$\mathscr{A}_{\lambda_k}(u_{\lambda_k})\leqslant L_\omega,\tag{3.2.44}$$

$$u_{\lambda_k}\to u\text{ 在 }L^\infty(0,T;H_0^1(D)\cap H^2(D))\text{ 中弱 * 收敛.}\tag{3.2.45}$$

$$u_{\lambda_k}\to u\text{ 在 }C([0,T];H_0^1(D))\text{ 中强收敛.}\tag{3.2.46}$$

$$u'_{\lambda_k}\to u'\text{ 在 }L^\infty(0,T;H_0^1(D))\text{ 中弱 * 收敛.}\tag{3.2.47}$$

$$u'_{\lambda_k}\to u'\text{ 在 }C([0,T];L^2(D)\text{ 中强收敛.}\tag{3.2.48}$$

和

$$u'_{\lambda_k} \to u' \text{ 在 } (0,T)\times D \text{ 中几乎处处收敛}. \tag{3.2.49}$$

另外，由引理 3.2 得，

$$g_{\lambda_k}(u'_{\lambda_k}) \to g(u') \text{在} (0,T)\times D \text{ 中几乎处处收敛}.$$

进一步，由式(3.2.44)及引理 3.3 得

$$g_{\lambda_k}(u'_{\lambda_k}) \to g(u') \text{在} L^{\frac{q}{q-1}}((0,T)\times D) \text{中弱收敛}.$$

因此，$u=u(\omega)$在扰动意义下在$(0,T)\times D$上对$\omega\in\Omega$满足式(3.2.41). 假设对$\omega\in\Omega$，存在另外的子序列在式(3.2.44)～(3.2.49)意义下收敛到$\tilde{u}=\tilde{u}(\omega)$. 类似于引理 3.4 中的证明，我们可以通过方程

$u_{tt}(\omega)-\tilde{u}_{tt}(\omega)-\Delta(u(\omega)-\tilde{u}(\omega))+g(u_t(\omega))-g(\tilde{u}_t(\omega))=f_N(u(\omega))-f_N(\tilde{u}(\omega))$，获得$\tilde{u}=\tilde{u}(\omega)$，并满足正则性

$$u(\omega),\tilde{u}(\omega)\in L^{\infty}(0,T;H_0^1(D)\cap H^2(D))\cap C([0,T];H_0^1(D)),$$

$$u_t(\omega),\tilde{u}_t(\omega)\in L^{\infty}(0,T;H_0^1(D))\cap C([0,T];L^2(D)),$$

和

$$g(u_t(\omega)),g(\tilde{u}_t(\omega))\in L^{\frac{q}{q-1}}((0,T)\times D).$$

再一次通过与引理 3.4 类似的讨论，可得(u,u_t)是$(H_0^1(D)\cap H^2(D))\times H_0^1(D))$值循序可测的. 定义

$$A(u)=\left\|u\right\|^2_{L^{\infty}(0,T;H_0^1(D)\cap H^2(D))}+\left\|u_t\right\|^2_{L^{\infty}(0,T;H_0^1(D))}+\int_0^T\int_D g(u_t)u_t\mathrm{d}x\mathrm{d}t. \tag{3.2.50}$$

则相似于$\mathbf{E}(\mathscr{A}_\lambda(u))\leqslant C_N$的证明，也有$\mathbf{E}(\mathscr{A}(u))\leqslant C_N$.

现在考虑问题(3.2.1)在假设(3.2.4)下局部轨道解的存在唯一性.

定理 3.4　假设式(3.2.2)和式(3.2.4)成立，则问题(3.2.1)存在唯一局部轨道解u满足定义 3.3 并使得下面能量等式成立

$$\begin{aligned}&\left\|\nabla u(t)\right\|^2+\left\|u_t(t)\right\|^2+2\int_0^t\int_D|u_t(s)|^q\mathrm{d}x\mathrm{d}s-2\int_0^t\int_D|u(s)|^{p-2}u(s)u_t(s)\mathrm{d}x\mathrm{d}s\\&=\left\|\nabla u_0\right\|^2+\left\|u_1\right\|^2+2\int_0^t\langle u_t(s),\varepsilon\sigma(x,s)\rangle\mathrm{d}W_s+\varepsilon^2\sum_{i=1}^{\infty}\int_0^t\int_D\lambda_i e_i^2(x)\sigma^2(x,s)\mathrm{d}x\mathrm{d}s.\end{aligned} \tag{3.2.51}$$

证明　选择序列$\{u_{0,m}\}$，$\{u_{1,m}\}$和$\{\sigma_m(x,t,\omega)\}$使得

$$u_{0,m}\in H_0^1(D)\cap H^2(D),u_{1,m}\in H_0^1(D),$$

$$\sigma_m(x,t,\omega)\in L^2(\Omega;L^2(0,T;H_0^1(D)\cap L^{\infty}(D))),$$

$$\mathbf{E}\int_0^T\left(\left\|\nabla\sigma_m(t)\right\|^2+\left\|\sigma_m(t)\right\|^2_{\infty}\right)\mathrm{d}t<\infty,$$

且当$m\to\infty$时，

$$u_{0,m}\to u_0 \text{ 在 } H_0^1(D) \text{ 中强收敛}, \tag{3.2.52}$$

$$u_{1,m}\to u_1 \text{ 在 } L^2(D) \text{ 中强收敛}, \tag{3.2.53}$$

$$\mathbf{E}\int_0^T \left\|\sigma_m(x,t)-\sigma(x,t)\right\|^2 \mathrm{d}t \to 0. \tag{3.2.54}$$

对每个 $m\geqslant 1$,令 u_m 是下面方程的解

$$\begin{cases} u_{tt}-\Delta u+g(u_t)=f_N(u)+\varepsilon\sigma_m(x,t)\partial_t W(t,x), & (x,t)\in D\times(0,T),\\ u(x,t)=0, & (x,t)\in \partial D\times(0,T),\\ u(x,0)=u_{0,m}(x),u_t(x,0)=u_{1,m}(x), & x\in D, \end{cases} \tag{3.2.55}$$

由引理 3.5 可得

$$u_m\in L^2(\Omega;L^\infty(0,T;H_0^1(D)\cap H^2(D)))\cap L^2(\Omega;C([0,T];H_0^1(D)), \tag{3.2.56}$$

$$u'_m\in L^2(\Omega;L^\infty(0,T;H_0^1(D)))\cap L^2(\Omega;C([0,T];L^2(D)), \tag{3.2.57}$$

及能量方程

$$\left\|\nabla u_m\right\|^2+\left\|u'_m\right\|^2+2\int_0^t\int_D |u'_m|^q\mathrm{d}x\mathrm{d}s-2\int_0^t\int_D\chi(\left\|\nabla u_m\right\|_2)\,|u_m|^{p-2}u_m u'_m(s)\mathrm{d}x\mathrm{d}s$$
$$=\left\|\nabla u_{0,m}\right\|^2+\left\|u_{1,m}\right\|^2+2\int_0^t\langle u'_m,\varepsilon\sigma_m\rangle\mathrm{d}W_s+\varepsilon^2\sum_{i=1}^\infty\int_0^t\int_D\lambda_i e_i^2(x)\sigma_m^2(x,s)\mathrm{d}x\mathrm{d}s. \tag{3.2.58}$$

定义

$$M_m(x,t)=\int_0^t\sigma_m(x,s)\mathrm{d}W(s,x),t>0,x\in D.$$

这时,对任意的 m_1,m_2 有

$$(u''_{m_1}-u''_{m_2})-\Delta(u_{m_1}-u_{m_2})+g(u'_{m_1})-g(u'_{m_2})$$
$$=f_N(u_{m_1})-f_N(u_{m_2})+\varepsilon(M_{m_1}-M_{m_2})' \tag{3.2.59}$$

在扰动意义下在$(0,T)\times D$上对几乎所有的 ω 成立. 对于阻尼项,可利用初等不等式

$$(|a|^{q-2}a-|b|^{q-2}b)(a-b)\geqslant c\,|a-b|^q \tag{3.2.60}$$

来估计,其中 $a,b\in\mathbf{R},q\geqslant 2,c$ 是一个正常数. 因此,对任意的 $t\in[0,T]$,由不等式(3.2.59)及式(3.2.55)和式(3.2.56)可得

$$\left\|u'_{m_1}(t)-u'_{m_2}(t)\right\|^2+\left\|\nabla u_{m_1}(t)-\nabla u_{m_2}(t)\right\|^2+2c\int_0^t\left\|u'_{m_1}-u'_{m_2}\right\|_q^q\mathrm{d}s\leqslant$$
$$\left\|\nabla u_{0,m_1}-\nabla u_{0,m_2}\right\|^2+\left\|u_{1,m_1}-u_{1,m_2}\right\|^2+$$
$$2\varepsilon\int_0^t\langle\sigma_{m_1}-\sigma_{m_2},u'_{m_1}-u'_{m_2}\rangle\mathrm{d}W_s+\varepsilon^2c_0^2\mathrm{Tr}Q\int_0^t\left\|\sigma_{m_1}-\sigma_{m_2}\right\|^2\mathrm{d}s+$$
$$2\int_0^t\langle f_N(u_{m_1})-f_N(u_{m_2}),u'_{m_1}-u'_{m_2}\rangle\mathrm{d}s. \tag{3.2.61}$$

对式(3.2.61)右边的最后一项,由式(3.2.10)可得

$$2\left|\int_0^t(f_N(u_{m_1})-f_N(u_{m_2}),u'_{m_1}-u'_{m_2})\mathrm{d}s\right|\leqslant$$

$$2\int_0^t \left\| f_N(u_{m_1}) - f_N(u_{m_2}) \right\|_2 \left\| u'_{m_1} - u'_{m_2} \right\|_2 \mathrm{d}s \leqslant$$

$$2C_N\int_0^t \left\| \nabla u_{m_1} - \nabla u_{m_2} \right\| \left\| u'_{m_1} - u'_{m_2} \right\|_2 \mathrm{d}s$$

$$C_N \int_0^t \left\| \nabla u_{m_1} - \nabla u_{m_2} \right\|^2 \mathrm{d}t + C_N \int_0^t \left\| u'_{m_1} - u'_{m_2} \right\|^2 \mathrm{d}s, \tag{3.2.62}$$

这里 C_N 是独立于 m_1 和 m_2 的正常数. 因此,联立式(3.2.61)和式(3.2.62)可得

$$\begin{aligned}\mathbf{E} \sup_{t\in[0,T]} (&\left\| u'_{m_1}(t) - u'_{m_2}(t) \right\|^2 + \left\| \nabla u_{m_1}(t) - \nabla u_{m_2}(t) \right\|^2) \leqslant \\ &\left\| \nabla u_{0,m_1} - \nabla u_{0,m_2} \right\|^2 + \left\| u_{1,m_1} - u_{1,m_2} \right\|^2 + \varepsilon^2 c_0^2 \mathrm{Tr}QE \int_0^t \left\| \sigma_{m_1} - \sigma_{m_2} \right\|^2 \mathrm{d}s + \\ &C_N \int_0^T \mathbf{E} \sup_{t\in[0,T]} (\left\| \nabla u_{m_1} - \nabla u_{m_2} \right\|^2 + \left\| u'_{m_1} - u'_{m_2} \right\|^2) \mathrm{d}s + \\ &2\varepsilon \mathbf{E} \sup_{0\leqslant t\leqslant T} \left| \int_0^t \langle \sigma_{m_1} - \sigma_{m_2}, u'_{m_1} - u'_{m_2} \rangle \mathrm{d}W_s \right|.\end{aligned} \tag{3.2.63}$$

对于式(3.2.62)右边的最后一项,由 Burkholder-Davis-Gundy 不等式知

$$\begin{aligned}\mathbf{E} \sup_{t\in[0,T]} &\left| \int_0^t (\langle \sigma_{m_1} - \sigma_{m_2}, u'_{m_1} - u'_{m_2} \rangle \mathrm{d}W_s) \right| \leqslant \\ &C\mathbf{E}(\sup_{t\in[0,T]} \left\| u'_{m_1} - u'_{m_2} \right\|_2 (\sum_{i=1}^{\infty} \int_0^t \langle (\sigma_{m_1} - \sigma_{m_2}) Qe_i, (\sigma_{m_1} - \sigma_{m_2}) e_i \rangle \mathrm{d}t)^{\frac{1}{2}}) \leqslant \\ &\alpha \mathbf{E}\left(\sup_{t\in[0,T]} \left\| u'_{m_1} - u'_{m_2} \right\|^2 \right) + \frac{Cc_0^2}{\alpha} \mathrm{Tr}QE \int_0^t \left\| \sigma_{m_1} - \sigma_{m_2} \right\|^2 \mathrm{d}t,\end{aligned} \tag{3.2.64}$$

这里 $0<\alpha<1$ 和 $C>0$ 是两个常数. 联立式(3.2.63)和式(3.2.64)并利用 Gronwall's 不等式可得

$$\begin{aligned}\mathbf{E}\left(\sup_{t\in[0,T]} \left\| u'_{m_1} - u'_{m_2} \right\|^2 + \sup_{t\in[0,T]} \left\| \nabla u_{m_1} - \nabla u_{m_2} \right\|^2 \right) &\leqslant C_N(\left\| \nabla u_{0,m_1} - \nabla u_{0,m_2} \right\|^2 + \\ &\left\| u_{1,m_1} - u_{1,m_2} \right\|^2 + \varepsilon^2 c_0^2 \mathrm{Tr}Q\mathbf{E} \int_0^t \left\| \sigma_{m_1} - \sigma_{m_2} \right\|^2 \mathrm{d}s).\end{aligned} \tag{3.2.65}$$

进一步,由式(3.2.61)和式(3.2.65)可得

$$\begin{aligned}\mathbf{E}(\int_0^T \sup_{t\in[0,T]} \left\| u'_{m_1} - u'_{m_2} \right\|_q^q \mathrm{d}t) &\leqslant C_N\left(\left\| \nabla u_{m_1}(t) - \nabla u_{m_2}(t) \right\|^2 + \left\| u_{1,m_1} - u_{1,m_2} \right\|^2 + \right. \\ &\left. \varepsilon^2 c_0^2 \mathrm{Tr}Q\mathbf{E} \int_0^t \left\| \sigma_{m_1} - \sigma_{m_2} \right\|^2 \mathrm{d}s \right).\end{aligned} \tag{3.2.66}$$

由式(3.2.52)～(3.2.54)和式(3.2.65)知,$\{u_m\}$和$\{u'_m\}$分别为 $L^2(\Omega;H_0^1(D))$和 $L^2(\Omega;L^2(D))$中的柯西数列. 因此,存在某个依赖于 N 的函数 u_N 使得

$$(u_m, u'_m) \to (u_N, u'_N) \text{ 在 } L^2(\Omega;C([0,T];H_0^1(D)\times L^2(D)) \text{ 中强收敛.} \tag{3.2.67}$$

另外,由(3.2.66)知,$\{u'_m\}$也是 $L^q((0,T)\times D)$的柯西数列,所以数列$\{u'_m\}$在 $L^q((0,T)\times D)$中强收敛,这时存在$\{u'_m\}$的子序列,仍用$\{u'_m\}$来表示,使得

$$u'_m \to u'_N \text{ 在} (0,T)\times D \text{ 中几乎处处收敛.} \tag{3.2.68}$$

进一步,由 $\mathbf{E}(A(u))\leqslant C_N$,(3.2.68)及引理 3.3 可得

$$|u'_m|^{q-2}u'_m \to |u'_N|^{q-2},\ u'_N \text{ 在 } L^{\frac{q}{q-1}}((0,T)\times D) \text{ 中弱收敛.} \tag{3.2.69}$$

所以,由式(3.2.67),式(3.2.69)及初值和$\sigma_m(x,t)$的收敛性知u_N是方程

$$\begin{cases} u_{tt}-\Delta u+|u_t|^{q-2}u_t=f_N(u)+\varepsilon\sigma(x,t)\partial_t W(t,x), & (x,t)\in D\times(0,T) \\ u(x,t)=0, & (x,t)\in\partial D\times(0,T), \\ u(x,0)=u_0(x),u_t(x,0)=u_1(x), & x\in D, \end{cases} \tag{3.2.70}$$

的解并且满足定义 3.3 中的条件,这里 u_0,u_1 和 $\sigma(x,t)$满足条件(3.2.4). 至于方程(3.2.70)解的唯一性,可以利用类似于引理 3.4 中唯一性证明的方法获得,所以这里略去. 为获得问题(3.2.70)的能量方程,可通过对方程(3.2.58)逐项取极限获得. 首先在期望意义下容易验证

$$\left\|\nabla u_m\right\|^2 \to \left\|\nabla u_N\right\|^2, \left\|u'_m\right\|^2 \to \left\|u'_N\right\|^2,$$

$$\left\|\nabla u_{0,m_1}\right\|^2 \to \left\|\nabla u_0\right\|^2, \left\|u_{1,m}\right\|^2 \to \left\|u_1\right\|^2.$$

而由(3.2.69)可得

$$\int_0^t\int_D |u'_m|^q \to \int_0^t\int_D |u'_N|^q.$$

从而有

$$\mathbf{E}\int_0^t\int_D |u'_m|^q \to \mathbf{E}\int_0^t\int_D |u'_N|^q,$$

另外,利用控制收敛定理,也有$\int_0^t\int_D \lambda_1 e_i^2(x)\sigma_m^2(x,s)\mathrm{d}x\mathrm{d}s$ 在期望意义下收敛到 $\int_0^t\int_D \lambda_1 e_i^2(x)\sigma^2(x,s)\mathrm{d}x\mathrm{d}s$. 对于(3.2.58) 中的剩余两项,首先考虑

$$\left|\int_0^t\int_D \chi(\left\|\nabla u_m\right\|_2)\ |u_m|^{p-2}u_m u'_m(s)\mathrm{d}x\mathrm{d}s-\int_0^t\int_D \chi(\left\|\nabla u_N\right\|_2)\ |u_N|^{p-2}u_N u'_N(s)\mathrm{d}x\mathrm{d}s\right| \leqslant$$
$$\int_0^t |\langle f_N(u_m)-f_N(u_N),u'_N\rangle|\mathrm{d}s+\int_0^t |\langle f_N(u_m),u'_m-u'_N\rangle|\mathrm{d}s. \tag{3.2.71}$$

由式(3.2.10)和式(2.1.2)可得

$$|\langle f_N(u_m)-f_N(u_N),u'_N\rangle| \leqslant \left\|f_N(u_m)-f_N(u_N)\right\|_2 \left\|u'_N\right\|_2 \leqslant$$
$$C_N\left\|\nabla u_m-\nabla u_N\right\|_2 \left\|u'_N\right\|_2, \tag{3.2.72}$$

和

$$|\langle f_N(u_m),u'_m-u'_N\rangle| \leqslant C_N\left\|\nabla u_m\right\|_2 \left\|u'_m-u'_N\right\|_2. \tag{3.2.73}$$

将式(3.2.72)和式(3.2.73)代入式(3.2.71),进一步可得

$$\left|\int_0^t\int_D \chi(\left\|\nabla u_m\right\|_2\ |u_m|^{p-2}u_m u'_m(s)\mathrm{d}x\mathrm{d}s-\int_0^t\int_D \chi(\left\|\nabla u_N\right\|_2\ |u_N|^{p-2}u_N u'_N(s)\mathrm{d}x\mathrm{d}s\right| \leqslant$$
$$C_N\int_0^t(\left\|\nabla u_m\right\|^2+\left\|u'_N\right\|^2)(\left\|\nabla u_m-\nabla u_N\right\|^2+\left\|u'_m-u'_N\right\|^2)\mathrm{d}s.$$

因此

$$\left\{\mathbf{E}\left|\int_0^t\int_D\chi\left(\left\|\nabla u_m\right\|_2\right)|u_m|^{p-2}u_mu'_m(s)\mathrm{d}x\mathrm{d}s-\int_0^t\int_D\chi\left(\left\|\nabla u_N\right\|_2\right)|u_N|^{p-2}u_Nu'_N(s)\mathrm{d}x\mathrm{d}s\right|\right\}^2\leqslant$$

$$4C_N\mathbf{E}\int_0^T\left(\left\|\nabla u_m\right\|^2+\left\|u'_N\right\|^2\right)\mathrm{d}s\mathbf{E}\int_0^T\left(\left\|\nabla u_m-\nabla u_N\right\|^2+\left\|u'_m-u'_N\right\|^2\right)\mathrm{d}s,$$

所以当 $m\to\infty$时，上式也收敛到 0. 最后，对于随机积分项有

$$\mathbf{E}\left|\int_0^t\langle u'_m,\sigma_m\rangle\mathrm{d}W_s-\int_0^t\langle u'_N,\sigma\rangle\mathrm{d}W_s\right|\leqslant\mathbf{E}\left|\int_0^t\langle u'_m-u'_N,\sigma_m\rangle\mathrm{d}W_s\right|+\mathbf{E}\left|\int_0^t\langle u'_N,\sigma_m-\sigma\rangle\mathrm{d}W_s\right|.$$

由 Burkholder-Davis-Gundy 不等式得

$$\mathbf{E}\sup_{t\in[0,T]}\left|\int_0^t(u'_{m_1}-u'_{m_2},\sigma_m\mathrm{d}W_s)\right|\leqslant C\mathbf{E}\left(\sup_{t\in[0,T]}\left\|u'_{m_1}-u'_{m_2}\right\|_2\left(\sum_{n=1}^{\infty}\int_0^t(\sigma_mRe_i,\sigma_me_i)\mathrm{d}t\right)^{\frac{1}{2}}\right)$$

$$\leqslant Cc_0\mathrm{Tr}Q\left(\mathbf{E}\sup_{0\leqslant t\leqslant T}\left\|u'_m-u'_N\right\|^2\right)^{\frac{1}{2}}\left(\mathbf{E}\int_0^T\left\|\sigma_m\right\|^2\mathrm{d}t\right)^{\frac{1}{2}}\to 0,\ \text{当}\ m\to\infty.$$

相似的，

$$\mathbf{E}\sup_{t\in[0,T]}\left|\int_0^t(u'_N,(\sigma_m-\sigma)\mathrm{d}W_s)\mathrm{d}W_s\right|\leqslant Cc_0\mathrm{Tr}Q\left(\mathbf{E}\sup_{t\in[0,T]}\left\|u'_N\right\|^2\right)^{\frac{1}{2}}\left(\mathbf{E}\int_0^T\left\|\sigma_m-\sigma\right\|^2\mathrm{d}t\right)^{\frac{1}{2}}.$$

由(3.2.54)知当 $m\to\infty$时上式也收敛到 0. 上述三个不等式表明

$$\mathbf{E}\sup_{0\leqslant t\leqslant T}\left|\int_0^t\langle u'_m,\sigma_m\rangle\mathrm{d}W_s\to\int_0^t\langle u'_N,\sigma\rangle\mathrm{d}W_s\right|\to 0,\text{当}\ m\to\infty.$$

因此，令 $m\to\infty$，可以获得问题(3.2.70)的能量方程

$$\left\|\nabla u_N\right\|^2+\left\|u'_N\right\|^2+2\int_0^t\int_D|u'_N|^q\mathrm{d}x\mathrm{d}s-2\int_0^t\int_D\chi\left(\left\|\nabla u_N\right\|_2\right)|u_N|^{p-2}u_Nu'_N(s)\mathrm{d}x\mathrm{d}s$$

$$=\left\|\nabla u_0\right\|^2+\left\|u_1\right\|^2+2\int_0^t\langle u'_N,\varepsilon\sigma\rangle\mathrm{d}W_s+\varepsilon^2\sum_{i=1}^{\infty}\int_0^t\int_D\lambda_ie_i^2(x)\sigma^2(x,s)\mathrm{d}x\mathrm{d}s.$$

(3.2.74)

对于每个 N，引入停时 τ_N

$$\tau_N=\inf\left\{t>0;\left\|\nabla u_N\right\|_2\geqslant N\right\}.$$

利用方程(3.2.70)解的唯一性，对 $t\in[0,\tau_N\wedge T)$，$u(t)=u_N(t)$是问题(3.2.1)的局部解. 因为 τ_N 关于 N 是增加的，所以令 $\tau_\infty=\lim\limits_{N\to\infty}\tau_N$. 这时，我们可以在$[0,T\wedge\tau_\infty)$上构造问题(3.2.1)的一个唯一连续局部解 $u(t)=\lim\limits_{N\to\infty}u_N(t)$，并且满足定义 3.3 中的条件及能量方程(3.2.51).

若想获得一个全局解，必须考虑阻尼项 $|u_t|^{q-2}u_t$ 和源项 $|u|^{p-2}u$ 之间的竞争关系，使得一个能量界被建立去阻止解的无限增长. 定义

$$e(u(t))=\left\|u_t(t)\right\|^2+\left\|\nabla u(t)\right\|^2+\frac{2}{p}\left\|u\right\|_p^p.$$

定理 3.5　假设式(3.2.2)和式(3.2.4)成立. 如果 $q\geqslant p$，则对于任意的 $T>0$，在区间$[0,T]$上问题(3.2.1)存在一个对应定义 3.3 的解 u 使得

$$E\sup_{0\leqslant t\leqslant T}e(u(t))<\infty.\qquad(3.2.75)$$

证明 对于任意的 $T>0$，我们将证明对任意的 $t\leqslant T$，当 $N\to\infty$ 时 $u_N(t)=u(t\wedge\tau_N)\to u(t)$ 几乎处处收敛，使得局部解变为全局解. 为了获得上述结果，只需证明当 $N\to\infty$ 时，$\tau_N\to\infty$ 的概率为 1.

回想到，对 $t\in[0,\tau_N\wedge T)$，$u_N(t)=u(t\wedge\tau_N)$ 是问题(3.2.1)的局部解，由定理 3.4，下面的能量方程成立：

$$e(u(t\wedge\tau_N))=e(u_0)+4\int_0^{t\wedge\tau_N}\int_D |u|^{p-2}uu_t(s)\mathrm{d}x\mathrm{d}s-2\int_0^{t\wedge\tau_N}\int_D |u_t(s)|^q\mathrm{d}x\mathrm{d}s+2\int_0^{t\wedge\tau_N}\langle u_t(s),\varepsilon\sigma\rangle\mathrm{d}W_s+\varepsilon^2\int_0^{t\wedge\tau_N}\langle\sigma(x,s)Qe_i(x),\sigma(x,s)e_i(x)\rangle\mathrm{d}s. \tag{3.2.76}$$

由 Hölder 不等式和 Young 不等式可得

$$\left|\int_D |u|^{p-2}uu_t(s)\mathrm{d}x\right|\leqslant\|u\|_p^{p-1}\|u_t\|_p\leqslant\beta\|u_t\|_p^p+C_\beta\|u\|_p^p, \tag{3.2.77}$$

这里 $\beta>0$ 是一个常数，而 C_β 是一个依赖于 β 的常数. 因为 $q\geqslant p$ 和式(3.2.2)，所以由嵌入不等式可得

$$\|u_t\|_p^p\leqslant C\|u_t\|_q^p, \tag{3.2.78}$$

其中 C 是嵌入常数. 因此，由式(3.2.76)，式(3.2.77)和式(3.2.78)可得

$$e(u(t\wedge\tau_N))\leqslant 4C\beta\int_0^{t\wedge\tau_N}\|u_t(s)\|_q^p\mathrm{d}s-2\int_0^{t\wedge\tau_N}\|u_t(s)\|_q^q\mathrm{d}x\mathrm{d}s+4C_\beta\int_0^{t\wedge\tau_N}\|u\|_p^p\mathrm{d}s+e(u_0)+2\int_0^{t\wedge\tau_N}\langle u_t(s),\varepsilon\sigma\rangle\mathrm{d}W_s+\varepsilon^2c_0^2\mathrm{Tr}Q\int_0^{t\wedge\tau_N}\|\sigma(s)\|^2\mathrm{d}s. \tag{3.2.79}$$

由于 $q\geqslant p$，分两种情况来考虑上式：

（ⅰ）如果 $\|u_t\|_q^q>1$，则选择 β 充分小使得 $-2\|u_t\|_q^q+4C\beta\|u_t\|_q^p\leqslant 0$.

（ⅱ）如果 $\|u_t\|_q^q\leqslant 1$，此时有 $-2\|u_t\|_q^q+4C\beta\|u_t\|_q^p\leqslant 4C\beta$.

因此无论上述两种情形哪一种发生，都有

$$e(u(t\wedge\tau_N))\leqslant e(u_0)+4C\beta(t\wedge t_N)+4C_\beta\int_0^{t\wedge t_N}\|u\|_p^p\mathrm{d}s+2\int_0^{t\wedge t_N}\langle u_t(s),\varepsilon\sigma\rangle\mathrm{d}W_s+\varepsilon^2c_0^2\mathrm{Tr}Q\int_0^{t\wedge t_N}\|\sigma(s)\|^2\mathrm{d}s, \tag{3.2.80}$$

对(3.2.80)取期望得，

$$\mathbf{E}e(u(t\wedge\tau_N))\leqslant e(u_0)+4C\beta(t\wedge\tau_N)+K\int_0^{t\wedge t_N}\mathbf{E}e(u(s))\mathrm{d}s+\varepsilon^2c_0^2\mathrm{Tr}Q\int_0^{t\wedge t_N}\mathbf{E}\|\sigma(s)\|^2\mathrm{d}s$$

这里 $K>0$ 是一个常数. 对上式利用 Gronwall's 不等式并由式(3.2.4)可得

$$\mathbf{E}e(u(t\wedge\tau_N))\leqslant(e(u_0)+CT)e^{KT}\leqslant C_T. \tag{3.2.81}$$

另一方面，我们也有

$$\mathbf{E}e(u(t\wedge\tau_N))\geqslant\mathbf{E}(I(\tau_N\leqslant T)e(u(\tau_N)))\geqslant C\mathbf{E}(\left\|u_{\tau_N}\right\|^2I(\tau_N\leqslant T))\geqslant CN^2P(\tau_N\leqslant T),$$

这里 I 表示指示函数. 鉴于式(3.2.81)，上面的不等式表明

$$P(\tau_\infty\leqslant T)\leqslant P(\tau_N\leqslant T)\leqslant\frac{C_T}{N^2}.$$

对上式利用 Borel-Cantelli 引理可得

$$P(\tau_\infty\leqslant T)=0$$

或几乎处处有

$$\lim_{N\to\infty}\tau_N=\infty.$$

因此，在 $[0,\tau_\infty\wedge T)=[0,T)$ 上，$u=\lim\limits_{N\to\infty}u_N(t)$ 是一个全局解. 又因 $T>0$ 是任意选取的，所以可以用 $[0,T)$ 代替 $[0,T]$.

为获得能量界(3.2.75)，由式(3.2.4)，式(3.2.51)，式(3.2.77)和式(3.2.78)可得

$$e(u(t))\leqslant e(u_0)+(4C\beta+\varepsilon^2C_1)t+4KC_\beta\int_0^t e(u(s))\mathrm{d}s+2\int_0^t\langle u_t(s),\varepsilon\sigma\rangle\mathrm{d}W_s.$$

这里 C_1 和 K 是正的常数. 对上式取期望得

$$\mathbf{E}\sup_{0\leqslant t\leqslant T}e(u(t))\leqslant e(u_0)+(4C\beta+\varepsilon^2C_1)T+4KC_\beta\int_0^T\mathbf{E}\sup_{0\leqslant s\leqslant T}e(u)\mathrm{d}s+2\mathbf{E}\sup_{0\leqslant t\leqslant T}\int_0^t(u_t,\varepsilon\sigma)\mathrm{d}W_s. \tag{3.2.82}$$

再由 Buekholder-Davis-Gundy 不等式得

$$\mathbf{E}\sup_{0\leqslant t\leqslant T}\left|\int_0^t\langle u_t,\varepsilon\sigma\rangle\mathrm{d}W_s\right|\leqslant C_2\mathbf{E}(\sup_{0\leqslant t\leqslant T}\left\|u_t\right\|_2(\varepsilon^2\sum_{i=1}^\infty\int_0^T\langle\sigma Qe_i,\sigma e_i\rangle\mathrm{d}t)^{\frac{1}{2}})\leqslant$$

$$\frac{1}{4}\mathbf{E}\sup_{0\leqslant t\leqslant T}\left\|u_t\right\|^2+C_3c_0^2\varepsilon\mathrm{Tr}\boldsymbol{Q}\int_0^T\mathbf{E}\left\|\sigma(t)\right\|^2\mathrm{d}t. \tag{3.2.83}$$

这里 $C_2,C_3>0$ 是某些常数. 进一步，由式(3.2.4)，式(3.2.82)和式(3.2.83)知，存在依赖于 β,T 的常数 C_4 和 C_5 使得

$$\mathbf{E}\sup_{0\leqslant t\leqslant T}e(u(t))\leqslant C_4+C_5\int_0^T\mathbf{E}\sup_{0\leqslant s\leqslant T}e(u)\mathrm{d}s.$$

对上式利用 Gronwall's 不等式得

$$E\sup_{0\leqslant t\leqslant T}e(u(t))\leqslant C_4\mathrm{e}^{C_5T}.$$

由此可获得渴望的能量界(3.2.75).

3.2.3　局部解的爆破性

本节将讨论当 $p>q$ 时，问题(3.2.1)解的爆破性. 在这一节中，假设 $\sigma(x,t,\omega)\equiv\sigma(x,t)$ 使得

$$\int_0^\infty\int_D\sigma^2(x,t)\mathrm{d}x\mathrm{d}t<\infty. \tag{3.2.84}$$

众所周知，方程(3.2.1)等价于 Itô 系统

$$\begin{cases}du = v\mathrm{d}t,\\ \mathrm{d}v = (\Delta u - |v|^{q-2}v + |u|^{p-2}u)\mathrm{d}t + \varepsilon\sigma(x,t)\mathrm{d}W(t,x),\\ u(x,t) = 0, x \in \partial D,\\ u_0(x,0) = u_0(x), \quad v_0(x,0) = u_1(x),\end{cases} \tag{3.2.85}$$

这里$(u_0,u_1)\in H_0^1(D)\times L^2(D)$. 定义对应 Itô 系统的能量泛函 $\varepsilon(t)$

$$\varepsilon(t)=\frac{1}{2}\left\|v(t)\right\|^2+\frac{1}{2}\left\|\nabla u(t)\right\|^2-\frac{1}{p}\left\|u(t)\right\|_p^p.$$

在叙述和证明爆破结果之前，我们需要下面的引理.

引理 3.6 假设式(3.2.2)和式(3.2.84)成立. 令$(u(t),v(t))$是系统(3.2.85)关于初值$(u_0,u_1)\in H_0^1(D)\times L^2(D)$的解，则有

$$\frac{\mathrm{d}}{\mathrm{d}t}\mathbf{E}\varepsilon(t) = -\mathbf{E}\left\|v(t)\right\|_q^q + \frac{1}{2}\varepsilon^2\sum_{i=1}^{\infty}\int_D \lambda_i e_i^2(x)\sigma^2(x,t)\mathrm{d}x, \tag{3.2.86}$$

和

$$\mathbf{E}\langle u(t),v(t)\rangle = (u_0(x),v_0(x)) - \int_0^t \mathbf{E}\left\|\nabla u(s)\right\|^2\mathrm{d}s + \int_0^t \mathbf{E}\left\|v(s)\right\|^2\mathrm{d}s - \int_0^t \mathbf{E}\langle |v(s)|^{q-2}v(s),u(s)\rangle\mathrm{d}s + \int_0^t \mathbf{E}\left\|u(s)\right\|_p^p\mathrm{d}s. \tag{3.2.87}$$

证明 对$\left\|v(t)\right\|^2$利用 Itô 公式可得

$$\begin{aligned}\left\|v\right\|^2 &= \left\|v_0\right\|^2 + 2\int_0^t\langle v(s),\mathrm{d}v(s)\rangle + \int_0^t\langle \mathrm{d}v(s),\mathrm{d}v(s)\rangle\\ &= \left\|v_0\right\|^2 - 2\int_0^t\langle\nabla u(s),\nabla v(s)\rangle\mathrm{d}s - 2\int_0^t\left\|v(s)\right\|_q^q\mathrm{d}s +\\ &\quad 2\int_0^t\langle v(s),|u(s)|^{p-2}u(s)\rangle\mathrm{d}s + 2\int_0^t\langle v(s),\varepsilon\sigma(x,s)\mathrm{d}W(s)\rangle +\\ &\quad \varepsilon^2\sum_{i=1}^{\infty}\int_0^t\langle\sigma(x,s)Qe_i,\sigma(x,s)Qe_i\rangle\mathrm{d}s\\ &= 2\varepsilon(0) - \left\|\nabla u(t)\right\|^2 - 2\int_0^t\left\|v(s)\right\|_q^q\mathrm{d}s + \frac{2}{p}\left\|u(t)\right\|_p^p +\\ &\quad 2\int_0^t\langle v(s),\varepsilon\sigma(x,s)\mathrm{d}W(s)\rangle + \varepsilon^2\sum_{i=1}^{\infty}\int_0^t\int_D\lambda_i e_i^2(x)\sigma^2(x,s)\mathrm{d}x\mathrm{d}s.\end{aligned} \tag{3.2.88}$$

对式(3.2.88)取期望并关于 t 求导可得(3.2.86). 接下来证明式(3.2.87). 利用 Itô 公式并由式(3.2.85)可得

$$\begin{aligned}\langle u(t),v(t)\rangle &= \langle u_0,v_0\rangle + \int_0^t\langle u(s),\mathrm{d}v(s)\rangle + \int_0^t\langle v(s),\mathrm{d}u(s)\rangle\\ &= \langle u_0,v_0\rangle - \int_0^t\left\|\nabla u(s)\right\|^2\mathrm{d}s - \int_0^t\langle|v(s)|^{q-2}v(s),u(s)\rangle\mathrm{d}\tau +\\ &\quad \int_0^t\langle u(s),|u(s)|^{p-2}u(s)\rangle\mathrm{d}s + \int_0^t\langle u(s),\varepsilon\sigma(x,s)\mathrm{d}W(s)\rangle + \int_0^t\left\|v(s)\right\|^2\mathrm{d}s.\end{aligned}$$

则式(3.2.87)可由上式直接取期望获得.

令

$$F(t)=\frac{1}{2}\varepsilon^2\sum_{i=1}^{\infty}\int_0^{\infty}\int_D\lambda_i e_i^2(x)\sigma^2(x,s)\mathrm{d}x\mathrm{d}s,$$

由式(3.2.84)知

$$F(\infty)=\frac{1}{2}\varepsilon^2\sum_{i=1}^{\infty}\int_0^{\infty}\int_D\lambda_i e_i^2(x)\sigma^2(x,s)\mathrm{d}x\mathrm{d}s\leqslant\frac{1}{2}\varepsilon^2c_0^2\mathrm{Tr}Q\int_0^{\infty}\int_D\sigma^2(x,s)\mathrm{d}x\mathrm{d}s=E_1<\infty.\tag{3.2.89}$$

记

$$H(t)=F(t)-\mathbf{E}\varepsilon(t),$$

此时由式(3.2.86)知

$$H'(t)=F'(t)-\frac{\mathrm{d}}{\mathrm{d}t}\mathbf{E}\varepsilon(t)=\mathbf{E}\left\|v(t)\right\|_q^q\geqslant 0.\tag{3.2.90}$$

引理 3.7　令$(u(t),v(t))$是问题(3.2.85)的一个解，并假设式(3.2.2)成立，则对任意的 $2\leqslant s\leqslant p$，存在正常数 $C>1$ 使得

$$\mathbf{E}\left\|u(t)\right\|_p^s\leqslant C(F(t)-H(t)-\mathbf{E}\left\|v(t)\right\|^2+\mathbf{E}\left\|u(t)\right\|_p^P).\tag{3.2.91}$$

证明　如果$\left\|u(t)\right\|_p^p\leqslant 1$，由 Sobolev 嵌入不等式知

$$\left\|u(t)\right\|_p^s\leqslant\left\|u(t)\right\|_p^2\leqslant C\left\|\nabla u(t)\right\|^2.$$

如果$\left\|u(t)\right\|_p^p\geqslant 1$，则有

$$\left\|u(t)\right\|_p^s\leqslant\left\|u(t)\right\|_p^p,$$

因此，由上面两个不等式得

$$\mathbf{E}\left\|u(t)\right\|_p^s\leqslant C(\mathbf{E}\left\|\nabla u(t)\right\|^2+\mathbf{E}\left\|u(t)\right\|_p^p).\tag{3.2.92}$$

另外，利用能量泛函的定义可得

$$\begin{aligned}\frac{1}{2}\mathbf{E}\left\|\nabla u(t)\right\|^2&=\mathbf{E}\varepsilon(t)-\frac{1}{2}\mathbf{E}\left\|v(t)\right\|^2+\frac{1}{p}\mathbf{E}\left\|u(t)\right\|_p^P\\&=F(t)-H(t)-\frac{1}{2}\mathbf{E}\left\|v(t)\right\|^2+\frac{1}{p}\mathbf{E}\left\|u(t)\right\|_p^P.\end{aligned}\tag{3.2.93}$$

这时，式(3.2.91)可由式(3.2.92)和式(3.2.93)联立获得.

接下来我们讨论当 $p>q$ 时，问题(3.2.1)解的爆破性. 事实上有：

定理 3.6　假设式(3.2.2)和式(3.2.84)成立. 令$(u(t),v(t))$是问题(3.2.85)的一个解，其中初值$(u_0,u_1)\in H_0^1(D)\times L^2(D)$且满足

$$\varepsilon(0)\leqslant-(1+\beta)E_1\tag{3.2.94}$$

这里 $\beta>0$ 是任意常数，E_1 被定义在式(3.2.89)中. 如果 $p>q$，这时解$(u(t),v(t))$在 L^2 模意义下的生命线 τ_∞，

(1) 或者 $\mathbf{P}(\tau_\infty<\infty)>0$,即 $u(t)$在 L^2 模意义下在有限时间爆破的概率是正的;

(2) 或者存在一个正的时刻 $T^*\in(0,T_0]$使得

$$\lim_{t\to T^*}\mathbf{E}(\left\|u(t)\right\|^2+\left\|v(t)\right\|^2)=+\infty,$$

其中

$$T_0=\frac{1-\alpha}{\alpha K\varepsilon^{\frac{\alpha}{1-\alpha}}(0)},$$

这里 α 和 K 将在后面给出.

证明 对于问题(3.1.1)的解$\{u(t);t\geqslant 0\}$在 L^2 模意义下的生命线 τ_∞,我们考虑当 $\mathbf{P}(\tau_\infty=+\infty)=1$时的情形.这时,对充分大的 $T>0$,由式(3.2.90)和式(3.2.94)可得

$$(1+\beta)E_1\leqslant-\varepsilon(0)=H(0)\leqslant H(t)\leqslant F(t)+\frac{1}{p}\mathbf{E}\left\|u\right\|_p^p\leqslant E_1+\frac{1}{p}\mathbf{E}\left\|u\right\|_p^p. \tag{3.2.95}$$

定义

$$L(t):=H^{1-\alpha}(t)+\mu\mathbf{E}\langle u(t),v(t)\rangle,$$

这里 μ 是个小参数将在后文中给出,α 满足

$$0<\alpha<\min\left\{\frac{1}{2},\frac{p-q}{pq}\right\}. \tag{3.2.96}$$

对 $L(t)$求导并由式(3.2.87)和式(3.2.90)得

$$\begin{aligned}L'(t)&=(1-\alpha)H^{-\alpha}(t)H'(t)+\\&\quad\mu\Big(-\mathbf{E}\left\|\nabla u(t)\right\|^2-\mathbf{E}\langle|v(t)|^{q-2}v(t),u(t)\rangle+\mathbf{E}\left\|u(t)\right\|_p^P+\mathbf{E}\left\|v(t)\right\|^2\Big)\\&=(1-\alpha)H^{-\alpha}(t)\mathbf{E}\left\|v(t)\right\|_q^q+\mu pH(t)+\mu(\frac{p}{2}+1)\mathbf{E}\left\|v(t)\right\|^2+\\&\quad\mu(\frac{p}{2}-1)\mathbf{E}\left\|\nabla u(t)\right\|^2-\mu\mathbf{E}(|v(t)|^{q-2}v(t),u(t))-\mu pF(t).\end{aligned} \tag{3.2.97}$$

利用不等式 $\mathbf{E}\left\|u(t)\right\|_q^q\leqslant C\mathbf{E}\left\|u(t)\right\|_p^q$ 和假设条件 $q<p$ 可得

$$\begin{aligned}&|\mathbf{E}\langle|v(t)|^{q-2}v(t),u(t)\rangle|\leqslant(\mathbf{E}\left\|v(t)\right\|_q^q)^{\frac{q-1}{q}}(\mathbf{E}\left\|u(t)\right\|_q^q)^{\frac{1}{q}}\leqslant\\&\quad C(E\left\|v(t)\right\|_q^q)^{\frac{q-1}{q}}(\mathbf{E}\left\|u(t)\right\|_p^q)^{\frac{1}{q}}\leqslant C(\mathbf{E}\left\|v(t)\right\|_q^q)^{\frac{q-1}{q}}(\mathbf{E}\left\|u(t)\right\|_P^P)^{\frac{1}{P}}\leqslant\\&\quad C(E\left\|v(t)\right\|_q^q)^{\frac{q-1}{q}}(\mathbf{E}\left\|u(t)\right\|_p^p)^{\frac{1}{q}}(\mathbf{E}\left\|u(t)\right\|_p^p)^{\frac{1}{p}-\frac{1}{q}}.\end{aligned} \tag{3.2.98}$$

Young 不等式表明

$$(\mathbf{E}\left\|v\right\|_p^p)^{\frac{q-1}{q}}(\mathbf{E}\left\|u\right\|_p^p)^{\frac{1}{q}}\leqslant\frac{q-1}{q}k\mathbf{E}\left\|v\right\|_q^q+\frac{k^{1-q}}{q}\mathbf{E}\left\|u\right\|_p^p. \tag{3.2.99}$$

由式(3.2.95)知

$$\mathbf{E}\left\|u\right\|_p^p\geqslant p(H(t)-F(t))\geqslant\kappa H(t),$$

这里 $\kappa=p\beta/(1+\beta)$，选择 α 满足式(3.2.96)并假设 $H(0)>1$，则有

$$(\mathbf{E}\left\|u\right\|_p^p)^{\frac{1}{p}-\frac{1}{q}}\leqslant\kappa^{\frac{1}{p}-\frac{1}{q}}H^{\frac{1}{p}-\frac{1}{q}}(t)\leqslant\kappa^{\frac{1}{p}-\frac{1}{q}}H^{-\alpha}(t)\leqslant\kappa^{\frac{1}{p}-\frac{1}{q}}H^{-\alpha}(0).\qquad(3.2.100)$$

将式(3.2.99)和式(3.2.100)代入式(3.2.98)，可得

$$|\mathbf{E}\langle|v(t)|^{q-2}v(t),u(t)\rangle|\leqslant C_1\frac{q-1}{q}k\mathbf{E}\left\|v(t)\right\|_q^qH^{-\alpha}(t)+C_1\frac{k^{1-q}}{q}\mathbf{E}\left\|u\right\|_p^pH^{-\alpha}(0),\qquad(3.2.101)$$

这里 $C_1=C\kappa^{\frac{1}{p}-\frac{1}{q}}$. 因此，由式(3.2.97)和式(3.2.101)有

$$\begin{aligned}L'(t)\geqslant&((1-\alpha)-C_1\frac{q-1}{q}\mu\kappa)H^{-\alpha}(t)\mathbf{E}\left\|v(t)\right\|_q^q+\mu pH(t)+\\&\mu(\frac{p}{2}+1)\mathbf{E}\left\|v(t)\right\|^2-\mu pF(t)+\mu(\frac{p}{2}-1)\mathbf{E}\left\|\nabla u(t)\right\|^2-\\&\mu C_1\frac{k^{1-q}}{q}H^{-\alpha}(0)\mathbf{E}\left\|u(t)\right\|_p^p.\end{aligned}\qquad(3.2.102)$$

在引理 3.7 中取 $s=p$ 并代入式(3.2.102)可推出

$$\begin{aligned}L'(t)\geqslant&((1-\alpha)-C_1\frac{q-1}{q}\mu\kappa)H^{-\alpha}(t)\mathbf{E}\left\|v(t)\right\|_q^q+\mu pH(t)+\\&\mu(\frac{p}{2}+1)\mathbf{E}\left\|v(t)\right\|^2-\mu pF(t)+\mu(\frac{p}{2}-1)\mathbf{E}\left\|\nabla u(t)\right\|^2-\\&\mu k^{1-q}C_2(F(t)-H(t)-\mathbf{E}\left\|v(t)\right\|^2+\mathbf{E}\left\|u(t)\right\|_P^P)\\\geqslant&((1-\alpha)-C_1\frac{q-1}{q}\mu\kappa)H^{-\alpha}(t)\mathbf{E}\left\|v(t)\right\|_q^q+\mu(\frac{p}{2}-1)\mathbf{E}\left\|\nabla u(t)\right\|^2+\\&\mu(\frac{p}{2}+1+k^{1-q}C_2)\mathbf{E}\left\|v(t)\right\|^2+\mu(p+k^{1-q}C_2)H(t)-\\&\mu k^{1-q}C_2\mathbf{E}\left\|u(t)\right\|_P^P-\mu(p+k^{1-q}C_2)F(t),\end{aligned}\qquad(3.2.103)$$

其中 $C_2=C_1H^{-\alpha}(0)/q$. 注意到

$$H(t)=F(t)+\frac{1}{p}\mathbf{E}\left\|u(t)\right\|_p^P-\frac{1}{2}\mathbf{E}\left\|\nabla u(t)\right\|^2-\frac{1}{2}\mathbf{E}\left\|v(t)\right\|^2,$$

并将 p 拆为 $p=2C_3+(P-2C_3)$，其中 $C_3<(p-2)/2$，则式(3.2.103)可化为

$$\begin{aligned}L'(t)\geqslant&((1-\alpha)-C_1\frac{q-1}{q}\mu\kappa)H^{-\alpha}(t)\mathbf{E}\left\|v(t)\right\|_q^q+\mu(\frac{p}{2}-1-C_3)\mathbf{E}\left\|\nabla u(t)\right\|^2+\\&\mu(\frac{p}{2}+1+k^{1-q}C_2-C_3)\mathbf{E}\left\|v(t)\right\|^2+\mu(p-2C_3+k^{1-q}C_2)H(t)+\\&\mu(\frac{2C_3}{p}-k^{1-q}C_2)\mathbf{E}\left\|u(t)\right\|_P^P-\mu(p-2C_3+k^{1-q}C_2)F(t).\end{aligned}\qquad(3.2.104)$$

由式(3.2.90)和式(3.2.95)可得

$$(p-2C_3+k^{1-q}C_2)F(t)\leqslant(p-2C_3+k^{1-q}C_2)E_1\leqslant\frac{(p-2C_3+k^{1-q}C_2)}{1+\beta}H(t).$$

将上式代入式(3.2.104)，进一步有

$$L'(t)\geqslant((1-\alpha)-C_1\frac{q-1}{q}\mu\kappa)H^{-\alpha}(t)\mathbf{E}\left\|v(t)\right\|_q^q+\mu(\frac{p}{2}-1-C_3)\mathbf{E}\left\|\nabla u(t)\right\|^2+$$

$$\mu(\frac{2C_3}{p}-k^{1-q}C_2)\mathbf{E}\left\|u(t)\right\|_p^p+\mu(p-2C_3+k^{1-q}C_2)\frac{\beta}{1+\beta}H(t)+$$

$$\mu(\frac{p}{2}+1+k^{1-q}C_2-C_3)\mathbf{E}\left\|v(t)\right\|^2.$$

此时,选择 κ 充分大使得 $H(t),\mathbf{E}\left\|\nabla u_t\right\|^2,\mathbf{E}\left\|v_t\right\|^2,\mathbf{E}\left\|u_t\right\|_p^p$ 的系数均为正,并记

$$\gamma=\min\left\{\frac{p}{2}-1-C_3,\frac{2C_3}{p}-k^{1-q}C_2,\frac{\beta(p-2C_3+k^{1-q}C_2)}{1+\beta},\frac{p}{2}+1+k^{1-q}C_2-C_3\right\},$$

则上面的不等式可化为

$$L'(t)\geqslant((1-\alpha)-C_1\frac{q-1}{q}\mu\kappa)H^{-\alpha}(t)\mathbf{E}\left\|v(t)\right\|_q^q+$$

$$\mu\gamma(H(t)+\mathbf{E}\left\|\nabla u(t)\right\|^2+\mathbf{E}\left\|v(t)\right\|^2+\mathbf{E}\left\|u(t)\right\|_p^p).\qquad(3.2.105)$$

固定上面选定的 κ,再选择 μ 充分小使得

$$(1-\alpha)-C_1\frac{q-1}{q}\mu\kappa\geqslant 0$$

和

$$L(0)=H^{1-\alpha}(0)+\mu\langle u_0,u_1\rangle>0.$$

因此,式(3.2.105)可简化为

$$L'(t)\geqslant\mu\gamma(H(t)+\mathbf{E}\left\|\nabla u(t)\right\|^2+\mathbf{E}\left\|v(t)\right\|^2+\mathbf{E}\left\|u(t)\right\|_p^p)\geqslant 0.\qquad(3.2.106)$$

由此可得 $L(t)$ 是单调增加的,即

$$L(t)\geqslant L(0)>0,\forall t\geqslant 0.$$

另一方面,由 Hölder 不等式可得

$$|\mathbf{E}\langle u(t),v(t)\rangle|\leqslant(\mathbf{E}\left\|u(t)\right\|^2)^{\frac{1}{2}}(\mathbf{E}\left\|v(t)\right\|^2)^{\frac{1}{2}}\leqslant C(\mathbf{E}\left\|u(t)\right\|_P^2)^{\frac{1}{2}}(\mathbf{E}\left\|v(t)\right\|^2)^{\frac{1}{2}}.$$

对上式再利用 Young 不等式有

$$|\mathbf{E}\langle u(t),v(t)\rangle|^{\frac{1}{1-\alpha}}\leqslant C(\mathbf{E}\left\|u(t)\right\|_p^2)^{\frac{1}{2(1-\alpha)}}(\mathbf{E}\left\|v(t)\right\|^2)^{\frac{1}{2(1-\alpha)}}$$

$$\leqslant C(\mathbf{E}\left\|u(t)\right\|_p^2)^{\frac{\theta}{2(1-\alpha)}}+(\mathbf{E}\left\|v(t)\right\|^2)^{\frac{\eta}{2(1-\alpha)}}),\qquad(3.2.107)$$

这里 $1/\theta+1/\eta=1$. 令 $\eta=2(1-\alpha)$,则由式(3.2.96)得

$$\frac{\theta}{2(1-\alpha)}=\frac{1}{1-2\alpha}=\frac{pq}{pq-2p+2q}\leqslant\frac{p}{2},$$

即,$2/(1-2\alpha)\leqslant p$. 利用 $\alpha<\frac{1}{2}$,式(3.2.107)可化为

$$|\mathbf{E}\langle u(t),v(t)\rangle|^{\frac{1}{1-\alpha}}\leqslant C(\mathbf{E}\left\|u(t)\right\|_p^2)^{\frac{1}{1-2\alpha}}+\mathbf{E}\left\|v(t)\right\|^2)\leqslant C(\mathbf{E}\left\|u(t)\right\|_p^{\frac{2}{1-2\alpha}}+\mathbf{E}\left\|v(t)\right\|^2).$$

在引理 3.7 中取 $s=2/(1-2\alpha)$,上式可化为

$$|\mathbf{E}\langle u(t),v(t)\rangle|^{\frac{1}{1-\alpha}} \leqslant C(H(t)+\mathbf{E}\|\nabla u(t)\|^2+\mathbf{E}\|v(t)\|^2+\mathbf{E}\|u(t)\|_p^p). \tag{3.2.108}$$

因此可得

$$\begin{aligned} L^{\frac{1}{1-\alpha}}(t) &= (H^{1-\alpha}(t)+\mu\mathbf{E}\langle u(t),v(t)\rangle)^{\frac{1}{1-\alpha}} \leqslant 2^{\frac{1}{1-\alpha}}(H(t)+\mu\,|\mathbf{E}\langle u(t),v(t)\rangle|^{\frac{1}{1-\alpha}}) \\ &\leqslant C(H(t)+\mathbf{E}\|\nabla u(t)\|^2+\mathbf{E}\|v(t)\|^2+\mathbf{E}\|u(t)\|_p^p). \end{aligned} \tag{3.2.109}$$

联立式(3.2.106)和式(3.2.109)得

$$L'(t) \geqslant KL^{\frac{1}{1-\alpha}}(t),\ \forall\, t \geqslant 0. \tag{3.2.110}$$

这里 K 是一个正常数. 对式(3.2.110)在$(0,t)$上积分可得

$$L^{\frac{1}{1-\alpha}}(t) \geqslant \frac{1-\alpha}{(1-\alpha)L^{-\frac{1}{1-\alpha}}(0)-\alpha Kt}. \tag{3.2.111}$$

令

$$T_0=\frac{1-\alpha}{\alpha K\varepsilon^{-\frac{1}{1-\alpha}}(0)},$$

则当 $t\to T_0$ 时 $L(t)\to+\infty$. 这意味着存在正的时间 $T^*\in(0,T_0]$使得

$$\lim_{t\to T^*}\mathbf{E}(\|u(t)\|^2+\|v(t)\|^2)=+\infty.$$

对于这种情形有 $\mathbf{P}(\tau_\infty=+\infty)<1$(即,$\mathbf{P}(\tau_\infty<+\infty)>0$),说明 $u(t)$在 L^2 模意义下在有限时间区间$[0,\tau_\infty]$内爆破的概率是正的.

众所周知,对于确定性方程,即 $\varepsilon=0$,当初值满足$(u_0,u_1)\in H_0^1(D)\times L^2(D)$时,条件 $\varepsilon(0)\leqslant 0$ 已经可以确保(3.2.1)的解在有限时刻爆破(参看文献[65]). 如果 $\varepsilon>0$,即随机情形,利用本书的结果可以看出:若使得问题(3.2.1)的局部解在 L^2 模意义下有限时刻爆破的概率是正的,或 $\mathbf{E}\|u\|^2$ 在有限时刻趋向无穷,此时初始能量必须满足

$$\varepsilon(0)\leqslant -\frac{1}{2}(1+\beta)\varepsilon^2c_0^2\,\mathrm{Tr}Q\int_0^\infty\int_D\sigma^2(x,t)\,\mathrm{d}x\mathrm{d}t,$$

这是为了平衡噪声 $W(t,x)$带来的影响.

3.3 附加噪声驱动下带有非线性阻尼的随机黏弹性波动方程解的爆破性

3.3.1 引言

令 D 是 $\mathbf{R}^d$ 中带有光滑边界 ∂D 的有界区域. 当 $1\leqslant q\leqslant\infty$ 时,用$\|\cdot\|_q$ 表示空间 $L^q(D)$ 的模,令$(\varphi,\psi)=\int_D\varphi(x)\psi(x)\mathrm{d}x$ 表示 $H=L^2(D)$ 空间中的内积. 设 V 是范数$\|\nabla\cdot\|_2$ 的

Sobolev 空间 $H_0^1(D)$，令 q,p 满足

$$\begin{cases} q \geqslant 2, p > 2, \max\{p,q\} \leqslant \dfrac{2(d-1)}{d-2}, & d \geqslant 3, \\ q \geqslant 2, p > 2, & d = 1,2. \end{cases} \tag{3.3.1}$$

这意味着空间 $H_0^1(D)$ 是连续紧凑嵌入到空间 $L^p(D)$ 中的. 因此，有

$$\left\| u \right\|_{2(p-1)} \leqslant c \left\| \nabla u \right\|_2, \quad \forall u \in H_0^1(D),$$

其中 c 是 $H_0^1(D) \to L^p(D)$ 的嵌入常数. 由式(3.3.2)可得下列不等式

$$\left\| u^{p-2} v \right\|_2 \leqslant c^{p-1} \left\| \nabla u \right\|_2^{p-2} \left\| \nabla v \right\|_2, \quad \forall u,v \in H_0^1(D).$$

对于松弛函数 $g(t)$，假设满足如下条件：

(G1) $g \in C^{-1}[0,\infty]$ 是一个满足

$$1 - \int_0^\infty g(s)\mathrm{d}s = l > 0$$

的非负非增函数.

(G2) $\int_0^\infty g(s)\mathrm{d}s < \dfrac{p(p-2)}{(p-1)^2}$.

(G3) 存在一个正数 $\alpha > 0$，使得

$$g'(t) \leqslant -\beta g(t), \forall t \geqslant 0.$$

注 3.5 条件(G1)是保证方程(1.2.1)的双曲性的必要条件. 满足(G1)，(G2)和(G3)的函数的一个例子是：

$$g(s) = \mathrm{e}^{-as}, a > (p+1)^2/[p(p+2)].$$

本节将考虑带有源项的非线性随机黏弹性波动方程

$$\begin{cases} u_{tt} - \Delta u + \int_0^t g(t-\tau)\Delta u(\tau)\mathrm{d}\tau + |u_t|^{q-2}u_t \\ \quad = |u|^{p-2}u + \sigma(x,t)\partial_t W(t,x), & x \in D, t \in (0,T) \\ u(x,t) = 0, & x \in \partial D, t \in (0,T), \\ u(x,0) = u_0(x), u_t(x,0) = u_1(x), & x \in D, \end{cases} \tag{3.3.2}$$

其中 D 是 $\mathbf{R}^d$ 中带有光滑边界 ∂D 的有界区域；g 是满足条件(G1)，(G2)的松弛函数；$q \geqslant 2$，$p > 2$ 满足

$$\begin{cases} q \geqslant 2, p > 2, \max\{p,q\} \leqslant \dfrac{2(d-1)}{d-2}, & d \geqslant 3, \\ q \geqslant 2, p > 2, & d = 1,2. \end{cases} \tag{3.3.3}$$

初值 $u_0(x)$ 和 $u_1(x)$ 是两个给定的函数. 在第 2 章的第 3 节中，$\{W(t,x): t \geqslant 0\}$ 是 V 中的一个 Q-Wiener 过程，为了简化计算，进一步假设协方差算子 Q 和带有齐次 Dirichlet 边界条件的 $-\Delta$ 算子具有相同的特征函数集，即，$\{e_i\}_{i=1}^\infty$ 满足

$$\begin{cases} -\Delta e_i = \mu_i e_i, & x \in D, \\ e_i = 0, & x \in \partial D, \end{cases} \tag{3.3.4}$$

$\{W(t,x):t\geqslant 0\}$是 V 中的一个 Q-Wiener 过程，即

$$\sum_{n=1}^{\infty}\lambda_i\mu_i<\infty. \tag{3.3.5}$$

由式(3.3.5)可以得到方程

$$u_{tt}=\Delta u-\int_0^t g(t-\tau)\Delta u(\tau)\mathrm{d}\tau+\partial_t W(t,x),\quad x\in D\subset\mathbf{R}^d \tag{3.3.6}$$

的解在均匀 $H^2(D)$空间上受均匀的初始条件和边界条件约束. 实际上，方程(3.3.6)的形式解(见文献[52]定理 3.3)可写成

$$u(t)=\int_0^t 1*S(t-\tau)\mathrm{d}W(\tau).$$

由上述公式，则

$$\left\|Au(t)\right\|^2=\left\|A\int_0^t 1*S(t-\tau)\mathrm{d}W(\tau)\right\|^2\leqslant\left\|\nabla W(t,x)\right\|^2\leqslant C_T\sum_{n=1}^{\infty}\lambda_i\mu_i.$$

此外，在参数 p,q 及非线性项 σ 满足某些适当条件时，可以得到方程(3.3.1)在均匀$H^2(D)$空间上的解. 关于无穷维 Wiener 过程和随机积分的更多细节，可参阅文献[86-90].

若方程(3.3.1)中 $\sigma\equiv 0$，则确定性的黏弹性波动方程

$$u_{tt}-\Delta u+\int_0^t g(t-\tau)\Delta u(\tau)\mathrm{d}\tau+|u_t|^{q-2}u_t=|u|^{p-2}u,$$

近几十年来已被广泛研究. 关于确定性的黏弹性波动方程重点讨论的是方程局部解的存在唯一性，全局解的渐近行为，解的爆破性等，见文献[12,29,91-102]. 而对于随机黏弹性波动方程(3.3.1)，Wei 和 Jiang[33]考虑当 $\sigma\equiv 1,q=2$ 的情形. 他们给出了方程(3.3.1)解的存在唯一性，并在 g 和 f 的适当假设下得到了解的能量泛函的指数退化估计. 本书作者及合作者将文献[92]中的存在唯一性结果扩展到乘性噪声的情形并利用能量不等式，当 $\sigma=\sigma(x,t)$时证得：要么局部解以正的概率在有限时刻爆破，要么在 L^2 模意义下爆破. 对于确定性黏弹性波动方程研究得较为广泛[103-108].

在本节中，我们讨论方程(3.3.1)的温和解的存在性和唯一性，全局解的存在性和非全局解的爆炸性问题. 对于温和解的存在唯一性也不能再像处理线性阻尼随机波动方程那样利用半群法获得. 我们将采取 Galerkin 逼近的方法建立该问题局部轨道解的存在唯一性，并进一步利用 Khasminskii 验证方法证明：若 $q\geqslant p$，则该解全局存在. 对于非局部解的爆破性，我们将构造适当的 Lyapunov 函数，利用处理确定性方程的方法证明：当 $p>q$ 时，要么局部解在 L^2 模意义下以正的概率在有限时刻爆破，要么均方解在有限时刻趋向无穷.

最后，我们给出方程(3.3.2)解的定义. 为了给出解的定义，进一步假设

$$(u_0,u_1)\in H_0^1(D)\times L^2(D), \tag{3.3.7}$$

$\sigma(x,t)$是 $L^2(D)$值循序可测的，

$$\mathbf{E}\int_0^T\left\|\sigma(t)\right\|^2\mathrm{d}t<\infty. \tag{3.3.8}$$

定义 3.5　在式(3.3.7)，式(3.3.8)的假设条件下，u 被称为方程(3.3.2)在区间$[0,T]$

上的一个解，如果

$$(u,u_t)\text{ 是 }H_0^1(D)\times L^2(D)\text{ 值循序可测的，}\tag{3.3.9}$$

$$(u,u_t)\in L^2(\Omega;C([0,T];H_0^1(D)\times L^2(D))),u_t\in L^q([0,T]\times D),\tag{3.3.10}$$

$$u(0)=u_0,\quad u_t(0)=u_1,$$

那么，

$$u_{tt}-\Delta u+\int_0^t g(t-\tau)\Delta u(\tau)\mathrm{d}\tau+|u_t|^{q-2}u_t=|u|^{p-2}u+\sigma(x,t)\partial_t W(t,x),\tag{3.3.11}$$

在扰动意义下对几乎所有的 ω 在 $(0,T)\times D$ 上成立.

注 3.6 式(3.3.10)和式(3.3.11)表明，当 $t\in[0,T]$，$\varphi\in H_0^1(D)$ 时，有

$$\begin{aligned}(u_t,\varphi)=(u_1,\varphi)-\int_0^t(\nabla u,\nabla\varphi)\mathrm{d}s-\int_0^t(|u_s|^{q-2}u_s,\varphi)\mathrm{d}s+\int_0^t(|u|^{p-2}u,\varphi)\mathrm{d}s+\\ \int_0^t\left(\int_0^s g(s-\tau)\ \nabla u(\tau)\mathrm{d}\tau,\nabla\phi(s)\right)\mathrm{d}s+\int_0^t(\phi,\sigma(x,s)\mathrm{d}W s),\end{aligned}\tag{3.3.12}$$

事实上，式(3.3.12)是随机偏微分方程强解的常用定义形式. 因此，这里 u 是方程(3.3.2)的一个强解.

3.3.2 解的存在唯一性

在本节中，我们将讨论方程(3.3.2)的解的局部存在性与唯一性问题，并证明当 $q\geqslant p$ 时方程(3.3.2)解全局存在. 令 $f(u)=|u|^{p-2}u$，对每一个 $N\geqslant1$，定义一个 C^1 函数 χ_N

$$\chi_N(x)=\begin{cases}1, & x\leqslant N,\\ 0\sim1, & N<x<N+1,\\ 0, & x\geqslant N+1,\end{cases}$$

并进一步假设 $\left\|\chi'_N\right\|_\infty\leqslant2$. 定义

$$f_N(u)=\chi_N(\left\|\nabla u\right\|_2)f(u),\quad u\in H_0^1(D).$$

有下列不等式

$$\left\|u^{p-2}v\right\|_2\leqslant c^{p-1}\left\|\nabla u\right\|_2^{p-2}\left\|\nabla v\right\|_2,\quad \forall\, u,v\in H_0^1(D).$$

于是可以得出

$$\left\|f_N(u)-f_N(v)\right\|_2\leqslant C_N\left\|\nabla u-\nabla v\right\|_2,u,v\in H_0^1(D),\tag{3.3.13}$$

其中 C_N 是一个仅依赖于 N 的常数. 令 $h(r)=|r|^{q-2}r$，对任意的 $\lambda>0$，令

$$h_\lambda(r)=\frac{1}{\lambda}(r-(I+\lambda h)^{-1}(r))=h\ (I+\lambda h)^{-1}(r),r\in\mathbf{R},$$

其中 h_λ 是映射 g 的 Yosida 近似值. 若 $h(r)$ 满足最大单调性且对任意 $r\in\mathbf{R}$ 有 $h'(r)=(q-2)|r|^{q-2}\geqslant0$，则 $h_\lambda\in C^1(\mathbf{R})$，且对任意 $r\in\mathbf{R}$ 满足[104]

$$0\leqslant h'_\lambda\leqslant\frac{1}{\lambda},|h_\lambda(r)|\leqslant|h(r)|,|h_\lambda(r)|\leqslant\frac{1}{\lambda}|r|.\tag{3.3.14}$$

为了获得方程(3.3.13)局部解的存在唯一性,我们首先建立一个关于正则问题的引理.给定 λ 和 $N>0$,考虑初边值问题

$$\begin{cases} u_{tt}-\Delta u+h_\lambda(u_t)+\int_0^t g(t-\tau)\Delta u(\tau)\mathrm{d}\tau \\ \quad =f_N(u)+\sigma(x,t)\partial_t W(t,x), & (x,t)\in D\times(0,T), \\ u(x,t)=0, & (x,t)\in\partial D\times(0,T), \\ u(x,0)=u_0(x),u_t(x,0)=u_1(x), & x\in D, \end{cases} \tag{3.3.15}$$

其中假设

$$(u_0,u_1)\in(H_0^1(D)\cap H^2(D))\times H_0^1(D) \tag{3.3.16}$$

和 $\sigma(x,t)$ 是值循序可测的使得

$$\mathbf{E}\int_0^T(\left\|\nabla\sigma(t)\right\|^2+\left\|\sigma(t)\right\|_\infty^2)\mathrm{d}t<\infty. \tag{3.3.17}$$

引理 3.10　假设式(3.3.14),式(3.3.16)和式(3.3.17) 成立,则方程(3.3.15)存在唯一轨道解 u 使得

$$u\in L^2(\Omega;L^\infty(0,T;H_0^1(D)\cap H^2(D)))\cap L^2(\Omega;C([0,T];H_0^1(D)))$$

和

$$u_t\in L^2(\Omega;L^\infty(0,T;H_0^1(D)))\cap L^2(\Omega;C([0,T];L^2(D))).$$

进一步,也有

$$\mathbf{E}\Big(\left\|u(t)\right\|_{L^\infty(0,T;H_0^1(D))}^2+\left\|u\right\|_{L^\infty(0,T;H_0^1(D)\cap H^2(D))}^2+\int_0^T\int_D h_\lambda(u_t)u_t\mathrm{d}x\mathrm{d}t\Big)\leqslant C_N,$$

其中 C_N 是一个不依赖于 λ 的正常数.

证明　令 $u_m(t,x)$ 满足

$$\begin{cases} u''_m-\Delta u_m+\int_0^t g(t-\tau)\Delta u_m(\tau)\mathrm{d}\tau+h_\lambda(u'_m) \\ \quad =f_N(u_m)+\sigma(x,t)\partial_t W(t,x), \\ u_m(x,0)=u_0(x),\quad u'_m(x,0)=u_1(x). \end{cases} \tag{3.3.18}$$

记 $u_m(t,x)=\sum_{j=1}^m a_{m,j}(t)e_j(x)$,这里 $\{e_j\}_{j=1}^\infty$ 是 $H_0^1(D)$ 的完备正交基且满足式(3.3.4),$a_{m,j}$ 是下面随机微分方程系统的一个解

$$\begin{cases} a''_{m,j}=-\mu_j a_{m,j}+\mu_i\int_0^t g(t-\tau)a_{m,j}(\tau)\mathrm{d}\tau-(h_\lambda(\sum_{j=1}^m a'_{m,j}e_j),e_j)+ \\ \quad (f_N(\sum_{j=1}^m a'_{m,j}e_j),e_j)+(e_j,\sigma(x,t)\mathrm{d}W_t), \\ a_{m,j}(0)=(u_0,e_j),a'_{m,j}(0)=(u_1,e_j), \end{cases}$$

其中 $1\leqslant j\leqslant m$,由 Itô 公式可得

$$\left\|u'_m(t)\right\|^2+\left\|\nabla u_m(t)\right\|^2=\left\|u'_m(0)\right\|^2+\left\|\nabla u_m(0)\right\|^2-2\int_0^t\int_D h_\lambda(u'_m(s))u'_m(s)\mathrm{d}x\mathrm{d}s+$$

$$2\int_0^t(\int_0^s g(s-\tau)\nabla u_m(\tau)\mathrm{d}\tau,\nabla u'_m(s))\mathrm{d}s+\int_0^t\int_D f_N(u_m)u'_m\mathrm{d}x\mathrm{d}s+2\int_0^t(u'_m,\sigma\mathrm{d}W_s)+$$

$$\sum_{i=1}^{\infty}\int_0^t\int_D\lambda_i e_i^2(x)\sigma_m^2(x,s)\mathrm{d}x\mathrm{d}s. \tag{3.3.19}$$

由条件(H1)得

$$\begin{aligned}(\int_0^s g(s-\tau)\nabla u_m(\tau)\mathrm{d}\tau,\nabla u'_m(s))&=\int_0^s g(s-\tau)\int_D\nabla u'_m(s)\nabla u_m(\tau)\mathrm{d}\tau\mathrm{d}x\\&=\int_0^s g(s-\tau)\int_D\nabla u'_m(s)(\nabla u_m(\tau)-\nabla u_m(s))\mathrm{d}x\mathrm{d}\tau+\\&\quad\int_0^s g(s-\tau)\int_D\nabla u'_m(s)\cdot\nabla u_m(s)\mathrm{d}x\mathrm{d}\tau\\&=-\frac{1}{2}\int_0^s g(s-\tau)\frac{\mathrm{d}}{\mathrm{d}s}\int_D|\nabla u_m(\tau)-\nabla u_m(s)|^2\mathrm{d}x\mathrm{d}\tau+\\&\quad\frac{1}{2}\int_0^s g(\tau)\frac{\mathrm{d}}{\mathrm{d}s}\int_D|\nabla u_m(s)|^2\mathrm{d}x\mathrm{d}\tau\\&=\frac{1}{2}\frac{\mathrm{d}}{\mathrm{d}s}\Big(\int_0^s g(\tau)\mathrm{d}\tau\left\|\nabla u_m(s)\right\|^2-(g\circ\nabla u_m)(s)\Big)+\\&\quad\frac{1}{2}(g'\circ\nabla u_m)(s)-\frac{1}{2}g(s)\left\|\nabla u_m(s)\right\|^2\\&\leqslant\frac{1}{2}\frac{d}{\mathrm{d}s}\Big(\int_0^s g(\tau)\mathrm{d}\tau\left\|\nabla u_m(s)\right\|^2-(g\circ\nabla u_m)(s)\Big),\end{aligned}\tag{3.3.20}$$

这意味着

$$2\int_0^t(\int_0^s g(s-\tau)\nabla u_m(\tau)\mathrm{d}\tau,\nabla u'_m(s))\mathrm{d}s\leqslant\int_0^t g(\tau)\mathrm{d}\tau\left\|\nabla u_m(t)\right\|^2-(g\circ\nabla u_m)(t),\tag{3.3.21}$$

其中

$$(g\circ w)(t)=\int_0^t g(t-\tau)\left\|w(t)-w(\tau)\right\|^2\mathrm{d}\tau.$$

将式(3.3.21)代入式(3.3.19),得

$$\begin{aligned}&\left\|u'_m(t)\right\|^2+l\left\|\nabla u_m(t)\right\|^2+(g\circ\nabla u_m)(t)\leqslant\\&\quad\left\|u'_m(0)\right\|^2+\left\|\nabla u_m(0)\right\|^2+2\int_0^t\int_D f_N(u_m)u'_m\mathrm{d}x\mathrm{d}s+2\int_0^t(u'_m,\sigma\mathrm{d}W_s)-\\&\quad2\int_0^t\int_D h_\lambda(u'_m(s))u'_m(s)\mathrm{d}x\mathrm{d}s+\mathrm{Tr}Qc_0^2\int_0^t\int_D|\sigma|^2\mathrm{d}x\mathrm{d}s,\end{aligned}\tag{3.3.22}$$

其中 l 在(H1)中有定义,此外,由式(3.3.18)我们有

$$\nabla u''_m=\nabla(\Delta u_m)-\int_0^t g(t-\tau)\nabla(\Delta u_m)(\tau)\mathrm{d}\tau-\nabla h_\lambda(u'_m)+\nabla f_N(u_m)+\nabla(\sigma(x,t)\partial_t W(t,x)).$$

现在我们证明$\nabla u''_m$ 是 $L^2(D)$ 值可测的. 这表明$\int_0^t\nabla(\sigma(x,s)\partial_t W(x,\mathrm{d}s))$ 是一个$L^2(D)$- 值鞅. 利用式(3.3.5) 和式(3.3.16),我们有

$$\mathbf{E}\left\|\int_0^t \nabla\sigma(x,s)\partial_t W(x,\mathrm{d}s)\right\|^2$$

$$\leqslant 2\mathbf{E}\left\|\int_0^t \nabla\sigma(x,s)\partial_t W(x,\mathrm{d}s)\right\|^2 + 2\mathbf{E}\left\|\sum_{i=1}^{\infty}\sqrt{\lambda_i}\int_0^t \sigma(x,s)\ \nabla e_i(x)\mathrm{d}B_i(s)\right\|^2$$

$$\leqslant 2\mathrm{Tr}\mathbf{QE}\int_0^t \left\|\nabla\sigma\right\|^2\mathrm{d}s + 2\sum_{i=1}^{\infty}\mu_i\lambda_i\mathbf{E}\int_0^t \left\|\sigma\right\|_{\infty}^2\mathrm{d}s < +\infty,$$

因此,可以将 Itô 公式应用于$\left\|\nabla u'_m\right\|^2$,有

$$\begin{aligned}&\left\|\nabla u'_m\right\|^2 + \left\|\Delta u_m(t)\right\|^2 = \\ &\quad \left\|\nabla u'_m(0)\right\|^2 + \left\|\Delta u_m(0)\right\|^2 + 2\int_0^t\int_D h_\lambda(u'_m(s))\Delta u'_m(s)\mathrm{d}x\mathrm{d}s + \\ &\quad 2\int_0^t\left(\int_0^s g(s-\tau)\Delta u_m(\tau)\mathrm{d}\tau, \Delta u'_m(s)\right)\mathrm{d}s - 2\int_0^t\int_D f_N(u_m(s))\Delta u'_m\mathrm{d}x\mathrm{d}s + \\ &\quad 2\int_0^t(\nabla u'_m, \nabla(\sigma\mathrm{d}W_s)) + \int_0^t(\nabla(\sigma\mathrm{d}W_s), \nabla(\sigma\mathrm{d}W_s)).\end{aligned} \tag{3.3.23}$$

对于式(3.3.23)右边的第 4 项,作与等式(3.3.21)相同的变形,得

$$2\int_0^t\left(\int_0^s g(s-\tau)\Delta u_m(\tau)\mathrm{d}\tau, \Delta u'_m(s)\right)\mathrm{d}s \leqslant \int_0^t g(\tau)\mathrm{d}\tau\left\|\Delta u_m(t)\right\|^2 - (g\circ\Delta u_m)(t). \tag{3.3.24}$$

由式(3.3.23)的右边第 6 项,我们有

$$2\int_0^t(\nabla u'_m, \nabla(\sigma\mathrm{d}W_s)) = 2\sum_{n=1}^{\infty}\left(\int_0^t\sqrt{\lambda_i}(\nabla u'_m, \nabla\sigma e_i\mathrm{d}B_i) + \int_0^t\sqrt{\lambda_i}(\nabla u'_m, \sigma\ \nabla e_i\mathrm{d}B_i)\right). \tag{3.3.25}$$

对于式(3.3.23)右边的最后一项,我们有

$$\begin{aligned}&\int_0^t(\nabla(\sigma\mathrm{d}W_s), \nabla(\sigma\mathrm{d}W_s)) \\ &= \int_0^t(\nabla(\sigma\mathrm{d}W_s), \nabla(\sigma\mathrm{d}W_s)) + 2\int_0^t\left(\sum_{i=1}^{\infty}\sqrt{\lambda_i}e_i(x)\ \nabla\sigma\mathrm{d}B_i, \sum_{i=1}^{\infty}\sqrt{\lambda_i}\ \nabla e_i(x)\sigma\mathrm{d}B_i\right) + \\ &\quad \int_0^t\left(\sum_{i=1}^{\infty}\sqrt{\lambda_i}\ \nabla e_i(x)\sigma\mathrm{d}B_i, \sum_{i=1}^{\infty}\sqrt{\lambda_i}\ \nabla e_i(x)\sigma\mathrm{d}B_i\right) \\ &= \int_0^t(\nabla\sigma\mathrm{d}W_s, \nabla\sigma\mathrm{d}W_s) + \sum_{i=1}^{\infty}\lambda_i\mu_i\int_0^t\int_D\sigma^2 e^2(x)\mathrm{d}x\mathrm{d}s \\ &\leqslant \mathrm{Tr}\mathbf{Q}\int_0^t\left\|\nabla\sigma\right\|^2\mathrm{d}s + c_0^2\sum_{i=1}^{\infty}\lambda_i\mu_i\int_0^t\left\|\sigma\right\|^2\mathrm{d}s.\end{aligned} \tag{3.3.26}$$

由式(3.3.23),式(3.3.24),式(3.3.25)和式(3.3.26),我们可以得到

$$\begin{aligned}&\left\|\nabla u'_m(t)\right\|^2 + l\left\|\Delta u_m(t)\right\|^2 + (g\circ\Delta u_m)(t) \\ &\leqslant \left\|\nabla u'_m(0)\right\|^2 + \left\|\Delta u_m(0)\right\|^2 + 2\int_0^t\int_D h_\lambda(u'_m(s))\Delta u'_m(s)\mathrm{d}x\mathrm{d}s -\end{aligned}$$

$$2\int_0^t\int_D f_N(u_m(s))\Delta u'_m \mathrm{d}x\mathrm{d}s + 2\sum_{i=1}^{\infty}\int_0^t\sqrt{\lambda_i}(\nabla u'_m, \nabla\sigma e_i \mathrm{d}B_i) +$$

$$2\sum_{i=1}^{\infty}\int_0^t\sqrt{\lambda_i}(\nabla u'_m, \sigma\nabla e_i\mathrm{d}B_i) + \mathrm{Tr}Q\int_0^t\left\|\nabla\sigma\right\|^2\mathrm{d}s + c_0^2\sum_{i=1}^{\infty}\lambda_i\mu_i\int_0^t\left\|\sigma\right\|^2\mathrm{d}s. \quad (3.3.27)$$

利用式(2.1.2),式(2.1.3)和式(3.3.14)则有

$$\int_D f_N(u_m)u'_m\mathrm{d}x \leqslant \int_D\chi_N(\left\|\nabla u_m\right\|_2)\ |u_m|^{p-1}|u'_m(s)|\mathrm{d}x \leqslant C_N\left\|\nabla u_m\right\|_2\left\|u'_m\right\|_2, \quad (3.3.28)$$

$$\begin{aligned}-\int_D f_N(u_m)\Delta u'_m\mathrm{d}x &= (p-1)\int_D\chi_N(\left\|\nabla u_m\right\|_2)\ |u_m|^{p-2}\nabla u_m\cdot\nabla u'_m\mathrm{d}x\\ &\leqslant C_N(p-1)\left\||u_m|^{p-2}\nabla u_m\right\|_2\left\|\nabla u'_m\right\|_2\\ &\leqslant C_N\left\|\Delta u_m\right\|_2\left\|\nabla u'_m\right\|_2\end{aligned} \quad (3.3.29)$$

及

$$\int_D h_\lambda(u'_m(s))\Delta u'_m(s)\mathrm{d}x = -\int_D h'_\lambda(u'_m(s))\ |\nabla u'_m(s)|^2\mathrm{d}x \leqslant 0. \quad (3.3.30)$$

由 Burkholder-Davis-Gundy 不等式可得

$$\begin{aligned}\mathbf{E}\Big(\sup_{t\in[0,T]}\Big|\int_0^t(u'_m(s),\sigma\mathrm{d}W_s)\Big|\Big) &\leqslant C\mathbf{E}\Big(\sup_{t\in[0,T]}\left\|u'_m\right\|_2\big(\sum_{i=1}^{\infty}\int_0^T(\sigma(x,t)Re_i,\sigma(x,t)e_i)\mathrm{d}t\big)^{\frac{1}{2}}\Big)\\ &\leqslant \alpha\mathbf{E}\Big(\sup_{t\in[0,T]}\left\|u'_m\right\|^2\Big)+\frac{Cc_0^2}{\alpha}\mathrm{Tr}Q\mathbf{E}\Big(\int_0^T\left\|\nabla\sigma(t)\right\|^2\mathrm{d}t\Big)\end{aligned} \quad (3.3.31)$$

和

$$\begin{aligned}&\mathbf{E}\Big(\sup_{t\in[0,T]}\Big|\sum_{i=1}^{\infty}\int_0^t\sqrt{\lambda_i}(\nabla u'_m,\nabla\sigma e_i\mathrm{d}B_i)\Big|\Big)+\mathbf{E}\Big(\sup_{t\in[0,T]}\Big|\sum_{i=1}^{\infty}\int_0^t\sqrt{\lambda_i}(\nabla u'_m,\sigma\nabla e_i\mathrm{d}B_i)\Big|\Big)\\ &\leqslant \alpha\mathbf{E}\Big(\sup_{t\in[0,T]}\left\|\nabla u'_m\right\|^2\Big)+\frac{Cc_0^2}{\alpha}\mathrm{Tr}Q\mathbf{E}\int_0^T\left\|\nabla\sigma(t)\right\|^2\mathrm{d}t+\frac{C}{\alpha}\sum_{i=1}^{\infty}\lambda_i\mu_i\mathbf{E}\int_0^T\left\|\sigma(t)\right\|_\infty^2\mathrm{d}t.\end{aligned} \quad (3.3.32)$$

这里和后文中,C 和 C_N 表示与 m 和 λ 无关的正常数,由式(3.3.5),式(3.3.16),式(3.3.17),式(3.3.22)~式(3.3.32)及 Gronwall's 不等式有

$$\mathbf{E}\Big(\sup_{t\in[0,T]}\left\|\nabla u'_m\right\|^2+\sup_{t\in[0,T]}\left\|u_m\right\|_{H_0^1(D)\cap H^2(D)}+\int_0^T\int_D h_\lambda(u'_m(s))u'_m(s)\mathrm{d}x\mathrm{d}s\Big)\leqslant C_N. \quad (3.3.33)$$

定义

$$A_\lambda = \left\|v\right\|^2_{L^\infty(0,T;H_0^1(D)\cap H^2(D))}+\left\|v'\right\|^2_{L^\infty(0,T;H_0^1(D))}+\int_0^T\int_D h_\lambda(v'(s))v'(s)\mathrm{d}x\mathrm{d}s. \quad (3.3.34)$$

由式(3.3.34)得

$$P(\bigcup_{L=1}^{\infty}\bigcap_{j=1}^{\infty}\bigcup_{m=j}^{\infty}\{\mathscr{A}_\lambda(u_m)\leqslant L\})=1.$$

设 $\mathscr{P}_m$ 是 H 到 $\{e_1,\cdots,e_m\}$ 张成的子空间上的正交投影，即 $\mathscr{P}_m\varphi=\sum_{j=1}^{m}(\varphi,e_j)e_j$. 由式(3.3.27)，对几乎所有的 ω，在扰动意义下在 $(0,T)\times D$ 上有

$$\partial_t(u'_m-\mathscr{P}_mM(t))=\Delta u_m-\int_0^t g(t-\tau)\Delta u_m(\tau)\mathrm{d}\tau-\mathscr{P}_m g_\lambda(u'_m)+\mathscr{P}_m f_N(u_m). \tag{3.3.35}$$

其中

$$M(t)=\int_0^t\sigma(s)\mathrm{d}W(s).$$

因为 $\sigma(x,t)$ 是 $H_0^1(D)\cap L^\infty(D)$ 值循序可测的，$\{W(t,x):t\geqslant 0\}$ 是一个 V 值过程，所以存在一个满足 $P(\Omega\backslash\Omega_1)=0$ 的子集合 $\Omega_1\subset\Omega$ 使得对每一个 $\omega\in\Omega_1$，

$$M\in C([0,T];H_0^1(D))$$

并且(3.2.24) 对所有的 $m\geqslant 1$ 成立.

由式(3.3.33)知，对每一个 $\omega\in\Omega_1$ 都存在一个子序列 $\{u_{m_k}\}_{k=1}^{\infty}$ 对所有的 $k\geqslant 1$ 和某一常数 $L_\omega>0$ 使得对一些函数 $u=u(\omega)$ 有

$$A_\lambda(u_{m_k})\leqslant L_\omega,k\geqslant 1,\text{常数 } L_\omega>0. \tag{3.3.36}$$

$$u_{m_k}\rightarrow u \text{ 在 } L^\infty(0,T;H_0^1(D)\cap H^2(D)) \text{ 上弱收敛}. \tag{3.3.37}$$

$$u_{m_k}\rightarrow u \text{ 在 } C([0,T];H_0^1(D)) \text{ 上强收敛}. \tag{3.3.38}$$

$$u'_{m_k}\rightarrow u' \text{ 在 } L^\infty(0,T;H_0^1(D)) \text{ 上弱收敛}. \tag{3.3.39}$$

由式(3.3.14)可得对所有的 $x\in\mathbf{R},\lambda>0$

$$|h_\lambda(x)|^{\frac{q}{q-1}}\leqslant Ch_\lambda(x)x.$$

由式(3.3.3)，可得嵌入关系 $L^{\frac{q}{q-1}}\rightarrow H^{-1}(D)$，因此，联立式(3.3.34)和式(3.3.36)可得

$$\left\|h_\lambda(u'_{m_k})\right\|_{L^{\frac{q}{q-1}}(0,T;H^{-1}(D))}^{\frac{q}{q-1}}\leqslant CL_\omega. \tag{3.3.40}$$

联立上式和式(3.3.35)，对任意的 $k\geqslant 1$ 有

$$\left\|u'_{m_k}-\mathscr{P}_{m_k}M\right\|_{W^{1,\frac{q}{q-1}}(0,T;H^{-1}(D))}\leqslant CL_\omega. \tag{3.3.41}$$

所以由式(3.3.38)和式(3.3.41)得

$$u'_{m_k}-\mathscr{P}_{m_k}M\rightarrow u'-M \text{ 在 } C([0,T];L^2(D)) \text{ 上强收敛}. \tag{3.3.42}$$

这表明存在一个用 $\{u_{m_k}\}$ 表示的子序列使得

$$u'_{m_k}(t,x)\rightarrow u'(t,x) \tag{3.3.43}$$

在 $(t,x)\in(0,T)\times D$ 中几乎处处收敛.

利用式(3.3.40)，式(3.3.43)及引理 3.3 可得

$$h_\lambda(u'_{m_k})\rightarrow h_\lambda(u') \text{ 在 } L^{\frac{q}{q-1}}((0,T)\times D) \text{ 中弱收敛}.$$

因此，$u=u(\omega)$ 在 $(0,T)\times D$ 的扰动意义下满足式(3.3.15). 上面子序列的选取可能依赖

$\omega\in\Omega_1$. 如果有另外一个子序列在上述意义下收敛到$\tilde{u}=\tilde{u}(\omega)$，则 $\omega=u(\omega)-\tilde{u}(\omega)$满足：

$\omega''-\Delta\omega+\int_0^t g(t-\tau)\Delta\omega(\tau)\mathrm{d}\tau+h_\lambda(u'(\omega))-h_\lambda(\tilde{u}'(\omega))=f_N(u(\omega))-f_N(\tilde{u}(\omega))\omega(0)=0$,

$\omega'(0)=0$，及正则性

$$\omega\in L^\infty(0,T;H_0^1(D)\cap H^2(D))\cap C([0,T];H_0^1(D)),$$
$$\omega'\in L^\infty(0,T;H_0^1(D))\cap C([0,T];L^2(D)),$$

因此，

$$\frac{1}{2}\frac{\mathrm{d}}{\mathrm{d}t}(\left\|w'(t)\right\|^2+(1-\int_0^s g(s)\mathrm{d}s)\left\|\nabla w(t)\right\|^2+(g\circ\nabla w)(t))\leqslant$$
$$-\int_D(h_\lambda(u')-h_\lambda(\tilde{u}')w'\mathrm{d}x+\int_D(f_N(u)-f_N(\tilde{u}))w'\mathrm{d}x. \tag{3.3.44}$$

利用式(3.3.14)有

$$\int_D g_\lambda(u'(w))-g_\lambda(\tilde{u}'(w))w'\mathrm{d}x\geqslant 0. \tag{3.3.45}$$

通过 Hölder 不等式及条件(3.3.3)可得

$$\begin{aligned}
&\left|\int_D(f_N(u)-f_N(\tilde{u}))w'\mathrm{d}x\right|\\
&=\left|\int_D(\chi_N(\left\|\nabla u\right\|_2)\ |u|^{p-2}u-\chi_N(\left\|\nabla\tilde{u}\right\|_2)\ |\tilde{u}|^{p-2}\tilde{u})w'\mathrm{d}x\right|\\
&\leqslant C_N(p-1)\int_D\sup\{|u|^{p-2},|\tilde{u}|^{p-2}\}|w|\,|w'|\mathrm{d}x\\
&\leqslant C_N(\left\|u\right\|_{(p-2)d}^{(p-2)}+\left\|\tilde{u}\right\|_{(p-2)d}^{(p-2)}\left\|w\right\|_{\frac{2d}{d-2}}\left\|w'\right\|_2)\\
&\leqslant C_N\left\|\nabla w(t)\right\|_2\left\|w'\right\|_2.
\end{aligned} \tag{3.3.46}$$

联立式(3.3.44)，式(3.3.45)和式(3.3.46)可得

$$\left\|w'(t)\right\|^2+\left\|\nabla w(t)\right\|^2\leqslant 2C_N\int_0^t(\left\|w'(s)\right\|^2+\left\|\nabla w(s)\right\|^2)\mathrm{d}s,$$

这表明 $w=0$，即 $u(\omega)=\tilde{u}(\omega)$. 因此，对每一个 $\omega\in\Omega_1$，$u=u(\omega)$有着明确的定义.

下面将证明对任意的 $0\leqslant t\leqslant T$，(u,u_t)是$(H_0^1(D)\cap H^2(D))\times H_0^1(D)$值循序可测的. 令 $B_r(z)$是 $C([0,T];H_0^1(D)\times L^2(D))$上以 z 为球心 r 为半径的闭球. 通过 u 的获取方法可得

$$\{(u,u_t)\in B_r(z)\}\cap\Omega_1=\Omega_1\cap\bigcup_{L=1}^\infty\bigcup_{v=1}^\infty\bigcap_{j=1}^\infty\bigcup_{m=j}^\infty\{((u_m,u'_m)\in B_{r+1/v}(z))\cap(\mathscr{A}_\lambda(u_m)\leqslant L)\}. \tag{3.3.47}$$

由于对几乎所有 w，有$(u,u_t)\in C([0,T];H_0^1(D)\times L^2(D))$，且式(3.3.47)的右侧属于 $\mathscr{F}_T$，所以对每个 $A\in B(H_0^1(D)\times L^2(D))$有

$$\{(t,\omega)\,|\,0\leqslant t\leqslant T,(u(t,\omega),u_t(t,\omega))\in A\}\in B([0,T])\otimes\mathscr{F}_T. \tag{3.3.48}$$

又因$(H_0^1(D)\cap H^2(D))\times H_0^1(D))$中的每一个半径有限的闭球在 $H_0^1(D)\times L^2(D)$中是闭的，所以有 $B(H_0^1(D)\cap H^2(D))\times H_0^1(D))\subset B(H_0^1(D)\times L^2(D))$. 因此，对每一个 $B(H_0^1(D)\cap$

$H^2(D))\times H_0^1(D))$都有式(3.3.48)成立.由路径的唯一性,可以用任意的 $0\leqslant t\leqslant T$ 代替式(3.3.48)中的 T,从而得(u,u_t)是$(H_0^1(D)\cap H^2(D))\times H_0^1(D))$值循序可测的.

接下来证明对每一个 $\omega\in\Omega_1$ 和 $K>0$ 有

$$A_\lambda(u)\wedge K\leqslant \varliminf_{m\to\infty}A_\lambda(u_m)\wedge K. \tag{3.3.49}$$

如果$\varliminf\limits_{m\to\infty}A_\lambda(u_m)\wedge K=K$,则不等式(3.3.52)显然成立.如果 $\varliminf\limits_{m\to\infty}A_\lambda(u_m)\wedge K=\delta<K$,这时存在一个子序列$\{u_{m_k}\}_{k=1}^\infty$,使得$\varliminf\limits_{k\to\infty}A_\lambda(u_{m_k})=\delta$.并且$\{u_{m_k}(\omega)\}$在式(3.3.36)～式(3.3.39)和式(3.3.42)意义下收敛到 $u(\omega)$.所以有

$$\left\|u\right\|_{L^\infty(0,T;H_0^1(D)\cap H^2(D))}\leqslant \varliminf_{k\to\infty}\left\|u_{m_k}\right\|_{L^\infty(0,T;H_0^1(D)\cap H^2(D))},$$

$$\left\|u'\right\|_{L^\infty(0,T;H_0^1(D))}\leqslant \varliminf_{k\to\infty}\left\|u'_{m_k}\right\|_{L^\infty(0,T;H_0^1(D))},$$

和

$$\int_0^T\int_D h_\lambda(u'(s))u'(s)\mathrm{d}x\mathrm{d}s\leqslant \varliminf_{k\to\infty}\int_0^T\int_D h_\lambda(u'_{m_k}(s))u'_{m_k}(s)\mathrm{d}x\mathrm{d}s.$$

上述 3 个不等式表明 $A_\lambda(u)\leqslant\delta$.

因此,式(3.3.49)仍成立.利用式(3.3.33),式(3.3.49)和 Fatou's 引理,对某些与 K 和 λ 无关的正常数有

$$\mathbf{E}(A_\lambda(u)\wedge K)\leqslant C_N.$$

令 $K\uparrow\infty$,有

$$\mathbf{E}(A_\lambda(u))\leqslant C_N.$$

下面我们固定 $N>0$ 并考虑方程

$$\begin{cases}u_{tt}-\Delta u+\int_0^t g(t-\tau)\Delta u(\tau)\mathrm{d}\tau+h(u_t)\\ \qquad =f_N(u)+\sigma(x,t)\partial_t W(t,x), & (x,t)\in D\times(0,T),\\ u(x,t)=0, & (x,t)\in\partial D\times(0,T),\\ u(x,0)=u_0(x),u_t(x,0)=u_1(x), & x\in D.\end{cases} \tag{3.3.50}$$

引理 3.11　假设式(3.3.3),式(3.3.16),式(3.3.17)和条件(G1)成立,则问题(3.3.50)存在路径唯一的解 u 使得

$$u\in L^2(\Omega;L^\infty(0,T;H_0^1(D)\cap H^2(D)))\cap L^2(\Omega;C([0,T];H_0^1(D)),$$
$$u_t\in L^2(\Omega;L^\infty(0,T;H_0^1(D)))\cap L^2(\Omega;C([0,T];L^2(D))$$

和

$$u_t\in L^q((0,T)\times D).$$

证明　令 u_λ 表示问题(3.3.7)在条件(3.3.8)和(3.3.9)下的解.由于对所有 $\lambda>0$ 都有 $\mathbf{E}(A_\lambda(u_\lambda))\leqslant C_N$,所以我们可以用上面讨论的方法,考虑 $\lambda=\dfrac{1}{m}$,$m=1,2,\cdots$,存在一个满足 $P(\Omega\backslash\Omega_2)=0$ 的 $\Omega_2\subset\Omega$,且有下面一些性质成立:对每个 $\omega\in\Omega_2$ 和 $\lambda=\dfrac{1}{m}(m\geqslant1)$,

$$M\in C([0,T];H_0^1(D)),$$

$$(u'_\lambda-M(t))'-\Delta u_\lambda+\int_0^t g(t-\tau)\Delta u_\lambda(\tau)\mathrm{d}\tau+h_\lambda(u'_\lambda)=f_N(u_\lambda)$$

在扰动意义下在$(0,T)\times D$上成立，以及对某些函数$u=u(w)$，存在一个子序列满足

$$\text{对所有的 } k\geqslant 1 \text{ 和某些常数 } L_\omega>0 \text{ 有 } A_{\lambda_k}(u_{\lambda_k})\leqslant L_\omega. \tag{3.3.51}$$

$$u_{\lambda_k}\to u \text{ 在 } L^\infty(0,T;H_0^1(D)\cap H^2(D))\text{上弱收敛}. \tag{3.3.52}$$

$$u_{\lambda_k}\to u \text{ 在 } C([0,T];H_0^1(D))\text{上强收敛}. \tag{3.3.53}$$

$$u'_{\lambda_k}\to u' \text{在 } L^\infty(0,T;H_0^1(D))\text{上弱收敛}. \tag{3.3.54}$$

$$u'_{\lambda_k}\to u' \text{在 } C([0,T];L^2(D))\text{上强收敛}. \tag{3.3.55}$$

和几乎对所有的$(x,t)\in(0,T)\times D$

$$u'_{\lambda_k}\to u'. \tag{3.3.56}$$

对几乎所有的$(x,t)\in(0,T)\times D$，由引理 3.3 可得

$$h_{\lambda_k}(u'_{\lambda_k})\to h(u').$$

进而由式(3.3.51)及引理 3.3，可得

$$h_{\lambda_k}(u'_{\lambda_k})\to h(u')\text{在 } L^{\frac{q}{q-1}}((0,T)\times D)\text{上弱收敛}.$$

因此，$u=u(\omega)$在$(0,T)\times D$的扰动意义下对$\omega\in\Omega$满足(3.3.50)。假设对$\omega\in\Omega$，存在另外的子序列在式(3.3.51)～式(3.3.56)意义下收敛到$\tilde{u}=\tilde{u}(\omega)$。类似于引理 3.10 中的证明，我们可以通过方程

$$u_{tt}(\omega)-\tilde{u}_{tt}(\omega)-\Delta(u(\omega)-\tilde{u}(\omega))+\int_0^t g(t-\tau)\Delta(u(\omega)-\tilde{u}(\omega))\mathrm{d}\tau$$
$$=-h(u_t(\omega))+h(\tilde{u}_t(\omega))+f_N(u(\omega))-f_N(\tilde{u}(\omega))$$

及正则性

$$u(\omega),\tilde{u}(\omega)\in L^\infty(0,T;H_0^1(D)\cap H^2(D))\cap C([0,T];H_0^1(D),$$
$$u_t(\omega),\tilde{u}_t(\omega)\in L^\infty(0,T;H_0^1(D))\cap C([0,T];L^2(D),$$
$$h(u_t(\omega)),h(\tilde{u}_t(\omega))\in L^{\frac{q}{q-1}}((0,T)\times D),$$

再一次通过与引理 3.10 类似的讨论，得(u,u_t)是$(H_0^1(D)\cap H^2(D))\times H_0^1(D)$值循序可测的. 定义

$$A(u)=\left\|u\right\|^2_{L^\infty(0,T;H_0^1(D)\cap H^2(D))}+\left\|u_t\right\|^2_{L^\infty(0,T;H_0^1(D))}+\int_0^T\int_D h_\lambda(u_t)u_t\mathrm{d}x\mathrm{d}t.$$

有

$$\mathbf{E}((Au))\leqslant C_N. \tag{3.3.57}$$

现在考虑问题 (3.3.2)在假设 (3.3.7)下解的局部存在唯一性.

定理 3.8　假设(G1)，式(3.3.3)，式(3.3.7)和式(3.3.8)成立，则根据定义 3.2，问题(3.3.10)存在路径唯一的局部解 u，并使得下面能量方程成立

$$\left(1-\int_0^t g(s)\mathrm{d}s\right)\left\|\nabla u(t)\right\|^2+\left\|u_t(t)\right\|^2+(g\circ\nabla u)(t)\Big)+2\int_0^t\int_D|u_t(s)|^q\mathrm{d}x\mathrm{d}s$$

$$= \left\|\nabla u_0\right\|^2 + \left\|u_1\right\|^2 + 2\int_0^t\int_D |u(s)|^{p-2}u(s)u_t(s)\mathrm{d}x\mathrm{d}s - \int_0^t g(s)\left\|\nabla u(s)\right\|^2\mathrm{d}s +$$

$$\int_0^t (g'\circ\nabla u)(s)\mathrm{d}s + 2\int_0^t (u_t(s),\sigma(x,s)\mathrm{d}W_s) + \sum_{i=1}^{\infty}\int_0^t\int_D \lambda_i e_i^2(x)\sigma^2(x,s)\mathrm{d}x\mathrm{d}s. \tag{3.3.58}$$

证明　选择序列$\{u_{0,m}\}$，$\{u_{1,m}\}$和$\{\sigma_m(x,t,\omega)\}$使得

$$u_{0,m}\in H_0^1(D)\cap H^2(D),\quad u_{1,m}\in H_0^1(D),$$

$$\sigma_m(x,t,\omega)\in L^2(\Omega;L^2(0,T;H_0^1(D)\cap L^\infty(D))),$$

$$\mathbf{E}\int_0^T(\left\|\nabla\sigma_m(t)\right\|^2 + \left\|\sigma_m(t)\right\|_\infty^2)\mathrm{d}t < \infty,$$

且当 $m\to\infty$ 时

$$u_{0,m}\to u_0 \text{ 在 } H_0^1(D) \text{ 上强收敛}, \tag{3.3.59}$$

$$u_{1,m}\to u_1 \text{ 在 } L^2(D) \text{ 中强收敛}, \tag{3.3.60}$$

$$\mathbf{E}\int_0^T \left\|\sigma_m(x,t)-\sigma(x,t)\right\|^2\mathrm{d}t\to 0. \tag{3.3.61}$$

对每个 $m\geqslant 1$，令 u_m 是下面方程的解

$$\begin{cases} u_{tt} - \Delta u + \int_0^t g(t-\tau)\nabla u(\tau)\mathrm{d}\tau + h(u_t) = f_N(u) + \sigma_m(x,t)\partial_t W(t,x) \\ u(x,t) = 0, \\ u(x,0) = u_{0,m}(x), u_t(x,0) = u_{1,m}(x). \end{cases}$$

由引理 3.10 可得

$$u_m \in L^2(\Omega;L^\infty(0,T;H_0^1(D)\cap H^2(D)))\cap L^2(\Omega;C([0,T];H_0^1(D))), \tag{3.3.62}$$

$$u'_m \in L^2(\Omega;L^\infty(0,T;H_0^1(D)))\cap L^2(\Omega;C([0,T];L^2(D))), \tag{3.3.63}$$

及能量方程

$$(1-\int_0^t g(s)\mathrm{d}s)\left\|\nabla u_m\right\|^2 + \left\|u'_m\right\|^2 + (g\circ\nabla u_m)(t) + 2\int_0^t\int_D |u'_m|^q\mathrm{d}x\mathrm{d}s$$

$$= \left\|\nabla u_{0,m}\right\|^2 + \left\|u_{1,m}\right\|^2 + 2\int_0^t\int_D \chi(\left\|\nabla u_m\right\|_2)|u_m|^{p-2}u_m u'_m(s)\mathrm{d}x\mathrm{d}s - \int_0^t g(s)\left\|\nabla u_m(s)\right\|^2\mathrm{d}s +$$

$$\int_0^t (g'\circ\nabla u_m)(s)\mathrm{d}s + 2\int_0^t (u'_m,\sigma_m\mathrm{d}W_s) + \sum_{n=1}^{\infty}\int_0^t\int_D \lambda_i e_i^2(x)\sigma_m^2(x,s)\mathrm{d}x\mathrm{d}s. \tag{3.3.64}$$

令

$$M_m(t,x) = \int_0^t \sigma_m(x,s)\mathrm{d}W(s,x), t>0, x\in D,$$

则，对任意的 m_1,m_2 有

$$(u''_{m_1} - u''_{m_2}) - \Delta(u_{m_1}-u_{m_2}) + \int_0^t g(t-\tau)\Delta(u_{m_1}-u_{m_2})\mathrm{d}\tau + g(u'_{m_1}) - g(u'_{m_2})$$

$$= f_N(u_{m_1}) - f_N(u_{m_2}) + (M_{m_1}-M_{m_2})',$$

在扰动意义下在$(0,T)\times D$ 上对几乎所有的 ω 成立. 对于阻尼项，可利用基本不等式

$$(|a|^{q-2}a - |b|^{q-2}b)(a-b)\geqslant c|a-b|^q \tag{3.3.65}$$

来估计,其中 $a,b\in\mathbf{R},q\geqslant 2,c$ 是一个正常数. 因此,对任意的 $t\in[0,T]$,由不等式(3.3.65)及式(3.3.62)和式(3.3.63)可得

$$\left\|u'_{m_1}-u'_{m_2}\right\|^2+l\left\|\nabla u_{m_1}-\nabla u_{m_2}\right\|^2+g\circ\nabla(u_{m_1}-u_{m_2})+2\int_0^t\left\|u'_{m_1}-u'_{m_2}\right\|_q^q\mathrm{d}s$$
$$\leqslant\left\|\nabla u_{0,m_1}-\nabla u_{0,m_2}\right\|^2+\left\|u_{1,m_1}-u_{1,m_2}\right\|^2+2\int_0^t(f_N(u_{m_1})-f_N(u_{m_2}),u'_{m_1}-u'_{m_2})\mathrm{d}s+$$
$$2\int_0^t(u'_{m_1}-u'_{m_2},(\sigma_{m_1}-\sigma_{m_2})\mathrm{d}W_s)+c_0^2\mathrm{Tr}R\int_0^t\left\|\sigma_{m_1}-\sigma_{m_2}\right\|^2\mathrm{d}s.\tag{3.3.66}$$

对(3.3.66)不等号右边的第3项,由(3.3.13)可得

$$2\left|\int_0^t(f_N(u_{m_1})-f_N(u_{m_2}),u'_{m_1}-u'_{m_2})\mathrm{d}s\right|$$
$$\leqslant 2\int_0^t\left\|f_N(u_{m_1})-f_N(u_{m_2})\right\|_2\left\|u'_{m_1}-u'_{m_2}\right\|_2\mathrm{d}s$$
$$\leqslant C_N\int_0^t\left\|\nabla u_{m_1}-\nabla u_{m_2}\right\|^2\mathrm{d}t+C_N\int_0^t\left\|u'_{m_1}-u'_{m_2}\right\|^2\mathrm{d}s,\tag{3.3.67}$$

其中 C_N 是与 m_1 和 m_2 无关的正常数. 因此,联立式(3.3.66)和式(3.3.67)可得

$$\mathbf{E}\sup_{t\in[0,T]}\left(\left\|u'_{m_1}(t)-u'_{m_2}(t)\right\|^2+\left\|\nabla u_{m_1}(t)-\nabla u_{m_2}(t)\right\|^2\right)$$
$$\leqslant\left\|\nabla u_{0,m_1}-\nabla u_{0,m_2}\right\|^2+C_N\int_0^T\mathbf{E}\sup_{t\in[0,T]}\left(\left\|\nabla u_{m_1}-\nabla u_{m_2}\right\|^2+\left\|u'_{m_1}-u'_{m_2}\right\|^2\right)\mathrm{d}s+$$
$$\left\|u_{1,m_1}-u_{1,m_2}\right\|^2+c_0^2\ \mathrm{Tr}\ Q\mathbf{E}\int_0^t\left\|\sigma_{m_1}-\sigma_{m_2}\right\|^2\mathrm{d}s+$$
$$2\mathbf{E}\sup_{t\in[0,T]}\left|\int_0^t(u'_{m_1}-u'_{m_2}),(\sigma_{m_1}-\sigma_{m_2})\mathrm{d}W_s)\right|.\tag{3.3.68}$$

对于式(3.3.68)右边的最后一项,由 Burkholder-Davis-Gundy 不等式得

$$\mathbf{E}\sup_{t\in[0,T]}\left|\int_0^t(u'_{m_1}-u'_{m_2},(\sigma_{m_1}-\sigma_{m_2})\mathrm{d}W_s)\right|$$
$$\leqslant C\mathbf{E}\left(\sup_{t\in[0,T]}\left\|u'_{m_1}-u'_{m_2}\right\|_2\left(\sum_{n=1}^{\infty}\int_0^t((\sigma_{m_1}-\sigma_{m_2})Qe_i,(\sigma_{m_1}-\sigma_{m_2})e_i)\mathrm{d}t)^{\frac{1}{2}}\right)$$
$$\leqslant\alpha\mathbf{E}\left(\sup_{t\in[0,T]}\left\|u'_{m_1}-u'_{m_2}\right\|^2\right)+\frac{Cc_0^2}{\alpha}\mathrm{Tr}Q\mathbf{E}\int_0^t\left\|\sigma_{m_1}-\sigma_{m_2}\right\|^2\mathrm{d}s,\tag{3.3.69}$$

其中 α 和 C 是正常数. 联立式(3.3.68)和式(3.3.69)并利用 Gronwall's 不等式可得:

$$\mathbf{E}\left(\sup_{t\in[0,T]}\left\|u'_{m_1}-u'_{m_2}\right\|^2+\sup_{t\in[0,T]}\left\|\nabla u_{m_1}-\nabla u_{m_2}\right\|^2\right)$$
$$\leqslant C_N\left(\left\|\nabla u_{0,m_1}-\nabla u_{0,m_2}\right\|^2+\left\|u_{1,m_1}-u_{1,m_2}\right\|^2+C_0^2\mathrm{Tr}Q\mathbf{E}\int_0^t\left\|\sigma_{m_1}-\sigma_{m_2}\right\|^2\mathrm{d}s\right).\tag{3.3.70}$$

进一步,由式(3.3.66)和式(3.3.70)可得

$$\mathbf{E}\left(\int_0^T\sup_{t\in[0,T]}\left\|u'_{m_1}-u'_{m_2}\right\|_q^q\mathrm{d}t\right)$$
$$\leqslant C_N\left(\left\|\nabla u_{m_1}(t)-\nabla u_{m_2}(t)\right\|^2+\left\|u_{1,m_1}-u_{1,m_2}\right\|^2+c_0^2\mathrm{Tr}Q\mathbf{E}\int_0^t\left\|\sigma_{m_1}-\sigma_{m_2}\right\|^2\mathrm{d}s\right).\tag{3.3.71}$$

由式(3.3.59)～式(3.3.61)以及式(3.3.70)可知，数列$\{u_m\}$和$\{u'_m\}$分别为$L^2(\Omega;H_0^1(D))$和$L^2(\Omega;L^2(D))$上的柯西序列. 因此，存在某个依赖于N的函数u_N使得

$$(u_m,u'_m)\to(u_N,u'_N)\text{在} L^2(\Omega;C([0,T];H_0^1(D)\times L^2(D))\text{上强收敛}. \quad (3.3.72)$$

另外，由式(3.3.71)知$\{u'_m\}$也是$L^q((0,T)\times D)$上的 *cauchy* 序列，所以序列$\{u'_m\}$在$L^q((0,T)\times D)$上强收敛，这时存在$\{u'_m\}$的子序列，仍用$\{u'_m\}$来表示，使得

$$u'_m\to u'_N \text{在}(0,T)\times D\text{上几乎处处收敛}. \quad (3.3.73)$$

进一步，由式(3.3.57)，式(3.3.73)以及引理 3.3 得

$$|u'_m|^{q-2}u'_m\to|u'_N|^{q-2}\text{在} L^{\frac{q}{q-1}}((0,T)\times D)\text{上弱收敛}. \quad (3.3.74)$$

所以，由式(3.3.72)，式(3.3.73)，及初值和$\sigma_m(x,t)$的收敛性知u_N是方程

$$\begin{cases} u_{tt}-\Delta u+\int_0^t g(t-\tau)\,\nabla u\mathrm{d}\tau+|u_t|^{q-2}u_t \\ \quad =f_N(u)+\sigma(x,t)\partial_t W(t,x), & (x,t)\in D\times(0,T) \\ u(x,t)=0, & (x,t)\in\partial D\times(0,T), \\ u(x,0)=u_0(x),u_t(x,0)=u_1(x), & x\in D, \end{cases} \quad (3.3.75)$$

的解并且满足定义 3.2 中的条件，其中u_0，u_1和$\sigma(x,t)$满足条件(3.3.7). 对于问题(3.3.75)解的唯一性，可以利用类似于引理 3.10 中唯一性的证明获得，此处不再赘述.

为获得问题(3.3.75)的能量方程，可通过对方程(3.3.64)逐项取极限获得. 易证同时成立下式：

$$\|\nabla u_m\|^2\to\|\nabla u_N\|^2,\ \|u'_m\|^2\to\|u'_N\|^2,\ \|\nabla u_{0,m}\|^2\to\|\nabla u_0\|^2,\ \|u_{1,m}\|^2\to\|u_1\|^2.$$

而由式(3.3.74)可得

$$\int_0^t\int_D|u'_m|^q\to\int_0^t\int_D|u'_N|^q.$$

注意到(u_m,u'_m)在$L^2(\Omega;C([0,T];H_0^1(D)\times L^2(D))$上强收敛，利用控制收敛定理，当$m\to\infty$时有下式成立

$$(g\circ\nabla u_m)\to(g\circ\nabla u_N),$$

$$\int_0^t g(s)\|\nabla u_m(s)\|^2\mathrm{d}s\to\int_0^t g(s)\|\nabla u_N(s)\|^2\mathrm{d}s,$$

$$\int_0^t(g'\circ\nabla u_m)(s)\mathrm{d}s\to\int_0^t(g'\circ\nabla u_N)(s)\mathrm{d}s.$$

类似地，

$$\int_0^t\int_D\lambda_1 e_i^2(x)\sigma_m^2(x,s)\mathrm{d}x\mathrm{d}s\to\int_0^t\int_D\lambda_1 e_i^2(x)\sigma^2(x,s)\mathrm{d}x\mathrm{d}s.$$

对于式(3.3.64)中的剩余两个非线性项，首先考虑

$$\left|\int_0^t\int_D\chi(\|\nabla u_m\|_2)\,|u_m|^{p-2}u_m u'_m(s)\mathrm{d}x\mathrm{d}s-\int_0^t\int_D\chi(\|\nabla u_N\|_2)\,|u_N|^{p-2}u_N u'_N(s)\mathrm{d}x\mathrm{d}s\right|$$

$$\leqslant\int_0^t|(f_N(u_m)-f_N(u_N),u'_N)|\mathrm{d}s+\int_0^t|(f_N(u_m),u'_m-u'_N)|\mathrm{d}s, \quad (3.3.76)$$

由

$$\left\|u\right\|_{2(p-1)}\leqslant c\left\|\nabla u\right\|_2,\quad \forall u\in H_0^1(D)$$

及式(3.3.13)可得

$$|(f_N(u_m)-f_N(u_N),u'_N)|\leqslant\left\|f_N(u_m)-f_N(u_N)\right\|_2\left\|u'_N\right\|_2\leqslant C_N\left\|\nabla u_m-\nabla u_N\right\|_2\left\|u'_N\right\|_2,\tag{3.3.77}$$

和

$$|(f_N(u_m),u'_m-u'_N)|\leqslant C_N\left\|\nabla u_m\right\|_2\left\|u'_m-u'_N\right\|_2.\tag{3.3.78}$$

将式(3.3.77)和式(3.3.78)代入式(3.3.76),进一步可得

$$\left|\int_0^t\int_D\chi(\left\|\nabla u_m\right\|_2)\,|u_m|^{p-2}u_mu'_m(s)\mathrm{d}x\mathrm{d}s-\int_0^t\int_D\chi(\left\|\nabla u_N\right\|_2)\,|u_N|^{p-2}u_Nu'_N(s)\mathrm{d}x\mathrm{d}s\right.$$

$$\leqslant C_N\int_0^t(\left\|\nabla u_m\right\|_2+\left\|u'_N\right\|_2)(\left\|\nabla u_m-\nabla u_N\right\|_2+\left\|u'_m-u'_N\right\|_2)\mathrm{d}s.$$

因此

$$\mathbf{E}\left|\int_0^t\int_D\chi(\left\|\nabla u_m\right\|_2)\,|u_m|^{p-2}u_mu'_m(s)\mathrm{d}x\mathrm{d}s-\int_0^t\int_D\chi(\left\|\nabla u_N\right\|_2)\,|u_N|^{p-2}u_Nu'_N(s)\mathrm{d}x\mathrm{d}s\right|^2$$

$$\leqslant 2C_N\int_0^T\mathbf{E}(\left\|\nabla u_m\right\|^2+\left\|u'_N\right\|^2)\mathrm{d}s\int_0^T\mathbf{E}(\left\|\nabla u_m-\nabla u_N\right\|_2+\left\|u'_m-u'_N\right\|_2)\mathrm{d}s$$

当 $m\to\infty$ 时收敛到 0. 最后,对于随机微分项,有

$$\mathbf{E}\left|\int_0^t(u'_m,\sigma_m\mathrm{d}W_s)-\int_0^t(u'_N,\sigma\mathrm{d}W_s)\right|\leqslant\mathbf{E}\left|\int_0^t(u'_{m_1}-u'_N,\sigma_m\mathrm{d}W_s)\right|+\mathbf{E}\left|\int_0^t(u'_N,(\sigma_m-\sigma)\mathrm{d}W_s)\right|.$$

由 Burkholder-Davis-Gundy 不等式得,当 $m\to\infty$ 时

$$\mathbf{E}\sup_{0\leqslant t\leqslant T}\left|\int_0^t(u'_m-u'_N,\sigma_m\mathrm{d}W_s)\right|\leqslant C\mathbf{E}\Big(\sup_{0\leqslant t\leqslant T}\left\|u'_m-u'_N\right\|_2(\sum_{i=1}^{\infty}\int_0^T(\sigma_mRe_i,\sigma_me_i)\mathrm{d}t)^{\frac{1}{2}}\Big)$$

$$\leqslant Cc_0\mathrm{Tr}Q\mathbf{E}\left(\sup_{0\leqslant t\leqslant T}\left\|u'_m-u'_N\right\|^2\right)^{\frac{1}{2}}\mathbf{E}\left(\int_0^T\left\|\sigma_m\right\|^2\mathrm{d}t\right)^{\frac{1}{2}}\to 0.$$

同理可得

$$\mathbf{E}\sup_{t\in[0,T]}\left|\int_0^t(u'_N,(\sigma_m-\sigma)\mathrm{d}W_s)\mathrm{d}W_s\right|\leqslant Cc_0\mathrm{Tr}Q\mathbf{E}\left(\sup_{0\leqslant t\leqslant T}\left\|u'_N\right\|^2\right)^{\frac{1}{2}}E\left(\int_0^T\left\|\sigma_m-\sigma\right\|^2\mathrm{d}t\right)^{\frac{1}{2}}.$$

由式(3.3.61)知当 $m\to\infty$ 时上式也收敛到 0. 上述 3 个不等式表明当 $m\to\infty$ 时有

$$\int_0^t(u'_m,\sigma_m\mathrm{d}W_s)\to\int_0^t(u'_N,\sigma\mathrm{d}W_s).$$

因此可得到问题(3.3.75)的能量方程

$$(1-\int_0^t g(s)\mathrm{d}s)\left\|\nabla u_N\right\|^2+\left\|u'_N\right\|^2+(g\circ\nabla u_N)(t)+2\int_0^t\int_D|u'_N|^q\mathrm{d}x\mathrm{d}s$$

$$=\left\|\nabla u_0\right\|^2+\left\|u_1\right\|^2+2\int_0^t\int_D\chi(\left\|\nabla u_N\right\|_2)\,|u_N|^{p-2}u_Nu'_N(s)\mathrm{d}x\mathrm{d}s-$$

$$\int_0^t g(s)\left\|\nabla u_N(s)\right\|^2 ds+\int_0^t (g'\circ\nabla u_N)(s)ds+2\int_0^t (u'_N,\sigma dW_s)+$$

$$\sum_{i=1}^{\infty}\int_0^t\int_D \lambda_i e_i^2(x)\sigma^2(x,s)dxds.$$

对于每个 N，引入停时函数 $\tau_N:\tau_N=\inf\left\{t>0;\left\|\nabla u_N\right\|_2\geqslant N\right\}$. 由问题(3.3.75)解的唯一性，当 $t\in[0,\tau_N\wedge T)$ 时，$u(t)=u_N(t)$ 是问题(3.3.2)的局部解. 由于 τ_N 在 N 内递增，令 $\tau_\infty=\lim\limits_{N\to\infty}\tau_N$. 这时，我们可以在 $[0,T\wedge\tau_\infty)$ 上构造问题(3.3.2)的一个唯一连续局部解 $u(t)=\lim\limits_{N\to\infty}u_N(t)$，并且满足定义 3.2 中的条件及能量方程(3.3.58).

若想获得一个全局解，我们必须要考虑阻尼项 $|u_t|^{q-2}u_t$ 和源项 $|u|^{p-2}u$ 之间的相互影响，建立一个能量界以阻止解的无限增长. 为了证明如下定理，定义

$$e(u(t))=\left\|u_t(t)\right\|^2+l\left\|\nabla u(t)\right\|^2+(g\circ\nabla u)(t)+\frac{2}{p}\left\|u\right\|_p^p.$$

定理 3.9　假设(G1)，式(3.3.3)，式(3.3.7)和式(3.3.8)成立. 如果 $q\geqslant p$，则对于任意的 $T>0$，在区间 $[0,T]$ 上问题(3.3.1)存在一个对应定义 3.2 的唯一解 u 使得

$$\mathbf{E}\sup_{0\leqslant t\leqslant T}e(t)<\infty. \tag{3.3.79}$$

证明　对于任意的 $T>0$，我们将证明对任意的 $t\leqslant T$，当 $N\to\infty$ 时，有 $u_N(t)=u(t\wedge\tau_N)\to u$ 几乎处处收敛，使得局部解变为全局解. 为了获得上述结果，只需证明当 $N\to\infty$ 时，τ_N 以概率 1 趋于无穷大.

根据前面的推导，对 $t\in[0,\tau_N\wedge T)$，$u(t)=u_N(t)=u(t\wedge\tau_N)$ 是问题(3.3.2)的局部解，由定理 3.8，下面的能量方程成立

$$\begin{aligned}e(u(t\wedge\tau_N))\leqslant{}& e(u_0)+4\int_0^{t\wedge\tau_N}\int_D|u|^{p-2}uu_t(s)dxds-2\int_0^{t\wedge\tau_N}\int_D|u_t(s)|^q dxds+\\&2\int_0^{t\wedge\tau_N}(u_t(s),\sigma dW_s)+\int_0^{t\wedge\tau_N}(\sigma(x,s)Qe_i(x),\sigma(x,s)e_i(x))ds.\end{aligned}\tag{3.3.80}$$

由 Hölder 不等式和 Young 不等式可得

$$\left|\int_D|u|^{p-2}uu_t(s)dx\right|\leqslant\left\|u\right\|_p^{p-1}\left\|u_t\right\|_p\leqslant\beta\left\|u_t\right\|_p^p+C_\beta\left\|u\right\|_p^p, \tag{3.3.81}$$

其中 $\beta>0$ 是一个常数，而 C_β 是一个依赖于 β 的常数. 因 $q\geqslant p$ 和式(3.3.3)，所以由嵌入不等式可得

$$\left\|u_t\right\|_p^p\leqslant C\left\|u_t\right\|_q^p, \tag{3.3.82}$$

其中 C 是嵌入常数. 因此，由式(3.3.80)，式(3.3.81)和式(3.3.82)可得

$$\begin{aligned}e(u(t\wedge\tau_N))\leqslant{}& e(u_0)+4C\beta\int_0^{t\wedge t_N}\left\|u_t(s)\right\|_q^p ds-2\int_0^{t\wedge t_N}\left\|u_t(s)\right\|_q^q dxds+\\&4C\beta\int_0^{t\wedge t_N}\left\|u\right\|_p^p ds+2\int_0^{t\wedge t_N}(u_t(s),\sigma dW_s)+c_0^2\mathrm{Tr}Q\int_0^{t\wedge t_N}\left\|\sigma(s)\right\|^2 ds.\end{aligned}$$

由于 $q\geqslant p$，分两种情况来考虑上式：

(1) 如果$\left\|u_t\right\|_q^q>1$,则选择充分小的β使得$-2\left\|u_t\right\|_q^q+4C\beta\left\|u_t\right\|_q^p\leqslant 0$.

(2) 如果$\left\|u_t\right\|_q^q\leqslant 1$,此时有$-2\left\|u_t\right\|_q^q+4C\beta\left\|u_t\right\|_q^p\leqslant 4C\beta$.

因此无论上述两种情形哪一种发生,都有

$$e(u(t\wedge\tau_N))\leqslant e(u_0)+4C\beta(t\wedge t_N)+4C_\beta\int_0^{t\wedge t_N}\left\|u\right\|_p^p\mathrm{d}s+$$

$$2\int_0^{t\wedge t_N}(u_t(s),\sigma\mathrm{d}W_s)\mathrm{d}s+c_0^2\mathrm{Tr}Q\int_0^{t\wedge t_N}\left\|\sigma\right\|^2\mathrm{d}s. \tag{3.3.83}$$

对式(3.3.83)取期望得

$$\mathbf{E}e(u(t\wedge\tau_N))\leqslant e(u_0)+4C\beta(t\wedge t_N)+c_0^2\mathrm{Tr}Q\int_0^{t\wedge t_N}\mathbf{E}\left\|\sigma\right\|^2\mathrm{d}s+K\int_0^{t\wedge t_N}\mathbf{E}e(u)\mathrm{d}s,$$

其中$K>0$是一个常数.对上式利用Gronwall's不等式并由式(3.3.7)得

$$\mathbf{E}e(u(T\wedge\tau_N))\leqslant(e(u_0)+CT)e^{KT}\leqslant C_T. \tag{3.3.84}$$

另一方面,有

$$\mathbf{E}e(u(T\wedge\tau_N))\geqslant\mathbf{E}(I(\tau_N\leqslant T)e(u(\tau_N)))\geqslant C\mathbf{E}(\left\|u_{\tau_N}\right\|^2I(\tau_N\leqslant T))\geqslant CN^2P(\tau_N\leqslant T),$$

这里I表示示性函数.由式(3.3.84)知,上述不等式表明$P(\tau_\infty\leqslant T)\leqslant P(\tau_N\leqslant T)\leqslant\frac{C_T}{N^2}$,对其利用Borel-Cantelli引理可得$P(\tau_\infty\leqslant T)=0$或几乎处处有$\lim\limits_{N\to\infty}\tau_N=\infty$.因此,在$[0,\tau_\infty\wedge T)=[0,T)$上,$u=\lim\limits_{N\to\infty}u_N(t)$是一个全局解.又因$T>0$是任意选取的,所以可以用$[0,T]$代替$[0,T)$.

为获得式(3.3.79)的能量界,由式(3.3.58),式(3.3.81),式(3.3.82)和式(3.3.7)可得

$$e(u(t))\leqslant e(u_0)+(4C\beta+C_1)t+4KC_\beta\int_0^t e(u(s))\mathrm{d}s+2\int_0^t(u_t(s),\sigma)\mathrm{d}W_s.$$

其中C_1和K是正常数.对上式取期望得

$$\mathbf{E}\sup_{0\leqslant t\leqslant T}e(u(t))\leqslant e(u_0)+(4C\beta+C_1)T+4KC_\beta\int_0^T\mathbf{E}\sup_{0\leqslant s\leqslant T}e(u)\mathrm{d}s+2\mathbf{E}\sup_{0\leqslant t\leqslant T}\int_0^t(u_t,\sigma)\mathrm{d}W_s.$$

再由Burkholder-Davis-Gundy不等式,对某些常数$C_2,C_3>0$有

$$\mathbf{E}\sup_{0\leqslant t\leqslant T}\left|\int_0^t(u_t,\sigma\mathrm{d}W_s)\right|\leqslant C_2\mathbf{E}(\sup_{0\leqslant t\leqslant T}\left\|u_t\right\|_2(\sum_{i=1}^\infty\int_0^T(\sigma Re_i,\sigma e_i)\mathrm{d}t)^{\frac{1}{2}})$$

$$\leqslant\frac{1}{4}\mathbf{E}\sup_{0\leqslant t\leqslant T}\left\|u_t\right\|^2+C_3c_0^2\mathrm{Tr}R\int_0^T\mathbf{E}\left\|\sigma(t)\right\|^2\mathrm{d}t.$$

进一步,由式(3.3.7)和上述两个不等式知,存在依赖于β,T的常数C_4和C_5使得

$$\mathbf{E}\sup_{0\leqslant t\leqslant T}e(u(t))\leqslant C_4+C_5\int_0^T\mathbf{E}\sup_{0\leqslant s\leqslant T}e(u)\mathrm{d}s.$$

对上式利用Gronwall's不等式得

$$\mathbf{E}\sup_{0\leqslant t\leqslant T}e(u(t))\leqslant C_4e^{C_5T}.$$

由此可获得式(3.3.79)的能量界.

3.3.3 方程(3.3.2)的爆破解

本节将讨论当 $p>q$ 时，方程(3.3.2)解的爆破性. 在本节中，假设 $\sigma(x,t,\omega)\equiv\sigma(x,t)$，使得

$$\int_0^\infty\int_D\sigma^2(x,t)\mathrm{d}x\mathrm{d}t<\infty. \tag{3.3.85}$$

众所周知，方程(3.3.2)等价于下述 Itô 系统

$$\begin{cases}\mathrm{d}u=v\mathrm{d}t,\\ \mathrm{d}v=(\Delta u-\int_0^t g(t-\tau)\Delta u(\tau)\mathrm{d}\tau\ |v|^{q-2}v+|u|^{p-2}u)\mathrm{d}t+\sigma(x,t)\mathrm{d}W(t,x),\end{cases} \tag{3.3.86}$$

定义对应 Itô 系统的能量泛函为 $\varepsilon(t)$

$$\varepsilon(t)=\frac{1}{2}\left\|v(t)\right\|^2+\frac{1}{2}(1-\int_0^t g(s)\mathrm{d}s)\left\|\nabla u(t)\right\|^2+\frac{1}{2}(g\circ\nabla u)(t)-\frac{1}{p}\left\|u\right\|_p^p.$$

引理 3.12　设式(3.3.3)和式(3.3.85)成立. 令 (u,v) 是系统(3.3.86)关于初值 $(u_0,u_1)\in H_0^1(D)\times L^2(D)$ 的解，则有

$$\frac{\mathrm{d}}{\mathrm{d}t}\mathbf{E}\varepsilon(t)=-\mathbf{E}\left\|v\right\|_q^q-\frac{1}{2}g(t)\left\|\nabla u(t)\right\|^2+\frac{1}{2}(g'\circ\nabla u)(t)+\frac{1}{2}\sum_{i=1}^\infty\int_D\lambda_i e_i^2(x)\sigma^2(x,t)\mathrm{d}x \tag{3.3.87}$$

和

$$\mathbf{E}(u(t),v(t))=(u_0(x),v_0(x))-\int_0^t\mathbf{E}\left\|\nabla u\right\|^2\mathrm{d}s+\int_0^t\mathbf{E}\left\|v(s)\right\|^2\mathrm{d}s-\int_0^t\mathbf{E}(|v|^{q-2}v,u)\mathrm{d}s+$$
$$\int_0^t E\left\|u(s)\right\|_p^p\mathrm{d}s+\int_0^t E(\int_0^s g(s-\tau)\ \nabla u(\tau)\mathrm{d}\tau,\nabla u(s))\mathrm{d}s. \tag{3.3.88}$$

证明　对 $\left\|v\right\|^2$ 应用 Itô 公式可得

$$\begin{aligned}\left\|v\right\|^2=&\left\|v_0\right\|^2-2\int_0^t(\nabla u,\nabla v)\mathrm{d}s-2\int_0^t\left\|v\right\|_q^q\mathrm{d}s+\\&2\int_0^t(\int_0^s g(s-\tau)\ \nabla u(\tau)\mathrm{d}\tau,\nabla u(s))\mathrm{d}s+2\int_0^t(v,|u|^{p-2}u)\mathrm{d}s+\\&2\int_0^t((v,\sigma(x,s))\mathrm{d}W_s)+\sum_{i=1}^\infty\int_0^t(\sigma(x,s)Qe_i,\sigma(x,s)Qe_i)\mathrm{d}s\\=&2\varepsilon(0)-\left\|\nabla u(t)\right\|^2-2\int_0^t\left\|v\right\|_q^q\mathrm{d}s+\frac{2}{p}\left\|u(t)\right\|_p^p+\\&2\int_0^t((v,\sigma(x,s))\mathrm{d}W_s)+2\int_0^t(\int_0^s g(s-\tau)\ \nabla u(\tau)\mathrm{d}\tau,\nabla v(s))\mathrm{d}s+\\&\sum_{i=1}^\infty\int_0^t\int_D\lambda_i e_i^2(x)\sigma^2(x,s)\mathrm{d}x\mathrm{d}s.\end{aligned} \tag{3.3.89}$$

与式(3.3.20)的推导类似，

$$(\int_0^s g(s-\tau)\nabla u(\tau)\mathrm{d}\tau,\nabla v(s)) = \frac{1}{2}\frac{\mathrm{d}}{\mathrm{d}s}\Big((\int_0^s g(\tau)\mathrm{d}\tau\left\|\nabla u(s)\right\|^2-(g\circ\nabla u)(s)\Big)+$$
$$\frac{1}{2}(g'\circ\nabla u)(s)-\frac{1}{2}g(s)\left\|\nabla u(s)\right\|^2. \qquad (3.3.90)$$

将式(3.3.90)代入式(3.3.89)，并对式(3.3.89)取期望，我们得到式(3.3.87). 接下来我们将证明式(3.3.88).

$$(u(t),v(t)) = (u_0,v_0)-\int_0^t\left\|\nabla u(s)\right\|^2\mathrm{d}s-\int_0^t(|v|^{q-2}v,u(s))\mathrm{d}\tau+$$
$$\int_0^t(u,|u|^{p-2}u)\mathrm{d}s+\int_0^t(\int_0^s g(s-\tau)\nabla u(\tau)\mathrm{d}\tau,\nabla u(s))\mathrm{d}s+$$
$$\int_0^t(u(s),\sigma(x,s)\mathrm{d}W_s)+\int_0^t\left\|v(s)\right\|^2\mathrm{d}s. \qquad (3.3.91)$$

从式(3.3.91)即可得式(3.3.88).

令

$$F(t) = \frac{1}{2}\sum_{i=1}^{\infty}\int_0^t\int_D\lambda_i e_i^2(x)\sigma^2(x,s)\mathrm{d}x\mathrm{d}s,$$

由式(3.3.85)，有

$$F(\infty) = \frac{1}{2}\sum_{i=1}^{\infty}\int_0^{\infty}\int_D\lambda_i e_i^2(x)\sigma^2(x,s)\mathrm{d}x\mathrm{d}s \leqslant \frac{1}{2}c_0^2\mathrm{Tr}Q\int_0^{\infty}\int_D\sigma^2(x,s)\mathrm{d}x\mathrm{d}s = E_1<\infty. \qquad (3.3.92)$$

定义 $H(t)=F(t)-\mathbf{E}\varepsilon(t)$. 则由式(3.3.105)及条件(H1)得

$$H'(t) = F'(t)-\frac{\mathrm{d}}{\mathrm{d}t}\mathbf{E}\varepsilon(t) = \mathbf{E}\left\|v\right\|_q^q+\frac{1}{2}\int_0^t g(s)\left\|\nabla u(s)\right\|^2\mathrm{d}s-\frac{1}{2}\int_0^t(g'\circ\nabla u)(s)\mathrm{d}s\geqslant 0. \qquad (3.3.93)$$

引理 3.13 令(u,v)是问题(3.3.86)的一个解，并设式(3.3.93)与条件(G1)成立，则当$2\leqslant s\leqslant p$时，存在正常数$C>1$使得

$$\mathbf{E}\left\|u\right\|_p^s\leqslant C(F(t)-H(t)-\mathbf{E}\left\|v\right\|^2-\mathbf{E}(g\circ\nabla u)(t)+\mathbf{E}\left\|u\right\|_p^p). \qquad (3.3.94)$$

证明 若$\left\|u\right\|_p^p\leqslant 1$，由 Sobolev 嵌入知$\left\|u\right\|_p^s\leqslant\left\|u\right\|_p^2\leqslant C\left\|\nabla u\right\|^2$. 若$\left\|u\right\|_p^p\geqslant 1$则有$\left\|u\right\|_p^s\leqslant\left\|u\right\|_p^p$. 因此，由上面两个不等式得

$$\mathbf{E}\left\|u\right\|_p^s\leqslant C(\mathbf{E}\left\|\nabla u\right\|^2+\mathbf{E}\left\|u\right\|_p^p). \qquad (3.3.95)$$

另外，利用能量泛函的定义可得

$$\frac{1}{2}l\mathbf{E}\left\|\nabla u\right\|^2\leqslant\frac{1}{2}(1-\int_0^t g(s)\mathrm{d}s)\mathbf{E}\left\|\nabla u\right\|^2$$
$$=\mathbf{E}\varepsilon(t)-\frac{1}{2}\mathbf{E}(g\circ\nabla u)(t)-\frac{1}{2}\mathbf{E}\left\|v\right\|^2+\frac{1}{p}\mathbf{E}\left\|u\right\|_p^p$$
$$=F(t)-H(t)-\frac{1}{2}\mathbf{E}\left\|v\right\|^2-\frac{1}{2}\mathbf{E}(g\circ\nabla u)(t)+\frac{1}{p}\mathbf{E}\left\|u\right\|_p^p. \qquad (3.3.96)$$

那么,式(3.3.94)可由式(3.3.95)和式(3.3.96)联立获得.

定理 3.10　设条件(H1),(H2),式(3.3.3)及式(3.3.85)成立.令(u,v)是问题(3.3.86)以$(u_0,u_1)\in H_0^1(D)\times L^2(D)$为初值的解且满足

$$\varepsilon(0)\leqslant-(1+\beta)E_1,\tag{3.3.97}$$

其中$\beta>0$是任意常数,E_1由式(3.3.92)定义.如果$p>q$,则L^2模意义下解(u,v)及解的存在时间τ_∞满足:

(1) 要么$\mathbf{P}(\tau_\infty<\infty)>0$,即$u(t)$在$L^2$范数意义下以正的概率在有限时刻爆破;

(2) 要么存在一个正的时刻$T^*\in(0,T_0]$使得

$$\lim_{t\to T^*}\mathbf{E}\varepsilon(t)=+\infty,$$

且

$$T_0=\frac{1-\alpha}{\alpha K\varepsilon^{\frac{\alpha}{1-\alpha}}(0)},$$

其中α和K将在后文中给出.

证明　对于方程(3.3.1)的解$\{u(t);t\geqslant0\}$在L^2模意义下的生命跨度τ_∞,考虑当$\mathbf{P}(\tau_\infty=+\infty)=1$时的情形,这时,对充分大的$T>0$,由式(3.3.93)和式(3.3.97)可得

$$0<(1+\beta)E_1\leqslant-\varepsilon(0)=H(0)\leqslant H(t)\leqslant F(t)+\frac{1}{p}\mathbf{E}\left\|u\right\|_p^p\leqslant E_1+\frac{1}{p}\mathbf{E}\left\|u\right\|_p^p.\tag{3.3.98}$$

定义

$$L(t):=H^{1-\alpha}(t)+\mu\mathbf{E}(u,v),$$

这里μ是个充分小的参数,将在后文中给出,α满足

$$0<\alpha<\min\left\{\frac{1}{2},\frac{p-q}{pq}\right\}.\tag{3.3.99}$$

对$L(t)$求导并由式(3.3.88)和式(3.3.84)得

$$\begin{aligned}L'(t)&=(1-\alpha)H^{-\alpha}(t)H'(t)+\mu\Big(-\mathbf{E}\left\|\nabla u\right\|^2-\mathbf{E}(|v|^{q-2}v,u)+\mathbf{E}\left\|u\right\|_p^p+\mathbf{E}\left\|v\right\|^2+\\&\quad\mathbf{E}\int_0^t\int_D g(t-\tau)\nabla u(\tau)\nabla u(t)\mathrm{d}x\mathrm{d}\tau\Big)\\&=(1-\alpha)H^{-\alpha}(t)\mathbf{E}\left\|v\right\|_q^q+\mu pH(t)+\mu\Big(\frac{p}{2}+1\Big)\mathbf{E}\left\|v\right\|^2+\\&\quad\mu\Big(\frac{p}{2}-1\Big)\mathbf{E}\left\|\nabla u\right\|^2-\mu\mathbf{E}(|v|^{q-2}v,u)-\frac{p\mu}{2}\int_0^t g(\tau)\mathrm{d}\tau\mathbf{E}\left\|\nabla u(t)\right\|^2+\\&\quad\mu\mathbf{E}\int_0^t\int_D g(t-\tau)\nabla u(\tau)\nabla u(t)\mathrm{d}x\mathrm{d}\tau+\frac{p\mu}{2}\mathbf{E}(g\circ\nabla u)(t)-\mu pF(t).\end{aligned}\tag{3.3.100}$$

利用不等式$\mathbf{E}\left\|u\right\|_q^q\leqslant C\mathbf{E}\left\|u\right\|_p^q$和假设$q<p$得

$$|\mathbf{E}(|v|^{q-2}v,u)|\leqslant\Big(\mathbf{E}\left\|v\right\|_q^q\Big)^{\frac{q-1}{q}}\Big(\mathbf{E}\left\|u\right\|_q^q\Big)^{\frac{1}{q}}$$

$$\leqslant C(\mathbf{E}\left\|v\right\|_q^q)^{\frac{q-1}{q}}(\mathbf{E}\left\|u\right\|_p^q)^{\frac{1}{q}}\leqslant C(\mathbf{E}\left\|v\right\|_q^q)^{\frac{q-1}{q}}(\mathbf{E}\left\|u\right\|_p^p)^{\frac{1}{p}}$$

$$\leqslant C(\mathbf{E}\left\|v\right\|_q^q)^{\frac{q-1}{q}}(\mathbf{E}\left\|u\right\|_p^p)^{\frac{1}{q}}(\mathbf{E}\left\|u\right\|_p^p)^{\frac{1}{p}-\frac{1}{q}}. \tag{3.3.101}$$

由 Young 不等式得

$$(\mathbf{E}\left\|v\right\|_q^q)^{\frac{q-1}{q}}(\mathbf{E}\left\|u\right\|_p^p)^{\frac{1}{q}}\leqslant\frac{q-1}{q}k\mathbf{E}\left\|v\right\|_q^q+\frac{k^{1-q}}{q}\mathbf{E}\left\|u\right\|_p^p. \tag{3.3.102}$$

由式(3.3.102)知，$\mathbf{E}\left\|u\right\|_p^p\geqslant p(H(t)-F(t))\geqslant kH(t)$，其中 $k=p\beta/(1+\beta)$，选择 α 满足式(3.3.99)并假设 $H(0)>1$，则有

$$(\mathbf{E}\left\|u\right\|_p^p)^{\frac{1}{p}-\frac{1}{q}}\leqslant k^{\frac{1}{p}-\frac{1}{q}}H^{\frac{1}{p}-\frac{1}{q}}(t)\leqslant k^{\frac{1}{p}-\frac{1}{q}}H^{-\alpha}(t)\leqslant k^{\frac{1}{p}-\frac{1}{q}}H^{-\alpha}(0). \tag{3.3.103}$$

将式(3.3.102)和式(3.3.103)代入式(3.3.101)，可得

$$|\mathbf{E}(|v|^{q-2}v,u)|\leqslant C_1\frac{q-1}{q}k\mathbf{E}\left\|v\right\|_q^qH^{-\alpha}(t)+C_1\frac{k^{1-q}}{q}\mathbf{E}\left\|u\right\|_p^pH^{-\alpha}(0), \tag{3.3.104}$$

其中 $C_1=Ck^{\frac{1}{p}-\frac{1}{q}}$. 由 Hölder 不等式得

$$\int_0^t\int_D g(t-\tau)\nabla u(\tau)\nabla u(t)\mathrm{d}x\mathrm{d}\tau$$

$$=\int_0^t g(t-\tau)\int_D\nabla u(t)\nabla(u(\tau)-u(t))\mathrm{d}x\mathrm{d}\tau+\int_0^t g(t-\tau)\left\|\nabla u(t)\right\|^2\mathrm{d}\tau$$

$$=\int_0^t g(t-\tau)\int_D\nabla u(t)\nabla(u(\tau)-u(t))\mathrm{d}x\mathrm{d}\tau+\int_0^t g(\tau)\mathrm{d}\tau\left\|\nabla u(t)\right\|^2$$

$$\geqslant-\varepsilon(g\circ\nabla u)+(1-\frac{1}{4\varepsilon})\int_0^t g(\tau)\mathrm{d}\tau\left\|\nabla u(t)\right\|^2, \tag{3.3.105}$$

其中 $0<\varepsilon<p/2$. 则由式(3.3.100)，式(3.3.104)以及式(3.3.105)得

$$L'(t)\geqslant((1-\alpha)-C_1\frac{q-1}{q}\mu k)H^{-\alpha}(t)\mathbf{E}\left\|v\right\|_q^q+\mu pH(t)+\mu(\frac{p}{2}+1)\mathbf{E}\left\|v\right\|^2-$$

$$\mu pF(t)+\mu(\frac{p}{2}-\varepsilon)\mathbf{E}(g\circ\nabla u)-\mu C_1\frac{k^{1-q}}{q}H^{-\alpha}(0)\mathbf{E}\left\|u\right\|_p^p+$$

$$\mu((\frac{p}{2}-1)-(\frac{p}{2}-1+\frac{1}{4\varepsilon})\int_0^t g(\tau)\mathrm{d}\tau)\mathbf{E}\left\|\nabla u(t)\right\|^2.$$

在引理 3.9 中取 $s=p$ 并代入式(3.3.117)可得

$$L'(t)\geqslant((1-\alpha)-C_1\frac{q-1}{q}\mu k)H^{-\alpha}(t)\mathbf{E}\left\|v\right\|_q^q+\mu pH(t)+$$

$$\mu(\frac{p}{2}+1)\mathbf{E}\left\|v\right\|^2-\mu pF(t)+\mu(\frac{p}{2}-\varepsilon)\mathbf{E}(g\circ\nabla u)+$$

$$\mu((\frac{p}{2}-1)-(\frac{p}{2}-1+\frac{1}{4\varepsilon})\int_0^t g(\tau)\mathrm{d}\tau)\mathbf{E}\left\|\nabla u(t)\right\|^2-$$

$$\mu k^{1-q}C_2(F(t)-H(t)-\mathbf{E}\left\|v\right\|^2-\mathbf{E}(g\circ\nabla u)+\mathbf{E}\left\|u\right\|_p^p)$$

$$\geqslant((1-\alpha)-C_1\frac{q-1}{q}\mu k)H^{-\alpha}(t)\mathbf{E}\left\|v\right\|_q^q+\mu(\frac{p}{2}+1+k^{1-q}C_2)\mathbf{E}\left\|v\right\|^2+$$

$$\mu(p+k^{1-q}C_2)H(t)+\mu(\frac{p}{2}-\varepsilon+k^{1-q}C_2)\mathbf{E}(g\circ\nabla u)(t)+$$

$$\mu((\frac{p}{2}-1)-(\frac{p}{2}-1+\frac{1}{4\varepsilon})\int_0^\infty g(\tau)\mathrm{d}\tau)\mathbf{E}\left\|\nabla u(t)\right\|^2-$$

$$\mu k^{1-q}C_2\mathbf{E}\left\|u\right\|_p^p-\mu(p+k^{1-q}C_2)F(t),\tag{3.3.106}$$

其中 $C_2=C_1H^{-\alpha}(t)/q$，$a_1=\frac{p}{2}-\varepsilon$，$a_2=(\frac{p}{2}-1)-(\frac{p}{2}-1+\frac{1}{4\varepsilon})\int_0^\infty g(\tau)\mathrm{d}\tau$. 则由条件(G2)得 $a_1>0$，$a_2>0$. 注意到

$$H(t)=F(t)+\frac{1}{p}\mathbf{E}\left\|u\right\|_p^p-\frac{1}{2}\mathbf{E}\left\|\nabla u\right\|^2-\frac{1}{2}\mathbf{E}\left\|v\right\|^2-\frac{1}{2}\mathbf{E}(g\circ\nabla u)(t),$$

并将 p 改写为 $p=2C_3+(p-2C_3)$，其中 $\min\{a_1,a_2,p/2\}$，则式(3.3.106)可化为

$$L'(t)\geqslant((1-\alpha)-C_1\frac{q-1}{q}\mu k)H^{-\alpha}(t)\mathbf{E}\left\|v\right\|_q^q+\mu(a_2-C_3)\mathbf{E}\left\|\nabla u\right\|^2+$$

$$\mu(\frac{p}{2}+1+k^{1-q}C_2-C_3)\mathbf{E}\left\|v\right\|^2+\mu(p-2C_3+k^{1-q}C_2)H(t)+$$

$$\mu(a_1-C_3+k^{1-q}C_2)\mathbf{E}(g\circ\nabla u)(t)+\mu(\frac{2C_3}{p}-k^{1-q}C_2)\mathbf{E}\left\|u\right\|_p^p-$$

$$\mu(p-2C_3+k^{1-q}C_2)F(t).\tag{3.3.107}$$

由式(3.3.97)和式(3.3.98)可得

$$(p-2C_3+k^{1-q}C_2)F(t)\leqslant(p-2C_3+k^{1-q}C_2)\mathbf{E}_1\leqslant\frac{(p-2C_3+k^{1-q}C_2)}{1+\beta}H(t).$$

将上述不等式代入式(3.3.107)，可得

$$L'(t)\geqslant((1-\alpha)-C_1\frac{q-1}{q}\mu k)H^{-\alpha}(t)\mathbf{E}\left\|v\right\|_q^q+\mu((a_2-C_3)\mathbf{E}\left\|\nabla u\right\|^2+$$

$$(a_1-C_3+k^{1-q}C_2)\mathbf{E}(g\circ\nabla u)+(\frac{p}{2}+1+k^{1-q}C_2-C_3)\mathbf{E}\left\|v\right\|^2+$$

$$(p-2C_3+k^{1-q}C_2)\frac{\beta}{1+\beta}H(t)+(\frac{2C_3}{p}-k^{1-q}C_2)\mathbf{E}\left\|u\right\|_p^p).$$

此时，取充分大的 k 使得上述不等式化为

$$L'(t)\geqslant((1-\alpha)-C_1\frac{q-1}{q}\mu k)H^{-\alpha}(t)\mathbf{E}\left\|v\right\|_q^q+$$

$$\mu\gamma(H(t)+\mathbf{E}\left\|\nabla u\right\|^2+\mathbf{E}\left\|v\right\|^2+\mathbf{E}(g\circ\nabla u)(t)+\mathbf{E}\left\|u\right\|_p^p),$$

其中 $\gamma>0$ 是 $H(t)$，$\mathbf{E}\left\|\nabla u\right\|^2$，$\mathbf{E}\left\|v\right\|^2$，$\mathbf{E}(g\circ\nabla u)(t)$，$\mathbf{E}\left\|u\right\|_p^p$ 在式(3.3.100)中的最小系数. 一旦取 k 为定值，再取充分小的 μ，使得

$$(1-\alpha)-C_1\frac{q-1}{q}\mu k\geqslant 0,$$

$$L(0)=H^{1-\alpha}(0)+\mu(u_0,u_1)>0.$$

此时，(3.3.100)可化为

$$L'(t) \geqslant \mu\gamma(H(t)+\mathbf{E}\left\|\nabla u\right\|^2+\mathbf{E}\left\|v\right\|^2+\mathbf{E}(g\circ\nabla u)(t)+\mathbf{E}\left\|u\right\|_p^p) \geqslant 0. \tag{3.3.108}$$

因此,对任意的 $t>0$ 有 $L(t)\geqslant L(0)>0$. 由 Hölder 不等式得

$$|(\mathbf{E}(u,v))| \leqslant (\mathbf{E}\left\|u\right\|^2)^{\frac{1}{2}}(\mathbf{E}\left\|v\right\|^2)^{\frac{1}{2}} \leqslant C(\mathbf{E}\left\|u\right\|_p^2)^{\frac{1}{2}}(\mathbf{E}\left\|v\right\|^2)^{\frac{1}{2}}.$$

当 $1/\theta+1/\eta=1$ 时,由 Young 不等式得

$$|\mathbf{E}(u,v)|^{\frac{1}{1-\alpha}} \leqslant (\mathbf{E}\left\|u\right\|_p^2)^{\frac{1}{2(1-\alpha)}}(\mathbf{E}\left\|v\right\|^2)^{\frac{1}{2(1-\alpha)}} \leqslant C((\mathbf{E}\left\|u\right\|_p^2)^{\frac{\theta}{2(1-\alpha)}}+(\mathbf{E}\left\|v\right\|^2)^{\frac{\eta}{2(1-\alpha)}}). \tag{3.3.109}$$

取 $\eta=2(1-\alpha)$,则由式(3.3.99)得

$$\frac{\theta}{2(1-\alpha)}=\frac{1}{2(1-\alpha)}=\frac{pq}{pq-2p+2q} \leqslant \frac{p}{2}.$$

同样,对于 $2/(1-2\alpha)\leqslant p$ 有 $\alpha<1/2$,则式(3.3.109)可化为

$$|\mathbf{E}(u,v)|^{\frac{1}{1-\alpha}} \leqslant C((\mathbf{E}\left\|u\right\|_p^2)^{\frac{1}{1-2\alpha}}+\mathbf{E}\left\|v\right\|^2) \leqslant C\left(\mathbf{E}\left\|u\right\|_p^{\frac{2}{1-2\alpha}}+\mathbf{E}\left\|v\right\|^2\right).$$

在引理 3.3 中取 $s=2/(1-2\alpha)$,上式可化为

$$|\mathbf{E}(u,v)|^{\frac{1}{1-\alpha}} \leqslant C(H(t)+\mathbf{E}\left\|\nabla u\right\|^2+\mathbf{E}(g\circ\nabla u)(t)+\mathbf{E}\left\|v\right\|^2+\mathbf{E}\left\|u\right\|_p^p), \forall t \geqslant 0.$$

因此,对任意 $t>0$ 有

$$\begin{aligned} L^{\frac{1}{1-\alpha}}(t) &= (H^{1-\alpha}(t)+\mu\mathbf{E}(u,v))^{\frac{1}{1-\alpha}} \leqslant 2^{\frac{1}{1-\alpha}}(H(t)+\mu\,|\mathbf{E}(u,v)|^{\frac{1}{1-\alpha}}) \\ &\leqslant C(H(t)+\mathbf{E}\left\|\nabla u\right\|^2+\mathbf{E}(g\circ\nabla u)(t)+\mathbf{E}\left\|v\right\|^2+\mathbf{E}\left\|u\right\|_p^p). \end{aligned} \tag{3.3.110}$$

联立式(3.3.108)和式(3.3.110)得

$$L'(t) \geqslant KL^{\frac{1}{1-\alpha}}, \forall t \geqslant 0, \tag{3.3.111}$$

其中 $K=\frac{\mu\gamma}{C}$是一个正常数. 对式(3.3.111)在$(0,t)$上积分可得

$$L^{\frac{\alpha}{1-\alpha}}(t) \geqslant \frac{1-\alpha}{(1-\alpha)L^{-\frac{\alpha}{1-\alpha}}(0)-\alpha Kt}.$$

令

$$T_0=\frac{1-\alpha}{\alpha KL^{\frac{\alpha}{1-\alpha}}(0)}.$$

则当 $t\to T_0$ 时 $L(t)\to+\infty$. 这意味着存在正的时间 $T^*\in(0,T_0]$使得

$$\lim_{t\to T^*}\mathbf{E}\varepsilon(t)=+\infty.$$

$\mathbf{P}(\tau_\infty=+\infty)<1$(即,$\mathbf{P}(\tau_\infty<+\infty)>0$)的这种情形,说明 $u(t)$在 L^2 模意义下在有限时间区间$[0,\tau_\infty]$内爆破的概率是正的.

注 3.7 对于确定性方程,Messaoudi[96]已经证明了在条件 $\varepsilon(0)\leqslant 0$ 下问题(3.3.2)的解有限时刻爆破. 对于随机情形,为了平衡 $W(t,x)$的影响,从而使得问题(3.3.2)的局部解以正的概率爆破或在 L^2 模意义下爆破,初始能量需满足

$$\varepsilon(0) \leqslant -\frac{1}{2}(1+\beta)r_0^2\int_0^\infty\int_D\sigma^2(x,t)\mathrm{d}x\mathrm{d}t.$$

第 4 章　乘法噪声驱动的随机波动型方程

4.1　乘法噪声驱动下带有线性阻尼的随机梁方程解的爆破性

4.1.1　引言

非线性梁方程

$$\frac{\partial^2 u}{\partial t^2}+\gamma\frac{\partial^4 u}{\partial x^4}=\left(a+b\int_0^l\left(\frac{\partial u}{\partial x}\right)^2\mathrm{d}x\right)\frac{\partial^2 u}{\partial x^2} \tag{4.1.1}$$

被 Woinowsky-Krieger[62] 于 1950 年作为一个模型提出，该模型用来描述一个两端固定在支点上自然长度为 l 的可扩张的梁在轴向力作用下横向变形的情形. 现实中，在各种实际问题中经常会遇到这类问题. 例如，文献[63]表明：问题(4.1.1)解的性质可能与动态屈曲现象有关. 一个类似于问题(4.1.1)的带有两个空间变量的方程已经被作为一个超音速气流中板的非线性振动的模型讨论，参见[64]及相应的参考文献. 对于物理背景，有兴趣的读者可参阅文献[65,66,67]. 问题(4.1.1)解的性质已经被很多学者重点研究. 主要研究正解的存在唯一性，全局解的渐近稳定性，及爆破解的爆破分析等(例如，文献 [68]～[72]).

受气动弹性问题的启发(描述一个气动力弹性面板在空气动力下的大振幅振动)，本章考虑非线性随机梁方程

$$\begin{cases} u_{tt}+\gamma\Delta^2 u-m(\|\nabla u\|^2)\Delta u+g(u_t)= \\ \quad f(u)+\sigma(u,u_t,\nabla u,x,t)W_t(x,t), & x\in D,t\in(0,T), \\ u(x,t)=\dfrac{\partial u}{\partial v}=0, & x\in\partial D,t\in(0,T), \\ u(x,0)=u_0(x),u_t(x,0)=v_0(x), & x\in D, \end{cases} \tag{4.1.2}$$

局部解的存在性及爆破性，这里 D 是 $\mathbf{R}^d$ 中带有光滑边界∂D 的有界区域，$\partial/\partial v$ 是外法向导数，$g(u_t)$是 u_t 的线性扩散项. $\{W(t,x):t\geqslant 0\}$是概率空间中一个 $L^2(D)$值的 Q-Wiener 过程，其中 Q 是协方差算子满足 $\mathrm{Tr}Q<\infty$. f,m,σ 是 3 个函数，分别满足

(A1) $f(s)$是局部 Lipschitz 连续的使得 $f(0)=0$，且对任意的 $s,s'\in\mathbf{R}$，有

$$|f(s)|^2\leqslant c_1(1+|s|^{2(p-1)})$$

和

$$|f(s)-f(s')|^2\leqslant c_2(|s|^{2(p-2)}+|s'|^{2(p-2)})|s-s'|^2,$$

这里 c_1 和 c_2 是正常数,其中 p 满足

$$\begin{cases}2<p\leqslant\dfrac{2(d-2)}{d-4}, & \text{如果 } d>4,\\ \quad p>2, & \text{如果 } d\leqslant 4.\end{cases} \tag{4.1.3}$$

(A2) $m\in C_b^1[0,\infty)$ 是非负函数且存在正常数 δ 使得

$$sf(s)\geqslant(2+4\delta)F(s),\quad \forall s\geqslant 0,$$

$$(2\delta+1)M(s)\geqslant m(s)s,\quad \forall s\geqslant 0,$$

这里 $F(s)=\int_0^s f(r)\mathrm{d}r$ 和 $M(s)=\int_0^s m(r)\mathrm{d}r$.

(A3) $\sigma:\mathbf{R}\times\mathbf{R}\times\mathbf{R}^n\times\mathbf{R}^n\times\mathbf{R}^+\to\mathbf{R}$ 是一个连续函数. 对任意的 $s,r,s',r'\in\mathbf{R};t,t'\in\mathbf{R}^+;x,v,x',v'\in\mathbf{R}^n$. 存在两个正常数 c_3 和 c_4 使得

$$|\sigma(s,r,v,x,t)|^2\leqslant c_3(1+|s|^{2(p-1)}+|r|^2+|v|^2) \tag{4.1.4}$$

和

$$|\sigma(s,r,v,x,t)-\sigma(s',r',v',x',t')|^2\leqslant c_4((1+|s|^{2(p-2)}+|s'|^{2(p-2)})|s-s'|^2+|r-r'|^2+|v-v'|^2).$$

注 4.1 令 $f(s)=|s|^{p-2}s,p\geqslant 2\alpha+2$ 和 $m(s)=a+bs^{\alpha}$,其中 $a\geqslant 0,b\geqslant 0,a+b>0,\alpha\geqslant 1$. 当 $\alpha/2\leqslant\alpha\leqslant(p-2)/4$ 时,显然 $f(s)$ 和 $m(s)$ 满足假设条件(A1)和(A2).

Chow 和 Menaldi[73] 考虑梁方程(4.1.1)在随机波动力作用下解的情形,并获得全局解的存在唯一性. Brzeźniak 等[74] 研究下面带有随机迫使项为白噪声类型的抽象梁方程

$$u_{tt}+A^2u+g(u,u_t)+m(\|B^{1/2}u\|^2)Bu=\sigma(u,u_t)W_t(x,t), \tag{4.1.5}$$

这里 A 和 B 是自伴算子. 假设噪声项 $\sigma(u,u_t)$ 在 H 的有界子集合是 Lipschitz 连续和线性增长的,$g(u,u_t)$ 在 H 的有界子集合中是 Lipschitz 连续的,他们首先建立方程(4.1.5)全局温和解的存在性. 进一步,如果 $g(u,u_t)=\beta u_t(\beta>0)$,他们用 Lyapunov 泛函技巧获得平衡解的渐近稳定性. 相对文献[74],在本章中,我们将考虑源项 $f(u)$ 为非线性的且假设 σ 在 H 中仅为局部 Lipschitz 连续的情形. 我们首先利用截断函数法和半群方法建立方程(4.1.2)局部温和解的存在唯一性. 其次,完全不同于第 3 章证明爆破的方法,利用文献[81]中的技巧,通过建立适当的 Lyapunov 泛函并对初始能量的取值进行讨论,给出解在 L^2 模意义下以正的概率在有限时间爆破或平方矩在有限时间爆破的充分条件,进一步,我们也获得爆破时间 T^* 的上界估计. 尽我们所知,这也是随机波动方程中首个有关乘法噪声的爆破性结果. 最后,给出一个实际应用的例子.

4.1.2 局部解的存在唯一性

本节主要处理问题(4.1.2)局部解的存在唯一性. 令 $\mathscr{H}=V\times H$,其中 $H=L^2(D)$,$V=H_0^2(D)$. 对任意的 $U=(u,v)\in\mathscr{H}$ 并装备范数 $\|U\|_{\mathscr{H}}=(\|\Delta u\|^2+\|v\|^2)^{\frac{1}{2}}$. 众所周知,方程(4.1.2)等价于下面 Itô 系统

$$\begin{cases}\mathrm{d}u = v\mathrm{d}t,\\ \mathrm{d}v = (-\gamma\Delta^2 u + m(\|\nabla u\|^2)\Delta u - v + f(u))\mathrm{d}t + \sigma(u,v,\nabla u,x,t)\mathrm{d}W(x,t),\\ u(x,t) = \dfrac{\partial u}{\partial v} = 0,\\ u(x,0) = u_0(x),\quad v(x,0) = v_0(x).\end{cases} \tag{4.1.6}$$

为了简化计算符号,不妨假设 $\gamma=1$. 此时方程(4.1.6)可以被处理成为一个随机微分方程

$$\begin{cases}\mathrm{d}U(t) = \Lambda U(t)\mathrm{d}t + F(U(t))\mathrm{d}t + \sum(U(t))\mathrm{d}W(t),\\ U(0) = U_0,\end{cases} \tag{4.1.7}$$

其中

$$U(t)=\begin{pmatrix}u(t)\\ v(t)\end{pmatrix}\in\mathscr{H},\Lambda=\begin{pmatrix}0 & I\\ -\Delta^2 & 0\end{pmatrix},$$

和

$$F(U(t))=\begin{pmatrix}0\\ m(\|\nabla u\|^2)\Delta u-v+f(u)\end{pmatrix},\Sigma(U(t))=\begin{pmatrix}0\\ \sigma(u,v,\nabla u,x,t)\end{pmatrix}.$$

有了以上的准备,下面我们给出问题(4.1.2)局部解的存在唯一性定理.

定理 4.1　假设(A1)～(A3)和条件(4.1.3)成立. 如果初值 $(u_0,v_0)^{\mathrm{T}}=\mathscr{H}$, 则方程(4.1.7)存在唯一的局部温和解 $(u,v)^{\mathrm{T}}\in\mathscr{H}$.

证明　因为 f,m,σ 是局部 Lipschitz 连续的,局部解的存在性可利用标准的截断方法处理. 对每个 $N\geqslant 1$,定义 C^1 函数 k_N

$$k_N(x) = \begin{cases}1, & x\leqslant N,\\ \in(0,1), & N<x<N+1,\\ 0, & x\geqslant N+1,\end{cases} \tag{4.1.8}$$

并进一步假设 $\|k'_N\|_\infty\leqslant 2$,对任意的 $(u,v)\in\mathscr{H}$,定义

$$f_N(u)=k_N(\|\Delta u\|_2)f(u),m_N(u)=k_N(\|\Delta u\|_2)m(\|\nabla u\|_2^2)\Delta u$$

和

$$F_N(U(t))=\begin{pmatrix}0\\ m_N(u)-v+f_N(u)\end{pmatrix},\ \forall\,(u,v)^{\mathrm{T}}\in\mathscr{H}.$$

不失一般性，对任意的 $u,u'\in V$，不妨假设 $\left\|\Delta u\right\|_2\leqslant\left\|\Delta u'\right\|_2$. 则由 Hölder 不等式，式(4.1.3)，条件(4.1.4)，假设(A1)及引理 2.2，可得

$$\begin{aligned}
&\left\|f_N(u)-f_N(u')\right\|^2\\
\leqslant&2\left\|(k_N(\left\|\Delta u\right\|_2)-k_N(\left\|\Delta u'\right\|_2))f(u)\right\|^2+2k_N^2(\left\|\Delta u'\right\|_2)\left\|f(u)-f(u')\right\|^2\\
\leqslant&2C_1\left\|k'_N\right\|_\infty^2\left|\left\|\Delta u\right\|_2-\left\|\Delta u'\right\|_2\right|^2(1+\left\|u\right\|_{2(P-1)}^{2(P-1)})\chi_{\{\|\Delta u'\|_2\leqslant N+1\}}+\\
&2C_2k_N^2(\left\|\Delta u'\right\|_2)\left\||u-u'|(u^{p-2}+u'^{(p-2)})\right\|^2\\
\leqslant&2C_1\left\|k'_N\right\|_\infty^2\left|\left\|\Delta u\right\|_2-\left\|\Delta u'\right\|_2\right|^2(1+\left\|u\right\|_{2(P-1)}^{2(P-1)})\chi_{\{\|\Delta u'\|\leqslant N+1\}}+\\
&2C_2k_N^2(\left\|\Delta u'\right\|_2)\left\|u-u'\right\|_{2(P-1)}^2(\left\|u\right\|_{2(P-1)}^{2(P-2)}+\left\|u'\right\|_{2(P-1)}^{2(P-2)})\\
\leqslant&4C_1\theta^{2(P-1)}\left\|\Delta u-\Delta u'\right\|^2(1+\left\|\Delta u\right\|_2^{2(P-1)})\chi_{\{\|\Delta u'\|\leqslant N+1\}}+\\
&4C_2\theta^{2(P-1)}k_N^2(\left\|\Delta u'\right\|_2)\left\|\Delta u-\Delta u'\right\|^2(\left\|\Delta u\right\|_2^{2(P-2)}+\left\|\Delta u'\right\|_2^{2(P-2)})\\
\leqslant&C_1(N,p)\left\|\Delta u-\Delta u'\right\|^2
\end{aligned}\tag{4.1.9}$$

这里 χ_B 表示集合 B 的指示函数. 由假设条件(A2)和引理 2.1 知

$$\begin{aligned}
&\left\|m_N(u)-m_N(u')\right\|^2\\
=&\left\|k_N(\left\|\Delta u\right\|_2)m(\left\|\nabla u\right\|^2)\Delta u-k_N(\left\|\Delta u'\right\|_2)m(\left\|\nabla u'\right\|^2)\Delta u'\right\|^2\\
\leqslant&2\left\|(k_N(\left\|\Delta u\right\|_2)m(\left\|\nabla u\right\|^2)-k_N(\left\|\Delta u'\right\|_2)m(\left\|\nabla u'\right\|^2))\Delta u\right\|^2+\\
&2k_N^2(\left\|\Delta u'\right\|_2)m^2(\left\|\nabla u'\right\|^2)\left\|\Delta u-\Delta u'\right\|^2\\
\leqslant&4(m^2(\left\|\nabla u\right\|^2)\left|k_N(\left\|\Delta u\right\|_2)-k_N(\left\|\Delta u'\right\|_2)\right|^2+k_N^2(\left\|\Delta u'\right\|_2)\left|m(\left\|\nabla u\right\|^2)-\right.\\
&\left.m(\left\|\nabla u'\right\|^2)\right|^2)\left\|\nabla u\right\|^2+2k_N^2(\left\|\Delta u'\right\|_2)m^2(\left\|\nabla u'\right\|^2)\left\|\Delta u-\Delta u'\right\|^2\\
\leqslant&4(m^2(\left\|\nabla u\right\|^2)\chi_{\{\|\Delta u'\|\leqslant N+1\}}\left\|k'_N\right\|_\infty^2\left\|\Delta u-\Delta u'\right\|^2+k_N^2(\left\|\Delta u'\right\|_2)\\
&M\left|\left\|\nabla u\right\|^2-\left\|\Delta u'\right\|^2\right|^2)\left\|\Delta u\right\|^2+2k_N^2(\left\|\Delta u'\right\|_2)m^2(\left\|\nabla u'\right\|^2)\left\|\Delta u-\Delta u'\right\|^2\\
\leqslant&(4m^2(\left\|\nabla u\right\|^2)\left\|\Delta u\right\|^2\chi_{\{\|\Delta u'\|\leqslant N+1\}}\left\|k'_N\right\|_\infty^2+2k_N^2(\left\|\Delta u'\right\|_2)m^2(\left\|\nabla u'\right\|^2)\left\|\Delta u-\Delta u'\right\|^2+\\
&4M_Nk_N^2(\left\|\Delta u'\right\|_2)(\left\|\nabla u\right\|_2+\left\|\nabla u'\right\|_2)^2\left\|\nabla u-\Delta u'\right\|^2\left\|\Delta u\right\|^2\leqslant C_2(N,p)\left\|\Delta u-\Delta u'\right\|^2
\end{aligned}\tag{4.1.10}$$

其中 $M=\max_{0\leqslant s\leqslant\lambda^2(N+1)^2}m'(s)$，这里也用到了 Poincar 不等式：$\left\|\nabla\varphi\right\|_2\leqslant\mu_1^{-1/2}\left\|\Delta\varphi\right\|_2$，其中 $\varphi\in H_0^2(D)$. 对任意的 $U=(u,v)^{\mathrm{T}}\mathscr{H},U'=(u',v)^{\mathrm{T}}\in\mathscr{H}$，联立式(4.1.9)和式(4.1.10)可得

$$\begin{aligned}&\left\|F_N(U)-F_N(U')\right\|^2=\left\|f_N(u)-f_N(u')+v'-v+m_N(u)-m_N(u')\right\|^2\\&\leqslant2\left(\left\|f_N(u)-f_N(u')\right\|^2+\left\|v'-v\right\|^2+\left\|m_N(u)-m_N(u')\right\|^2\right)\leqslant C_3(N,p)\left\|U-U'\right\|_{\mathscr{H}}^2\end{aligned}\tag{4.1.11}$$

相似于式(4.1.9)和式(4.1.10)，也有

$$\begin{aligned}&\left\|F_N(U)\right\|^2=\left\|f_N(u)-v+m_N(u)\right\|^2\\&\leqslant2C_1k_N^2\left(\left\|\Delta u\right\|_2\right)\left(1+\left\|u\right\|_{2(P-1)}^{2(P-1)}\right)+2k_N^2\left(\left\|\Delta u\right\|_2\right)m^2\left(\left\|\nabla u\right\|^2\right)\left\|\Delta u\right\|^2+2\left\|v\right\|^2\\&\leqslant C_4(N,p)\left(1+\left\|U\right\|_{\mathscr{H}}^2\right).\end{aligned}\tag{4.1.12}$$

另一方面，对 $(u,v)^{\mathrm{T}}\in\mathscr{H}$，记 $\sigma_N(u,v,\nabla u,x,t)=k_N\left(\left\|\Delta u\right\|_2\right)\sigma(u,v,\nabla u,x,t)$，对每个 $\psi\in\mathbf{H}$，定义

$$\left[\sum\nolimits_N(U)\psi\right](x)=\sigma_N(u,v,\nabla u,x,t)\psi(x)$$

和

$$G_N(U)=\begin{pmatrix}0\\ \sum\nolimits_N(U)\end{pmatrix}.$$

这时，来自假设条件(A3)和引理 2.1.3 有

$$\begin{aligned}&\mathrm{Tr}\left(\sum\nolimits_N(U)Q\sum\nolimits_N^*(U)\right)\\&=\sum_{i=1}^{\infty}\left(\sum\nolimits_N(U)Qe_i,\sum\nolimits_N(U)e_i\right)=\sum_{i=1}^{\infty}\lambda_i\left(\sum\nolimits_N(U)e_i,\sum\nolimits_N(U)e_i\right)\\&\leqslant c_3\sum_{i=1}^{\infty}\lambda_ik_N^2\left(\left\|\Delta u\right\|_2\right)\int_De_i^2(x)\left(1+|u(x)|^{2(p-1)}+|\nabla u|^2+v^2\right)\mathrm{d}x\\&\leqslant c_3\sum_{i=1}^{\infty}\lambda_ik_N^2\left(\left\|\Delta u\right\|_2\right)\left(\left\|e_i\right\|^2+\sup_{i\geqslant1}\left\|e_i\right\|_\infty^2\left(\left\|u\right\|_{2(P-1)}^{2(P-1)}+\left\|\nabla u\right\|^2+\left\|v\right\|^2\right)\right)\\&\leqslant c_3\sum_{i=1}^{\infty}\lambda_ik_N^2\left(\left\|\Delta u\right\|_2\right)\left(1+c_0^2\left(\theta^{2(P-1)}\left\|\Delta u\right\|_2^{2(P-1)}+\mu^{-1}\left\|\Delta u\right\|^2+\left\|v\right\|^2\right)\right)\\&\leqslant C_5(N,p)\left(1+\left\|U\right\|_{\mathscr{H}}^2\right).\end{aligned}\tag{4.1.13}$$

相似于上式，也有

$$\begin{aligned}&\mathrm{Tr}\left(\left(\sum\nolimits_N(U)-\sum\nolimits_N(U')\right)Q\left(\sum\nolimits_N(U)-\sum\nolimits_N(U')\right)^*\right)\\&=\sum_{i=1}^{\infty}\lambda_i\left\|\left(\sum\nolimits_N(U)-\sum\nolimits_N(U')\right)e_i\right\|^2\end{aligned}$$

$$\leqslant 2\sum_{i=1}^{\infty}\lambda_i\left\|(k_N(\left\|\Delta u\right\|_2)-k_N(\left\|\Delta u'\right\|_2)\sum\nolimits_N(U)e_i\right\|^2+$$

$$2\mathrm{Tr}Qk_N^2(\left\|\Delta u'\right\|_2)\sup_{i\geqslant 1}\left\|e_i\right\|_\infty^2\mathrm{Tr}Q\left\|\sigma(u,v,\nabla u,x,t)-\sigma(u',v',\nabla u',x',t')\right\|^2$$

$$\leqslant 8\sum_{i=1}^{\infty}\lambda_i\left\|\Delta u-\Delta u'\right\|^2\left\|\sum\nolimits_N(U))e_i\right\|^2\chi_{\{\|\Delta u'\|_2\leqslant N+1\}}+$$

$$2c_4c_0^2k_N^2(\left\|\Delta u'\right\|_2)\left(\left\|u-u'\right\|^2+\left\||u|^{p-2}|u-u'|\right\|^2+\right.$$

$$\left.\left\||u'|^{p-2}|u-u'|\right\|^2+\left\|\nabla u-\nabla u'\right\|^2+\left\|v-v'\right\|^2\right)$$

$$\leqslant C_6(N,p)\left\|U-U'\right\|_{\mathscr{H}}^2. \tag{4.1.14}$$

因为算子 Λ 是一个反对称稠定算子，所以算子 Λ 和 $-\Lambda$ 都是耗散的. 若要证明 Λ 是 m 耗散的，需要证明它是充分的对 $\mathrm{Rng}(I_{\mathscr{H}}-\Lambda)=\mathscr{H}$. 因此，任取 $(u,v)^{\mathrm{T}}=\mathscr{H}$ 寻找 $(x,y)^{\mathrm{T}}=\mathrm{Dom}(\Lambda)$ 使得 $x-y=u,y+\Delta^2x=v$. 该系统等价于系统 $x-y=u,x+\Delta^2x=u+v$. 因为 -1 不属于 Δ^2 的谱，所以系统 $x-y=u,x+\Delta^2x=u+v$ 有解. 利用相似的方法，我们也可证明 $-\Lambda$ 是 m 耗散的，因此算子 Λ 是斜共轭算子并在 $\mathscr{H}$ 中生成一个 C_0 半群([110]，推论 2.4.11 和定理3.2.3). 联立估计式(4.1.11)～式(4.1.14)，并利用文献[6]中的定理 7.4 可得：对每一个定的$N>0$，截断的随机微分方程

$$\begin{cases}\mathrm{d}U_N(t)=\Lambda U_N(t)\mathrm{d}t+F_N(U_N(t))\mathrm{d}t+G_N(U_N(t))\mathrm{d}W(t),\\ U(0)=U_0,\end{cases}$$

存在唯一的局部温和解 $U_N(t)=(u_N(t),v_N(t))\in\mathscr{H}$. 定义$(F_t)_{t\geqslant 0}$停时

$$\tau_N=\inf\left\{t\geqslant 0;\left\|\Delta u\right\|_2\geqslant N\right\}$$

则在事件 $\{t<\tau_N\}$ 上有 $U(t)=U_N(t)$. 如果令 $\tau_\infty=\lim\limits_{N\to\infty}\tau_N$，由路径 $t\to U(t)$ 的连续性[6]知，$U(t)$是问题(4.1.2)生命线为 τ_∞ 的唯一局部温和解.

4.1.3 局部解的爆破性

在这一节，我们讨论方程(4.1.2)局部温和解的爆破性. 相似于第 3 章的黏弹性波动方程，注意到 Itô 公式仅适用于方程(4.1.2)的强解. 然而，我们也可以通过一系列强解 $\{u_n\}$ 的能量泛函去逼近温和解 u 的能量泛函，这里 $\{u_n\}$ 收敛于 u. 因此，下面的讨论应该由强解获得，但很容易推广到温和解的情形(见文献[74,46]). 下面给出本节将要用到的两个引理，具体证明可参阅文献[81].

引理 4.1 令 $\delta>0$ 和 $B(t)\in C^2(0,\infty)$是一个非负函数满足

$$B''(t)-4(\delta+1)B'(t)+4(\delta+1)B(t)\geqslant 0. \tag{4.1.15}$$

如果

$$B'(0)>r_2B(0)+K_0, \tag{4.1.16}$$

那么对于任意 $t>0$ 有 $B'(t)>K_0$，这里 K_0 是一个常数，$r_2=2(\delta+1)-2\sqrt{(\delta+1)\delta}$是方程

$$r^2-4(\delta+1)r+4(\delta+1)=0$$

的最小根.

引理 4.2 如果 $J(t)$ 是 $[t_0,\infty)$, $t_0\geqslant 0$ 上一个非增函数且满足微分不等式

$$J'(t)^2\geqslant a+bJ(t)^{2+1/\delta},\ \forall t\geqslant t_0, \tag{4.1.17}$$

这里 $a>0$, $b\in\mathbf{R}$, 则存在一个有限时间 T^* 使得

$$\lim_{t\to T^{*-}} J(t)=0$$

进一步,可分下列几种情形估计 T^* 的上界:

(1) 如果 $b<0$ 且 $J(t_0)<\min\{1,\sqrt{a/(-b)}\}$,则

$$T^*\leqslant t_0+\frac{1}{\sqrt{-b}}ln\frac{\sqrt{a/(-b)}}{\sqrt{a/(-b)}-J(t_0)}.$$

(2) 如果 $b=0$,则

$$T^*\leqslant t_0-\frac{J(t_0)}{J'(t_0)}.$$

(3) 如果 $b>0$,则

$$T^*\leqslant\frac{J(t_0)}{\sqrt{a}}.$$

或

$$T^*\leqslant t_0+2^{(3\delta+1)/2\delta}\frac{\delta c}{\sqrt{a}}(1-(1+cJ(t_0))^{-1/2\delta}),$$

这里 $c=(a/b)^{2+1/\delta}$.

本节,我们将用条件

$$|\sigma(u,v,\nabla u,x,t)|^2\leqslant\frac{2\delta}{(2\delta+1)c_0^2\mathrm{Tr}Q}|v|^2 \tag{4.1.18}$$

代替(A3)中的条件(4.1.4),其中 c_0 在第 2 章给出了定义. 这时,假设(A3)也将用(A3′)代替.

注 4.2 令 $|\sigma(u,v,\nabla u,x,t)|=\sigma_0 v\sin(1+u)$,这里 $\sigma_0\leqslant\frac{2\delta}{(2\delta+1)c_0^2\mathrm{Tr}Q}$,则 σ 满足假设条件(A3′).

定义能量泛函 $\varepsilon(t):\mathscr{H}\to\mathbf{R}^+$

$$\varepsilon(t)=\frac{1}{2}\left\|v\right\|^2+\frac{1}{2}\left\|\Delta u\right\|^2+\frac{1}{2}M(\left\|\nabla u\right\|^2)-\int_D F(\mu_0)\mathrm{d}x,t\geqslant 0$$

其中 $M(s)$, $F(s)$ 的定义见条件(A2).

引理 4.3 假设(A1),(A2)和(A3′)成立. 如果 $U=(u,v)$ 是问题(4.1.6)关于初值, $(u_0,v_0)\in\mathscr{H}$ 的温和解,则有

$$\mathbf{E}\varepsilon(t)\leqslant\mathbf{E}\varepsilon(0)-\mathbf{E}\int_0^t\left\|v\right\|^2\mathrm{d}\tau+\frac{1}{2}c_0^2\mathrm{Tr}Q\mathbf{E}\int_0^t\int_D\sigma^2(u,v,\nabla u,x,t)\mathrm{d}x\mathrm{d}t, \tag{4.1.19}$$

和

$$\mathbf{E}\langle u(t),v(t)\rangle=\mathbf{E}\langle u_0(x),v_0(x)\rangle-\mathbf{E}\int_0^t\left\|\Delta u\right\|^2\mathrm{d}\tau+$$
$$\frac{1}{2}\mathbf{E}\left\|u_0\right\|^2+\mathbf{E}\int_0^t\left\|v(\tau)\right\|^2\mathrm{d}\tau-\frac{1}{2}\mathbf{E}\left\|u(t)\right\|^2-$$
$$\mathbf{E}\int_0^t m(\left\|\nabla u\right\|^2)\left\|\nabla u\right\|^2\mathrm{d}\tau+\mathbf{E}\int_0^t\int_D uf(u)\mathrm{d}x\mathrm{d}\tau \tag{4.1.20}$$

证明 对$\left\|v_t\right\|^2$用 Itô 公式,可得

$$\left\|v\right\|^2=\left\|v_0\right\|^2+2\int_0^t\langle v,\mathrm{d}v\rangle+\int_0^t\langle\mathrm{d}v,\mathrm{d}v\rangle$$
$$=\left\|v_0\right\|^2-2\int_0^t\langle\Delta u,\Delta v\rangle\mathrm{d}\tau-2\int_0^t\left\|v\right\|^2\mathrm{d}\tau-2\int_0^t\langle\nabla v,m(\left\|\nabla u\right\|^2)\nabla u\rangle\mathrm{d}\tau+$$
$$2\int_0^t\langle v,f(u)\rangle\mathrm{d}\tau+2\int_0^t\langle v,\sigma\mathrm{d}W(\tau)\rangle+\sum_{i=1}^{\infty}\int_0^t\langle\sigma Qe_i,\sigma e_i\rangle\mathrm{d}\tau. \tag{4.1.21}$$

因为

$$2\int_0^t\langle\Delta u,\Delta v\rangle\mathrm{d}\tau=\left\|\Delta u(t)\right\|^2-\left\|\Delta u_0\right\|^2, \tag{4.1.22}$$
$$2\int_0^t\langle\nabla v,m(\left\|\nabla u\right\|^2)\nabla u\rangle\mathrm{d}\tau=M(\left\|\nabla u(t)\right\|^2)-M(\left\|\nabla u_0\right\|^2). \tag{4.1.23}$$

和

$$2\int_0^t\langle v,f(u)\rangle\mathrm{d}\tau=2F(u)-F(u_0), \tag{4.1.24}$$

所以,联立式(4.1.21)～式(4.1.24)可得

$$\left\|v\right\|^2=2\varepsilon(0)-\left\|\Delta u(t)\right\|^2-2\int_0^t\left\|v\right\|^2\mathrm{d}\tau-M(\left\|\nabla u\right\|^2)+2\int_D F(u)\mathrm{d}x+$$
$$2\int_0^t\langle v,\sigma\mathrm{d}W(\tau)\rangle+\sum_{i=1}^{\infty}\lambda_i\int_0^t\int_D\sigma^2(u,v,\nabla u,x,\tau)e_i^2(x)\mathrm{d}x\mathrm{d}\tau. \tag{4.1.25}$$

注意到

$$\mathrm{Tr}Q=\sum_{i=1}^{\infty}\lambda_i,c_0:=\sup_{i\geqslant 1}\left\|e_i\right\|_{\infty}<\infty. \tag{4.1.26}$$

将式(4.1.26)代入式(4.1.25)并对式(4.1.25)取期望可得式(4.1.19).

下面证明式(4.1.20).如果(u,v)是系统(4.1.6)的一个全局温和解,相似于引理 3.1,由 Itô 公式得

$$\langle u(t),v(t)\rangle=\langle u_0,v_0\rangle+\int_0^t\langle u(\tau),\mathrm{d}v(\tau)\rangle+\int_0^t\langle v(\tau),\mathrm{d}u(\tau)\rangle$$
$$=\langle u_0,v_0\rangle+\int_0^t\left\|\Delta u(\tau)\right\|^2\mathrm{d}\tau-\int_0^t m(\left\|\nabla u\right\|^2)\left\|\nabla u\right\|^2\mathrm{d}\tau+$$
$$\int_0^t\int_D uf(u)\mathrm{d}x\mathrm{d}\tau+\int_0^t(u,v)\mathrm{d}\tau-\frac{1}{2}\left\|u(t)\right\|^2+$$
$$\frac{1}{2}\left\|u_0\right\|^2+\int_0^t\langle u,\sigma(u,v,\nabla u,x,\tau)\mathrm{d}W(\tau)\rangle. \tag{4.1.27}$$

因此，式(4.1.20)可由式(4.1.27)取期望获得.

令 u 是式(4.1.20)的温和解并定义

$$H(t)=\mathbf{E}\left\|u\right\|^2+\mathbf{E}\int_0^t\left\|u\right\|^2\mathrm{d}\tau,t\geqslant 0$$

则

$$H'(t)=2\mathbf{E}\langle u,v\rangle+\mathbf{E}\left\|u\right\|^2.$$

由(4.1.20)可得

$$H''(t)=-2\mathbf{E}\left\|\Delta u\right\|^2+2\mathbf{E}\left\|v\right\|^2-2\mathbf{E}m(\left\|\nabla u\right\|^2)\left\|\nabla u\right\|^2+2\mathbf{E}\int_D uf(u)\mathrm{d}x\,.$$

再由式(4.1.18)，式(4.1.19)，假设条件(A2)及 $\varepsilon(t)$ 的定义，进一步可得

$$\begin{aligned}&H''(t)-4(\delta+1)\mathbf{E}\left\|v\right\|^2\\&=-2\mathbf{E}\left\|\Delta u\right\|^2-(4\delta+2)\mathbf{E}\left\|v\right\|^2-2\mathbf{E}m(\left\|\nabla u\right\|^2)\left\|\nabla u\right\|^2+2\mathbf{E}\int_D uf(u)\mathrm{d}x\\&=-(8\delta+4)\mathbf{E}\varepsilon(t)+4\delta\mathbf{E}\left\|\Delta u\right\|^2+(4\delta+2)\mathbf{E}M(\left\|\nabla u\right\|^2)-\\&\quad(8\delta+4)\mathbf{E}\int_D F(u)\mathrm{d}x-2\mathbf{E}m(\left\|\nabla u\right\|^2)\left\|\nabla u\right\|^2+2\mathbf{E}\int_D uf(u)\mathrm{d}x\\&\geqslant-(8\delta+4)\mathbf{E}\varepsilon(0)+(4\delta+4)\mathbf{E}\int_0^t\left\|v\right\|^2\mathrm{d}\tau.\end{aligned}\tag{4.1.28}$$

下面，针对初始能量 $\mathbf{E}\varepsilon(0)$ 取 3 种不同符号的情形进行讨论.

(1) 如果 $\mathbf{E}\varepsilon(0)<0$，则由式(4.1.28)可得

$$H'(t)\geqslant H'(0)-(8\delta+4)\mathbf{E}\varepsilon(0)t,t\geqslant 0.$$

故对于任意的 $t>t^*$ 有 $H'(t)>\mathbf{E}\left\|u_0\right\|^2$，这里

$$t^*=\max\left\{\frac{H'(0)-\mathbf{E}\left\|u_0\right\|^2}{(8\delta+4)\mathbf{E}\varepsilon(0)},0\right\}.\tag{4.1.29}$$

(2) 如果 $\mathbf{E}\varepsilon(0)=0$，则对于任意的 $t\geqslant 0$，$H''(t)\geqslant 0$. 因此，如果 $H'(0)>\mathbf{E}\left\|u_0\right\|^2$，这时对任意的 $t\geqslant 0$，$H'(t)>\mathbf{E}\left\|u_0\right\|^2$.

(3) 如果 $\mathbf{E}\varepsilon(0)>0$，注意到

$$2\mathbf{E}\int_0^t\int_D uv\,\mathrm{d}x\mathrm{d}\tau=\mathbf{E}\left\|u\right\|^2-\mathbf{E}\left\|u_0\right\|^2,\tag{4.1.30}$$

则由 Hölder 不等式和 Young 不等式，式(4.1.30)暗示

$$\mathbf{E}\left\|u\right\|^2\leqslant\mathbf{E}\left\|u_0\right\|^2+\mathbf{E}\int_0^t\left\|u\right\|^2\mathrm{d}\tau+\mathbf{E}\int_0^t\left\|v\right\|^2\mathrm{d}\tau.$$

进一步，利用上述不等式，Hölder 不等式及 Young 不等式可得

$$H'(t)\leqslant H(t)+\mathbf{E}\left\|u_0\right\|^2+\mathbf{E}\left\|v\right\|^2+\mathbf{E}\int_0^t\left\|v\right\|^2\mathrm{d}\tau.\tag{4.1.31}$$

联立式(4.1.28)和式(4.1.31)，则有

$$H''(t)-4(\delta+1)H'(t)+4(\delta+1)H(t)+K_1\geqslant 0,$$

这里

$$K_1=(8\delta+4)\mathbf{E}\varepsilon(0)+(4\delta+1)\mathbf{E}\left\|u_0\right\|^2$$

令

$$G(t)=H(t)+\frac{K_1}{4(\delta+1)},t>0$$

则 $G(t)$满足式(4.1.15). 由式(4.1.16)知,如果

$$H'(0)>r_2(H(0)+\frac{K_1}{4(\delta+1)})+\mathbf{E}\left\|u_0\right\|^2. \tag{4.1.32}$$

则对任意的 $t>0,H'(t)>\mathbf{E}\left\|u_0\right\|^2$.

因此,我们有:

引理 4.4 假设(A1),(A2)和(A′3)成立,若再有下面 3 种情形中的任意一种情形成立:

(1) $\mathbf{E}\varepsilon(0)<0$;

(2) $\mathbf{E}\varepsilon(0)=0$ 和 $H'(0)>\mathbf{E}\left\|u_0\right\|^2$;

(3) $\mathbf{E}\varepsilon(0)>0$ 和式(4.1.32)成立.

则对任意的 $t>t_0,H'(t)>\mathbf{E}\left\|u_0\right\|^2$. 这里第一种情形中的 $t_0=t^*$ 在式(4.1.29)中给出,而第二和第三种情形中的 $t_0=0$.

令

$$J(t)=(H(t)+(T_1-t)\mathbf{E}\left\|u_0\right\|^2)^{-\delta},t\in[0,T_1],$$

这里 $T_1>0$ 是一个特定的常数,将在后文中给出. 接下来,我们将处理问题(4.1.2)解的爆破性. 事实上,我们有

定理 4.2 假设(A1),(A2)和(A3′)成立. 若再有下面 3 种情形中的任意一种情形成立:

(1) $\mathbf{E}\varepsilon(0)<0$;

(2) $\mathbf{E}\varepsilon(0)=0$ 和 $H'(0)>\mathbf{E}\left\|u_0\right\|^2$;

(3) $0<\mathbf{E}\varepsilon(0)<\dfrac{|\mathbf{E}\langle u_0,v_0\rangle|^2}{2(T_1+1)\mathbf{E}\left\|u_0\right\|^2}$和式(4.1.32)成立.

这时对温和解 $u(t)$和 L^2 模意义下的生命线 τ_∞,有

(1) 或者 $\mathbf{P}(\tau_\infty<\infty)>0$,即 $u(t)$在 L^2 模意义在有限时刻爆破的概率是正的;

(2) 或者存在一个正的时刻 $T^*\in(0,T_0]$使得

$$\lim_{t\to T^*}\mathbf{E}\left\|u(t)\right\|^2=+\infty$$

进一步,我们也分别获得这 3 种情形爆破时间 T^* 的上界估计.

证明　对于式(4.1.2)的解$\{u(t),t\geqslant 0\}$在 L^2 模意义下的生命线 τ_∞,我们考虑 $\mathbf{P}(\tau_\infty=+\infty)=1$ 的情形. 这时,对充分大的 $T_1>0$,由 $J(t)$的定义可得

$$J'(t)=-\delta J^{1+1/\delta}(t)(H'(t)-\mathbf{E}\left\|u_0\right\|^2)$$

和

$$J''(t)=-\delta J^{1+2/\delta}(t)V(t) \tag{4.1.33}$$

这里

$$V(t)=H''(t)(H(t)+(T_1-t)\mathbf{E}\left\|u_0\right\|^2)-(1+\delta)(H'(t)-\mathbf{E}\left\|u_0\right\|^2)^2. \tag{4.1.34}$$

由式(4.1.30)和 Hölder 不等式可得

$$\begin{aligned}H'(t)&=2\mathbf{E}(u,v)+\mathbf{E}\left\|u\right\|^2=2\mathbf{E}(u,v)+2\mathbf{E}\int_0^t(u,v)\mathrm{d}\tau+\mathbf{E}\left\|u_0\right\|^2\\&\leqslant 2\left(\sqrt{\mathbf{E}\left\|u\right\|^2\mathbf{E}\left\|v\right\|^2}+\sqrt{\mathbf{E}\int_0^t\left\|u\right\|^2\mathrm{d}\tau\mathbf{E}\int_0^t\left\|v\right\|^2\mathrm{d}\tau}\right)+\mathbf{E}\left\|u_0\right\|^2.\end{aligned} \tag{4.1.35}$$

由式(4.1.28)可得

$$H''(t)\geqslant-(4+8\delta)\mathbf{E}\varepsilon(0)+4(\delta+1)(\mathbf{E}\left\|v\right\|^2+\mathbf{E}\int_0^t\left\|v\right\|^2\mathrm{d}\tau). \tag{4.1.36}$$

因此,联立式(4.1.35)和式(4.1.36)可得

$$\begin{aligned}V(t)\geqslant&-(4+8\delta)\mathbf{E}\varepsilon(0)(H(t)+(T_1-t)\mathbf{E}\left\|u_0\right\|^2)+\\&(\delta+1)(\mathbf{E}\left\|v\right\|^2+\mathbf{E}\int_0^t\left\|v\right\|^2\mathrm{d}\tau)(H(t)+(T_1-t)\mathbf{E}\left\|u_0\right\|^2)-\\&4(1+\delta)\left(\sqrt{\mathbf{E}\left\|u\right\|^2\mathbf{E}\left\|v\right\|^2}+\sqrt{\mathbf{E}\int_0^t\left\|u\right\|^2\mathrm{d}\tau\mathbf{E}\int_0^t\left\|v\right\|^2\mathrm{d}\tau}\right)^2\\\geqslant&-(4+8\delta)\mathbf{E}\varepsilon(0)J^{-1/\delta}(t)+4(\delta+1)(T_1-t)(\mathbf{E}\left\|v\right\|^2+\mathbf{E}\int_0^t\left\|v\right\|^2\mathrm{d}\tau)\mathbf{E}\left\|u_0\right\|^2+\\&4(\delta+1)\Big[(\mathbf{E}\left\|v\right\|^2+\mathbf{E}\int_0^t\left\|v\right\|^2\mathrm{d}\tau)(\mathbf{E}\left\|u\right\|^2+\mathbf{E}\int_0^t\left\|u\right\|^2\mathrm{d}\tau)-\\&\left(\sqrt{\mathbf{E}\left\|u\right\|^2\mathbf{E}\left\|v\right\|^2}+\sqrt{\mathbf{E}\int_0^t\left\|u\right\|^2\mathrm{d}\tau\mathbf{E}\int_0^t\left\|v\right\|^2\mathrm{d}\tau}\right)^2\Big]\end{aligned}$$

由 Schwarz 不等式知,上面不等式的最后一项是非负的,所以有

$$V(t)\geqslant-(4+8\delta)\mathbf{E}\varepsilon(0)J^{-1/\delta}(t),t\geqslant t_0. \tag{4.1.37}$$

故通过式式(4.1.33)和式(4.1.37)可得

$$J''(t)\leqslant\delta(4+8\delta)\mathbf{E}\varepsilon(0)J^{1+1/\delta}(t),t\geqslant t_0 \tag{4.1.38}$$

由引理 4.4 知,对定理中 3 种情形的任意一种情形,当 $t>t_0$ 时有 $J'(t)<0$. 所以在(4.1.38)的两边同乘以 $J'(t)$并从 t_0 到 t 积分可得

$$J'(t)^2 \geqslant R+SJ^{2+1/\delta}(t),t\geqslant t_0$$

其中

$$R=\delta^2 J^{2+2/\delta}(t_0)((H'(t_0)-\mathbf{E}\left\|u_0\right\|^2)^2-8\mathbf{E}\varepsilon(0)J^{-1/\delta}(t_0)),S=8\delta^2\mathbf{E}\varepsilon(0).$$

由上式可知 $R>0$ 当且仅当

$$\mathbf{E}\varepsilon(0)<\frac{(H'(t_0)-\mathbf{E}\left\|u_0\right\|^2)^2}{8(H(t_0)+(T_1-t_0)\mathbf{E}\left\|u_0\right\|^2)}. \tag{4.1.39}$$

对引理 4.4 中的情形(1)和(2),式(4.1.40)显然成立.对情形(3),由引理 4.4 知 $t_0=0$,此时式(4.1.39)等价于

$$\mathbf{E}\varepsilon(0)<\frac{|\mathbf{E}\langle u_0,v_0\rangle|^2}{2(T_1+1)\mathbf{E}\left\|u_0\right\|^2}.$$

因此由引理 4.2 知,存在一个有限时刻 T^* 使得 $\lim\limits_{t\to T^{*-}} J(t)=0$,这表明

$$\lim_{t\to T^{*-}}(\mathbf{E}\left\|u\right\|^2+\mathbf{E}\int_0^t\left\|u\right\|^2\mathrm{d}\tau)=+\infty,$$

即

$$\lim_{t\to T^{*-}}\mathbf{E}\left\|u\right\|^2=+\infty.$$

进一步,T^* 的上界可以分别通过 $\mathbf{E}\varepsilon(0)$的符号估计.具体如下:

对于情形(1),有

$$T^*\leqslant t_0-\frac{J(t_0)}{J'(t_0)}. \tag{4.1.40}$$

进一步,如果 $J(t_0)<\{1,\sqrt{R/-S}\}$,则有

$$T^*\leqslant t_0+\frac{1}{\sqrt{-S}}\ln\frac{\sqrt{R/-S}}{\sqrt{R/-S}-J(t_0)}. \tag{4.1.41}$$

这里 $t_0=t^*$ 在式(4.1.29)中给出.

对于情形(2)

$$T^*\leqslant-\frac{J(0)}{J'(0)}, \tag{4.1.42}$$

或

$$T^*\leqslant\frac{J(0)}{\sqrt{R}}. \tag{4.1.43}$$

对于情形(3),

$$T^*\leqslant\frac{J(0)}{\sqrt{R}}, \tag{4.1.44}$$

或

$$T^*\leqslant 2^{(3\delta+1)/2\delta}\frac{\delta P}{\sqrt{R}}(1-(1+PJ\ (0)^{-1/2\delta}), \tag{4.1.45}$$

这里 $P=(R/S)^{2+1/\delta}$. 至于 T_1 的取值,可以对这 3 种情形分别选取满足 $T_1\geqslant T^*$ 的任意正常数.

对于这种情形 $\mathbf{P}(\zeta=+\infty)<1$(即,$\mathbf{P}(\tau_\infty<+\infty)>0$),这说明 $u(t)$ 在 L^2 模意义下在有限时间区间 $[0,\tau_\infty]$ 内爆破的概率是正的.

注 4.3　在适当的条件下,T_1 的选择是完全可能的. 具体讨论如下:

(1) 对于情形 $\mathbf{E}\varepsilon(0)=0$.

首先,注意到条件 $H'(0)>\mathbf{E}\left\|u_0\right\|^2$ 暗示 $\mathbf{E}\langle u_0,v_0\rangle>0$. 故如果 $2\delta\mathbf{E}\langle u_0,v_0\rangle-\mathbf{E}\left\|u_0\right\|^2>0$. 由式(4.1.42)知,可选取

$$T_1\geqslant-\frac{J(0)}{J'(0)},$$

这等价于

$$T_1\geqslant\frac{\mathbf{E}\left\|u_0\right\|^2}{2\delta\mathbf{E}\langle u_0,v_0\rangle-\mathbf{E}\left\|u_0\right\|^2}.$$

特别地,可选择 T_1 为

$$T_1=\frac{\mathbf{E}\left\|u_0\right\|^2}{2\delta\mathbf{E}\langle u_0,v_0\rangle-\mathbf{E}\left\|u_0\right\|^2},$$

此时可得

$$T^*\leqslant\frac{\mathbf{E}\left\|u_0\right\|^2}{2\delta\mathbf{E}\langle u_0,v_0\rangle-\mathbf{E}\left\|u_0\right\|^2},$$

如果 $2\delta\mathbf{E}\langle u_0,v_0\rangle-\mathbf{E}\left\|u_0\right\|^2\leqslant0$,由式(4.1.43)知,可选择

$$T_1\geqslant\frac{J(0)}{\sqrt{R}}.$$

进一步,由 Hölder 不等式和 Young 不等式可得

$$\mathbf{E}\left\|u_0\right\|^2+T_1\mathbf{E}\left\|u_0\right\|^2\leqslant\delta\left(\mathbf{E}\left\|u_0\right\|^2+\mathbf{E}\left\|v_0\right\|^2\right)T_1$$

这时

$$T_1\geqslant\frac{\mathbf{E}\left\|u_0\right\|^2}{\mathbf{E}\left\|v_0\right\|^2},\text{如果 }0<\delta\leqslant1,$$

或

$$T_1\geqslant\frac{\mathbf{E}\left\|u_0\right\|^2}{(\delta-1)\mathbf{E}\left\|u_0\right\|^2+\mathbf{E}\left\|v_0\right\|^2},\text{如果 }\delta>1.$$

特别地,可选择

$$T^*\leqslant T_1=\frac{\mathbf{E}\left\|u_0\right\|^2}{\mathbf{E}\left\|v_0\right\|^2},\text{如果 } 0<\delta\leqslant 1,$$

$$T^*\leqslant T_1=\frac{\mathbf{E}\left\|u_0\right\|^2}{(\delta-1)\mathbf{E}\left\|u_0\right\|^2+\mathbf{E}\left\|v_0\right\|^2},\text{如果 } \delta>1.$$

(2) 对于情形 $\mathbf{E}\varepsilon(0)<0$.

如果 $\mathbf{E}\langle u_0,v_0\rangle>0$,则 $H'(t)>\mathbf{E}\left\|u_0\right\|^2$ 且式(4.1.29)中的 $t^*=0$. 因此 T_1 能被选择,与情形(1)一样. 如果 $\mathbf{E}\langle u_0,v_0\rangle\leqslant 0$. 这时

$$t^*=\frac{H'(0)-\mathbf{E}\left\|u_0\right\|^2}{(4+8\delta)\mathbf{E}\varepsilon(0)}.$$

因此由式(4.1.40)知可选取 $T_1\geqslant t^*-J(t^*)/J'(t^*)$.

(3) 对于情形 $\mathbf{E}\varepsilon(0)>0$.

如果 $\mathbf{E}\left\|u_0\right\|^2<\delta$ 和 $\mathbf{E}\varepsilon(0)<\min\{\kappa_1,\kappa_2\}$,其中

$$\kappa_1=\frac{(1+\delta)\left(H'(0)-r_2H(0)-(r_2+1)\mathbf{E}\left\|u_0\right\|^2\right)}{r_2(1+2\delta)},$$

$$\kappa_2=\frac{\left(4\left[\mathbf{E}\langle u_0,v_0\rangle\right]^2-1\right)\left(\delta-\mathbf{E}\left\|u_0\right\|^2\right)}{8\delta\mathbf{E}\left\|u_0\right\|^2},$$

此时可选取 T_1 满足

$$\frac{\mathbf{E}\left\|u_0\right\|^2}{\delta-\mathbf{E}\left\|u_0\right\|^2}\leqslant T_1\leqslant\frac{4\left[\mathbf{E}\langle u_0,v_0\rangle\right]^2-8\mathbf{E}\left\|u_0\right\|^2\mathbf{E}\varepsilon(0)-1}{8\mathbf{E}\left\|u_0\right\|^2\mathbf{E}\varepsilon(0)}$$

使得

$$R=\delta^2J^{2+2/\delta}(0)\left(\left(H'(0)-\mathbf{E}\left\|u_0\right\|^2\right)^2-8\mathbf{E}\varepsilon(0)J^{-1/\delta}(0)\right)\geqslant 1.$$

特别地,选取 $T_1=\mathbf{E}\left\|u_0\right\|^2/\left(\delta-\mathbf{E}\left\|u_0\right\|^2\right)$,由式(4.1.44)可得

$$T^*\leqslant\frac{\dfrac{\mathbf{E}\left\|u_0\right\|^2}{\delta-\mathbf{E}\left\|u_0\right\|^2}}{\sqrt{4\left[\mathbf{E}\langle u_0,v_0\rangle\right]^2-8\mathbf{E}\varepsilon(0)\dfrac{\delta\mathbf{E}\left\|u_0\right\|^2}{\delta-\mathbf{E}\left\|u_0\right\|^2}}}.$$

如果 $\mathbf{E}\left\|u_0\right\|^2\geqslant\delta$ 关于 $\delta\leqslant 1$ 且 $\mathbf{E}\varepsilon(0)<\min\{\kappa_1,\kappa_3\}$,这里

$$\kappa_3=\frac{[\mathbf{E}\langle u_0,v_0\rangle]^2(\mathbf{E}\left\|u_0\right\|^2+\mathbf{E}\left\|v_0\right\|^2-\delta)}{2(2\mathbf{E}\left\|u_0\right\|^2+\mathbf{E}\left\|v_0\right\|^2-\delta)\mathbf{E}\left\|u_0\right\|^2}.$$

此时可选取

$$T_1=\frac{\mathbf{E}\left\|u_0\right\|^2}{\mathbf{E}\left\|u_0\right\|^2+\mathbf{E}\left\|v_0\right\|^2-\delta}$$

使得 $R>0$. 由式(4.1.44)可得

$$T^*\leqslant\frac{\dfrac{(2\mathbf{E}\left\|u_0\right\|^2+\mathbf{E}\left\|v_0\right\|^2-\delta)\mathbf{E}\left\|u_0\right\|^2}{\mathbf{E}\left\|u_0\right\|^2+\mathbf{E}\left\|v_0\right\|^2-\delta}}{\delta\sqrt{4[\mathbf{E}\langle u_0,v_0\rangle]^2-8\mathbf{E}\varepsilon(0)\dfrac{(2\mathbf{E}\left\|u_0\right\|^2+\mathbf{E}\left\|v_0\right\|^2-\delta)\mathbf{E}\left\|u_0\right\|^2}{\mathbf{E}\left\|u_0\right\|^2+\mathbf{E}\left\|v_0\right\|^2-\delta}}}.$$

如果 $\mathbf{E}\left\|u_0\right\|^2\geqslant\delta$ 关于 $\delta>1$ 且 $\mathbf{E}\varepsilon(0)<\min\{\kappa_1,\kappa_4\}$，这里

$$\kappa_4=\frac{\delta[\mathbf{E}\langle u_0,v_0\rangle]^2(\mathbf{E}\left\|u_0\right\|^2+\mathbf{E}\left\|v_0\right\|^2-1)}{2(\mathbf{E}\left\|u_0\right\|^2+\delta(\mathbf{E}\left\|u_0\right\|^2+\mathbf{E}\left\|v_0\right\|^2-1))\mathbf{E}\left\|u_0\right\|^2}.$$

此时选取

$$T_1=\frac{\mathbf{E}\left\|u_0\right\|^2}{\delta(\mathbf{E}\left\|u_0\right\|^2+\mathbf{E}\left\|v_0\right\|^2-1)}$$

使得 $R>0$. 由式(4.1.44)可得

$$T^*\leqslant\frac{\dfrac{\mathbf{E}\left\|u_0\right\|^2(\mathbf{E}\left\|u_0\right\|^2+\delta(\mathbf{E}\left\|u_0\right\|^2+\mathbf{E}\left\|v_0\right\|^2-1))}{\delta(\mathbf{E}\left\|u_0\right\|^2+\mathbf{E}\left\|v_0\right\|^2-1)}}{\delta\sqrt{4[\mathbf{E}\langle u_0,v_0\rangle]^2-8\mathbf{E}\varepsilon(0)\dfrac{\mathbf{E}\left\|u_0\right\|^2(\mathbf{E}\left\|u_0\right\|^2+\delta(\mathbf{E}\left\|u_0\right\|^2+\mathbf{E}\left\|v_0\right\|^2-1))}{\delta(\mathbf{E}\left\|u_0\right\|^2+\mathbf{E}\left\|v_0\right\|^2-1)}}}.$$

注 4.4 如果式(3.1.1)中的弱阻尼 u_t 换成强阻尼 $-\Delta u_t$，这时定义

$$H(t)=\mathbf{E}\left\|u\right\|^2+\mathbf{E}\int_0^t\left\|\nabla u\right\|^2\mathrm{d}\tau,t\geqslant 0,$$

这时式(3.1.1)能被采取相同的方法处理并获得类似的结果.

4.1.4 一个例子

作为一个例子，在 $\mathbf{R}^3$ 中的球 $D=B_r(x_0)$ 内考虑问题：

$$
\begin{cases}
u_{tt}+\Delta^2 u-(a+b\left\|\nabla u\right\|^2)\Delta u+u_t=\mu u^3+ \\
\quad \sigma_0 u_t\sin(1+u)\dfrac{\partial W(x,t)}{\partial t}, & x\in D,t\in(0,T), \\
u(x,t)=\dfrac{\partial u}{\partial v}=0, & x\in\partial D,t\in(0,T), \\
u(x,0)=\rho\,|x|^2,u_t(x,0)=|x|, & x\in D,
\end{cases}
\tag{4.1.46}
$$

这里 r 表示球的半径；x_0 表示球心；a,b,μ,σ_0,ρ 是正的常数 $|x|^2=x_1^2+x_2^2+x_3^2$. 此时

$$F(u)=\int_0^u f(s)\mathrm{d}s=\frac{\mu}{4}u^4,M(u)=\int_0^u m(s)\mathrm{d}s=au+\frac{1}{2}bu^2.$$

取

$$\delta=\frac{1}{2},0<\sigma_0<\frac{1}{2c_0^2\mathrm{Tr}Q}$$

易证问题(4.1.45)满足条件(A1),(A3),(A′3). 所以我们可以通过选取适当的常数并利用定理 4.2 获得问题(4.1.46)的解在 L^2 模意义下或者以正的概率在有限时刻爆破，或者 $\mathbf{E}\left\|u\right\|^2$ 在有限时刻趋向无穷. 为了简化计算，不妨设 $x_0=0$. 对应问题(4.1.46)有

$$\left\|u_0\right\|^2=\frac{4\pi\rho^2r^7}{7},\left\|\Delta u_0\right\|^2=16\pi\rho^2r^3,\left\|\nabla u_0\right\|^2=\frac{16\pi\rho^2r^5}{5},$$

$$\left\|v_0\right\|^2=\frac{4\pi r^5}{5},\int_D F(u_0)\mathrm{d}x=\frac{\pi\rho^4r^{11}}{11}$$

和

$$M(\left\|\nabla u_0\right\|^2)=\frac{16a\pi\rho^2r^5}{5}+\frac{128b\pi^2\rho^4r^{10}}{25},(u_0,v_0)=\frac{2\pi\rho r^6}{3}.$$

所以

$$\varepsilon(0)=8\pi\rho^2r^3+\frac{2\pi r^5}{5}+\frac{8a\pi\rho^2r^5}{5}+\frac{64b\pi^2\rho^4r^{10}}{25}-\frac{\pi\mu\rho^4r^{11}}{11}$$

和

$$H'(0)=2\mathbf{E}(u_0,v_0)+\mathbf{E}\left\|u_0\right\|^2=\frac{4\pi\rho r^6}{3}+\frac{4\pi\rho^2r^7}{7}.$$

这时由定理 4.2 和注 4.3 可得：

定理 4.3 如果

$$\mu\geqslant 22\left(\frac{4}{\rho^2r^9}+\frac{1}{5\rho^4r^6}+\frac{4a}{5\rho^2r^6}+\frac{32b\pi}{25r}\right),$$

即 $\varepsilon(0)\leqslant 0$，那么问题(4.1.45)的温和解和 L^2 模意义下的生命线 τ_∞，

(1) 或者 $\mathbf{P}(\tau_\infty<\infty)>0$，即 $u(t)$ 在 L^2 模意义下以正的概率在有限时刻爆破；

(2) 或者存在一个正的时刻 $T^*\in(0,T_0]$ 使得

$$\lim_{t\to T^*}\mathbf{E}\left\|u(t)\right\|^2=+\infty.$$

进一步，也能获得这种情形爆破时间 T^* 的上界估计

$$T^{*}\leqslant\frac{5\rho^{2}r^{2}}{7}.$$

取 ρ,r 满足

$$\begin{cases}\rho^{2}r^{7}<\dfrac{7}{8\pi},\\ \rho r<\dfrac{7}{(3-\sqrt{3})6},\\ \rho^{2}r^{12}>\dfrac{9}{16\pi^{2}},\end{cases}\tag{4.1.47}$$

这时有

$$\left\|u_{0}\right\|^{2}<\frac{1}{2},4\left(u_{0},v_{0}\right)^{2}-1>0,\frac{\pi\rho r^{6}}{3-\sqrt{3}}-\frac{6\pi\rho^{2}r^{7}}{7}>0,$$

令

$$M=\min\left\{\frac{\pi r^{5}(7-8\pi\rho^{2}r^{7})}{18},\frac{\pi\rho r^{6}}{3-\sqrt{3}}-\frac{6\pi\rho^{2}r^{7}}{7},\frac{(16\pi^{2}\rho^{2}r^{12}-9)(7-8\pi\rho^{2}r^{7})}{288\pi\rho^{2}r^{7}}\right\}.$$

定理 4.4　如果 $22\left(\frac{4}{\rho^{2}r^{9}}+\frac{1}{5\rho^{4}r^{6}}+\frac{4a}{5\rho^{2}r^{6}}+\frac{32b\pi}{25r}\right)-\frac{11M}{\pi\rho^{4}r^{11}}<\mu<22\left(\frac{4}{\rho^{2}r^{9}}+\frac{1}{5\rho^{4}r^{6}}+\frac{4a}{5\rho^{2}r^{6}}+\frac{32b\pi}{25r}\right)$ 和(4.1.47)成立，那么温和解 $u(t)$ 和 L^{2} 模意义下的生命线 τ_{∞}：

(1) 或者 $\mathbf{P}(\tau_{\infty}<\infty)>0$，即 $u(t)$ 在 L^{2} 模意义下以正的概率在有限时刻爆破；

(2) 或者存在一个正的时刻 $T^{*}\in(0,T_{0}]$ 使得

$$\lim_{t\to T^{*}}\mathbf{E}\left\|u(t)\right\|^{2}=+\infty.$$

因为 $\left\|u_{0}\right\|^{2}<\frac{1}{2}$，进一步，由注 4.3 也可获得这种情形爆破时间 T^{*} 的上界估计

$$T^{*}\leqslant\frac{\dfrac{\mathbf{E}\left\|u_{0}\right\|^{2}}{\delta-\mathbf{E}\left\|u_{0}\right\|^{2}}}{\sqrt{4\left[\mathbf{E}\langle u_{0},v_{0}\rangle\right]^{2}-8\mathbf{E}\varepsilon(0)\dfrac{\delta\mathbf{E}\left\|u_{0}\right\|^{2}}{\delta-\mathbf{E}\left\|u_{0}\right\|^{2}}}}.$$

取 ρ,r 满足

$$\begin{cases}\rho^{2}r^{7}\geqslant\dfrac{7}{8\pi},\\ \rho r<\dfrac{7}{(3-\sqrt{3})6},\end{cases}\tag{4.1.48}$$

这时有

$$\left\|u_{0}\right\|^{2}\geqslant\frac{1}{2},\frac{\pi\rho r^{6}}{3-\sqrt{3}}-\frac{6\pi\rho^{2}r^{7}}{7}>0.$$

令

$$M_1=\min\left\{\frac{\pi\rho r^6}{3-\sqrt{3}}-\frac{6\pi\rho^2 r^7}{7},\frac{280\pi^2\rho^2 r^7+392\pi^2 r^{10}-245\pi r^5}{1\,440\pi\rho^2 r^7+1\,008\pi r^5-630}\right\}.$$

定理 4.5 如果

$$22\left(\frac{4}{\rho^2 r^9}+\frac{1}{5\rho^4 r^6}+\frac{4a}{5\rho^2 r^6}+\frac{32b\pi}{25r}\right)-\frac{11M_1}{\pi\rho^4 r^{11}}<\mu<22\left(\frac{4}{\rho^2 r^9}+\frac{1}{5\rho^4 r^6}+\frac{4a}{5\rho^2 r^6}+\frac{32b\pi}{25r}\right)$$

和式(4.1.49)成立,那么温和解 $u(t)$ 和 L^2 模意义下的生命线 τ_∞:

(1) 或者 $\mathbf{P}(\tau_\infty<\infty)>0$,即 $u(t)$ 在 L^2 模意义下以正的概率在有限时刻爆破;

(2) 或者存在一个正的时刻 $T^*\in(0,T_0]$ 使得

$$\lim_{t\to T^*}\mathbf{E}\left\|u(t)\right\|^2=+\infty,$$

因为 $\left\|u_0\right\|^2\geqslant\frac{1}{2}$ 和 $\delta=1/2$,进一步,由注 4.3 也可获得这种情形爆破时间 T^* 的上界估计:

$$T^*\leqslant\frac{\dfrac{\mathbf{E}\left\|u_0\right\|^2\left(\mathbf{E}\left\|u_0\right\|^2+\delta\left(\mathbf{E}\left\|u_0\right\|^2+\mathbf{E}\left\|v_0\right\|^2-1\right)\right)}{\delta\left(\mathbf{E}\left\|u_0\right\|^2+\mathbf{E}\left\|v_0\right\|^2-1\right)}}{\delta\sqrt{4\left[\mathbf{E}\langle u_0,v_0\rangle\right]_2^2-8\mathbf{E}\varepsilon(0)\dfrac{\mathbf{E}\left\|u_0\right\|^2\left(\mathbf{E}\left\|u_0\right\|^2+\delta\left(\mathbf{E}\left\|u_0\right\|^2+\mathbf{E}\left\|v_0\right\|^2-1\right)\right)}{\delta\left(\mathbf{E}\left\|u_0\right\|^2+\mathbf{E}\left\|v_0\right\|^2-1\right)}}}.$$

4.2 乘法噪声驱动下带有线性阻尼的随机黏弹性方程解的爆破性

4.2.1 引言

如下形式的黏弹性波动方程

$$\begin{cases}u_{tt}-\Delta u+\int_0^t g(t-\tau)\Delta u(\tau)\mathrm{d}\tau+h(u_t)=f(u), & (x,t)\in D\times(0,T),\\ u(x,t)=0, & (x,t)\in\partial D\times(0,T),\\ u(x,0)=u_0(x),u_t(x,0)=u_1(x), & x\in D.\end{cases}\tag{4.2.1}$$

经常用来描述由弹性材料(非记忆项)和黏性材料(记忆项)混合而成的黏弹性材料.模型中物质微粒 x 在时间 t 的位置用 $u(x,t)$ 表示;g 为松弛函数;f 表示源项;h 是阻尼项.方程(4.2.1)解的渐近性行为已经被广泛研究[29,96,27,101,32].例如,Messaoudi[96]讨论了当 $h(u_t)=a\left|u_t\right|^{m-2}u_t$,$f(u)=b\left|u\right|^{p-2}u$ 时的黏弹性波动方程(4.2.1),并证明了若 $p>m\geqslant2$ 且初始能量是负的,则方程解在有限时刻爆破;若 $2\leqslant p\leqslant m$,则方程解全局存在.该作者在文献[27]中将上述爆破结果进一步改进并推广到初始能量为正的情形.Song 等[101]考虑了方程(4.2.1)关于非线性阻尼项为强阻尼及源项分别为 $h(u_t)=-\Delta u_t$,$f(u)=\left|u\right|^{p-2}u$ 的情

形，并利用 Payne 和 Sattinger[31]引入的"位势井"理论证明方程(4.2.1)在初始能量为正时，方程解在有限时刻爆破. 此外，Wang[32]考虑方程(4.2.1)具有任意正初始能量的情形，并获得一个充分条件使得方程解在有限时刻爆破. 其相关结论，请参阅文献[43,111,112,113,44].

由于驱动力可能受外部环境随机因素的影响，鉴于此，Wei 和 Jiang[33]研究了在白噪声扰动下的具有记忆项的随机波动方程：

$$u_{tt}-\Delta u+\int_0^t g(t-s)\Delta u(s)\mathrm{d}s+h(u_t)$$
$$=f(u)+\sigma(t,u,\nabla u)\partial_t W(t,x),\quad x\in D,t\in(0,T).\tag{4.2.2}$$

他们证明了当 $h(u_t)=u_t,\sigma\equiv1$ 时，方程(4.2.2)解的存在唯一性，并对 g 的适当假设下得到了解的能量函数的衰减估计. 在文献[13]中，作者将文献[33]中得到的存在唯一性结果推广到当 $\sigma=\sigma(u,v,x,t)$ 时的情形. 此外，当 $\sigma=\sigma(x,t)$ 时，由能量不等式证明方程解以正概率在有限时刻爆破，或是在 L^2 模意义上爆破. 在 2014 年发表的一篇论文中，Liang 和 Gao[114]讨论了在加性噪声驱动下的方程(4.2.2)，阻尼项与原项分别为 $h(u_t)=|u_t|^{q-2}u_t$，$f(u)=|u|^{p-2}u$ 时的情况. 他们证明了当 $q\geqslant p$ 时方程(4.2.2)的解全局性，当 $p>q$ 时，方程(4.2.2)的解以正的概率爆破或能量意义上爆破.

受以上研究成果、结论的启发，本节将研究下列黏弹性波动方程：

$$\begin{cases}u_{tt}-\Delta u+\displaystyle\int_0^t g(t-\tau)\Delta u(\tau)\mathrm{d}\tau+u_t\\ \quad=f(u)+\sigma(u,u_t,x,t)\partial_t W(t,x), & x\in D,t\in(0,T),\\ u(x,t)=0, & x\in\partial D,t\in(0,T),\\ u(x,0)=u_0(x),u_t(x,0)=u_1(x), & x\in D.\end{cases}\tag{4.2.3}$$

其中 D 是 $\mathbf{R}^d$ 中带有光滑边界 ∂D 的有界区域，稍后将明确 g,f 所满足的条件. $W(t,x)$ 为可视为带有随机力的无限维 Wiener 过程.

与抛物型方程相比，随机双曲型方程的爆破性都是在加法噪声驱动下讨论的. 在本节中，将通过修正文献[115]中证明确定性 Kirchhoff 方程爆破性的方法，并将其推广到随机情形，证明方程(4.2.3)在乘法噪声驱动下，方程解以正概率在有限时刻爆破，或是在 L^2 模意义上爆破. 此外，我们还推导出爆破时间 T^* 的上限估计. 这也是我们首次讨论在乘性噪声驱动下的随机双曲型方程爆破性问题.

4.2.2 预备知识

首先，介绍一下在本节中使用的一些符号.

用 $\|\cdot\|$ 表示空间 $L^2(D)$ 的模. 对 $\varphi,\psi\in L^2(D)$，令 $(\varphi,\psi)=\int_D\varphi(x)\psi(x)\mathrm{d}x$ 表示 $H=L^2(D)$ 空间中的内积. 设 V 是装备范数 $\|\varphi\|_V=\|\nabla\varphi\|(\varphi\in V)$ 的 Sobolev 空间 $H_0^1(D)$.

令 $(\Omega,P,\mathscr{F})$ 是一个完备的概率空间，$\{\mathscr{F}_t,t\geqslant0\}$ 为 $\mathscr{F}$ 给定的一个 σ 域族，ω 表示 Ω 上的

一点，$\mathbf{E}(\cdot)$表示相应的概率测度 $\mathbf{P}$ 意义下的期望. 设$\{W(t,x):t\geqslant 0\}$是定义了协方差算子 Q且 $\mathrm{Tr}Q<\infty$的 H 值 Q-Wiener 过程. 即 $\mathbf{E}W(x,t)=0$ 且对任意 $\varphi,\psi\in H$ 满足：

$$\mathbf{E}[(W(t),\varphi)\wedge(W(s),\psi)]=(t\wedge s)(Q\varphi,\psi).$$

进一步，设 Q 满足：

$$Qe_i=\lambda_i e_i,\quad i=1,2,\cdots,$$

其中，λ_i 是 Q 的特征值且满足 $\sum_{i=1}^{\infty}\lambda_i<\infty$，$\{e_i\}$是对应的特征函数满足 $c_0:=\sup_{i\geqslant 1}\left\|e_i\right\|_{\infty}$，

($\left\|\cdot\right\|_{\infty}$ 表示范数)，并有：

$$W(t,x)=\sum_{i=1}^{\infty}\sqrt{\lambda_i}B_i(t)e_i,$$

其中$\{B_i(t)\}$是一列一维标准 Brownian 运动的独立副本.

对于函数 g,f,σ，设：

(A1) $g\in C^{-1}[0,\infty]$是一个非负非增函数，满足

$$1-\int_0^{\infty}g(s)\mathrm{d}s=l>0$$

(A2) $f(s)$是局部 Lipschitz 连续函数，且 $f(0)=0$. 对于 $s,s'\in\mathbf{R}$，

$$|f(s)-f'(s)|^2\leqslant c_2(|s|^{2(p-2)}+|s'|^{2(p-2)})|s-s'|^2.$$

其中，c_2 是一个正常数，p 满足

$$\begin{cases}2<p\leqslant\dfrac{2(n-1)}{n-2},n>2,\\ p>2,n\leqslant 2.\end{cases}$$

(A3) 存在一个常数 $\alpha>0$，使得

$$\int_0^{\infty}g(s)\mathrm{d}s<\frac{2\delta(2\delta+1)}{4\delta^2+2\delta+1}$$

且对所有的 $s\geqslant 0$ 有：

$$sf(s)\geqslant(2+4\delta)F(s)$$

其中 $F(s)=\int_0^s f\mathrm{d}r$.

(A4) $\sigma:\mathbf{R}\times\mathbf{R}\times\mathbf{R}^n\times\mathbf{R}^n\times\mathbf{R}^+\to\mathbf{R}$ 是一个连续函数，对任意的 $s,r,s',r'\in\mathbf{R},t,t'\in R^+$，及 $x,v,x',v'\in\mathbf{R}^n$，存在两个正的常数 c_3,c_4 使得

$$|\sigma(s,r,v,x,t)|^2\leqslant c_3((1+|s|^{2(p-1)}+|r|^2+|v|^2),\tag{4.2.4}$$

$$\begin{aligned}&|\sigma(s,r,v,x,t)-\sigma(s',r',v',x',t')|^2\\&\leqslant c_4((1+|s|^{2(p-2)}+|s'|^{2(p-2)})|s-s'|^2+|r-r'|^2+|v-v'|^2).\end{aligned}$$

基于对 g,f 和 σ 的假设条件，可遵循文献[13]中的论证方法，我们逐步推导出方程(4.2.3)的唯一最大局部温和解.

定理 4.6 设满足条件(A1)，(A2)及(A4)且$(u_0(x),u_1(x)):\Omega\to V\times H$ 是 $\mathscr{F}_0$ 可测的. 则方程(4.2.3)存在一个唯一的局部温和解

$$u\in C^1([0,\tau_\infty)\times D;H)\cap C([0,\tau_\infty);V)$$

且当 $t>0$ 和 $k\in\mathbb{N}$ 时，有 $\limsup\limits_{t\to\tau_\infty}\left\|\nabla u\right\|=+\infty$ 和

$$u(t\wedge\tau_k)=S(t\wedge\tau_k)u_0+\int_0^{t\wedge\tau_k}S(\tau)u_1\mathrm{d}\tau-\int_0^{t\wedge\tau_k}1*S(t\wedge\tau_k-\tau)h(u,u_t)\mathrm{d}\tau+I_{\tau_k}(t\wedge\tau_k)$$

其中 τ_∞ 是停时，由下式定义

$$\tau_\infty=\lim_{k\to\infty}\tau_k,\text{其中 }\tau_k=\inf\left\{t\geqslant 0;\left\|\nabla u\right\|\geqslant k\right\},$$

且

$$I_{\tau_k}(\sigma)(t)=\int_0^t 1_{[0,\tau_k)}*S(t-\tau)\sigma(u(\tau\wedge\tau_k),u_t(\tau\wedge\tau_k))\mathrm{d}W(\tau).$$

此外，若 $u_0\in H^2(D)\cap H_0^1$，$u_1\in V$，则方程(4.2.3)的温和解是一个强解，且属于 $C^1([0,\tau_\infty)\times D;V)$.

4.2.3　方程(4.2.3)的爆破解

在本节中，我们将讨论方程(4.2.3)的温和解的爆破性. 注意到，Itô 公式仅适用于方程(4.2.3)的强解. 所以我们可以通过一个能量函数列去估计温和解 u 的能量函数，使得相应的强解序列 $\{u_n\}$ 一致收敛到 u. 因此，以下有关强解的引理可以很容易地推广到温和解的论证中(参见文献[46,74]).

众所周知，方程(4.2.3)等价于以下 Itô 系统：

$$\begin{cases}\mathrm{d}u=v\mathrm{d}t,\\ \mathrm{d}v=\left(\Delta u-\int_0^t g(t-\tau)\Delta u\mathrm{d}\tau-v+f(u)\right)\mathrm{d}t+\sigma(u,v,x,t)\mathrm{d}W(t,x),\\ u(x,t)=0,\quad x\in\partial D,\\ u(x,0)=u_0(x),v_0(x,0)=u_1(x).\end{cases}$$

在本节中，我们将用下式替换条件(A4)中的式(4.2.4)

$$|\sigma(u,v,\nabla u,x,t)|^2\leqslant\frac{2\delta}{(2\delta+1)c_0^2\mathrm{Tr}Q}|v|^2,\tag{4.2.5}$$

其中 c_0 在第 4.2.2 节中已定义. 将替换后的条件记为(A′4).

注 4.5　令 $\sigma(u,v,\nabla u,x,t)=\sigma_0 v\sin(1+u)$，其中 $\sigma_0\leqslant\dfrac{2\delta}{(2\delta+1)c_0^2\mathrm{Tr}Q}$，则 σ 满足假设条件(A′4).

定义与我们的系统相关的能量函数 $\varepsilon(t):V\times H\to\mathbf{R}$

$$\varepsilon(t)=\frac{1}{2}\left\|v\right\|^2+\frac{1}{2}(1-\int_0^t g(\tau)\mathrm{d}\tau)\left\|\Delta u\right\|^2+\frac{1}{2}(g\circ\nabla u)(t)-\int_D F(u)\mathrm{d}x,t\geqslant 0,$$

其中

$$(g\circ w)(t)=\int_0^t g(t-\tau)\left\|w(t)-w(\tau)\right\|^2\mathrm{d}\tau,$$

$F(s)$ 在条件(A3)中已给出. 在我们论述及证明爆破结果之前，需要证明以下引理.

引理 4.7 设条件(A1),(A2)及(A′4)成立,令 $U=(u,v)$ 为系统(4.2.1)的一个温和解,其初值为 $(u_0,v_0)\in V\times H$. 则

$$\mathbf{E}\varepsilon(t)\leqslant\mathbf{E}\varepsilon(0)-\mathbf{E}\int_0^t\left\|v\right\|^2\mathrm{d}\tau+\frac{1}{2}c_0^2\mathrm{Tr}Q\mathbf{E}\int_0^t\int_D\sigma^2(u,v,\nabla u,x,t)\mathrm{d}x\mathrm{d}t,\quad(4.2.6)$$

及

$$\mathbf{E}\langle u(t),v(t)\rangle=\mathbf{E}\langle u_0(x),v_0(x)\rangle-\mathbf{E}\int_0^t\left\|\nabla u\right\|^2\mathrm{d}\tau+\frac{1}{2}\mathbf{E}\left\|u_0\right\|^2+\mathbf{E}\int_0^t\left\|v(\tau)\right\|^2\mathrm{d}\tau-$$
$$\frac{1}{2}\mathbf{E}\left\|u(t)\right\|^2+\mathbf{E}\int_0^t\left(\int_0^s g(s-\tau)\nabla u(\tau)\right)\mathrm{d}\tau,\nabla u(s)+\mathbf{E}\int_0^t\int_D uf(u)\mathrm{d}x\mathrm{d}\tau\quad(4.2.7)$$

证明 对 $\left\|v_t\right\|^2$ 用 Itô 公式,可得

$$\begin{aligned}\left\|v\right\|^2&=\left\|v_0\right\|^2+2\int_0^t(v,\mathrm{d}v)+\int_0^t(\mathrm{d}v,\mathrm{d}v)\\&=\left\|v_0\right\|^2-2\int_0^t(\nabla u,\nabla v)\mathrm{d}\tau-2\int_0^t\left\|v\right\|^2\mathrm{d}\tau+\\&\quad 2\int_0^t\left(\int_0^s g(s-\tau)\nabla u(\tau)\mathrm{d}\tau,\nabla v(s)\right)\mathrm{d}s+2\int_0^t(v,f(u))\mathrm{d}\tau+\\&\quad 2\int_0^t(v,\sigma\mathrm{d}W(\tau))+\sum_{i=1}^{\infty}\int_0^t(\sigma Qe_i,\sigma e_i)\mathrm{d}\tau.\end{aligned}\quad(4.2.8)$$

由条件(A1)知:

$$\begin{aligned}\left(\int_0^s g(s-\tau)\nabla u(\tau)\mathrm{d}\tau,\nabla v(s)\right)&=\int_0^s g(s-\tau)\int_D\nabla u(s)\cdot\nabla u(\tau)\mathrm{d}x\mathrm{d}\tau\\&=\int_0^s g(s-\tau)\int_D\nabla v(s)(\nabla u(\tau)-\nabla u(s))\mathrm{d}x\mathrm{d}\tau+\\&\quad\int_0^s g(s-\tau)\int_D\nabla v(s)\cdot\nabla u(s)\mathrm{d}x\mathrm{d}\tau\\&=-\frac{1}{2}\int_0^s g(s-\tau)\frac{\mathrm{d}}{\mathrm{d}s}\int_D|\nabla u(\tau)-\nabla u(s)|^2\mathrm{d}x\mathrm{d}\tau+\\&\quad\frac{1}{2}\int_0^s g(\tau)\frac{\mathrm{d}}{\mathrm{d}s}\int_D|\nabla u(s)|^2\mathrm{d}x\mathrm{d}\tau\\&=\frac{1}{2}\frac{\mathrm{d}}{\mathrm{d}s}\left(\int_0^s g(\tau)\mathrm{d}\tau\left\|\nabla u(s)\right\|^2-(g\circ\nabla u)(s)\right)+\\&\quad\frac{1}{2}(g'\circ\nabla u)(s)-\frac{1}{2}g(s)\left\|\nabla v(s)\right\|^2\\&\leqslant\frac{1}{2}\frac{\mathrm{d}}{\mathrm{d}s}\left(\int_0^s g(\tau)\mathrm{d}\tau\left\|\nabla u(s)\right\|^2-(g\circ\nabla u)(s)\right)\end{aligned}$$

即:

$$2\int_0^t\left(\int_0^s g(s-\tau)\nabla u(\tau)\mathrm{d}\tau,\nabla_s(s)\right)\mathrm{d}s\leqslant\int_0^t g(\tau)\mathrm{d}\tau\left\|\nabla u\right\|^2-(g\circ\nabla u)(t).\quad(4.2.9)$$

注意到:

$$2\int_0^t \langle \nabla u, \nabla v \rangle \mathrm{d}\tau = \left\| \nabla u(t) \right\|^2 - \left\| \nabla u_0 \right\|^2, \tag{4.2.10}$$

$$2\int_0^t (v, f(u)) \mathrm{d}\tau = 2\int_D (F(u) - F(u_0)) \mathrm{d}x, \tag{4.2.11}$$

及

$$\mathrm{Tr}Q = \sum_{i=1}^{\infty} \lambda_i, c_0 := \sup_{i\geqslant 1} \left\| e_i \right\|_{\infty} < \infty. \tag{4.2.12}$$

然后，将式(4.2.19)～式(4.2.12)带入式(4.2.8)中，并取式(4.2.8)的期望，我们得到式(4.2.6).

接下来我们将证明式(4.2.7)成立. 若(u,v)是系统(4.2.1)的全局温和解，则当$n\geqslant 1$时，$\{(u(t),\xi_n);t\geqslant 0\}$是连续的$\{F_t,t\geqslant 0\}$自适应变化过程，$\{(v(t),\xi_n);t\geqslant 0\}$是一个连续$\{F_t,t\geqslant 0\}$自适应半鞅，其中$\{\xi_n\}_{n\geqslant 1}$是$L^2(D)$空间上的一组正交基. 由 Itô 公式知：

$$(u(t),\xi_n)(v(t),\xi_n) = (u_0,\xi_n)(v_0,\xi_n) + \int_0^t (u(\tau),\xi_n)\mathrm{d}(v(\tau),\xi_n) + \int_0^t (v(\tau),\xi_n)\mathrm{d}(u(\tau),\xi_n)$$

即：

$$\begin{aligned}(u(t),v(t)) &= (u_0,v_0) + \int_0^t (u(\tau),\mathrm{d}v(\tau)) + \int_0^t (v(\tau),\mathrm{d}u(\tau))\\ &= (u_0,v_0) - \int_0^t \left\| \nabla u(\tau) \right\|^2 \mathrm{d}\tau + \int_0^t \left(\int_0^s g(s-\tau)\, \nabla u(\tau)\mathrm{d}\tau, \nabla u(s)\right)\mathrm{d}s + \\ &\quad \int_0^t\int_D uf(u)\mathrm{d}x\mathrm{d}\tau + \int_0^t (u,v)\mathrm{d}\tau - \frac{1}{2}\left\| u(t) \right\|^2 + \\ &\quad \frac{1}{2}\left\| u_0 \right\|^2 + \int_0^t (u, \sigma(u,v,\nabla u,x,\tau)\mathrm{d}W(\tau)).\end{aligned} \tag{4.2.13}$$

则对式(4.2.13)取期望即可得式(4.2.7).

令 u 为方程(4.2.3)的温和解并定义：

$$H(t) = \mathbf{E}\left\| u \right\|^2 + \mathbf{E}\int_0^t \left\| u \right\|^2 \mathrm{d}\tau, t \geqslant 0$$

则

$$H'(t) = 2\mathbf{E}(u,v) + \mathbf{E}\left\| u \right\|^2$$

由式(4.2.7)知：

$$H''(t) = -2\mathbf{E}\left\| \nabla u \right\|^2 + 2\mathbf{E}\left\| v \right\|^2 + 2E\int_0^t g(t-\tau)(\nabla u(\tau), \nabla u(t))\mathrm{d}\tau + 2\mathbf{E}\int_D uf(u)\mathrm{d}x.$$

由式(4.2.5)，式(4.2.6)及条件(A3)，(A′4)和$\varepsilon(t)$的定义，有：

$$\begin{aligned}&H''(t) - 4(\delta+1)\mathbf{E}\left\| v \right\|^2\\ &= -2\mathbf{E}\left\| \Delta u \right\|^2 - (4\delta+2)\mathbf{E}\left\| v \right\|^2 + 2E\int_0^t g(t-\tau)(\nabla u(\tau), \nabla u(t))d\tau + 2\mathbf{E}\int_D uf(u)\mathrm{d}x\\ &= -(8\delta+4)\mathbf{E}\varepsilon(t) + 4\delta\left(1 - \int_0^t g(\tau)\mathrm{d}\tau\right)\mathbf{E}\left\| \nabla u \right\|^2 + (4\delta+2)\mathbf{E}(g\circ\nabla u)(t) -\end{aligned}$$

$$(8\delta+4)\mathbf{E}\int_D F(u)\mathrm{d}x+2E\int_0^t g(t-\tau)(\nabla u(\tau)-\nabla u(t),\nabla u(t))\mathrm{d}\tau\left\|\nabla u\right\|^2+2\mathbf{E}\int_D uf(u)\mathrm{d}x$$

$$\geqslant-(8\delta+4)\mathbf{E}\varepsilon(0)+(4\delta+4)\mathbf{E}\int_0^t\left\|v\right\|^2\mathrm{d}\tau. \tag{4.2.14}$$

接下来将对初值能量函数 $\mathbf{E}\varepsilon(0)$ 的符号分成 3 种不同情况来讨论.

(1) 若 $\mathbf{E}\varepsilon(0)<0$,由式(4.2.14)知:

$$H'(t)\geqslant H'(0)-(8\delta+4)\mathbf{E}\varepsilon(0)t,t\geqslant0$$

故对于任意的 $t>t^*$ 有 $H'(t)>\mathbf{E}\left\|u_0\right\|^2$,其中

$$t^*=\max\left\{\frac{H'(0)-\mathbf{E}\left\|u_0\right\|^2}{(8\delta+4)\mathbf{E}\varepsilon(0)},0\right\}. \tag{4.2.15}$$

(2) 若 $\mathbf{E}\varepsilon(0)=0$,则当 $t\geqslant0$ 时有 $H''(t)\geqslant0$. 故若 $H'(0)>\mathbf{E}\left\|u_0\right\|^2$,则当 $t\geqslant0$ 时有 $H'(t)>\mathbf{E}\left\|u_0\right\|^2$.

(3) 若 $\mathbf{E}\varepsilon(0)>0$,首先注意到

$$2\mathbf{E}\int_0^t\int_D uv\,\mathrm{d}x\mathrm{d}\tau=\mathbf{E}\left\|u\right\|^2-\mathbf{E}\left\|u_0\right\|^2. \tag{4.2.16}$$

则:

$$\mathbf{E}\left\|u\right\|^2\leqslant\mathbf{E}\left\|u_0\right\|^2+\mathbf{E}\int_0^t\left\|u\right\|^2\mathrm{d}\tau+\mathbf{E}\int_0^t\left\|v\right\|^2\mathrm{d}\tau.$$

利用上述不等式,Hölder 不等式及 Young's 不等式得:

$$H'(t)\leqslant H(t)+\mathbf{E}\left\|u_0\right\|^2+\mathbf{E}\left\|v\right\|^2+\mathbf{E}\int_0^t\left\|v\right\|^2\mathrm{d}\tau. \tag{4.2.17}$$

联立式(4.2.14)与式(4.2.16)有

$$H''(t)-4(\delta+1)H'(t)+4(\delta+1)H(t)+K_1\geqslant0,$$

其中

$$K_1=(8\delta+4)\mathbf{E}\varepsilon(0)+(4\delta+1)\mathbf{E}\left\|u_0\right\|^2.$$

令

$$G(t)=H(t)+\frac{K_1}{4(\delta+1)},t>0,$$

则 $G(t)$ 满足式(4.2.1),由式(4.2.2)可得

$$H'(0)>r_2\left(H(0)+\frac{K_1}{4(\delta+1)}\right)+\mathbf{E}\left\|u_0\right\|^2. \tag{4.2.18}$$

则当 $t>0$ 时,$H'(t)>\mathbf{E}\left\|u_0\right\|^2$.

因此,有以下结论.

引理 4.8 设条件假设(A1),(A2),(A3),(A′4)成立,并满足以下任一情形:

(1) $\mathbf{E}\varepsilon(0)<0$;

(2) $\mathbf{E}\varepsilon(0)=0$ 且 $H'(0)>\mathbf{E}\left\|u_0\right\|^2$;

(3) $\mathbf{E}\varepsilon(0)>0$ 且满足式(4.2.24).

则当 $t>t_0$ 时,$H'(t)>\mathbf{E}\left\|u_0\right\|^2$. 其中情况(1),$t_0=t^*$ 由式(4.2.15)给定;对情况(2),(3),$t_0=0$.

接下来,我们将讨论方程(4.2.3)温和解的爆破性.

定理 4.7　设条件(A1),(A2),(A3),(A′4)成立,并满足以下任一情形:

(1) $\mathbf{E}\varepsilon(0)<0$;

(2) $\mathbf{E}\varepsilon(0)=0$ 且 $H'(0)>\mathbf{E}\left\|u_0\right\|^2$;

(3) $0<\mathbf{E}\varepsilon(0)<\dfrac{|\mathbf{E}(u_0,v_0)|^2}{2(T_1+1)\mathbf{E}\left\|u_0\right\|^2}$ 且式(4.2.17)成立,其中 T_1 是在证明中给出的某个常数.

对于温和解 $u(t)$ 及 4.2.3 节中定义的在 $\left\|\cdot\right\|_V$ 模意义下生命跨度 τ_∞. 则:

(1) $\mathbf{P}(\tau_\infty<\infty)>0$,意味着 $u(t)$ 在 $\left\|\cdot\right\|_V$ 模意义下以正的概率在有限时刻爆破;

(2) 要么存在正的时刻 T^* 使得

$$\lim_{t\to T^*}\mathbf{E}\left\|u(t)\right\|^2=+\infty.$$

此外,我们还分别推导了在 3 种不同情况下爆破时刻 T^* 的上界.

证明　对在 $\left\|\cdot\right\|_V$ 模意义下方程(4.2.3)温和解 $\{u(t),t\geqslant 0\}$ 的生命跨度 τ_∞,首先讨论当 $\mathbf{P}(\zeta=+\infty)=1$ 时的情况,取充分大的 $T_1>0$,定义 $J(t):[0,T_1]\to\mathbf{R}^+$,即,$t\in[0,T_1]$,

$$J(t)=\left(H(t)+(T_1-t)\mathbf{E}\left\|u_0\right\|^2\right)^{-\delta},$$

则:

$$J'(t)=-\delta J^{1+1/\delta}(t)\left(H'(t)-\mathbf{E}\left\|u_0\right\|^2\right)$$

$$J''(t)=-\delta J^{1+2/\delta}(t)V(t). \tag{4.2.19}$$

其中

$$V(t)=H''(t)\left(H(t)+(T_1-t)\mathbf{E}\left\|u_0\right\|^2\right)-(1+\delta)\left(H'(t)-\mathbf{E}\left\|u_0\right\|^2\right)^2.$$

由式(4.2.16)与 Hölder 不等式得:

$$H'(t)=2\mathbf{E}(u,v)+\mathbf{E}\left\|u\right\|^2=2\mathbf{E}(u,v)+2\mathbf{E}\int_0^t(u,v)\mathrm{d}\tau+\mathbf{E}\left\|u_0\right\|^2$$

$$\leqslant 2\left(\sqrt{\mathbf{E}\left\|u\right\|^2\mathbf{E}\left\|v\right\|^2}+\sqrt{\mathbf{E}\int_0^t\left\|u\right\|^2\mathrm{d}\tau\mathbf{E}\int_0^t\left\|v\right\|^2\mathrm{d}\tau}\right)+\mathbf{E}\left\|u_0\right\|^2. \tag{4.2.20}$$

由式(4.2.14)知

$$H''(t) \geqslant -(4+8\delta)\mathbf{E}\varepsilon(0) + 4(\delta+1)(\mathbf{E}\left\|v\right\|^2 + \mathbf{E}\int_0^t \left\|v\right\|^2 \mathrm{d}\tau). \tag{4.2.21}$$

联立式(4.2.20)、式(4.2.21)得：

$$\begin{aligned} V(t) \geqslant & -(4+8\delta)\mathbf{E}\varepsilon(0) + (4\delta+1)(\mathbf{E}\left\|v\right\|^2 + \mathbf{E}\int_0^t \left\|v\right\|^2 \mathrm{d}\tau) \times (H(t) + (T_1 - t)\mathbf{E}\left\|u_0\right\|^2) \\ & 4(1+\delta)\left(\sqrt{\mathbf{E}\left\|u\right\|^2 \mathbf{E}\left\|v\right\|^2} + \sqrt{\mathbf{E}\int_0^t \left\|u\right\|^2 \mathrm{d}\tau \mathbf{E}\int_0^t \left\|v\right\|^2 \mathrm{d}\tau}\right)^2 \\ \geqslant & -(4+8\delta)\mathbf{E}\varepsilon(0)J^{-1/\delta}(t) + 4(\delta+1)(T_1 - t)(\mathbf{E}\left\|v\right\|^2 + \mathbf{E}\int_0^t \left\|v\right\|^2 \mathrm{d}\tau)\mathbf{E}\left\|u_0\right\|^2 + \\ & 4(\delta+1)\Big[(\mathbf{E}\left\|v\right\|^2 + \mathbf{E}\int_0^t \left\|v\right\|^2 \mathrm{d}\tau)(\mathbf{E}\left\|u\right\|^2 + \mathbf{E}\int_0^t \left\|u\right\|^2 \mathrm{d}\tau) - \\ & \left(\sqrt{\mathbf{E}\left\|u\right\|^2 \mathbf{E}\left\|v\right\|^2} + \sqrt{\mathbf{E}\int_0^t \left\|u\right\|^2 \mathrm{d}\tau \mathbf{E}\int_0^t \left\|v\right\|^2 \mathrm{d}\tau}\right)^2\Big] \end{aligned}$$

由 Schwarz 不等式知，上述不等式的最后一项是非负的. 因此有

$$V(t) \geqslant -(4+8\delta)\mathbf{E}\varepsilon(0)J^{-1/\delta}(t), t \geqslant t_0. \tag{4.2.22}$$

因此由式(4.2.19)和式(4.2.22)知

$$J''(t) \leqslant \delta(4+8\delta)\mathbf{E}\varepsilon(0)J^{1+1/\delta}(t), t \geqslant t_0 \tag{4.2.23}$$

由引理 4.8 知，$t > t_0$ 时，有 $J'(t) < 0$. 式(4.2.23)两边同乘以 $J'(t)$ 并从 t_0 到 t 积分，得

$$J'(t)^2 \geqslant R + SJ^{2+1/\delta}(t), t \geqslant t_0.$$

其中：

$$R = \delta^2 J^{2+2/\delta}(t_0)((H'(t_0) - \mathbf{E}\left\|u_0\right\|^2)^2 - 8\mathbf{E}\varepsilon(0)J^{-1/\delta}(t_0)), S = 8\delta^2\mathbf{E}\varepsilon(0)$$

注意到

$$R > 0 \text{ 当且仅当 } \mathbf{E}\varepsilon(0) < \frac{(H'(t_0) - \mathbf{E}\left\|u_0\right\|^2)^2}{8(H(t_0) + (T_1 - t_0)\mathbf{E}\left\|u_0\right\|^2)}.$$

由引理 4.2 知，存在一个有限时刻 T^*，使得 $\lim_{t \to T^{*-}} J(t) = 0$，$T^*$ 的上界可 $\mathbf{E}\varepsilon(0)$ 由的符号来估计. 即，对于第(1)种情况：

$$T^* \leqslant t_0 - \frac{J(t_0)}{J'(t_0)}. \tag{4.2.24}$$

此外，若 $J(t_0) < \{1, \sqrt{R/-S}\}$ 有：

$$T^* \leqslant t_0 + \frac{1}{\sqrt{-S}} \ln \frac{\sqrt{R/-S}}{\sqrt{R/-S} - J(t_0)}.$$

其中，$t_0 = t^*$ 在式(4.2.15)中已给出.

对于第(2)种情况：

$$T^* \leqslant -\frac{J(0)}{J'(0)}. \tag{4.2.25}$$

或

$$T^{*} \leqslant \frac{J(0)}{\sqrt{R}}. \tag{4.2.26}$$

对于第(3)种情况：

$$T^{*} \leqslant \frac{J(0)}{\sqrt{R}}. \tag{4.2.27}$$

或

$$T^{*} \leqslant 2^{(3\delta+1)/2\delta}\frac{\delta P}{\sqrt{R}}(1-(1+PJ\ (0)^{-1/2\delta}).$$

其中 $P=(R/S)^{2+1/\delta}$，至于 T_1，对上述 3 种情况，可分别选取 $T_1 \geqslant T^{*}$ 的任意正常数. 由上，可得：

$$\lim_{t\to T^{*-}}(\mathbf{E}\left\|u\right\|^{2}+\mathbf{E}\int_{0}^{t}\left\|u\right\|^{2}\mathrm{d}\tau)=+\infty.$$

则当 $\mathbf{P}(\tau_{\infty}=+\infty)<1$(即，$\mathbf{P}(\tau_{\infty}<+\infty)>0$)时，$u(t)$在 L^2 模意义下以正的概率在有限时间区间$[0,\zeta]$内爆破.

注 4.6　在某些条件下，可选取适当的 T_1，从而爆破时刻 T^{*} 的上限能被准确表示. 以下分情况讨论：

(1) 当 $\mathbf{E}\varepsilon(0)=0$ 时：

首先注意到 $H'(0)>\mathbf{E}\left\|u_0\right\|^2$ 时，意味着 $\mathbf{E}(u_0,v_0)>0$. 若 $2\delta\mathbf{E}(u_0,v_0)-\mathbf{E}\left\|u_0\right\|^2>0$，由式(4.2.25)，可取

$$T_1 \geqslant -\frac{J(0)}{J'(0)}$$

等价于

$$T_1 \geqslant \frac{\mathbf{E}\left\|u_0\right\|^2}{2\delta\mathbf{E}(u_0,v_0)-\mathbf{E}\left\|u_0\right\|^2}.$$

特别地，若选取 T_1 为

$$T_1=\frac{\mathbf{E}\left\|u_0\right\|^2}{2\delta\mathbf{E}(u_0,v_0)-\mathbf{E}\left\|u_0\right\|^2},$$

则可得

$$T^{*} \leqslant \frac{\mathbf{E}\left\|u_0\right\|^2}{2\delta\mathbf{E}(u_0,v_0)-\mathbf{E}\left\|u_0\right\|^2}.$$

若 $2\delta\mathbf{E}(u_0,v_0)-\mathbf{E}\left\|u_0\right\|^2 \leqslant 0$，由式(4.2.27)取：

$$T_1 \geqslant \frac{J(0)}{\sqrt{R}}.$$

再由 Hölder 不等式与 Young 不等式知：

$$\mathbf{E}\left\|u_0\right\|^2+T_1\mathbf{E}\left\|u_0\right\|^2\leqslant\delta(\mathbf{E}\left\|u_0\right\|^2+\mathbf{E}\left\|v_0\right\|^2)T_1.$$

则当 $0<\delta\leqslant1$ 时：

$$T_1\geqslant\frac{\mathbf{E}\left\|u_0\right\|^2}{\mathbf{E}\left\|v_0\right\|^2},$$

或当 $\delta>1$ 时：

$$T_1\geqslant\frac{\mathbf{E}\left\|u_0\right\|^2}{(\delta-1)\mathbf{E}\left\|u_0\right\|^2+\mathbf{E}\left\|v_0\right\|^2}.$$

特别地，当 $0<\delta\leqslant1$ 时：

$$T^*\leqslant T_1=\frac{\mathbf{E}\left\|u_0\right\|^2}{\mathbf{E}\left\|v_0\right\|^2},$$

或当 $\delta>1$ 时：

$$T^*\leqslant T_1=\frac{\mathbf{E}\left\|u_0\right\|^2}{(\delta-1)\mathbf{E}\left\|u_0\right\|^2+\mathbf{E}\left\|v_0\right\|^2}.$$

(2) 当 $\mathbf{E}\varepsilon(0)>0$ 时：

若 $\mathbf{E}(u_0,v_0)>0$，则 $H'(t)>\mathbf{E}\left\|u_0\right\|^2$，在(4.2.15)式中给定的 $t^*=0$. 因此 T_1 的值可由情况(1)中相同的方法选取. 若 $\mathbf{E}(u_0,v_0)\leqslant0$，则：

$$t^*=\frac{H'(0)-\mathbf{E}\left\|u_0\right\|^2}{(4+8\delta)\mathbf{E}\varepsilon(0)}.$$

因此由式(4.2.24)，选取 $T_1\geqslant t^*-J(t^*)/J'(t^*)$.

(3) 当 $\mathbf{E}\varepsilon(0)<0$ 时：

若 $\mathbf{E}\left\|u_0\right\|^2<\delta$ 且 $\mathbf{E}\varepsilon(0)<\min\{\kappa_1,\kappa_2\}$，其中

$$\kappa_1=\frac{(1+\delta)(H'(0)-r_2H(0)-(r_2+1)\mathbf{E}\left\|u_0\right\|^2)}{r_2(1+2\delta)},$$

$$\kappa_2=\frac{(4[\mathbf{E}\langle u_0,v_0\rangle]^2-1)(\delta-\mathbf{E}\left\|u_0\right\|^2)}{8\delta\mathbf{E}\left\|u_0\right\|^2},$$

选取 T_1 满足：

$$\frac{\mathbf{E}\left\|u_0\right\|^2}{\delta-\mathbf{E}\left\|u_0\right\|^2}\leqslant T_1\leqslant\frac{4[\mathbf{E}(u_0,v_0)]^2-8\mathbf{E}\left\|u_0\right\|^2\mathbf{E}\varepsilon(0)-1}{8\mathbf{E}\left\|u_0\right\|^2\mathbf{E}\varepsilon(0)},$$

使得

$$R=\delta^2 J^{2+2/\delta}(0)\Big((H'(0)-\mathbf{E}\left\|u_0\right\|^2)^2-8\mathbf{E}\varepsilon(0)J^{-1/\delta}(0)\Big)\geqslant 1.$$

特别地，取 $T_1=\mathbf{E}\left\|u_0\right\|^2/(\delta-\mathbf{E}\left\|u_0\right\|^2)$，由式(4.2.35)式知：

$$T^*\leqslant\frac{\dfrac{\mathbf{E}\left\|u_0\right\|^2}{\delta-\mathbf{E}\left\|u_0\right\|^2}}{\sqrt{4\left[\mathbf{E}(u_0,v_0)\right]^2-8\mathbf{E}\varepsilon(0)\dfrac{\mathbf{E}\left\|u_0\right\|^2}{\delta-\mathbf{E}\left\|u_0\right\|^2}}}.$$

若 $\mathbf{E}\left\|u_0\right\|^2\geqslant\delta,\delta\leqslant 1$ 且 $\mathbf{E}\varepsilon(0)<\min\{\kappa_1,\kappa_3\}$，其中

$$\kappa_3=\frac{\left[\mathbf{E}\langle u_0,v_0\rangle\right]^2(\mathbf{E}\left\|u_0\right\|^2+\mathbf{E}\left\|v_0\right\|^2-\delta)}{2(2\mathbf{E}\left\|u_0\right\|^2+\mathbf{E}\left\|v_0\right\|^2-\delta)\mathbf{E}\left\|u_0\right\|^2}.$$

则取

$$T_1=\frac{\mathbf{E}\left\|u_0\right\|^2}{\mathbf{E}\left\|u_0\right\|^2+\mathbf{E}\left\|v_0\right\|^2-\delta},$$

使得 $R>0$. 由式(4.2.27)知：

$$T^*\leqslant\frac{\dfrac{(2\mathbf{E}\left\|u_0\right\|^2+\mathbf{E}\left\|v_0\right\|^2-\delta)\mathbf{E}\left\|u_0\right\|^2}{\mathbf{E}\left\|u_0\right\|^2+\mathbf{E}\left\|v_0\right\|^2-\delta}}{\delta\sqrt{4\left[\mathbf{E}\langle u_0,v_0\rangle\right]^2-8\mathbf{E}\varepsilon(0)\dfrac{(2\mathbf{E}\left\|u_0\right\|^2+\mathbf{E}\left\|v_0\right\|^2-\delta)\mathbf{E}\left\|u_0\right\|^2}{\mathbf{E}\left\|u_0\right\|^2+\mathbf{E}\left\|v_0\right\|^2-\delta}}}.$$

若 $\mathbf{E}\left\|u_0\right\|^2\geqslant\delta,\delta>1$ 且 $\mathbf{E}\varepsilon(0)<\min\{\kappa_1,\kappa_4\}$，其中

$$\kappa_4=\frac{\delta\left[\mathbf{E}\langle u_0,v_0\rangle\right]^2(\mathbf{E}\left\|u_0\right\|^2+\mathbf{E}\left\|v_0\right\|^2-1)}{2(\mathbf{E}\left\|u_0\right\|^2+\delta(\mathbf{E}\left\|u_0\right\|^2+\mathbf{E}\left\|v_0\right\|^2-1))\mathbf{E}\left\|u_0\right\|^2},$$

则可选取

$$T_1=\frac{\mathbf{E}\left\|u_0\right\|^2}{\delta(\mathbf{E}\left\|u_0\right\|^2+\mathbf{E}\left\|v_0\right\|^2-1)},$$

使得 $R>0$. 由式(4.2.27)式知：

$$T^* \leqslant \frac{\dfrac{\mathbf{E}\left\|u_0\right\|^2\left(\mathbf{E}\left\|u_0\right\|^2+\delta\left(\mathbf{E}\left\|u_0\right\|^2+\mathbf{E}\left\|v_0\right\|^2-1\right)\right)}{\delta\left(\mathbf{E}\left\|u_0\right\|^2+\mathbf{E}\left\|v_0\right\|^2-1\right)}}{\delta\sqrt{4\left[\mathbf{E}(u_0,v_0)\right]^2-8\mathbf{E}\varepsilon(0)\dfrac{\mathbf{E}\left\|u_0\right\|^2\left(\mathbf{E}\left\|u_0\right\|^2+\delta\left(\mathbf{E}\left\|u_0\right\|^2+\mathbf{E}\left\|v_0\right\|^2-1\right)\right)}{\delta\left(\mathbf{E}\left\|u_0\right\|^2+\mathbf{E}\left\|v_0\right\|^2-1\right)}}}.$$

注 4.7 若阻尼项为强耗散阻尼项 $-\Delta u_t$，定义

$$H(t)=\mathbf{E}\left\|u\right\|^2+\mathbf{E}\int_0^t\left\|\nabla u\right\|^2\mathrm{d}\tau,t\geqslant 0$$

显然，方程(4.2.3)可以用相同的方法来讨论并可得到相同的结果.

4.3 乘法噪声驱动下带有非线性阻尼的随机黏弹性方程解的爆破性

4.3.1 引言

具有如下形式的黏弹性波方程：

$$\begin{cases}u_{tt}-\Delta u+\int_0^t g(t-\tau)\Delta u(\tau)\mathrm{d}\tau+h(u_t)=f(u), & (x,t)\in D\times(0,T),\\ u(x,t)=0, & (x,t)\in\partial D\times(0,T),\\ u(x,0)=u_0(x),u_t(x,0)=u_1(x), & x\in D,\end{cases}\tag{4.3.1}$$

主要用来描述由弹性材料(非记忆项)和黏性材料(记忆项)混合而成的材料的性质. 模型中 $u(x,t)$ 表示物质微粒 x 在时间 t 的位置，g 为松弛函数，f 表示源项，h 是阻尼项.

由于驱动力可能受环境的影响，所以我们考虑以下形式的随机黏弹性波方程：

$$\begin{cases}u_{tt}-\Delta u+\int_0^t g(t-\tau)\Delta u(\tau)\mathrm{d}\tau+|u_t|^{q-2}u_t\\ =|u|^{p-2}u+\sigma(u,u_t,t)\partial_t W(t,x), & x\in D,t\in(0,T),\\ u(x,t)=0, & x\in\partial D,t\in(0,T),\\ u(x,0)=u_0(x),u_t(x,0)=u_1(x), & x\in D,\end{cases}\tag{4.3.2}$$

其中，集合 D 是 $\mathbf{R}^d$ 上有光滑边界 ∂D 的有界域；g 是满足某些条件的正函数，这些条件随后会详细说明；σ 是局部李普希兹连续的，$q\geqslant 2$，$p>2$；$W(t,x)$ 是维纳随机场；初始数据 $u_0(x)$ 和 $u_1(x)$ 是给定的 $\mathscr{F}_0$-可测函数.

接下来，我们回顾一下关于随机波动方程的一些结论.

$$u_{tt}-\Delta u+\int_0^t g(t-\tau)\Delta u(\tau)\mathrm{d}\tau+h(u_t)=f(u)+\sigma(u,u_t,t)\partial_t W(t,x),x\in D,t\in(0,T).\tag{4.3.3}$$

Chow[46]在 $\mathbf{R}^d$ ($d\leqslant 3$) 中讨论了一类具有多项式非线性的非扩散阻尼随机波动方程. 当 $\sigma(u,u_t,t)=\sigma(x,t)$ 时,作者利用能量不等式获得:方程(4.3.3)的解以正的概率在有限时刻爆破,或当 $f(u)=u^3-u$ 时,方程(4.3.3)的解在 L^2 模意义下爆破. 在文献[117]中,使用与参考文献[46]相同的方法进一步将爆破结果推广到当 $h(u_t)=u_t$ 或 Δu_t 且 $\sigma(u,u_t,t)=\sigma(x,t)$ 的更一般的情形. 文献[46]中的爆破结果后来被作者[118]推广到了加法噪声的情形. 在这些文献中,"凹函数"方法在证明解的爆破性中起着关键作用. 此外,Chow[119]应用特征值法改进了爆破结果,使之从 L^2 模推广到任意均方 L^p 模($p\geqslant 1$). Pardoux[120]首次研究了具有非线性阻尼的非线性随机波动方程. 但进展甚微. 近阶段, Kim[61]和 Barbu 等[121]分别考虑了带有非线性阻尼和扩散阻尼的初边值随机波动方程. 证明了其不变测度的存在性,而 Barbu 等还证明了其不变测度是唯一的. 2013 年, Gao 等[122]讨论了在加法噪声 $\sigma(u,u_t,t)=\sigma(x,t)$ 驱动下的方程(4.3.3)的解的局部存在性,全局存在性及其爆破性. Taniguchi[123]研究了对 σ 提出适当条件下,将文献[122]中的结果扩展到带有乘性噪声的问题中. 此外,其他科研工作者也针对随机波动方程做了许多研究,可参见参考文献[49,54,74,124,125].

然而,对于方程(4.3.2),由于方程带有记忆项,无法用前述的研究随机波动方程时所使用的方法来进行能量估计. 因此, Wei 和 Jiang[33]以另一种方法研究方程(4.3.2)在 $\sigma\equiv 1$, $q=2$时的情形,证明了方程(4.3.2)的解的存在性及唯一性,并且在对 g 做出适当的假设下,获得了解的能量函数的衰减估计. 在[114]中, Liang 和 Gao 讨论了当 $\sigma=\sigma(u,\nabla u,x,t)$ 时的情况,并对文献[33]中方程解的存在性及唯一性的结果进行拓展. 并对 $\sigma=\sigma(x,t)$ 情况下,利用能量不等式获得了方程的解要么以正的概率在有限时间内爆破要么在 L^2 模意义上在有限时间内趋于无穷. 后来, Liang 和 Gao 进一步研究了方程(4.3.2)在 $\sigma=\sigma(x,t)$ 时的情况,采用 Galerkin 法和基本测度论证明局部解的存在唯一性,同时也证明了局部解是针对 $q\geqslant p$ 的情形,并获得了要么局部解以正向概率爆破,要么当 $p>q$ 时,局部解在能量意义上爆破. 文献[126]中, Chen, Guo 和 Tang 也采用了不同的方法获得了类似的结果.

需要强调的是,在上述文献中, Liang 和 Gao 以及 Chen, Guo 和 Tang 并没有讨论乘性噪声驱动这种更加重要的情况. 主要是 σ 依赖于 u 和 u_t,很难对其做平均能量估计. 这也是我们即将讨论解存在唯一性时面对的一个主要难点. 在本节中,我们将利用在加法噪声驱动下方程(4.3.2)中获得的结果,并且使用迭代法和截断函数法来证明方程(4.3.2)中局部解的存在唯一性. 此外,也将证明,在 σ 满足适当条件时,方程(4.3.2)中的解在 $q\geqslant p$ 时是全局的. 最后,通过修正能量泛函,给出了充分条件,使得方程(4.3.2)的局部解以正的概率爆破或是当 $p>q$ 时,在能量意义上爆破.

4.3.2　预备知识

首先,引入本书需要的符号. 设 $H=L^2(D)$ 是装备内积 $(\cdot,\cdot)$ 和范数 $\|\cdot\|_2$ 的空间.

在 $1\leqslant q<\infty$ 时，$\left\|\cdot\right\|_q$ 表示 $L^q(D)$ 的范数，$\left\|\nabla\cdot\right\|_2$ 表示 $V=H_0^1(D)$ 上的狄利克雷(Dirichlet)范数. 设 q, p,满足

$$\begin{cases} q\geqslant 2, p>2, \max\{p,q\}\leqslant \dfrac{2(d-1)}{d-2}, & d\geqslant 3, \\ q\geqslant 2, p>2, & d=1,2, \end{cases} \tag{4.3.4}$$

意味着 $H_0^1(D)$是连续紧嵌入到 $L^q(D)$中. 因此,有:

$$\left\|u\right\|_{2(p-1)}\leqslant c\left\|\nabla u\right\|_2,\quad \forall u\in H_0^1(D), \tag{4.3.5}$$

其中,常数 c 是 $H_0^1(D)\mapsto L^q(D)$的嵌入常数. 由式(4.3.5)得出如下不等式:

$$\left\|u^{p-2}v\right\|_2\leqslant c^{p-1}\left\|\nabla u\right\|_2^{p-2}\left\|\nabla v\right\|_2,\quad \forall u,v\in H_0^1(D). \tag{4.3.6}$$

对于松弛函数 $g(t)$,设

(G1) $g\in C^1[0,\infty)$是一个非负非增函数,满足:

$$1-\int_0^\infty g(s)\,\mathrm{d}s=l>0.$$

(G2) $\int_0^\infty g(s)\,\mathrm{d}s<\dfrac{p(p-2)}{(p-1)^2}$.

注 4.8 条件(G1)是保证方程(4.3.2)的双曲性的必要条件,同时满足(G1)和(G2)条件的函数如: $g(s)=\mathrm{e}^{-as}, a>\dfrac{(p+1)^2}{p(p+2)}$.

令(Ω,P,F)是一个完备的概率空间,$\{F_t,t\geqslant 0\}$为给定 F 的一个子 σ 域族,ω 表示集合 Ω 中的一个元素,$\mathbf{E}(\cdot)$表示对应于概率测度 P 的期望. 当 O 是一个拓扑空间时,B 表示 O 上的 Borel-σ 代数. 设$\{W(t,x):t\geqslant 0\}$是满足 $\mathrm{Tr}Q<\infty$的协方差算子的概率空间上的 H-值 Q-Wiener 过程,此外,假设 Q 有如下形式: $Qe_i=\lambda_i e_i, i=1,2,\cdots$,式中,$\lambda_i$ 是 Q 的特征值,且满足 $\sum\limits_{i=1}^{\infty}\lambda_i<\infty$,$\{e_i\}$是对应的特征向量且 $c_0:=\sup\limits_{i\geqslant 1}\left\|e_i\right\|_\infty<\infty$,($\left\|\cdot\right\|_\infty$ 表示无穷范数). 为了计算方便,设协方差算子 Q 和具有其次 Dirichlet 边界条件的 $-\Delta$ 算子有共同的特征向量,即$\{e_i\}$满足:

$$\begin{cases} -\Delta e_i=\mu_i e_i, & x\in D, \\ e_i=0, & x\in\partial D, \end{cases} \tag{4.3.7}$$

并构成了 H 的一组正交基. 因此有 $W(t,x)=\sum\limits_{i=1}^{\infty}\sqrt{\lambda_i}B_i(t)e_i$,其中$\{B_i(t)\}$是一维标准 Brownian 运动的一列相互独立的副本. 此外,$\{W(t,x):t\geqslant 0\}$是与 $\sum\limits_{i=1}^{\infty}\lambda_i<\infty$ 等价的 H-值 Q-Wiener 过程[28],[30].

令 $L(H;H)$表示所有从 H 到 H 的有界线性算子空间,令 $L_2^0(H;H)$表示所有 $\xi\in L(H;H)$且 $\xi\sqrt{Q}$是希尔伯特-施密特(Hilbert-Schmidt)算子的空间,且 $\mathrm{Tr}(\xi Q\xi^*)<\infty$. 规

定：$\left\|\xi\right\|_{L_2^0}^2 := \left\|\xi\sqrt{Q}\right\|_{HS}^2 = \mathrm{Tr}(\xi Q\xi^*)$. 关于无限维 Wiener 过程和随机积分的更多细节可参考文献[86]和[127].

最后，给出方程(4.3.2)解的定义.

定义 4.1　令 $u_0(x)\in L^2(\Omega;H_0^1(D))$，$u_1(x)\in L^2(\Omega;L^2(D))$是$\mathscr{F}_0$-可测的. 在区间$[0,T]$上的过程 u 是方程(4.3.2)的解，若

$$(u,u_t)\ \text{是}\ H_0^1(D)\times L^2(D)\text{值循序可测的},$$

对几乎所有的 ω 有

$$(u,u_t)\in L^2(\Omega;C([0,T];H_0^1(D)\times L^2(D))),u_t\in L^q((0,T)\times D),\tag{4.3.8}$$
$$u(0)=u_0,u_t(0)=u_1,$$

$$u_{tt}-\Delta u+\int_0^t g(t-\tau)\Delta u(\tau)\mathrm{d}\tau+|u_t|^{q-2}u_t=|u|^{p-2}u+\sigma(u,u_t,t)\partial_t W(t,x)\tag{4.3.9}$$

在扰动意义下对几乎所有的 ω 在$(0,T)\times D$ 上成立.

注 4.9　公式(4.3.8)及式(4.3.9)表明：对所有的 $t\in[0,T]$和 $\varphi\in H_0^1(D)$有

$$(u_t(t),\varphi)=(u_1,\varphi)-\int_0^t(\nabla u,\nabla\varphi)\mathrm{d}s-\int_0^t(|u_s|^{q-2}u_s,\varphi)\mathrm{d}s+\int_0^t(|u|^{p-2}u,\varphi)\mathrm{d}s+$$
$$\int_0^t\left(\int_0^s g(s-\tau)\nabla u(\tau)\mathrm{d}\tau,\nabla\varphi(s)\right)\mathrm{d}s+\int_0^t(\varphi,\sigma(u,u_t,s)\mathrm{d}W s).\tag{4.3.10}$$

事实上，式(4.3.10)是随机微分方程解定义的常规形式. 这里称 u 是方程(4.3.2)的一个强解.

4.3.3　解的存在性及唯一性

本节，将要讨论方程(4.3.2)中解的局部存在性及唯一性问题. 同时，证明 $q\geqslant p$ 时，方程(4.3.2)的解是全局的. 令$(X(t),Y(t))$是 $H_0^1(D)\times L^2(D)$值循序可测的，且满足：

$$\mathbf{E}\int_0^{\mathrm{T}}\left\|\sigma(X,Y,t)\right\|^2\mathrm{d}t<\infty.\tag{4.3.11}$$

首先考虑一个加法噪声的正则问题

$$\begin{cases}u_{tt}-\Delta u+\int_0^t g(t-\tau)\Delta u(\tau)\mathrm{d}\tau+|u_t|^{q-2}u_t\\ =f(X)+\sigma(X,Y,t)\partial_t W(t,x), & x\in D,t\geqslant 0,\\ u(x,t)=0, & (x,t)\in\partial D\times(0,T),\\ u(x,0)=u_0(x),u_t(x,0)=u_1(x), & x\in D,\end{cases}\tag{4.3.12}$$

并作如下假设：

假设 4.1　函数 f 和σ 满 Lipschitz 条件及增长条件，即，对于任意的 $z_1,z_2\in H_0^1(D)$及 $w_1,w_2\in L^2(D)$存在正常数 $L_f,L_\sigma,C_f,C_\sigma$，使得：

$$\left\|f(z_1)-f(z_2)\right\|_2^2\leqslant L_f\left\|\nabla z_1-\nabla z_2\right\|_2^2,\tag{4.3.13}$$

$$\left\|\sigma(z_1,w_1,t)-\sigma(z_2,w_2,t)\right\|_2^2\leqslant L_\sigma\left(\left\|\nabla z_1-\nabla z_2\right\|_2^2+\left\|w_1-w_2\right\|_2^2\right),\tag{4.3.14}$$

$$\left\|f(z_1)\right\|_2^2 \leqslant C_f + L_f\left\|\nabla z_1\right\|_2^2, \tag{4.3.15}$$

$$\left\|\sigma(z_1, w_1, t)\right\|_2^2 \leqslant C_\sigma + L_\sigma\left(\left\|\nabla z_1\right\|_2^2 + \left\|w_1\right\|_2^2\right). \tag{4.3.16}$$

以下可以采用与文献[114]中定理 4.3.5 相同的论证方式来推导出下面的定理 4.11.

定理 4.8 设式(4.3.4),(G1),式(4.3.11)以及假设 4.1 成立. 令 $u_0(x) \in L^2(\Omega; H_0^1(D))$, $u_1(x) \in L^2(\Omega; L^2(D))$, 是 $\mathscr{F}_0$-可测的. 则在区间$[0,T]$上方程(4.2.12)存在唯一解$u(t)$使得下面能量方程成立:

$$\begin{aligned}
&(1-\int_0^t g(s)\mathrm{d}s)\left\|\nabla u(t)\right\|^2 + \left\|u_t(t)\right\|^2 + (g \circ \nabla u)(t) + 2\int_0^t\int_D |u_t(s)|^q \mathrm{d}x\mathrm{d}s \\
&= \left\|\nabla u_0\right\|^2 + \left\|u_1\right\|^2 + 2\int_0^t\int_D f(X)u_t(s)\mathrm{d}x\mathrm{d}s - \int_0^t g(s)\left\|\nabla u(s)\right\|^2\mathrm{d}s + \\
&\quad \int_0^t (g' \circ \nabla u)(s)\mathrm{d}s + 2\int_0^t (u_t(s), \sigma(X,Y,s))\mathrm{d}W_s + \mathrm{Tr}Q\int_0^t\int_D |\sigma(X,Y,s)|^2\mathrm{d}x\mathrm{d}s,
\end{aligned} \tag{4.3.17}$$

其中,

$$(g \circ w)(t) = \int_0^t g(t-\tau)\left\|w(t) - w(\tau)\right\|^2\mathrm{d}\tau.$$

以下,仍设 f 和 σ 满足假设 4.1 中的条件,并考虑以下方程:

$$\begin{cases}
u_{tt} - \Delta u + \int_0^t g(t-\tau)\Delta u(\tau)\mathrm{d}\tau + |u_t|^{q-2}u_t & \\
= f(u) + \sigma(u, u_t, t)\partial_t W(t,x), & x \in D, t \geqslant 0, \\
u(x,t) = 0, & (x,t) \in \partial D \times (0,T), \\
u(x,0) = u_0(x), u_t(x,0) = u_1(x), & x \in D,
\end{cases} \tag{4.3.18}$$

定理 4.9 令 $u_0(x) \in L^2(\Omega; H_0^1(D))$, $u_1(x) \in L^2(\Omega; L_2(D))$是 $\mathscr{F}_0$-可测的. 设式(4.3.4), (G1)以及假设 4.1 成立,则方程(4.3.18) 存在唯一解 u 使得:

$$(u, u_t) \in L^2(\Omega; C([0,T]; H_0^1(D) \times L^2(D))), u_t \in L^p((0,T) \times D).$$

证明 设 $u^0(x,t) = u_0(x)$, 令 $u^{n+1}(x,t)(n=0,1,2,\cdots)$满足以下方程:

$$\begin{cases}
u_{tt}^{n+1} - \Delta u^{n+1} + \int_0^t g(t-\tau)\Delta u^{n+1}(\tau)\mathrm{d}\tau + |u_t^{n+1}|^{q-2}u_t^{n+1} & \\
\qquad = f(u^n) + \sigma(u^n, u_t^n, t)\partial_t W(t,x), & x \in D, t \geqslant 0, \\
u^{n+1}(x,t) = 0, & (x,t) \in \partial D \times (0,T), \\
u^{n+1}(x,0) = u_0(x), u_t^{n+1}(x,0) = u_1(x), & x \in D,
\end{cases} \tag{4.3.19}$$

则由定理 4.8 知, $u^{n+1}(x,t)(n=0,1,2,\cdots)$存在并满足定义 4.1. 因此,可以定义迭代序列$\{u^{n+1}(x,t)\}_{n\geqslant 0}$. 利用能量方程(4.3.17),得到如下公式:

$$\left\|u_t^{n+1}(t) - u_t^n(t)\right\|^2 + (1-\int_0^t g(s)\mathrm{d}s)\left\|\nabla u^{n+1}(t) - \nabla u^n(t)\right\|^2 + (g \circ (\nabla u^{n+1} - \nabla u^n))(t)$$

$$=-2\int_0^t(|u_t^{n+1}|^{q-2}u_t^{n+1}-|u_t^n|^{q-2}u_t^n,u_t^{n+1}-u_t^n)\mathrm{d}s+(g'\circ\nabla(u^{n+1}-u^n))(s)-$$

$$g(s)\left\|\nabla(u^{n+1}(s)-u^n(s))\right\|^2+2\int_0^t(f(u^n)-f(u^{n-1}),u_t^{n+1}-u_t^n)\mathrm{d}s+$$

$$2\int_0^t(\sigma(u^n,u_t^n,s)\mathrm{d}W_s-\sigma(u^{n-1},u_t^{n-1},s)\mathrm{d}W_s,u_t^{n+1}(s)-u_t^n(s))+$$

$$\mathrm{Tr}\boldsymbol{Q}\int_0^t\left\|\sigma(u^n,u_t^n,s)-\sigma(u^{n-1},u_t^{n-1},s)\right\|^2\mathrm{d}s. \tag{4.3.20}$$

注意到

$$(|a|^{q-2}a-|b|^{q-2}b)(a-b)\geqslant\theta\,|a-b|^q,\theta>0.$$

对于 $a,b\in R,q\geqslant 2$ 时，有

$$-2\int_0^t(|u_t^{n+1}|^{q-2}u_t^{n+1}-|u_t^n|^{q-2}u_t^n,u_t^{n+1}-u_t^n)\mathrm{d}s\leqslant 2\theta\int_0^t\left\|u_t^{n+1}-u_t^n\right\|_q^q\mathrm{d}s. \tag{4.3.21}$$

对于式(4.3.20)右边的第 4 项和第 6 项，由式(4.3.13)，式(4.3.14)：

$$2\int_0^t|(f(u^n)-f(u^{n-1}),u_t^{n+1}-u_t^n)|\mathrm{d}s\leqslant 2\int_0^t\left\|f(u^n)-f(u^{n-1})\right\|_2\left\|u_t^{n+1}-u_t^n\right\|_2\mathrm{d}s$$

$$\leqslant 2(\sup_{s\in[0,t]}\left\|u_t^{n+1}(s)-u_t^n(s)\right\|_2)\int_0^t\left\|f(u^n)-f(u^{n-1})\right\|_2\mathrm{d}s$$

$$\leqslant 4L_fT\int_0^t\left\|\nabla u^n-\nabla u^{n-1}\right\|^2\mathrm{d}s+\frac{1}{4}\sup_{s\in[0,t]}\left\|u_t^{n+1}-u_t^n\right\|^2, \tag{4.3.22}$$

及

$$\int_0^t\left\|\sigma(u^n,u_t^n,s)-\sigma(u^{n-1},u_t^{n-1},s)\right\|^2\mathrm{d}s\leqslant L_\sigma\int_0^t\left(\left\|\nabla u^n-\nabla u^{n-1}\right\|^2+\left\|u_t^n-u_t^{n-1}\right\|^2\right)\mathrm{d}s. \tag{4.3.23}$$

对于(4.3.20)右边第 5 项，利用 Burkholder-Davis-Gundy 不等式，可得

$$\mathbf{E}\left(\sup_{t\in[0,t]}\left|2\int_0^t(\sigma(u^n,u_t^n,s)\mathrm{d}W_s-\sigma(u^{n-1},u_t^{n-1},s)\mathrm{d}W_s,u_t^{n+1}(s)-u_t^n(s))\right|\right)$$

$$\leqslant C\mathbf{E}\left(\sup_{s\in[0,t]}\left\|u_t^{n+1}(s)-u_t^n(s)\right\|_2\left(\mathrm{Tr}\boldsymbol{Q}\int_0^t\left\|\sigma(u^n,u_t^n)-\sigma(u^{n-1},u_t^{n-1})\right\|_{L_2^0}^2\mathrm{d}s\right)^{\frac{1}{2}}\right)$$

$$\leqslant 8C\mathrm{Tr}\boldsymbol{Q}L_\sigma\mathbf{E}\int_0^t\left(\left\|\nabla u^n-\nabla u^{n-1}\right\|^2+\left\|u_t^n-u_t^{n-1}\right\|^2\right)\mathrm{d}s+$$

$$\frac{1}{4}\mathbf{E}(\sup_{s\in[0,t]}\left\|u_t^{n+1}(s)-u_t^n(s)\right\|^2), \tag{4.3.24}$$

其中，C 为正常数. 联立式(4.3.20)～式(4.3.24)，可得到下式：

$$\mathbf{E}\sup_{s\in[0,t]}(\frac{1}{2}\left\|u_t^{n+1}(s)-u_t^n(s)\right\|^2+l\left\|\nabla u^{n+1}(s)-\nabla u^n(s)\right\|^2)+2\theta\int_0^t\left\|u_t^{n+1}-u_t^n\right\|_q^q\mathrm{d}t$$

$$\leqslant(4L_fT+(1+8C\mathrm{Tr}\boldsymbol{Q})L_\sigma)\int_0^t\left(\left\|\nabla u^n-\nabla u^{n-1}\right\|^2+\left\|u_t^n-u_t^{n-1}\right\|^2\right)\mathrm{d}s. \tag{4.3.25}$$

令：

$$\eta^{n+1}(t)=\mathbf{E}\sup_{s\in[0,t]}(\left\|u_t^{n+1}(s)-u_t^n(s)\right\|^2+\left\|\nabla u^{n+1}(s)-\nabla u^n(s)\right\|^2)+\int_0^t\left\|u_t^{n+1}-u_t^n\right\|_q^q\mathrm{d}s.$$

由式(4.3.25),可得:

$$\eta^{n+1}(t) \leqslant C_T \int_0^t \eta^n(s)\mathrm{d}s\ ,$$

其中,C_T 是依赖于 T 的一个正常数. 将上述方程进行迭代,我们可得出下式:

$$\eta^{n+1}(t) \leqslant \frac{C_T^n T^n}{n!}\eta^1(t),$$

其中,

$$\eta^1(t) = \mathbf{E}\sup_{s\in[0,t]}\left(\left\|u_t^1(s)-u_t^0(s)\right\|^2+\left\|\nabla u^1(s)-\nabla u^0(s)\right\|^2\right)+\int_0^t\left\|u_t^1-u_t^0\right\|_q^q\mathrm{d}s$$

$$\leqslant (4L_fT+(1+8C\mathrm{Tr}Q)L_\sigma)T\left(\left\|\nabla u_0\right\|^2+\left\|u_1\right\|^2\right)<\infty.$$

上式也意味着 $\{u^n(t)\}_{n\geqslant 1}$ 是 $L^2(\Omega;H_0^1(D))$ 上的 Cauchy 序列,$\{u_t^n\}_{n\geqslant 1}$ 是 $L^2(\Omega;L^2(D))$ 上的 Cauchy 序列. 因此,对于函数 $u(t)$,当 n 趋于无穷时,有:

$$(u^n(t),u_t^n(t))\to(u(t),u_t(t))\text{ 在 }L^2(\Omega;C([0,T];H_0^1(D)\times L^2(D)))\text{ 上强收敛.} \tag{4.2.26}$$

类似地,由式(4.3.25),$\{u_t^n(t)\}_{n\geqslant 1}$ 是 $L^q((0,T)\times D)$ 上的 Cauchy 序列. 故 $\{u_t^n(t)\}_{n\geqslant 1}$ 在 $L^q((0,T)\times D)$ 上强收敛. 因而,$\{u_t^n(t)\}_{n\geqslant 1}$ 存在一个子序列,仍用 $\{u_t^n(t)\}_{n\geqslant 1}$ 表示,使得:

$$\text{对于几乎所有 }(x,t)\in(0,T)\times D,\text{都有 }u_t^n(t)\to u_t(t). \tag{4.3.27}$$

根据公式(4.3.27)以及 Lions 在文献[106]中提出的引理 4.3.3,可得:

$$|u_t^n|^{q-2}u_t^n\to|u_t|^{q-2}u_t\text{ 在 }L^{\frac{q}{q-1}}((0,T)\times D)\text{ 上弱收敛.} \tag{4.3.28}$$

由式(4.3.26)及式(4.3.28)知,$u(t)$ 满足方程(4.3.18)使得:

$$(u,u_t)\in L^2(\Omega;C([0,T];H_0^1(D)\times L^2(d))),u_t\in L^q((0,T)\times D).$$

最后,将要证明方程解(4.3.18)的唯一性. 令 u 和 $\tilde{u}$ 为方程(4.3.18)的两个解并具有相同的初始值. 借助能量方程(4.3.17),得到:

$$\left\|u_t(t)-\tilde{u}_t(t)\right\|^2+\left(1-\int_0^t g(s)\mathrm{d}s\right)\left\|\nabla u(t)-\nabla\tilde{u}(t)\right\|^2+(g\circ(\nabla u-\nabla\tilde{u}))(t)$$

$$=-2\int_0^t(|u_t|^{q-2}u_t-|\tilde{u}_t|^{q-2}\tilde{u}_t,u_t-\tilde{u}_t)\mathrm{d}s+(g'\circ\nabla(u-\tilde{u}))(s)-$$

$$g(s)\left\|\nabla(u(s)-\tilde{u}(s))\right\|^2+2\int_0^t(f(u)-f(\tilde{u}),u_t-\tilde{u}_t)\mathrm{d}s+2\int_0^t(\sigma(u,u_t,s)\mathrm{d}W_s-$$

$$\sigma(\tilde{u},\tilde{u}_t,s)\mathrm{d}W_s,u_t(s)-\tilde{u}_t(s))+\mathrm{Tr}Q\int_0^t\left\|\sigma(u,u_t,s)-\sigma(\tilde{u},\tilde{u}_t,s)\right\|^2\mathrm{d}s.$$

类似于式(4.3.25),有:

$$\mathbf{E}\sup_{s\in[0,t]}\left(\frac{1}{2}\left\|u_t(s)-\tilde{u}_t(s)\right\|^2+l\left\|\nabla u(s)-\nabla\tilde{u}(s)\right\|^2\right)+2\theta\int_0^t\left\|u_t-\tilde{u}_t\right\|_q^q\mathrm{d}t\leqslant(4L_fT+$$

$$(1+8C\mathrm{Tr}Q)L_\sigma)\int_0^t\left(\left\|\nabla u-\nabla\tilde{u}\right\|^2+\left\|u_t-\tilde{u}_t\right\|^2\right)\mathrm{d}s.$$

设:

$$\eta(t) = \mathbf{E}\sup_{s\in[0,t]}\left(\left\|u_t(s)-\tilde{u}_t(s)\right\|^2+\left\|\nabla u(s)-\nabla\tilde{u}(s)\right\|^2\right)+\mathbf{E}\int_0^t\left\|u_t-\tilde{u}_t\right\|_q^q\mathrm{d}s$$

则有：

$$\eta(t)\leqslant(4L_fT+(1+8C\mathrm{Tr}Q)L_\sigma)\int_0^t\eta(s)\mathrm{d}s,$$

这意味着 $\eta(t)=0$，即 $u(t)=\tilde{u}(t)$.

以下，将讨论方程(4.3.2)中局部解的存在唯一性. 设 $f(s)=|s|^{p-2}s$ 与 σ 满足下列假设.

假设 4.2 设 $\sigma(0,0,t)$ 关于 t 是局部有界的，且 $\sigma(z,w,t)$ 是局部 Lipschitz 连续的. 则当 $r_1,r_2,s_1,s_2\geqslant 0$ 时，存在正的非减函数 $L(r_1,r_2,s_1,s_2)$，使得对于任意 $(z_i,w_i)\in H_0^1(D)\times L^2(D)$ 有：

$$\left\|\sigma(z_1,w_1,t)-\sigma(z_2,w_2,t)\right\|^2\leqslant L(r_1,r_2,s_1,s_2)\left(\left\|\nabla z_1-\nabla z_2\right\|^2-\left\|w_1-w_2\right\|^2\right).$$

对每一个 $N\geqslant 1$，定义 C^1 函数 k_N，如下：

$$k_N(x)=\begin{cases}1, & x\leqslant N,\\ 0\sim 1, & N<x<N+1,\\ 0, & x\geqslant N+1,\end{cases}\tag{4.3.29}$$

进一步假设 $\left\|k'_N\right\|_\infty\leqslant 2$. 令

$$f_N(u)=k_N\left(\left\|u\right\|^2+\left\|u_t\right\|^2\right)f(u),\sigma_N(u,u_t,t)=k_N\left(\left\|u\right\|^2+\left\|u_t\right\|^2\right)\sigma(u,u_t,t),$$

利用公式(4.3.5)及式(4.3.6)及假设 4.2，易证 f_N，σ_N 在 $H_0^1(D)\times L^2(D)$ 的有界集上是 Lipschitz 连续以及线性增长的，即，对于任意的 $N\geqslant 1$，存在：$L_{Nf}>0$，$L_{NBf}>0$，$L_{N\sigma}>0$ 以及 $L_{NB\sigma}>0$ 使得：对于任意的 $(z_i,w_i)\in H_0^1(D)\times L^2(D)$，$\left\|\nabla z\right\|^2+\left\|w\right\|^2\leqslant N$，$i=1,2$. 有：

$$\left\|f_N(z_1)-f_N(z_2)\right\|^2\leqslant L_{Nf}\left\|\nabla z_1-\nabla z_2\right\|^2.\tag{4.3.30}$$

$$\left\|\sigma_N(z_1,w_1,t)-\sigma_N(z_2,w_2,t)\right\|^2\leqslant L_{N\sigma}\left(\left\|\nabla z_1-\nabla z_2\right\|^2+\left\|w_1-w_2\right\|^2\right).\tag{4.3.31}$$

$$\left\|f_N(z_1)\right\|^2\leqslant L_{NBf}\left(1+\left\|\nabla z_1\right\|^2\right).\tag{4.3.32}$$

$$\left\|\sigma_N(z_1,w_1,t)\right\|^2\leqslant L_{NB\sigma}\left(1+\left\|\nabla z_1\right\|^2+\left\|w_1\right\|^2\right).\tag{4.3.33}$$

定理 4.10 设式(4.3.4)，条件(G1)以及假设 4.2 成立. 令 $u_0(x)\in L^2(\Omega;H_0^1(D))$，$u_1(x)\in L^2(\Omega;L^2(D))$ 是 $\mathscr{F}_0$-可测的，则由定义 4.1 知，方程(4.3.2)存在唯一解 $u(t)$.

证明 对任意的 $N\geqslant 1$，考虑如下方程：

$$\begin{cases}u_{tt}-\Delta u+\int_0^t g(t-\tau)\Delta u(\tau)\mathrm{d}\tau+|u_t|^{q-2}u_t\\ =f_N(u)+\sigma_N(u,u_t,t)\partial_t W(t,x), & x\in D,t\in(0,T),\\ u(x,t)=0, & (x,t)\in\partial D,t\in(0,T),\\ u(x,0)=u_0(x),u_t(x,0)=u_1(x), & x\in D,\end{cases}\tag{4.3.34}$$

由 f 的定义以及假设 4.2 知，函数 f_N 以及 σ_N 是 Lipschitz 连续和线性增长的. 由定理 4.9 可得，方程(4.3.34)存在唯一解 $u_N(t)$. 对于每个 N，引入停时函数 τ_N：

$$\tau_N=\inf\left\{t>0;\left\|\nabla u_N\right\|^2+\left\|u_{N_t}\right\|^2\geqslant N\right\}.$$

由方程(4.3.34)解的唯一性，当 $t\in[0,\tau_N\wedge T)$ 时，$u(t)=u_N(t)$ 是方程(4.3.2)的局部解. 由于 τ_N 在 N 上递增，令 $\tau_\infty=\lim\limits_{N\to\infty}\tau_N$. 因此，我们可以在区间$[0,T\wedge\tau_\infty)$上构造一个关于方程(4.3.2)的一个唯一局部连续解 $u(t)=\lim\limits_{N\to\infty}u_N(t)$，并满足定义 4.1.

为了获得一个全局解. 我们必须要考虑阻尼项 $|u_t|^{q-2}u_t$ 和源项 $|u|^{p-2}u$ 之间的交互性. 其次，噪声项的系数 $\sigma(u,u_t,x,t)$ 关于 u 和 u_t 是局部 Lipschitz 连续的，所以我们将给出一个充分条件，这样就可以建立一个能量界限来阻止方程解的无限的增长. 因此，给出如下假设.

假设 4.3　设存在正常数 c_1，c_2 和 $0\leqslant\varepsilon<2$，使得对于所有的 $t\geqslant0$，$(u,v)\in H_0^1(D)\times L^p(D)$有：

$$\left\|\sigma(u,u_t,x,t)\right\|_{L_0^2}^2\leqslant\left\|\varphi(t)\right\|_{L_0^2}^2+\varepsilon\left\|v\right\|_q^q+c_1\left\|u\right\|_p^p+c_2\left\|\nabla u\right\|^2.$$

其中，$\varphi(t)$在$[0,+\infty)$上是局部可积函数.

需要强调的是，Itô 公式只能应用于方程(4.3.2)的强解上. 然而，$H_0^1(D)$在 $H_0^1(D)\cap H^2(D)$上稠密，且强解也同样是弱解. 所以可以通过一个能量函数序列来逼近弱解 u 的能量函数. 因此，下列用以推导出强解的方法也可以推广到弱解[74],[114]. 为了证明全局存在性定理，定义：

$$e(u(t))=\left\|u_t(t)\right\|^2+l\left\|\nabla u(t)\right\|^2+(g\circ\nabla u)(t)+\frac{2}{p}\left\|u\right\|_p^p.$$

定理 4.11　令 $u_0(x)\in L^2(\Omega;H_0^1(D))$，$u_1(x)\in L^2(\Omega;L^2(D))$是 $\mathscr{F}_0$-可测函数. 设条件(G1)，式(4.3.4)及假设 4.3 成立. 若 $q\geqslant p$，则对于任意 $T>0$，在区间$[0,T]$上存在方程(4.3.2)相应于定义 4.1 的唯一解. 此外，若假设 4.3 的 ε 充分小，则同样可得：

$$\mathbf{E}\sup_{0\leqslant t\leqslant T}e(t)<\infty.\tag{4.3.35}$$

证明　对于任意的 $T>0$，将证明对任意的 $t\leqslant T$，当 N 趋向于无穷时，有 $u_N(t)=u(\tau_N\wedge t)$ 几乎处处收敛于 u，从而使得局部解变为全局解. 为此，我们只需证明当 N 趋于无穷时，τ_N 以概率 1 趋于∞.

前面已证明，对于 $t\in[0,\tau_N\wedge T)$，$u(t)=u_N(t)=u(t\wedge\tau_N)$是方程(4.3.2)的局部解. 对 $\left\|u_t(t\wedge t_N)\right\|^2$ 应用 Itô 公式，得到：

$$\begin{aligned}&(1-\int_0^{t\wedge t_N}g(s)\mathrm{d}s)\left\|\nabla u(t\wedge t_N)\right\|^2+\left\|u_t(t\wedge t_N)\right\|^2+(g\circ\nabla u)(t\wedge t_N)+\\&2\int_0^{t\wedge t_N}\int_D|u_t^q|\mathrm{d}x\mathrm{d}s=\left\|\nabla u_0\right\|^2+\left\|u_1\right\|^2+2\int_0^{t\wedge t_N}\int_D|u(s)|^{p-2}u(s)u_t(s)\mathrm{d}x\mathrm{d}s-\\&\int_0^{t\wedge t_N}g(s)\left\|\nabla u(s)\right\|^2\mathrm{d}s+\int_0^{t\wedge t_N}(g'\circ\nabla u)(s)\mathrm{d}s+2\int_0^{t\wedge t_N}(u_t(s),\sigma(u,u_t,s)\mathrm{d}W_s)+\end{aligned}$$

$$\int_0^{t\wedge t_N}\left\|\sigma(u,u_t,s)\right\|_{L_2^0}^2\mathrm{d}s. \tag{4.3.36}$$

由条件(G1)以及 $e(t)$ 的定义，可得：

$$e(u(t\wedge\tau_N))\leqslant e(u_0)+4\int_0^{t\wedge t_N}\int_D |u|^{p-2}uu_t(s)\mathrm{d}x\mathrm{d}s-2\int_0^{t\wedge t_N}\int_D |u_t(s)|^q\mathrm{d}x\mathrm{d}s+$$
$$2\int_0^{t\wedge t_N}(u_t(s),\sigma(u,u_t,s)\mathrm{d}W_s)+\int_0^{t\wedge t_N}\left\|\sigma(u,u_t,s)\right\|_{L_2^0}^2\mathrm{d}s. \tag{4.3.37}$$

利用 Hölder 不等式及 Young 不等式，可得：

$$\left|\int_D |u|^{p-2}uu_t(s)\mathrm{d}x\right|\leqslant\left\|u\right\|_p^{p-1}\left\|u_t\right\|_p\leqslant\beta\left\|u_t\right\|_p^p+C_\beta\left\|u\right\|_p^p, \tag{4.3.38}$$

其中，$\beta>0$，且 C_β 是一个依赖于 β 的常数. 由于 $q\geqslant p$ 及式(4.3.4)，成立嵌入不等式：

$$\left\|u_t\right\|_p^p\leqslant C\left\|u_t\right\|_q^p, \tag{4.3.39}$$

其中，C 是一个嵌入常数. 因此，由式(4.3.37)～式(4.3.39)，得到：

$$e(u(t\wedge\tau_N))\leqslant 4C\beta\int_0^{t\wedge\tau_N}\left\|u_t(s)\right\|_q^p\mathrm{d}s-2\int_0^{t\wedge t_N}\left\|u_t(s)\right\|_q^q\mathrm{d}s+4C_\beta\int_0^{t\wedge t_N}\left\|u(s)\right\|_p^p\mathrm{d}s+$$
$$e(u_0)+2\int_0^{t\wedge t_N}(u_t(s),\sigma\mathrm{d}W_s)+\int_0^{t\wedge t_N}\left\|\sigma(u,u_t,s)\right\|_{L_2^0}^2\mathrm{d}s. \tag{4.3.40}$$

由假设 4.3，进而可得：

$$e(u(t\wedge\tau_N))\leqslant 4C\beta\int_0^{t\wedge t_N}\left\|u_t\right\|_q^p\mathrm{d}s-(2-\varepsilon)\int_0^{t\wedge t_N}\left\|u_t\right\|_q^q\mathrm{d}x\mathrm{d}s+(4C_\beta+c_1)\int_0^{t\wedge t_N}\left\|u\right\|_p^p\mathrm{d}s+$$
$$e(u_0)+2\int_0^{t\wedge t_N}(u_t,\sigma\mathrm{d}W_s)+c_2\int_0^{t\wedge t_N}\left\|\nabla u\right\|^2\mathrm{d}s+\int_0^{t\wedge t_N}\left\|\varphi\right\|_{L_2^0}^2\mathrm{d}s. \tag{4.3.41}$$

由 $q\geqslant p$，分两种情况进行讨论：

(i) 如果 $\left\|u_t\right\|_q^q>1$，则取充分小 β 使得 $-(2-\varepsilon)\left\|u_t\right\|_q^q+4C\beta\left\|u_t\right\|_q^p\leqslant 0$.

(ii) 如果 $\left\|u_t\right\|_q^q\leqslant 1$，此时有 $-(2-\varepsilon)\left\|u_t\right\|_q^q+4C\beta\left\|u_t\right\|_q^p\leqslant 4C\beta$.

因此无论上述哪种情况，由式(4.3.41)都有：

$$e(u(t\wedge t_N))\leqslant e(u_0)+4C\beta(t\wedge t_N)+(4C_\beta+c_1)\int_0^{t\wedge t_N}\left\|u\right\|_p^p\mathrm{d}s+c_2\int_0^{t\wedge t_N}\left\|\nabla u\right\|^2\mathrm{d}s+$$
$$2\int_0^{t\wedge t_N}(u_t(s),\sigma\mathrm{d}W_s)+\int_0^{t\wedge t_N}\left\|\varphi(s)\right\|_{L_2^0}^2\mathrm{d}s. \tag{4.3.42}$$

对式(4.3.42)两边取期望得：

$$\mathbf{E}e(u(t\wedge t_N))\leqslant\mathbf{E}e(u_0)+4C\beta(t\wedge t_N)+\int_0^{t\wedge t_N}\left\|\varphi(s)\right\|_{L_2^0}^2\mathrm{d}s+K\int_0^{t\wedge t_N}\mathbf{E}e(u(s))\mathrm{d}s,$$

其中 $K>0$ 是一个常数. 对上式应用 Gronwall's 不等式可得：

$$\mathbf{E}e(u(T\wedge\tau_N))\leqslant(e(u_0)+CT)\mathrm{e}^{KT}\leqslant C_T. \tag{4.3.43}$$

此外，可得：

$$\mathbf{E}e(u(T\wedge\tau_N))\geqslant\mathbf{E}(I(\tau_N\leqslant T)e(u(\tau_N)))\geqslant C\mathbf{E}(\left\|u_{\tau_N}\right\|^2 I(\tau_N\leqslant T))\geqslant CN^2P(\tau_N\leqslant T),$$

其中 I 表示示性函数. 由式(4.3.43)知,由于 Borel-Cantelli 引理隐含 $P(\tau_\infty \leqslant T)=0$ 或 $\lim\limits_{N\to\infty}\tau_N=\infty$几乎处处成立,则上式化为:

$$P(\tau_\infty \leqslant T)\leqslant P(\tau_N \leqslant T)\leqslant \frac{C_T}{N^2}.$$

因此,在$[0,\tau_\infty \wedge T)=[0,T)$上,$u=\lim\limits_{N\to\infty}u_N(t)$是一个全局解. 又因 $T>0$ 的任意性,可用$[0,T]$代替$[0,T)$.

为获得能量界(4.3.35),应用 Borelholder-Davis-Gundy 不等式得:

$$\mathbf{E}\Big(\sup_{t\in[0,T]}\Big|\int_0^t (u_t(s),\sigma(u,u_t,s)\mathrm{d}W_s)\Big|\Big)\leqslant C_1\mathbf{E}\Big(\sup_{t\in[0,T]}\big\|u_t(t)\big\|\Big(\int_0^t \big\|\sigma(u,u_t,s)\big\|_{L_2^0}^2\mathrm{d}s\Big)^{\frac{1}{2}}\Big)$$
$$\leqslant \frac{1}{2}\mathbf{E}\sup_{0\leqslant t\leqslant T}\big\|u_t(t)\big\|^2+C_1\int_0^{\mathrm{T}}\big\|\sigma(u,u_t,t)\big\|_{L_2^0}^2\mathrm{d}t, \tag{4.3.44}$$

其中 C_1 是正常数. 联立式(4.3.40),式(4.3.44),由假设 4.3,有:

$$\mathbf{E}\sup_{0\leqslant t\leqslant T}e(u(t))\leqslant 2\mathbf{E}e(u_0)+8C\beta\int_0^{\mathrm{T}}\mathbf{E}\big\|u_t\big\|_q^p\mathrm{d}s-(4-2(C_1+1)\varepsilon)\int_0^{\mathrm{T}}\big\|u_t\big\|_q^q\mathrm{d}x\mathrm{d}s+$$
$$C_2\int_0^{\mathrm{T}}\mathbf{E}\sup_{0\leqslant t\leqslant T}e(u(t))\mathrm{d}t+2\int_0^{\mathrm{T}}\big\|\varphi(t)\big\|_{L_2^0}^2\mathrm{d}t, \tag{4.3.45}$$

其中,$C_2>0$ 是常数. 取充分小的 ε,使得 $2-(C_1+1)\varepsilon>0$ 成立,类似地,可得:

$$-2(2-(C_1+1)\varepsilon)\big\|u_t\big\|_q^q+8C\beta\big\|u_t\big\|_q^p\leqslant 8C\beta.$$

由式(4.3.45),可得:

$$\mathbf{E}\sup_{0\leqslant t\leqslant T}e(u(t))\leqslant C_3+C_2\int_0^{\mathrm{T}}\mathbf{E}\sup_{0\leqslant t\leqslant T}e(u(t))\mathrm{d}t$$

其中 $C_3=2\mathbf{E}e(u_0)+8C\beta T+2\int_0^{\mathrm{T}}\big\|\varphi(t)\big\|_{L_2^0}^2\mathrm{d}t$. 由 Gronwall's 不等式,上述不等式化为:

$$\mathbf{E}\sup_{0\leqslant t\leqslant T}e(u(t))\leqslant C_3\mathrm{e}^{C_2 T}$$

由此可得需要的能量界(4.3.35).

4.3.4 方程(4.3.2)解的爆破性

在本节将讨论当 $p>q$ 时,方程(4.3.2)解的爆炸性. 众所周知,方程(4.3.2)等价于 Itô 系统:

$$\begin{cases}\mathrm{d}u=v\mathrm{d}t,\\ \mathrm{d}v=(\Delta u-\int_0^t g(t-\tau)\Delta u(\tau)\mathrm{d}\tau-|v|^{q-2}v+|u|^{p-2}u)\mathrm{d}t+\sigma(u,v,x,t)\mathrm{d}W(t,x).\end{cases} \tag{4.3.46}$$

定义上述系统的能量泛函 $\varepsilon(t)$:

$$\varepsilon(t)=\frac{1}{2}\big\|v(t)\big\|^2+\frac{1}{2}(1-\int_0^t g(s)\mathrm{d}s)\big\|\nabla u(t)\big\|^2+\frac{1}{2}(g\circ\nabla u)(t)-\frac{1}{p}\big\|u\big\|_p^p,$$

并且令:

$$F(t)=\frac{1}{2}\mathbf{E}\int_0^t \left\|\sigma(u,v,x,s)\right\|_{L_2^0}^2 ds, H(t)=F(t)-\mathbf{E}\varepsilon(t).$$

此外，作如下假设：

假设 4.4　对于 $t\geqslant 0$，$(z,w)\in H_0^1(D)\times L^p(D)$，$\sigma(z,w,x,t)$满足：

$$\left\|\sigma(z,w,x,t)\right\|_{L_0^2}^2 \leqslant (1+\beta)(\left\|w\right\|_q^q+\left\|\varphi(z,t)\right\|_{L_2^0}^2+\left\|\psi(t)\right\|_{L_2^0}^2), \qquad (4.3.47)$$

其中，$\beta>0$ 是任意常数，$\varphi(\cdot,\cdot)$，$\psi(\cdot,\cdot)$满足：

$$\int_0^\infty \mathbf{E}\Big(\left\|\varphi(z,s)\right\|_{L_2^0}^2+\left\|\psi(s)\right\|_{L_2^0}^2\Big)dt<+\infty.$$

在叙述并证明爆破性结果之前，需要准备如下引理：

引理 4.9　令 $u_0(x)\in L^2(\Omega;H_0^1(D))$，$u_1(x)\in L^2(\Omega;L^2(D))$是 $\mathscr{F}_0$-可测的. 设式(4.3.4)及式(4.3.47)成立. 令(u,v)是系统(4.3.46)的一个解. 则有：

$$\frac{d}{dt}\mathbf{E}\varepsilon(t)=\mathbf{E}(-\left\|v\right\|_q^q-\frac{1}{2}g(t)\left\|\nabla u(t)\right\|^2+\frac{1}{2}(g'\circ\nabla u)(t)+\frac{1}{2}\left\|\sigma(z,w,x,t)\right\|_{L_2^0}^2), \qquad (4.3.48)$$

以及：

$$\mathbf{E}(u(t),v(t))=\mathbf{E}(u_0(x),v_0(x))-\int_0^t\mathbf{E}\left\|\nabla u\right\|^2 ds+\int_0^t\mathbf{E}\left\|v(s)\right\|^2 ds-\int_0^t\mathbf{E}(|v|^{q-2}v,u)ds+$$
$$\int_0^t\mathbf{E}(\int_0^s g(s-\tau)\nabla u(\tau)d\tau,\nabla u(s))ds+\int_0^t\mathbf{E}\left\|u(s)\right\|_p^p ds. \qquad (4.3.49)$$

证明　对$\left\|v\right\|^2$应用 Itô 公式，得到：

$$\left\|v\right\|^2=\left\|v_0\right\|^2-2\int_0^t(\nabla u,\nabla v)ds-2\int_0^t\left\|v\right\|_q^q ds+2\int_0^t(\int_0^s g(s-\tau)\nabla u(\tau),\nabla v(s))ds+$$
$$2\int_0^t(v,|u|^{p-2}u)ds+2\int_0^t(v,\sigma(u,v,x,s)dW_s)+\int_0^t\left\|\sigma(u,v,x,s)\right\|_{L_2^0}^2 ds$$
$$=2\mathbf{E}(0)-\left\|\nabla u(t)\right\|^2-2\int_0^t\left\|v\right\|_q^q ds+2\int_0^t(\int_0^s g(s-\tau)\nabla u(\tau)d\tau,\nabla v(s))ds+$$
$$\frac{2}{p}\left\|u(t)\right\|_p^p+2\int_0^t(v,\sigma(u,v,x,s)dW_s)+\int_0^t\left\|\sigma(u,v,x,s)\right\|_{L_2^0}^2 ds. \qquad (4.3.50)$$

对于上式右边第 3 项有：

$$2(\int_0^s g(s-\tau)\nabla u(\tau)d\tau,v(s))=2\int_0^s g(s-\tau)\int_D\nabla v(s)(\nabla u(\tau)-\nabla u(s))dxd\tau+$$
$$2\int_0^s g(s-\tau)\int_D\nabla v(s)\nabla u(s)dxd\tau$$
$$=-\int_0^s g(s-\tau)\frac{d}{ds}\int_D|\nabla u(\tau)-\nabla u(s)|^2dxd\tau+$$
$$\int_0^s g(\tau)\frac{d}{ds}\int_D|\nabla u(s)|^2dxd\tau$$
$$=\frac{d}{ds}(\int_0^s g(\tau)\left\|\nabla u(s)\right\|^2-(g\circ\nabla u)(s))+$$

$$(g'\circ\nabla u)(s)-g(s)\left\|\nabla u(s)\right\|^2. \tag{4.3.51}$$

将式(4.3.51)代入式(4.3.50)，并对式(4.3.50)两边取期望，可得到式(4.3.48). 接下来证明式(4.3.49).

$$(u(t),v(t))=(u_0,v_0)-\int_0^t\left\|\nabla u(s)\right\|^2\mathrm{d}s-\int_0^t(|v|^{q-2}v,u(s))\mathrm{d}\tau+\int_0^t(u,|u|^{p-2}u)\mathrm{d}s+$$
$$\int_0^t(\int_0^s g(s-\tau)\nabla u(\tau)\mathrm{d}\tau,\nabla u(s))\mathrm{d}s+\int_0^t(u(s),\sigma(u,v,s)\mathrm{d}W_s)+\int_0^t\left\|v(s)\right\|^2\mathrm{d}s. \tag{4.3.52}$$

从而式(4.3.49)可由式(4.3.52)推出.

引理 4.10 令(u,v)是方程(4.3.46)的解. 设式(4.3.4)及条件(G1)成立. 则当 $2\leqslant s\leqslant p$ 时，存在常数 $C>1$，使得：

$$\mathbf{E}\left\|u\right\|_p^s\leqslant C(F(t)-H(t)-\mathbf{E}\left\|v\right\|^2-\mathbf{E}(g\circ\nabla u)(t)+\mathbf{E}\left\|u\right\|_p^p). \tag{4.3.53}$$

证明 若$\left\|u\right\|_p^p\leqslant 1$，由 Sobolev 嵌入可得$\left\|u\right\|_p^s\leqslant\left\|u\right\|_p^2\leqslant C\left\|\nabla u\right\|^2$. 若$\left\|u\right\|_p^p\geqslant 1$ 则有$\left\|u\right\|_p^s\leqslant\left\|u\right\|_p^p$. 因此，由上面两个不等式得：

$$\mathbf{E}\left\|u\right\|_p^s\leqslant C(\mathbf{E}\left\|\nabla u\right\|^2+\mathbf{E}\left\|u\right\|_p^p). \tag{4.3.54}$$

此外，利用能量泛函的定义可得：

$$\frac{1}{2}l\mathbf{E}\left\|\nabla u\right\|^2\leqslant\frac{1}{2}(1-\int_0^t g(s)\mathrm{d}s)\mathbf{E}\left\|\nabla u\right\|^2$$
$$=\mathbf{E}\varepsilon(t)-\frac{1}{2}\mathbf{E}(g\circ\nabla u)(t)-\frac{1}{2}\mathbf{E}\left\|v\right\|^2+\frac{1}{p}\mathbf{E}\left\|u\right\|_p^p$$
$$=F(t)-H(t)-\frac{1}{2}\mathbf{E}\left\|v\right\|^2-\frac{1}{2}\mathbf{E}(g\circ\nabla u)(t)+\frac{1}{p}\mathbf{E}\left\|u\right\|_p^p. \tag{4.3.55}$$

此时，由式(4.3.54)及式(4.3.55)联立可得式(4.3.53).

引理 4.11 令 $u_0(x)\in L^2(\Omega;H_0^1(D))$，$u_1(x)\in L^2(\Omega;L^2(D))$是 $\mathscr{F}_0$-可测函数. 设条件(G1)，公式(4.3.4)及假设 4.4 成立. 若 $\mathbf{E}\varepsilon(0)\leqslant 0$，有：

$$\int_0^\infty\mathbf{E}(\left\|\varphi(z,s)\right\|_{L_2^0}^2+\left\|\psi(s)\right\|_{L_2^0}^2)\mathrm{d}t<-\mathbf{E}\varepsilon(0). \tag{4.3.56}$$

则对 $\forall\, t\geqslant 0$ 有：

$$H(t)\geqslant(1+\beta)F(t). \tag{4.3.57}$$

证明 由 $H(t)$的定义，条件(G1)及假设 4.4，得：

$$H'(t)=F'(t)-\frac{d}{\mathrm{d}t}\mathbf{E}\varepsilon(t)$$
$$=\mathbf{E}\left\|v\right\|_q^q+\frac{1}{2}\mathbf{E}\int_0^t g(s)\left\|\nabla u(s)\right\|^2\mathrm{d}s-\frac{1}{2}\mathbf{E}\int_0^t(g'\circ\nabla u)(s)\mathrm{d}s\geqslant 0. \tag{4.3.58}$$

即：

$$H(t) \geqslant H(0) = -\mathbf{E}\varepsilon(0) \geqslant 0, H(t) \geqslant \int_0^t \mathbf{E}\left\|v\right\|_q^q. \tag{4.3.59}$$

因此，由式(4.3.48)，式(4.3.56)，式(4.3.59)联立得出：

$$\begin{aligned} H(t) &\geqslant \frac{1}{2}H(t) + H(0) \\ &\geqslant \frac{1}{2}\int_0^t \mathbf{E}\left\|v\right\|_q^q + \frac{1}{2}\int_0^\infty \mathbf{E}\left(\left\|\varphi(z,s)\right\|_{L_0^2}^2 + \left\|\psi(s)\right\|_{L_0^2}^2\right)\mathrm{d}t \\ &\geqslant (1+\beta)F(t). \end{aligned} \tag{4.3.60}$$

证毕.

引理 4.12　令 $u_0(x) \in L^2(\Omega; H_0^1(D))$，$u_1(x) \in L^2(\Omega; L^2(D))$是 $\mathscr{F}_0$-可测函数. 设条件(G1)，条件(G2)，式(4.3.4)以及假设 4.4 成立. 令(u,v)为方程(4.3.46)的解，初始值为(u_0, u_1)，满足 $\mathbf{E}\varepsilon(0) \leqslant 0$. 若 $p>q$，且式(4.3.56)成立. 则解(u,v)和 4.3 小节中定义的 L^2 模意义下的生命跨度 τ_∞：

(1) 要么 $\mathbf{P}(\tau_\infty < \infty) > 0$，即 $u(t)$在 L^2 模意义下以正的概率在有限时刻内爆破；

(2) 要么存在一个正的时刻 $T^* \in (0, T_0]$使得

$$\lim_{t \to T^*} \mathbf{E}\varepsilon(t) = +\infty,$$

其中

$$T_0 = \frac{1-\alpha}{\alpha K L^{\frac{\alpha}{1-\alpha}}(0)},$$

其中

$$L(0) = H^{1-\alpha}(0) + \mu E(u_0, v_0),$$

α 和 K 将在后文给出.

证明　对于方程(4.3.2)的解$\{u(t); t \geqslant 0\}$在 L^2 模意义下的生命跨度 τ_∞，考虑当 $\mathbf{P}(\tau_\infty = +\infty) = 1$时的情况. 取充分大的 $T>0$，由式(4.3.58)和式(4.3.60)可得：

$$(1+\beta)F(t) \leqslant H(t) \leqslant F(t) + \frac{1}{p}\mathbf{E}\left\|u\right\|_p^p. \tag{4.3.61}$$

定义：

$$L(t) := H^{1-\alpha}(t) + \mu\mathbf{E}(u, v),$$

其中 μ 是将在后文中给出的小参数，α 满足：

$$0 < \alpha < \min\left\{\frac{1}{2}, \frac{p-q}{pq}\right\}. \tag{4.3.62}$$

对 $L(t)$求导并由式(4.3.60)和式(4.3.58)得：

$$\begin{aligned} L'(t) = {} & (1-\alpha)H^{-\alpha}(t)H'(t) + \\ & \mu\mathbf{E}\left(-\left\|\nabla u\right\|^2 - \mathbf{E}(|v|^{q-2}v, u) + \mathbf{E}\left\|u\right\|_p^p + \mathbf{E}\left\|v\right\|^2 + \right. \\ & \left.\mathbf{E}\int_0^t\int_D g(t-\tau)\,\nabla u(\tau)\,\nabla u(t)\,\mathrm{d}x\mathrm{d}\tau\right) \end{aligned}$$

$$\geqslant (1-\alpha)H^{-\alpha}(t)\mathbf{E}\left\|v\right\|_q^q+\mu pH(t)+\mu(\frac{p}{2}+1)\mathbf{E}\left\|v\right\|^2+\mu(\frac{p}{2}-1)\mathbf{E}\left\|\nabla u\right\|^2-$$

$$\mu\mathbf{E}(|v|^{q-2}v,u)+\mu\mathbf{E}\int_0^t\int_D g(t-\tau)\nabla u(\tau)\nabla u(t)\mathrm{d}x\mathrm{d}\tau-$$

$$\frac{p\mu}{2}\int_0^t g(\tau)\mathrm{d}\tau\mathbf{E}\left\|\nabla u(t)\right\|^2+\frac{p\mu}{2}\mathbf{E}(g\circ\nabla u)(t)-\mu pF(t). \tag{4.3.63}$$

进一步由不等式 $\mathbf{E}\left\|v\right\|_q^q\leqslant C\mathbf{E}\left\|u\right\|_p^q$ 和假设条件 $q<p$，可得：

$$\begin{aligned}|\mathbf{E}(|v|^{q-2}v,u)|&\leqslant(\mathbf{E}\left\|v\right\|_q^q)^{\frac{q-1}{q}}(\mathbf{E}\left\|u\right\|_q^q)^{\frac{1}{q}}\leqslant C(\mathbf{E}\left\|v\right\|_q^q)^{\frac{q-1}{q}}(\mathbf{E}\left\|u\right\|_p^q)^{\frac{1}{q}}\\&\leqslant C(\mathbf{E}\left\|v\right\|_q^q)^{\frac{q-1}{q}}(\mathbf{E}\left\|u\right\|_p^p)^{\frac{1}{p}}\\&\leqslant C(\mathbf{E}\left\|v\right\|_q^q)^{\frac{q-1}{q}}(\mathbf{E}\left\|u\right\|_p^p)^{\frac{1}{q}}(\mathbf{E}\left\|u\right\|_p^p)^{\frac{1}{p}-\frac{1}{q}}.\end{aligned} \tag{4.3.64}$$

由 Young 不等式可得：

$$(\mathbf{E}\left\|v\right\|_q^q)^{\frac{q-1}{q}}(\mathbf{E}\left\|u\right\|_p^p)^{\frac{1}{q}}\leqslant\frac{q-1}{q}k\mathbf{E}\left\|v\right\|_q^q+\frac{k^{1-q}}{q}\mathbf{E}\left\|u\right\|_p^p. \tag{4.3.65}$$

根据式(4.3.61)知，$\mathbf{E}\left\|u\right\|_p^p\geqslant p(H(t)-F(t))\geqslant\kappa H(t)$，其中 $\kappa=p\beta/(1+\beta)$，选取适当的 α 满足式(4.3.62)并设 $H(0)>1$，则有：

$$(\mathbf{E}\left\|u\right\|_p^p)^{\frac{1}{p}-\frac{1}{q}}\leqslant\kappa^{\frac{1}{p}-\frac{1}{q}}H^{\frac{1}{p}-\frac{1}{q}}(t)\leqslant\kappa^{\frac{1}{p}-\frac{1}{q}}H^{-\alpha}(t)\leqslant\kappa^{\frac{1}{p}-\frac{1}{q}}H^{-\alpha}(0). \tag{4.3.66}$$

将式(4.3.65)及式(4.3.66)代入式(4.4.64)，得：

$$|\mathbf{E}(|v|^{q-2}v,u)|\leqslant C_1\frac{q-1}{q}k\mathbf{E}\left\|v\right\|_q^qH^{-\alpha}(t)+C_1\frac{k^{1-q}}{q}\mathbf{E}\left\|u\right\|_p^pH^{-\alpha}(0), \tag{4.3.67}$$

其中，$C_1=C\kappa^{\frac{1}{p}-\frac{1}{q}}$. 由 Hölder 不等式，可得：

$$\begin{aligned}&\int_0^t\int_D g(t-\tau)\nabla u(\tau)\nabla u(t)\mathrm{d}x\mathrm{d}\tau\\&=\int_0^t g(t-\tau)\int_D\nabla u(t)\nabla(u(\tau)-u(t))\mathrm{d}x\mathrm{d}\tau+\int_0^t g(t-\tau)\left\|\nabla u(t)\right\|^2\mathrm{d}\tau\\&=\int_0^t g(t-\tau)\int_D\nabla u(t)\nabla(u(\tau)-u(t))\mathrm{d}x\mathrm{d}\tau+\int_0^t g(\tau)\mathrm{d}\tau\left\|\nabla u(t)\right\|^2\\&\geqslant-\varepsilon(g\circ\nabla u)+(1-\frac{1}{4\varepsilon})\int_0^t g(\tau)\mathrm{d}\tau\left\|\nabla u(t)\right\|^2,\end{aligned} \tag{4.3.68}$$

其中 $0<\varepsilon<p/2$. 则由式(4.3.63)，式(4.3.68)以及式(4.3.67)得：

$$\begin{aligned}L'(t)\geqslant&((1-\alpha)-C_1\frac{q-1}{q}\mu k)H^{-\alpha}(t)\mathbf{E}\left\|v\right\|_q^q+\mu pH(t)+\mu(\frac{p}{2}+1)\mathbf{E}\left\|v\right\|^2-\\&\mu pF(t)+\mu(\frac{p}{2}-\varepsilon)\mathbf{E}(g\circ\nabla u)-\mu C_1\frac{k^{1-q}}{q}H^{-\alpha}(0)\mathbf{E}\left\|u\right\|_p^p+\\&\mu((\frac{p}{2}-1)-(\frac{p}{2}-1+\frac{1}{4\varepsilon})\int_0^t g(\tau)\mathrm{d}\tau)\mathbf{E}\left\|\nabla u(t)\right\|^2.\end{aligned} \tag{4.3.69}$$

在引理 4.10 中取 $s=p$ 并代入式(4.3.69)中，可推出：

$$
\begin{aligned}
L'(t) \geqslant & ((1-\alpha)-C_1\frac{q-1}{q}\mu k)H^{-\alpha}(t)\mathbf{E}\left\|v\right\|_q^q+\mu pH(t)+\\
&\mu(\frac{p}{2}+1)\mathbf{E}\left\|v\right\|^2-\mu pF(t)+\mu(\frac{p}{2}-\varepsilon)\mathbf{E}(g\circ\nabla u)+\\
&\mu((\frac{p}{2}-1)-(\frac{p}{2}-1+\frac{1}{4\varepsilon})\int_0^t g(\tau)\mathrm{d}\tau)\mathbf{E}\left\|\nabla u(t)\right\|^2-\\
&\mu k^{1-q}C_2(F(t)-H(t)-\mathbf{E}\left\|v\right\|^2-\mathbf{E}(g\circ\nabla u)+\mathbf{E}\left\|u\right\|_p^p)\\
\geqslant & ((1-\alpha)-C_1\frac{q-1}{q}\mu k)H^{-\alpha}(t)\mathbf{E}\left\|v\right\|_q^q+\mu(\frac{p}{2}+1+k^{1-q}C_2)\mathbf{E}\left\|v\right\|^2+\\
&\mu(\frac{p}{2}-\varepsilon+k^{1-q}C_2)\mathbf{E}(g\circ\nabla u)(t)+\mu((\frac{p}{2}-1)-(\frac{p}{2}-1+\frac{1}{4\varepsilon})\int_0^\infty g(\tau)\mathrm{d}\tau)\mathbf{E}\left\|\nabla u\right\|^2-\\
&\mu k^{1-q}C_2\mathbf{E}\left\|u\right\|_p^p-\mu(p+k^{1-q}C_2)F(t)+\mu(p+k^{1-q}C_2)H(t),
\end{aligned}
\tag{4.3.70}
$$

其中 $C_2=C_1H^{-\alpha}(0)/q$,令:

$$
a_1=\frac{p}{2}-\varepsilon, a_2=(\frac{p}{2}-1)-(\frac{p}{2}-1+\frac{1}{4\varepsilon})\int_0^\infty g(\tau)\mathrm{d}\tau.
$$

由条件(G2)得 $a_1>0, a_2>0$. 注意到

$$
H(t)=F(t)+\frac{1}{p}\mathbf{E}\left\|u\right\|_p^p-\frac{1}{2}\mathbf{E}\left\|\nabla u\right\|^2-\frac{1}{2}\mathbf{E}\left\|v\right\|^2-\frac{1}{2}\mathbf{E}(g\circ\nabla u)(t).
$$

记 $p=2C_3+(p-2C_3)$, 其中 $C_3<\min\{a_1,a_2,p/2\}$,则式(4.3.70)可化为

$$
\begin{aligned}
L'(t)\geqslant & ((1-\alpha)-C_1\frac{q-1}{q}\mu k)H^{-\alpha}(t)\mathbf{E}\left\|v\right\|_q^q+\mu((\frac{p}{2}+1+k^{1-q}C_2-C_3)\mathbf{E}\left\|v\right\|^2+\\
&\mu(a_2-C_3)\mathbf{E}\left\|\nabla u\right\|^2+\mu(a_1-C_3+k^{1-q}C_2)\mathbf{E}(g\circ\nabla u)(t)+\\
&\mu(p-2C_3+k^{1-q}C_2)F(t)+\mu(\frac{2C_3}{p}-k^{1-q}C_2)\mathbf{E}\left\|u\right\|_p^p).
\end{aligned}
\tag{4.3.71}
$$

由引理 4.11,得到:

$$
(p-2C_3+k^{1-q}C_2)F(t)\leqslant\frac{(p-2C_3+k^{1-q}C_2)}{1+\beta}H(t).
$$

将上式代入式(4.3.71)中,有:

$$
\begin{aligned}
L'(t)\geqslant & ((1-\alpha)-C_1\frac{q-1}{q}\mu k)H^{-\alpha}(t)\mathbf{E}\left\|v\right\|_q^q+\mu((\frac{p}{2}+1+k^{1-q}C_2-C_3)\mathbf{E}\left\|v\right\|^2+\\
&(a_2-C_3)\mathbf{E}\left\|\nabla u\right\|^2+(a_1-C_3+k^{1-q}C_2)\mathbf{E}(g\circ\nabla u)(t)+\\
&(p-2C_3+k^{1-q}C_2)\frac{\beta}{1+\beta}H(t)+(\frac{2C_3}{p}-k^{1-q}C_2)\mathbf{E}\left\|u\right\|_p^p).
\end{aligned}
$$

此时,选取 k 充分大使得上述不等式化为:

$$
\begin{aligned}
L'(t)\geqslant & ((1-\alpha)-C_1\frac{q-1}{q}\mu k)H^{-\alpha}(t)\mathbf{E}\left\|v\right\|_q^q+\\
&\mu\gamma(H(t)+\mathbf{E}\left\|\nabla u\right\|^2+\mathbf{E}\left\|v\right\|^2+\mathbf{E}(g\circ\nabla u)(t)+\mathbf{E}\left\|u\right\|_p^p).
\end{aligned}
\tag{4.3.72}
$$

其中，$\gamma>0$ 为式(4.3.72)中系数 $H(t)$，$\mathbf{E}\left\|\nabla u\right\|^2$，$\mathbf{E}\left\|v\right\|^2$，$\mathbf{E}(g\circ\nabla u)(t)$ 及 $\mathbf{E}\left\|u\right\|_p^p$ 的最小值. 取 k 为固定值，并令 μ 充分小，使得：

$$(1-\alpha)-C_1\frac{q-1}{q}\mu k\geqslant 0, L(0)=H^{1-\alpha}(0)+\mu(u_0,u_1)>0.$$

故式(4.3.72)可化为：

$$L'(t)\geqslant\mu\gamma\left(H(t)+\mathbf{E}\left\|\nabla u\right\|^2+\mathbf{E}\left\|v\right\|^2+\mathbf{E}(g\circ\nabla u)(t)+\mathbf{E}\left\|u\right\|_p^p\right)\geqslant 0. \tag{4.3.73}$$

因此，对任意的 $t>0$ 有 $L(t)\geqslant L(0)>0$. 由 Hölder 不等式得：

$$|\mathbf{E}(u,v)|\leqslant\left(\mathbf{E}\left\|u\right\|^2\right)^{\frac{1}{2}}\left(\mathbf{E}\left\|v\right\|^2\right)^{\frac{1}{2}}\leqslant C\left(\mathbf{E}\left\|u\right\|_p^2\right)^{\frac{1}{2}}\left(\mathbf{E}\left\|v\right\|^2\right)^{\frac{1}{2}}.$$

由 Young 不等式，当 $\frac{1}{\theta}+\frac{1}{\eta}=1$ 时

$$|\mathbf{E}(u,v)|^{\frac{1}{1-\alpha}}\leqslant C\left(\mathbf{E}\left\|u\right\|_p^2\right)^{\frac{1}{2(1-\alpha)}}\left(\mathbf{E}\left\|v\right\|^2\right)^{\frac{1}{2(1-\alpha)}}\leqslant C\left(\left(\mathbf{E}\left\|u\right\|_p^2\right)^{\frac{\theta}{2(1-\alpha)}}+\left(\mathbf{E}\left\|v\right\|^2\right)^{\frac{\eta}{2(1-\alpha)}}\right). \tag{4.3.74}$$

取 $\eta=2(1-\alpha)$，则由式(4.3.62)得：

$$\frac{\theta}{2(1-\alpha)}=\frac{1}{1-2\alpha}=\frac{pq}{pq-2p+2q}\leqslant\frac{p}{2},$$

意味着 $2/(1-2\alpha)\leqslant p$. 由于 $\alpha<1/2$，则式(4.3.74)可化为：

$$|\mathbf{E}(u,v)|^{\frac{1}{1-\alpha}}\leqslant C\left(\left(\mathbf{E}\left\|u\right\|_p^2\right)^{\frac{1}{1-2\alpha}}+\mathbf{E}\left\|v\right\|^2\right)\leqslant C\left(\mathbf{E}\left\|u\right\|_p^{\frac{2}{1-2\alpha}}+\mathbf{E}\left\|v\right\|^2\right).$$

由引理 4.10，及 $s=2/(1-2\alpha)$，对任意的 $t\geqslant 0$ 有：

$$|\mathbf{E}(u,v)|^{\frac{1}{1-\alpha}}\leqslant C\left(H(t)+\mathbf{E}\left\|\nabla u\right\|^2+\mathbf{E}(g\circ\nabla u)(t)+\mathbf{E}\left\|v\right\|^2+\mathbf{E}\left\|u\right\|_p^p\right). \tag{4.3.75}$$

因此，对任意的 $\forall t\geqslant 0$ 有：

$$\begin{aligned}L^{\frac{1}{1-\alpha}}(t)&=\left(H^{-\alpha}(t)+\mu\mathbf{E}(u,v)\right)^{\frac{1}{1-\alpha}}\leqslant 2^{\frac{1}{1-\alpha}}\left(H(t)+\mu\,|\mathbf{E}(u,v)|^{\frac{1}{1-\alpha}}\right)\\&\leqslant C\left(H(t)+\mathbf{E}\left\|\nabla u\right\|^2+\mathbf{E}(g\circ\nabla u)(t)+\mathbf{E}\left\|v\right\|^2+\mathbf{E}\left\|u\right\|_p^p\right).\end{aligned} \tag{4.3.76}$$

联立式(4.3.73)及式(4.3.76)，对任意的 $\forall t\geqslant 0$ 有：

$$L'(t)\geqslant KL^{\frac{1}{1-\alpha}}, \tag{4.3.77}$$

其中，$K=\frac{\mu\gamma}{C}$ 是一个正常数. 对式(4.3.77)两边取从 0 到 t 的积分，可得：

$$L^{\frac{\alpha}{1-\alpha}}(t)\geqslant\frac{1-\alpha}{(1-\alpha)L^{-\frac{\alpha}{1-\alpha}}(0)-\alpha Kt}. \tag{4.3.78}$$

令 $T_0=\frac{1-\alpha}{\alpha KL^{\frac{\alpha}{1-\alpha}}(0)}$，则当 $t\to T_0$ 时，$L(t)\to+\infty$. 这表明，存在一个正的时间 $T^*\in(0,T_0)$ 使得 $\lim\limits_{t\to T^*}\mathbf{E}\varepsilon(t)=+\infty$ 成立. 当 $\mathbf{P}(\tau_\infty=+\infty)<1$（即 $\mathbf{P}(\tau_\infty<+\infty)>0$）时，在 L^2 模意义下，

$u(t)$在有限时间区间$[0,\tau_\infty]$上会以正的概率爆破.

注 4.10　对于确定情形,Messaoudi[27]证明了当$\sigma\equiv 0$时,方程(4.3.2)的解会在有限时间内以正的初始能量爆破.对于随机情形,能量函数$\varepsilon(t)$不会随着时间减少,这就使得用于研究确定情形的方法在研究随机情形时不再适用.因此,我们仅能得出方程(4.3.2)的解会在初始能量函数$\mathbf{E}\varepsilon(t)\leqslant 0$时,在有限时间内爆破.这也成为了解决方程(4.3.2)解的延迟性与稳定性的一个十分关键的问题.

第5章 不变测度

5.1 Lévy 过程

定义 5.1 令$(\Omega,F,\{F_t\}_{t\geqslant 0},P)$为完备的概率空间，$\{F_t\}_{t\geqslant 0}$是其上的滤子，称 F_t-适应过程$\{\eta(t)\}_{t\geqslant 0}\subset\mathbf{R}$ 为 Lévy 过程，如果 $\eta(t)=0$ a. s.，$\eta(t)$依概率连续，且有平稳独立的增量.

定理 5.1 令 $\eta(t)$为 Lévy 过程，则 $\eta(t)$具有 cádlàg(右连续左极限存在)版本，其 cádlàg 版本也是 Lévy 过程.

通常情况下，我们讨论的 Lévy 过程实际上指的是其 cádlàg 版本.

定义 5.2 假设随机过程$\{B_t\}_{t\geqslant 0}$的起点为原点，并且满足下面 3 条性质：

(1) $t\to B_t$ 是连续的；

(2) $\{B_t\}_{t\geqslant 0}$具有平稳独立的增量；

(3) 增量为高斯随机变量，即，对所有的 $t\geqslant s$，$B_t-B_s\sim N(0,t-s)$，则称$\{B_t\}_{t\geqslant 0}$为 Brownian 运动.

推论 5.1 Brownian 运动$\{B_t\}_{t\geqslant 0}$是 Lévy 过程.

强度为$\lambda>0$ 的 Poisson 过程 $\pi(t)$是 Lévy 过程，其值域为 $\mathbb{N}\cup\{0\}$，而且满足

$$P(\pi(t)=n)=\frac{(\lambda t)^n}{n!}\mathrm{e}^{-\lambda t},n=0,1,2,\cdots.$$

Lévy 过程 $\eta(t)$过程在时间 $t\geqslant 0$ 处的跳跃定义如下

$$\Delta\eta(t)=\eta(t)-\eta(t-).$$

定义 5.3 令 Borel 集 $\Lambda\subset\mathbf{R}$ 满足其闭包 $\overline{\Lambda}$ 不包含，令 B_0 表示 Λ 的集合. 定义

$$N(t,\Lambda)=N(t,\Lambda,\omega)=\sum_{s:0<s\leqslant t}\chi_\Lambda(\Delta\eta(s)).$$

称 $N(t,\Lambda)$为 $\eta(\cdot)$的 Poisson 随机测度. 令 $E=E^P$ 表示在测度 P 下的数学期望，则函数

$$v(\Lambda)=E[N(1,\Lambda)]$$

在 B_0 上定义了一个 σ 有限的测度，称 $v(\cdot)$为 $\eta(t)$的 Lévy 测度.

注 5.1 给定 t,ω，则函数 $\Delta\to N(t,\Lambda,\omega)$在 B_0 上定义了一个 σ 有限的测度，测度的微分形式记作 $N(t,\mathrm{d}z)$.

给定 ω，对于 $[a,b)\subset[0,\infty)$，$\Lambda\in B_0$，函数 $[a,b)\times\Lambda\to N(b,\Lambda,\omega)-N(a,\Lambda,\omega)$ 定义了 σ 有限的测度，测度的微分形式记作 $N(\mathrm{d}t,\mathrm{d}z)$.

给定 $\Lambda\in B_0$，则过程

$$\pi_\Lambda(t):=\pi_\Lambda(t,\omega):=N(t,\Lambda,\omega)$$

是强度为 $\lambda=v(\Lambda)$ 的 Poisson 过程.

定理 5.2(Lévy-Khintchine 公式)　令 $\eta(t)$ 为 Lévy 过程，其 Lévy 测度为 v，则有

$$\int_{\mathbf{R}}(1\wedge z^2)v(\mathrm{d}z)<\infty. \tag{5.1.1}$$

并且 $\eta(t)$ 的特征函数为

$$\mathbf{E}\exp(i\lambda\eta(t))=\exp(-t\psi(\lambda)),\lambda\in\mathbf{R}, \tag{5.1.2}$$

这里 $\psi(\lambda)$ 为特征指数，表示为

$$\psi(\lambda)=ia\lambda+\frac{1}{2}\sigma\lambda+\int_{|z|<R}(\mathrm{e}^{i\lambda z}-1-i\lambda z)v(\mathrm{d}z)+\int_{|z|\geqslant R}(\mathrm{e}^{i\lambda z}-1)v(\mathrm{d}z), \tag{5.1.3}$$

其中 $a\in\mathbf{R},\sigma\geqslant 0,\lambda\in[0,\infty)$.

反之，给定常数 a,σ^2 和 B_0 上的测度 v，使得式(5.1.1)成立，则存在着唯一的 Lévy 过程 $\eta(t)$ 满足式(5.1.1)～式(5.1.3).

定理 5.3(Itô-Lévy 分解)　令 $\eta(t)$ 为 Lévy 过程，则 $\eta(t)$ 具有分解

$$\eta(t)=at+\sigma B(t)+\int_0^t\int_{|z|<R}z\widetilde{N}(\mathrm{d}s,\mathrm{d}x)+\int_0^t\int_{|z|\geqslant R}zN(\mathrm{d}s,\mathrm{d}x), \tag{5.1.4}$$

其中 $a\in\mathbf{R}$、$\sigma\in\mathbf{R}$、$\mathbf{R}\in[0,\infty)$，本节设定 $R=\infty$. $N(\mathrm{d}s,\mathrm{d}t)$ 为 $\eta(t)$ 的 Poisson 随机测度，$\widetilde{N}(\mathrm{d}s,\mathrm{d}z)=N(\mathrm{d}s,\mathrm{d}z)-v(\mathrm{d}z)\mathrm{d}s$ 为 $\eta(t)$ 的补偿 Poisson 随机测度，$B(t)$ 为与 $\widetilde{N}(\mathrm{d}t,\mathrm{d}z)$ 独立的 Brownian 运动.

定义 5.4　称满足下面微分方程的过程 $X(t)$ 为 Itô-Lévy 过程，

$$\mathrm{d}X(t)=\alpha(t)\mathrm{d}t+\beta(t)\mathrm{d}B(t)+\int_{\mathbf{R}_0}\gamma(t,z)\widetilde{N}(\mathrm{d}t,\mathrm{d}z).$$

定理 5.4(多维 Itô 公式)　令 $X(t)$ 为 Itô-Lévy 过程，形如

$$\mathrm{d}X(t)=\alpha(t,\omega)\mathrm{d}t+\beta(t)\mathrm{d}B(t,\omega)+\int_{\mathbf{R}_0}\gamma(t,z,\omega)\widetilde{N}(\mathrm{d}t,\mathrm{d}z), \tag{5.1.5}$$

其中 $\alpha:[0,T]\times\Omega\to\mathbf{R}^n$、$\beta:[0,T]\times\Omega\to\mathbf{R}^{n\times m}$、$\gamma:[0,T]\times\mathbf{R}^l\times\Omega\to\mathbf{R}^{n\times l}$ 为使得式(5.1.5)中的积分存在的适应过程；$B(t)$ 为 m 维 Brownian 运动；$\widetilde{N}(\mathrm{d}t,\mathrm{d}z)$ 为与 Brownian 运动独立的 l 维补偿 Poisson 过程，

$$\begin{aligned}\widetilde{N}(\mathrm{d}t,\mathrm{d}z)^{\mathrm{T}}&=(\widetilde{N}_1(\mathrm{d}t,\mathrm{d}z_1),\cdots,\widetilde{N}_l(\mathrm{d}t,\mathrm{d}z_l))\\&=(\widetilde{N}_1(\mathrm{d}t,\mathrm{d}z_1)-v_1(\mathrm{d}z_1)\mathrm{d}t,\cdots,\widetilde{N}_l(\mathrm{d}t,\mathrm{d}z_l)-v_l(\mathrm{d}z_l)\mathrm{d}t),\end{aligned}$$

这里 $\{\widetilde{N}_j\}$ 为相互独立的补偿 Poisson 测度，来自 l 个相互独立的一维 Lévy 过程 $\eta_1,\cdots,\eta_l$.

令 $f\in C^{1,2}([0,T]\times\mathbf{R}^n;\mathbf{R})$，记 $Y(t)=f(t,X(t))$，则有

$$\mathrm{d}Y(t)=\frac{\partial f}{\partial t}\mathrm{d}t+\sum_{i=1}^{n}\frac{\partial f}{\partial x_i}(\alpha_i\mathrm{d}t+\beta_i\mathrm{d}B(t))+\frac{1}{2}\sum_{i,j=1}^{n}(\beta\beta^{\mathrm{T}})_{i,j}\frac{\partial^2 f}{\partial x_i\partial x_j}\mathrm{d}t$$

$$\sum_{k=1}^{l}\int_{\mathbf{R}_0}\left\{f(t,X(t-)+\gamma^{(k)}(t,z_k))-f(t,X(t-))-\sum_{i=1}^{n}\gamma_i^{(k)}(t,z_k)\frac{\partial f}{\partial x_i}(X(t-))\right\}$$

$$v_k(\mathrm{d}z_k)\mathrm{d}t+\sum_{k=1}^{l}\int_{\mathbf{R}_0}\{f(t,X(t-)+\gamma^{(k)}(t,z_k))-f(t,X(t-))\}\widetilde{N}_k(\mathrm{d}t,\mathrm{d}z_k),$$

这里 $\gamma^{(k)}\in\mathbf{R}^n$ 为 $n\times l$ 矩阵 $\gamma=[\gamma_{ik}]$ 的第 k 列，$\gamma_i^k=\gamma_{ik}$ 为 γ^k 的第 i 个坐标.

定理 5.5(Cirsanov 测度变换定理) 令 $X(t)$ 为具有下面形式的 n 维 Itô-Lévy 过程

$$\mathrm{d}X(t)=\alpha(t)\mathrm{d}t+\beta(t)\mathrm{d}B(t)+\int_{\mathbf{R}_0^n}\gamma(t,z)\widetilde{N}(\mathrm{d}t,\mathrm{d}z),$$

其中 $\alpha(t)=\alpha(t,\omega)\in\mathbf{R}^n$、$\beta(t)=\beta(t,\omega)\in\mathbf{R}^{n\times m}$、$\gamma(t,z)=\gamma(t,z,\omega)\in\mathbf{R}^{n\times l}$；$B(t)\in\mathbf{R}^n$ 并且 $\widetilde{N}(\mathrm{d}t,\mathrm{d}z)=(\widetilde{N_1}(\mathrm{d}t,\mathrm{d}z_1),\cdots,\widetilde{N_l}(\mathrm{d}t,\mathrm{d}z_l))$ 是 l 维的. 假设存在过程 $\vartheta(t)\in\mathbf{R}^n$ 和 $\zeta(t,z)\in\mathbf{R}^l$ 满足条件：

(1) 对于 $a.a.\ t,z,\vartheta(t,z)<1$；

(2) 对于 $a.a.\ (t,\omega)\in[0,T]\times\Omega$，下式成立

$$\alpha(t)=\beta(t)\vartheta(t)+\Big(\sum_{j=1}^{l}\int_{\mathbf{R}_0}\gamma_{1j}(t,z_j)\zeta_j(t,z_j)v(\mathrm{d}z_j),\cdots,\sum_{j=1}^{l}\int_{\mathbf{R}_0}\gamma_{ij}(t,z_j)\zeta_j(t,z_j)v(\mathrm{d}z_j),$$

$$\cdots,\sum_{j=1}^{l}\int_{\mathbf{R}_0}\gamma_{nj}(t,z_j)\zeta_j(t,z_j)v(\mathrm{d}z_j)\Big);$$

(3) 当 $0\leqslant t\leqslant T$ 时，如下定义的过程 $Z(t)$ 存在，

$$Z(t)=\exp\Big[-\int_0^t\vartheta(s)\mathrm{d}B_s-(1/2)\int_0^t\vartheta^2(s)\mathrm{d}s+\sum_{j=1}^{k}\int_0^t\int_{\mathbf{R}_0^k}\ln(1-\zeta^{(j)}(s,z))\widetilde{N}_j(\mathrm{d}s,\mathrm{d}z)+$$

$$\sum_{j=1}^{k}\int_0^t\int_{\mathbf{R}_0^k}\{\ln(1-\zeta^{(j)}(s,z))+\zeta^{(j)}(s,z)\}v_j(\mathrm{d}z)\mathrm{d}s\Big].$$

假设 $E[Z(T)]=1$，在 F_T 上定义测度 Q

$$\mathrm{d}Q=Z(T)\mathrm{d}P.$$

定义随机过程 $B_Q(t)$ 和随机测度 $\widetilde{N}_Q(\mathrm{d}t,\mathrm{d}z)$

$$B_Q(t)=B(t)+\int_0^t\vartheta(s)\mathrm{d}s;\tag{5.1.6}$$

$$\widetilde{N}_Q(\mathrm{d}t,\mathrm{d}z)=\widetilde{N}(\mathrm{d}t,\mathrm{d}z)+\zeta(s,z)v(\mathrm{d}z)\mathrm{d}t.\tag{5.1.7}$$

则有

(1) Q 是 F_T 上的概率测度、Q 与 P 等价、$X(t)$ 在概率测度 Q 下是局部鞅；

(2) $B_Q(t)$ 是 Q 下的 Brownian 运动；

(3) 在下面的意义下，$\widetilde{N}_Q(\cdot,\cdot)$ 是 Q 下的补偿 Poisson 随机测度：对所有满足

$$\int_0^t\int_{\mathbf{R}_0^k}\gamma^2(X(s),u_1(s,z),z)\vartheta_1(u_1(t,z),z^2)v(\mathrm{d}z)\mathrm{d}t<\infty,\text{a. s.}$$

的可预报过程 $\gamma(s,z)$，$M(t)$ 是一个 Q 鞅，

$$M(t)=\int_0^t\int_{\mathbf{R}_0^k}\gamma(X(s),u_1(s,z),z)d\widetilde{N}_Q(\mathrm{d}s,\mathrm{d}z),0\leqslant t\leqslant T.$$

定理 5.6(Lévy 型随机微分方程解的存在唯一性) 令 $X(t)$为 $\mathbf{R}^n$ 上的 Lévy 型随机微分方程,

$$\mathrm{d}X(t)=\alpha(t,X(t))\mathrm{d}t+\beta(t,X(t))\mathrm{d}B(t)+\int_{\mathbf{R}_0^n}\gamma(t,X(t-),z)\widetilde{N}(\mathrm{d}t,\mathrm{d}z) \quad (5.1.8)$$

$$X(0)=x_0\in\mathbf{R}^n,$$

其中系数 $\alpha:[0,T]\times\mathbf{R}^n\to\mathbf{R}^n$、$\beta:[0,T]\times\mathbf{R}^n\to\mathbf{R}^{n\times m}$和 $\gamma:[0,T]\times\mathbf{R}^n\times\mathbf{R}^l\to\mathbf{R}^{n\times l}$满足条件:

(1) 至多线性增长,即存在着常数 $C_1<\infty$,对所有的 $x\in\mathbf{R}$,满足

$$|\alpha(t,x)|^2+\left\|\beta(t,x)\right\|^2+\int_{\mathbf{R}_0}\sum_{k=1}^{l}|\gamma_k(t,z_k,x)|^2v_k(\mathrm{d}z_k)\leqslant C_1(1+|x|^2);$$

(2) Lipschitz 连续,即存在常数 $C_2<\infty$,对所有的 $x,y\in\mathbf{R}$,满足

$$|\alpha(t,x)-\alpha(t,y)|^2+\left\|\beta(t,x)-\beta(t,y)\right\|^2+$$

$$\int_{\mathbf{R}_0}\sum_{k=1}^{l}|\gamma_k(t,z_k,x)-\gamma_k(t,z_k,y)|^2v_k(\mathrm{d}z_k)\leqslant C_2|x-y|^2,$$

那么方程(5.1.8)存在唯一的、适应的、cádlàg 解 $X(t)$,而且 $X(t)$对所有的 t 满足

$$E[|X(t)|^2]<\infty.$$

定义 5.5 当 Lévy 型随机微分方程的解是时间齐次的,即 $\alpha(t,x)=\alpha(x)$、$\beta(t,x)=\beta(x)$且 $\gamma(t,z,x)=\gamma(z,x)$,称这个解为 Lévy 扩散(或者跳跃扩散).

定义 5.6 令 $X(t)\in\mathbf{R}^n$ 为 Lévy 扩散,则定义在函数 $f:\mathbf{R}^n\to\mathbf{R}$ 上的 X 生成子 A 为

$$Af(x)=\lim_{t\to0^+}\frac{E^x[f(X(t))]-f(x)}{t},$$

这里 $E^x[f(X(t))]=E[f(X^x(t))]$,$X^0(t)=x$.

定理 5.7 令 $X(t)$为满足式(5.1.8)的 Lévy 型随机微分方程,令 $f\in C_0^2(\mathbf{R})$,则 $Af(x)$存在且有表示形式

$$f(x)=\sum_{i=1}^n\alpha_i(x)\frac{\partial f}{\partial x_i}(x)+\frac{1}{2}\sum_{i,j=1}^n(\beta\beta^{\mathrm{T}})_{ij}(x)\frac{\partial^2 f}{\partial x_i\partial x_j}(x)+$$

$$\int_{\mathbf{R}_0}\sum_{k=1}^{l}\{f(x+\gamma^k(x,z))-f(x)-\nabla f(x)\gamma^k(x,z)\}v_k(\mathrm{d}z_k).$$

定理 5.8(Lévy 扩散的 Dynkin's 公式) 令 $X(t)\in\mathbf{R}^n$ 为跳跃扩散,$S\subset\mathbf{R}^n$ 为开集,$f\in C^2(s)\cap C(\overline{S})$,$\tau<\infty$为停时.假设下列条件成立:

$$\tau\leqslant\tau_s:=\inf\{t>0;X(t)\notin S\}$$

$$X(\tau)\in\overline{S}\quad \text{a. s.}$$

$$E^x\left[|f(X(\tau))|+\int_0^\tau|Af(X(\tau))|\mathrm{d}t\right]<\infty.$$

则有

$$E^x[f(X(\tau))]=f(x)+E^x\left[\int_0^\tau Af(X(\tau))\mathrm{d}t\right].$$

5.2 随机黏弹波方程解的有限性传播问题

5.2.1 引言

在本节中,我们将讨论方程

$$\begin{cases} u_{tt}(t,x)-\Delta u(t,x)+\int_0^t g(t-s)\Delta u(s,x)\mathrm{d}s+f(u)=\sigma(u)\mathrm{d}W, & x\in D,t\in(0,T), \\ u(t,x)=0, & x\in\partial D,t\in(0,T), \\ u(x,0)=u_0(x),u_t(x,0)=v_0(x), & x\in D. \end{cases} \tag{5.2.1}$$

其中集合 D 是空间 $\mathbf{R}^n$ 具有光滑边界∂D 的有界域,g 为满足双曲性和存在性条件的松弛函数,即:

(G1) $g\geqslant 0\in C^1[0,\infty)$为非增函数且满足

$$\int_0^\infty g(s)\mathrm{d}s=1-l>0.$$

的非增函数.

函数 $f:\mathbf{R}\to\mathbf{R}$ 满足条件:

(A1) f 为连续函数,有 $f(s),s\geqslant 0$,

$$|f(s)|\leqslant C(1+|s|^{p+1}),\forall s\in\mathbf{R}, \tag{5.2.2}$$

其中 p 满足

$$\begin{cases} 0\leqslant p\leqslant \dfrac{2}{n-2},n>2, \\ p\geqslant 0,n=1,2, \end{cases} \tag{5.2.3}$$

$\{W(t,x):t\geqslant 0\}$是概率空间上 H-值 R-Wiener 过程,其方差算子 R 满足 $\mathrm{Tr}R<\infty$.

当 $g(t)=0$ 时,方程(5.2.1)为非线性偏微分方程. Marinelli 和 Quer-Sarsanyons 证明了在概率意义下,有界域$\mathbf{R}^n$ 上,不连续平方可积鞅驱动下的一类随机半线性波动方程弱解的存在性[152]. Barbu 和 Ckner 对 f 附加了更加严格的条件后,通过 Tartar's 能量法证明了带有耗散阻尼项的方程(5.2.1)解的传播速度是有限的[153]. 其结果与 Klein-Gordon 方程解的有限传播速度类似.

当 $g(t)\neq 0$ 时,对于带有记忆项的随机黏弹性波动方程,我们无法再用上述的方法来进行能量估计. 因此,Wei 和 Jiang[33]通过另一种方法研究了方程(5.2.1)当 $\sigma\equiv 1$ 时的问题,证明了方程(5.2.1)解的存在唯一性,得到了解的能量函数衰减估计. 在文献[154]中,Liang 和 Guo 对带有乘法噪声的方程(5.2.1)获得了其渐近稳定性,并扩展了衰减估计. 此外,Liang 和 Guo 也获得了在 Lévy 噪声驱动下方程(5.2.1)全局温和解的存在唯一性.

在本节中,将要证明对方程(5.2.1)概率为 1 的任意解,其传播速度小于或等于 1. 这一

结果在已有的讨论带有记忆项二阶随机发展方程中尚属首次. 在文献[156]中,对确定性Klein-Gordon方程的证明采用了基于Paley-Wiener定理与点参数相结合的方法,然而这一方法对我们目前研究的带有记忆项的方程(5.2.1),已不再适用. 受文献[157]中Tartar's能量法的启发,本节将基于该方法来处理记忆项问题.

5.2.2 预备知识

用$\|\cdot\|$与$\|\nabla\cdot\|$分别表示$H=L^2(D)$与$V=H_0^1(D)$的模,H与V为分别定义了普通内积$(\cdot,\cdot)$与$\langle\cdot,\cdot\rangle$的Hilbert空间. 令$\mathscr{H}=V\times H$,对任意的$U=(u,v)\in\mathscr{H}$,具有范数$\|U\|_{\mathscr{H}}=(\|\nabla u\|^2+\|v\|^2)^{\frac{1}{2}}$.

令$(\Omega,P,\mathscr{F})$是一个完备的概率空间,其中$\{\mathscr{F}_t,t\geqslant 0\}$为给定$\mathscr{F}$的一个$\sigma$代数,$\Omega$表示元素为$\omega$的事件集,$\mathbf{E}(\cdot)$表示对应于概率测度$P$意义下的期望. 设$\{W(t,x):t\geqslant 0\}$是概率空间中的一个具有协方差算子$Q$且满足$\mathrm{Tr}Q<\infty$连续的$H$-值$Q$-Wiener过程. 这意味着$\mathbf{E}W(x,t)=0$且对任意的$\varphi,\psi\in H$,满足

$$\mathbf{E}[(W(t),\varphi)\wedge(W(s),\psi)]=(t\wedge s)(Q\varphi,\psi)$$

此外,设Q有如下形式

$$Qe_i=\lambda_i e_i,i=1,2,\cdots,$$

其中,λ_i是Q的特征值,满足条件$\sum_{i=1}^{\infty}\lambda_i<\infty$. $\{e_i\}$是相应的特征函数且满足$c_0:=\sup_{i\geqslant 1}\|e_i\|_{\infty}<\infty$,($\|\cdot\|_{\infty}$表示无穷范数). 并有

$$W(t,x)=\sum_{i=1}^{\infty}\sqrt{\lambda_i}B_i(t)e_i$$

其中$\{B_i(t)\}$是一维空间中的一列相互独立的标准Brownian运动.

现在我们给出方程(5.2.1)解的定义,详见定义可参阅文献[104,114]. 对于解的定义,我们设

$$(u_0,u_1)\in H_0^1(D)\times L^2(D). \tag{5.2.4}$$

定义5.7[104,114] 在条件(5.2.4)下,u称为方程(5.2.2)在区间$[0,T]$上的一个解,若

$$(u,u_t)\text{是}H_0^1(D)\times L^2(D)\text{值循序可测的}, \tag{5.2.5}$$

$$(u,u_t)\in L^2(\Omega;C([0,T];H_0^1(D)\times L^2(D))), \tag{5.2.6}$$

$$u(0)=u_0,u_t(0)=u_1, \tag{5.2.7}$$

$$u_{tt}-\Delta u+\int_0^t g(t-\tau)\Delta u(\tau)\mathrm{d}\tau+f(u)=\sigma(u)\partial_t W(t,x), \tag{5.2.8}$$

在扰动意义下对几乎所有的ω在$[0,T]\times D$上成立.

注5.2 式(5.2.6)及式(5.2.8)表明对所有的$t\in[0,T]$和$\varphi\in H_0^1(D)$,有如下式子:

$$(u_t(t),\varphi)=(u_1,\varphi)-\int_0^t(\nabla u,\nabla\varphi)\mathrm{d}s-\int_0^t(|u_s|^{q-2}u_s,\varphi)\mathrm{d}s+\int_0^t(|u|^{p-2}u,\varphi)\mathrm{d}s+$$

$$\int_0^t(\int_0^s g(s-\tau)\nabla u(\tau)\mathrm{d}\tau,\nabla\varphi(s))\mathrm{d}s+\int_0^t(\varphi,\sigma(u,u_t,s)\mathrm{d}W_s) \tag{5.2.9}$$

事实上,式(5.2.9)是随机偏微分方程解的定义的常规形式.因此,称 u 是方程(5.2.1)的一个强解.

关于方程(5.2.1)解的存在性分析,首先设 f 满足以下条件:

(A2) 设,对任意的 $N>0$,存在常数 $L_f(N)$ 对所有的 $t\geqslant 0$,$(u,v)\in V$,$\left\|\nabla u\right\|\leqslant N$ 以及 $\left\|\nabla v\right\|\leqslant N$,有式(5.2.10)成立:

$$\left\|f(u)-f(v)\right\|_2^2\leqslant L_f(N)\left\|\nabla(u-v)\right\|^2. \tag{5.2.10}$$

注 5.3[104,114] 易见,当 p 满足式(5.2.3)时,$f(u)=|u|^p u$ 满足条件(A1),(A2).

根据前文对 g 和 f 的假设,我们可以参考文献[104]中的方法,得出方程(5.2.1)的唯一的局部温和解.

定理 5.9 设条件(A1),(A2)以及(G1)成立且$(u_0(x),u_1(x)):\Omega\to\mathscr{H}$是 $\mathscr{F}_0$-可测的.则 $u\in C^1([0,\tau_\infty)\times D;H)\cap C([0,\tau_\infty);V)$是方程(5.2.1)的唯一的局部温和解,且对所有的 $t>0$,$k\in\mathbb{N}$ 有

$$\limsup_{t\to\tau_\infty}\left\|\nabla u\right\|=+\infty$$

$$u(t\wedge\tau_k)=S(t\wedge\tau_k)u_0+\int_0^{t\wedge\tau_k}S(\tau)u_1\mathrm{d}\tau-\int_0^{t\wedge\tau_k}1*S(t\wedge\tau_k-\tau)f(u)\mathrm{d}\tau+I_{\tau_k}(\sigma)(t\wedge\tau_k)$$

其中 τ_∞ 为停时,即:

$$\tau_\infty=\lim_{k\to\infty}\tau_k,\tau_k=\inf\{t\geqslant 0;\left\|\nabla u\right\|\geqslant k\}.$$

$$I_{T_k}(\sigma)(t)\int_0^t 1[0,\tau_k]^{(\tau)}1*s(t-\tau)\sigma(u(\tau\wedge\tau_k),u_t(\tau\wedge\tau_k))\mathrm{d}w(\tau),$$

$S(t)$为下述方程的预解算子

$$u_{tt}-\Delta u+\int_0^t g(t-\tau)\Delta u(\tau)\mathrm{d}\tau=0.$$

此外,若 $u_0\in H^2(D)\cap V$,$u_1\in V$,则方程(5.2.1)的温和解是属于 $C^1([0,\tau_\infty)\times D;H^2(D)\cap V)$的强解.

定义系统(5.2.1)的能量泛函为 $\varepsilon(t)$:

$$\varepsilon(u(t))=\left\|u_t(t)\right\|^2+(1-\int_0^t g(s)\mathrm{d}s)\left\|\nabla u(t)\right\|^2+(g\circ\nabla u)(t),$$

其中

$$(g\circ w)(t)=\int_0^t g(t-s)\left\|w(t)-w(s)\right\|^2\mathrm{d}s.$$

定理 5.10 设条件(A1),(A2)以及(G1)成立,且 $u(0)=(u_0(x),u_1(x)):\Omega\to\mathscr{H}$ 为 $\mathscr{F}_0$-可测.令 u 为问题(5.2.1)的唯一局部温和解,生命跨度 τ_∞,且在概率意义下几乎处处有 $\tau_\infty=\infty$成立.

证明 首先考虑当 $\varepsilon(u(0))<\infty$ 时的情形. 令 $u(t),0<t<\tau_\infty$ 为方程(5.2.1)的最大局部温和解. 定义停时序列:

$$\tau_k=\inf\{t\geqslant 0:\left\|\nabla u\right\|\geqslant k\},k\geqslant 1.$$

由定理5.9知, $\lim\limits_{k\to\infty}\tau_k=\tau_\infty$. 对任意的 $t\geqslant 0$, 当 $k\to\infty$ 时, 我们将证明 $u(t\wedge\tau_k)\to u(t)$, a. s., 因而局部解成为全局解. 最后, 可以证明当 $k\to\infty$ 时, τ_k 以概率1趋于 ∞.

证明的主要困难之一在于方程(5.2.1)的解 u 仅存在有限的生命跨度, 即 $\tau_\infty<\infty$. 为此, 我们固定 $k\in\mathbb{N}$ 并引入下列函数

$$\tilde{f}(t)=1_{[0,\tau_k)}(t)f(u(t\wedge\tau_k)),\tilde{\sigma}(t)=1_{[0,\tau_k)}(t)\sigma(u(t\wedge\tau_k)),t\geqslant 0.$$

易得过程 $\tilde{f}$ 和 $\tilde{\sigma}$ 有界. 现考虑以下线性非齐次随机方程

$$\begin{cases}v_{tt}(t,x)=\Delta v+\int_0^t g(t-s)\Delta v(s)\mathrm{d}s-\tilde{f}(t)+\tilde{\sigma}(t)\partial W(t,x),t>0,\\ v(x,0)=u_0(x),v_t(x,0)=u_1(x).\end{cases}\tag{5.2.11}$$

由文献[3]中的定理3.1知, 方程(5.2.11)存在如下形式的一个唯一全局温和解,

$$v(t)=S(t)u_0+\int_0^t S(\tau)u_1\mathrm{d}\tau-\int_0^t 1*S(t-\tau)\tilde{f}(\tau)\mathrm{d}\tau+\int_0^t 1*S(t-\tau)\tilde{\sigma}(\tau)\mathrm{d}W(\tau),t\geqslant 0.$$

因此停止过程 $v(\cdot\wedge\tau_k)$ 满足

$$\begin{aligned}v(t\wedge\tau_k)=&S(t\wedge\tau_k)u_0+\int_0^{t\wedge\tau_k}S(s)u_1\mathrm{d}s-\\&\int_0^{t\wedge\tau_k}1*S(t\wedge\tau_k-s)\tilde{f}(s)\mathrm{d}s+I_{\tau k}(\tilde{\sigma})(t\wedge\tau_k),t\geqslant 0,\end{aligned}$$

其中,

$$I_{\tau k}(\tilde{\sigma})(t)=\int_0^t 1_{[0,\tau_k)}(s)1*S(t-s)\tilde{\sigma}(s)\mathrm{d}W(s,x).$$

可得[10]

$$\begin{aligned}I_{\tau k}(\tilde{\sigma})(t)&=\int_0^t 1_{[0,\tau_k)}(s)1*S(t-s)\tilde{\sigma}(s)\mathrm{d}W(s,x)\\&=\int_0^t 1_{[0,\tau_k)}(s)1*S(t-s)\sigma(u(t\wedge\tau_k))\mathrm{d}W(s,x)=I_{\tau k}(\sigma)(t),t\geqslant 0.\end{aligned}$$

因此, 当 $k\geqslant 1$ 时, 由定理5.9, 可得

$$\begin{aligned}v(t\wedge\tau_k)&=S(t\wedge\tau_k)u_0+\int_0^{t\wedge\tau_k}S(s)u_1\mathrm{d}s-\int_0^{t\wedge\tau_k}1*S(t\wedge\tau_k-s)\tilde{f}(s)\mathrm{d}s+I_{\tau k}(\tilde{\sigma})(t\wedge\tau_k)\\&=S(t\wedge\tau_k)u_0+\int_0^{t\wedge\tau_k}S(s)u_1\mathrm{d}s-\int_0^{t\wedge\tau_k}1*S(t\wedge\tau_k-s)\tilde{f}(s)\mathrm{d}s+I_{\tau k}(\sigma)(t\wedge\tau_k)\\&=S(t\wedge\tau_k)u_0+\int_0^{t\wedge\tau_k}S(s)u_1\mathrm{d}s+I_{\tau k}(\sigma)(t\wedge\tau_k)-\int_0^{t\wedge\tau_k}1*S\\&\quad(t\wedge\tau_k-s)1_{[0,\tau_k)}(s)f(u(s\wedge\tau_k))\mathrm{d}s\\&=S(t\wedge\tau_k)u_0+\int_0^{t\wedge\tau_k}S(\tau)u_1\mathrm{d}\tau-\int_0^{t\wedge\tau_k}1*S(t\wedge\tau_k-\tau)f(u)\mathrm{d}\tau+I_{\tau k}(\sigma)(t\wedge\tau_k)\end{aligned}$$

$= u(t \wedge \tau_k), \mathbb{P}-\text{a.s.}, t \geqslant 0.$

注意到 Itô 公式仅能应用在强解上，因此我们可以通过构造一个能量函数序列逼近温和解 v 的能量函数，使得相应的强解序列 $\{v_m\}$ 收敛到 v，详细的推导参见定理 5.11 的证明过程. 由此对 $\left\| v_t(t\wedge\tau_k) \right\|^2$ 应用 Itô 公式，可得

$$\left\| v_t(t \wedge \tau_k) \right\|^2 = \left\| u_1 \right\|^2 + \left\| \nabla u_0 \right\|^2 - \left\| \nabla v(t \wedge \tau_k) \right\|^2 + 2\int_0^{t\wedge\tau_k} \langle \int_0^s g(s-r)v(r)\mathrm{d}r, v_t(s) \rangle \mathrm{d}s - 2\int_0^{t\wedge\tau_k} \langle v_t, \tilde{f}(s) \rangle \mathrm{d}s + \int_0^{t\wedge\tau_k} \langle v_t(s), \tilde{\sigma}(s)\mathrm{d}W(s,x) \rangle + \int_0^{t\wedge\tau_k} \mathrm{Tr}(Q^{1/2}\tilde{\sigma}^*(s)\tilde{\sigma}(s)Q^{1/2})\mathrm{d}s. \tag{5.2.12}$$

利用条件(G1)得，

$$\begin{aligned}
\langle \int_0^s g(s-r)v(r)\mathrm{d}r, v_t(s) \rangle &= \int_0^s g(s-r)\int_D \nabla v_t(s)\,\nabla v(r)\mathrm{d}r\mathrm{d}x \\
&= \int_0^s g(s-r)\int_D \nabla v_t(s)(\nabla v(r) - \nabla v(s))\mathrm{d}x\mathrm{d}r + \int_0^s g(s-r)\int_D \nabla v_t(s)\,\nabla v(s)\mathrm{d}x\mathrm{d}r \\
&= -\frac{1}{2}\int_0^s g(s-r)\frac{\mathrm{d}}{\mathrm{d}s}\int_D |\nabla v(r) - \nabla v(s)|^2 \mathrm{d}x\mathrm{d}r + \frac{1}{2}\int_0^s g(r)\frac{\mathrm{d}}{\mathrm{d}s}\int_D |\nabla v(s)|^2 \mathrm{d}x\mathrm{d}r \\
&= \frac{1}{2}\frac{\mathrm{d}}{\mathrm{d}s}\Big(\int_0^s g(r)\mathrm{d}r\left\|\nabla v(s)\right\|^2 - (g\circ\nabla v)(s)\Big) + \frac{1}{2}(g'\circ\nabla v)(s) - \frac{1}{2}g(s)\left\|\nabla v(s)\right\|^2 \\
&\leqslant \frac{1}{2}\frac{\mathrm{d}}{\mathrm{d}s}\Big(\int_0^s g(r)\mathrm{d}r\left\|\nabla v(s)\right\|^2 - (g\circ\nabla v)(s)\Big).
\end{aligned} \tag{5.2.13}$$

即

$$2\int_0^{t\wedge\tau_k} \langle \int_0^s g(s-r)v(r)\mathrm{d}r, v_t(s) \rangle \mathrm{d}s \leqslant \int_0^{t\wedge\tau_k} g(r)\mathrm{d}r \left\| \nabla v(t\wedge\tau_k) \right\|^2 - (g\circ\nabla v)(t\wedge\tau_k). \tag{5.2.14}$$

根据对 $\tilde{f}, \tilde{\sigma}$ 的定义，可得

$$2\int_0^{t\wedge\tau_k} (v_t, \tilde{f}(s))\mathrm{d}s = 2\int_0^{t\wedge\tau_k} (v_t(s), 1_{[0,\tau_k)}(s)f(u(s\wedge\tau_k)))\mathrm{d}s = 2\int_0^{t\wedge\tau_k} (v_t(s), f(u(s)))\mathrm{d}s \tag{5.2.15}$$

及

$$\begin{aligned}
\int_0^{t\wedge\tau_k} \mathrm{Tr}(Q^{1/2}\tilde{\sigma}^*(s)\tilde{\sigma}(s)Q^{1/2})\mathrm{d}s &= \int_0^{t\wedge\tau_k} \sum_{i\in I}(\tilde{\sigma}^*(s)\tilde{\sigma}(s)Q^{1/2}e_i, Q^{1/2}e_i)\mathrm{d}s \\
&= \int_0^{t\wedge\tau_k} \sum_{i\in I}\left\| \tilde{\sigma}^*(s)Q^{1/2}e_i \right\|^2 \mathrm{d}s = c_0^2\,\mathrm{Tr}Q\int_0^{t\wedge\tau_k}\left\| \sigma(u(s)) \right\|^2 \mathrm{d}s.
\end{aligned} \tag{5.2.16}$$

将式(5.2.14)，式(5.2.15)及式(5.2.16)代入式(5.2.12)并对两边同时取期望，可得：

$$\mathbf{E}\varepsilon(v(t\wedge\tau_k)) \leqslant \mathbf{E}\varepsilon(v(0)) - 2\mathbf{E}\int_0^{t\wedge\tau_k}(v_t(s), f(u(s)))\mathrm{d}s + c_0^2\,\mathrm{Tr}Q\mathbf{E}\int_0^{t\wedge\tau_k}\left\| \sigma(u(s)) \right\|^2 \mathrm{d}s, \tag{5.2.17}$$

这里继续利用 $\varepsilon(t)$ 的定义. 由于当 $t<\tau_k$ 时,$v(t)=u(t)$,由公式(5.2.17)得:

$$
\begin{aligned}
\mathbf{E}\varepsilon(u(t\wedge\tau_k)) &\leqslant \mathbf{E}\varepsilon u(0)-2\mathbf{E}\int_0^{t\wedge\tau_k}(u_t(s),f(u(s)))\mathrm{d}s+c_0^2\mathrm{Tr}\mathbf{QE}\int_0^{t\wedge\tau_k}\left\|\sigma(u(s))\right\|^2\mathrm{d}s \\
&\leqslant \mathbf{E}\varepsilon u(0)-2\int_0^t(u_t(s\wedge\tau_k),f(u(s\wedge\tau_k)))\mathrm{d}s+c_0^2\mathrm{Tr}\mathbf{QE}\int_0^t\left\|\sigma(u(s\wedge\tau_k))\right\|^2\mathrm{d}s \\
&\leqslant \mathbf{E}\varepsilon(u(0))-2\mathbf{E}\int_D F(u(s\wedge\tau_k))\mathrm{d}x+2\mathbf{E}\int_D F(u_0)\mathrm{d}x+ \\
&\quad C\int_0^t\mathbf{E}(\left\|\nabla u(s\wedge\tau_n)\right\|^2+\left\|u_t(s\wedge\tau_n)\right\|^2)\mathrm{d}s \\
&\leqslant \mathbf{E}\varepsilon(u(0))-2\mathbf{E}\int_D F(u(t\wedge\tau_k))\mathrm{d}x+2\mathbf{E}\int_D F(u_0)\mathrm{d}x+L_\sigma\int_0^t\mathbf{E}\varepsilon(u(s\wedge\tau_n))\mathrm{d}s.
\end{aligned}
\tag{5.2.18}
$$

其中 $F(s)=\int_0^s f(\tau)\mathrm{d}\tau$,$C$ 为正常数. 由条件(A1)知,当 $s\in\mathbf{R}$ 时有 $F(s)\geqslant 0$. 对式(5.2.18)应用 Gronwall's 不等式可得,对任意 $k\geqslant 1$ 和 $t\geqslant 0$,有

$$
\mathbf{E}\varepsilon(u(t\wedge\tau_k))\leqslant(C_1+\mathbf{E}\varepsilon(u(0)))\mathrm{e}^{\alpha},k\geqslant 1,t\geqslant 0, \tag{5.2.19}
$$

其中 $C_1=2\mathbf{E}\int_D F(u_0)\mathrm{d}x$. 继而有

$$
\begin{aligned}
\mathbf{P}(\{\tau_k<t\}) &= \mathbf{E}1_{\{\tau_k<t\}}=\int_\Omega\frac{\left\|\nabla u(\tau_k)\right\|^2}{\left\|\nabla u(\tau_k)\right\|^2}1_{\{\tau_k<t\}}\mathrm{d}\mathbf{P} \\
&\leqslant \frac{1}{l\left\|\nabla u(\tau_k)\right\|^2}\int_\Omega\varepsilon(u(t\wedge\tau_k))1_{\{\tau_k<t\}}\mathrm{d}\mathbf{P}\leqslant\frac{1}{lk^2}\mathbf{E}\varepsilon(u(t\wedge\tau_k))\leqslant\frac{1}{lk^2}(C_1+\mathbf{E}\varepsilon(u(0)))\mathrm{e}^{\alpha}
\end{aligned}
$$

其中 l 已在(G1)中定义. 由于 $\varepsilon(u(0))<\infty$,上述不等式给出 $\mathbf{P}(\{\tau_k<t\})\leqslant\frac{C_t}{k^2}$,则由 Borel-Cantelli 引理可得 $\mathbf{P}(\{\tau_\infty<t\})=0$ 或在概率意义下几乎处处有 $\tau_\infty=\infty$ 成立.

因此,定理 5.10 在附加条件 $\varepsilon(u(0))<\infty$ 下成立. 事实上,对于确定的初始条件 $u(0)=(u_0(x),u_1(x))\in\mathscr{H}$,我们可以得到问题(5.2.1)的唯一全局温和解. 最后,对于在 $\mathscr{H}$ 上的任意 Borel 概率测度 μ,在文献[11]中给出的初始条件 μ 下,存在式(5.2.1)的一个鞅解. 通过路径的唯一性和改进的 Yamada-Watanabe 定理的适当形式(参见文献[12],定理 2),可获得在每一个 $\mathscr{F}_0$-可测初始条件 $u(0):\Omega\to\mathscr{H}$ 下,方程(5.2.1)的唯一全局温和解.

5.2.3 有限传播路径

在本节中,我们将利用 Tartar 能量方法证明,对于方程(5.2.1)的任意解,其传播速度是有限的. 令 K 是 D 的一个闭子集,用 $d_K(x)$ 表示从 $x\in D$ 到 K 的距离,即

$$d_K(x)=\inf\{|x-y|_d;y\in K\}$$

对任意的 $r>0$ 有:

$$K_r=\{x\in K;d_K(x)\leqslant r\}.$$

对于函数 $\varphi:D\to\mathbf{R}$，令 $\text{support}\{\varphi\}$ 表示集合 $\{x\in D;\varphi(x)\neq 0\}$ 的闭包. 有如下定理：

定理 5.11 设条件(G1)、(A1)成立. 令 $1\leqslant d<\infty$，K 是 D 的一个闭子集. 令 $u(t)$ 为初始条件 $u_0(x)\in V$，$v_0(x)\in H$ 下方程(5.2.1)的任意解，若：

$$\text{support}\{u_0(x)\}\subset K,\text{support}\{v_0(x)\}\subset K, \tag{5.2.20}$$

则

$$\text{support}\{u(x,t)\}\subset K_t,\forall t\geqslant 0,\mathbb{P}-a.s. \tag{5.2.21}$$

证明 定义一个 C_1 函数 ρ 使得：

$$\rho(0)=0,\forall s\leqslant 0,\rho(s)>0,\forall s>0. \tag{5.2.22}$$

$$\rho'(s)\geqslant 0,\forall s\leqslant 0. \tag{5.2.23}$$

$$\sup_{s\geqslant 0}(\rho(s)+\rho'(s))<\infty. \tag{5.2.24}$$

考虑局部能量函数 $\varphi:[0,\infty)\times V\times H\to\mathbf{R}$，有

$$\varphi(t,u,v)=\frac{1}{2}\int_D\rho(d_K(x)-t)$$

$$\left[\left(1-\int_0^t g(s)\mathrm{d}s\right)|\nabla u|^2+|v|^2+\int_0^t g(t-s)|\nabla u(s)-\nabla u(t)|^2\mathrm{d}s\right]\mathrm{d}x.$$

由式(5.2.20)，式(5.2.22)知

$$\varphi(0,u,v)=\varphi(0,u_0,v_0)=0. \tag{5.2.25}$$

值得注意的是，我们只能对方程(5.2.1)的强解应用 Itô 公式，我们可以通过一组能量函数逼近方程(5.2.1)温和解 u 的能量函数，使得相应的强解序列 $\{u_m\}$ 收敛到 u. 设

$$A=-\Delta,R(m;A)=(mI-A)^{-1},$$

则 $D(A)=H^2(D)\cap H_0^1(D)$，$R(m;A)$ 以 $1/m$ 为界. 令

$$u_m(t)=R(m;A)u(t),v_m(t)=R(m;A)v(t),m\geqslant 1.$$

由方程(5.2.1)知，$(u_m(t),v_m(t))$ 满足：

$$\begin{cases}\mathrm{d}u_m(t)=v_m(t)\mathrm{d}t,\\ \mathrm{d}v_m(t)=-Au_m\mathrm{d}t+\int_0^t g(t-\tau)Au_m(\tau)\mathrm{d}\tau\mathrm{d}t-\\ \qquad R(m;A)f(u(t))\mathrm{d}t+R(m;A)\sigma(u)\mathrm{d}W,\\ u_{m0}(x)=R(m;A)u_0(x),v_{m0}(x)=R(m;A)v_0(x).\end{cases} \tag{5.2.26}$$

由于 $u(t)$ 是方程(5.2.1)的解，由定义 5.7 知：

$$u_m(t)\in C([0,T];L^2(\Omega,D(A))),v_m(t)\in C([0,T];L^2(\Omega,V)). \tag{5.2.27}$$

此外，由 Sobolev 嵌入定理和条件(A1)可得，$f(u)\in L^2([0,T];L^2(\Omega\times D))$，即

$$R(m;A)f(u)\in L^2([0,T];L^2(\Omega,D(A))),\forall m\geqslant 1.$$

对 $\varphi(t,u_m,v_m)$ 应用 Itô 公式知：

$$\mathrm{d}\varphi(t,u_m,v_m)=\varphi'_t(t,u_m,v_m)\mathrm{d}t+\langle\varphi'_{u_m}(t,u_m,v_m),v_m\rangle\mathrm{d}t+\langle\varphi'_{v_m}(t,u_m,v_m(t)),v'_m(t)\rangle\mathrm{d}t+$$

$$\frac{1}{2}\sum_{i=1}^{\infty}\lambda_i(\varphi''_{v_mv_m}(t,u_m,v_m)R(m;A)\sigma(u)e_i,R(m;A)\sigma(u)e_i)\mathrm{d}t,t\geqslant 0.$$

联立(5.2.25),(5.2.26)两式有

$$
\begin{aligned}
\varphi(t,u_m,v_m) = & -\frac{1}{2}\int_0^t\int_D \rho'(d_K(x)-s)\Big[\Big(1-\int_0^s g(\tau)\mathrm{d}\tau\Big)\,|\nabla u_m(s)|^2+|v_m(s)|^2+ \\
& \int_0^s g(s-\tau)\,|\nabla u_m(\tau)-\nabla u_m(s)|^2\mathrm{d}\tau\Big]\mathrm{d}x\mathrm{d}s- \\
& \frac{1}{2}\int_0^t\int_D g(s)\rho(d_K(x)-s)\,|\nabla u_m(s)|^2\mathrm{d}x\mathrm{d}s+ \\
& \frac{1}{2}\int_0^t\int_D \rho(d_K(x)-s)\int_0^s g'(s-\tau)\,|\nabla u_m(\tau)-\nabla u_m(s)|^2\mathrm{d}\tau\mathrm{d}x\mathrm{d}s+ \\
& \int_0^t\int_D \rho(d_K(x)-s)\Big(1-\int_0^s g(\tau)\mathrm{d}\tau\Big)\nabla u_m(s)\cdot\nabla v_m(s)\mathrm{d}x\mathrm{d}s- \\
& \int_0^t\int_D \rho(d_K(x)-s)\int_0^s g(s-\tau)(\nabla u_m(\tau)-\nabla u_m(s))\cdot\nabla v_m(s)\mathrm{d}\tau\mathrm{d}x\mathrm{d}s- \\
& \int_0^t\int_D \rho(d_K(x)-s)R(m;A)f(u(s))v_m(s)\mathrm{d}x\mathrm{d}s+ \\
& I_1+I_2+\int_0^t(\rho(d_K(x)-s)v_m,R(m;A)\sigma(u)\mathrm{d}W(s))+ \\
& \frac{1}{2}\sum_{i=1}^{\infty}\lambda_i\int_0^t\int_D \rho(d_K(x)-s)\,|R(m;A)\sigma(u)e_i|^2\mathrm{d}x\mathrm{d}s\,,
\end{aligned}
\tag{5.2.28}
$$

其中

$$
I_1=\int_0^t\int_D \rho(d_K(x)-s)\Delta u_m(s)v_m(s)\mathrm{d}x\mathrm{d}s,
$$

$$
I_2=-\int_0^t\int_D \rho(d_K(x)-s)v_m(s)\int_0^s g(s-\tau)\Delta u_m(\tau)\mathrm{d}\tau\mathrm{d}x\mathrm{d}s.
$$

考虑到

$$
|d_K(x)-d_K(y)|\leqslant|x-y|_d,\ \forall\, x,y\in\mathbf{R}^d
$$

因此可以推出 $d_K\in W^{1,\infty}(\mathbf{R}^d)$ 与

$$
|\nabla d_K(x)|\leqslant 1,\ \text{a. e. } x\in\mathbf{R}^d. \tag{5.2.29}
$$

由 Green 公式知：

$$
\begin{aligned}
I_1 = & -\int_0^t\int_D \rho(d_K(x)-s)\,\nabla u_m(s)\cdot\nabla v_m(s)\mathrm{d}x\mathrm{d}s- \\
& \int_0^t\int_D \rho'(d_K(x)-s)v_m(s)\,\nabla u_m(s)\cdot\nabla d_K(s)\mathrm{d}x\mathrm{d}s,
\end{aligned}
\tag{5.2.30}
$$

$$
\begin{aligned}
I_2 = & \int_0^t\int_D \rho(d_K(x)-s)\int_0^s g(s-\tau)\,\nabla u_m(\tau)\cdot\nabla v_m(s)\mathrm{d}\tau\mathrm{d}x\mathrm{d}s+ \\
& \int_0^t\int_D \rho'(d_K(x)-s)v_m(s)\int_0^s g(s-\tau)\,\nabla u_m(\tau)\cdot\nabla d_K(s)\mathrm{d}\tau\mathrm{d}x\mathrm{d}s \\
= & \int_0^t\int_D \rho(d_K(x)-s)\,\nabla u_m(s)\cdot\nabla v_m(s)\int_0^s g(\tau)\mathrm{d}\tau\mathrm{d}x\mathrm{d}s+ \\
& \int_0^t\int_D \rho(d_K(x)-s)\int_0^s g(s-\tau)(\nabla u_m(\tau)-\nabla u_m(s))\,\nabla v_m(s)\mathrm{d}\tau\mathrm{d}x\mathrm{d}s+
\end{aligned}
$$

$$\int_0^t\int_D\rho'(d_K(x)-s)v_m(s)\int_0^s g(s-\tau)\nabla u_m(\tau)\nabla d_K(s)\mathrm{d}\tau\mathrm{d}x\mathrm{d}s. \tag{5.2.31}$$

将式(5.2.30)和式(5.2.31)代入式(5.2.28)有：

$$\begin{aligned}\varphi(t,u_m,v_m)=&-\frac{1}{2}\int_0^t\int_D\rho'(d_K(x)-s)\Big[(1-\int_0^s g(\tau)\mathrm{d}\tau)\mid\nabla u_m(s)\mid^2+\mid v_m(s)\mid^2+\\&2v_m(s)\nabla u_m(s)\nabla d_K(s)+\int_0^s g(s-\tau)\mid\nabla u_m(\tau)-\nabla u_m(s)\mid^2\mathrm{d}\tau-\\&2v_m(s)\int_0^s g(s-\tau)\nabla u_m(\tau)\nabla d_K(s)\mathrm{d}\tau\Big]\mathrm{d}x\mathrm{d}s-\\&\frac{1}{2}\int_0^t\int_D g(s)\rho(d_K(x)-s)\mid\nabla u_m(s)\mid^2\mathrm{d}x\mathrm{d}s+\\&\frac{1}{2}\int_0^t\int_D\rho(d_K(x)-s)\int_0^s g'(s-\tau)\mid\nabla u_m(\tau)-\nabla u_m(s)\mid^2\mathrm{d}\tau\mathrm{d}x\mathrm{d}s-\\&\int_0^t\int_D\rho(d_K(x)-s)\frac{\partial}{\partial s}R(m;A)F(u(s))\mathrm{d}x\mathrm{d}s+\\&\int_0^t(\rho(d_K(x)-s)v,R(m;A)\sigma(u(s))\mathrm{d}W(s))+\\&\frac{1}{2}\sum_{i=1}^{\infty}\lambda_i\int_0^t\int_D\rho(d_K(x)-s)\mid R(m;A)\sigma(u)e_i\mid^2\mathrm{d}x\mathrm{d}s.\end{aligned} \tag{5.2.32}$$

由条件(G1)和式(5.2.32)可得：

$$\begin{aligned}\varphi(t,u_m,v_m)=&-\frac{1}{2}\int_0^t\int_D\rho'(d_K(x)-s)\Big[(1-\int_0^s g(\tau)\mathrm{d}\tau)\mid\nabla u_m(s)\mid^2+\mid v_m(s)\mid^2+\\&2v_m(s)\nabla u_m(s)\cdot\nabla d_K(s)+\int_0^s g(s-\tau)\mid\nabla u_m(\tau)-\nabla u_m(s)\mid^2\mathrm{d}\tau-\\&2v_m(s)\int_0^s g(s-\tau)\nabla u_m(\tau)\nabla d_K(s)\mathrm{d}\tau\Big]\mathrm{d}x\mathrm{d}s-\\&\int_0^t\int_D\rho(d_K(x)-s)\frac{\partial}{\partial s}R(m;A)F(u(s))\mathrm{d}x\mathrm{d}s+\\&\int_0^t(\rho(d_K(x)-s)v,R(m;A)\sigma(u(s))\mathrm{d}W(s))+\\&\frac{1}{2}\sum_{i=1}^{\infty}\lambda_i\int_0^t\int_D\rho(d_K(x)-s)\mid R(m;A)\sigma(u)e_i\mid^2\mathrm{d}x\mathrm{d}s.\end{aligned} \tag{5.2.33}$$

此外，由条件(G1)和(5.2.29)知：

$$(1-\int_0^s g(\tau)\mathrm{d}\tau)[\mid\nabla u_m(s)\mid^2+\mid v_m(s)\mid^2+2v_m(s)\nabla u_m(s)\cdot\nabla d_k(s)]\geqslant 0, \tag{5.2.34}$$

及

$$\begin{aligned}&\int_0^s g(s-\tau)[\mid\nabla u_m(\tau)-\nabla u_m(s)\mid^2+\mid v_m(s)\mid^2-2v_m(s)(\nabla u_m(\tau)-\\&\quad\nabla u_m(s))\cdot\nabla d_k(s)]\mathrm{d}\tau\geqslant 0\quad \text{a.e.}\quad x\in D,s\geqslant 0.\end{aligned} \tag{5.2.35}$$

当 $x\in D$, $s\geqslant 0$ 时，联立式(5.2.33)～式(5.2.35)并对式(5.2.33)取期望得

$$\mathbf{E}\varphi(t,u_m,v_m) \leqslant \frac{1}{2}\mathbf{E}\sum_{i=1}^{\infty}\lambda_i\int_0^t\int_D \rho(d_K(x)-s)\mid R(m;A)\sigma(u)e_i\mid^2 \mathrm{d}x\mathrm{d}s -$$

$$\mathbf{E}\int_0^t\int_D \rho(d_K(x)-s)\frac{\partial}{\partial s}R(m;A)F(u(s))\mathrm{d}x\mathrm{d}s. \tag{5.2.36}$$

注意到：

$$u_m(t)\to u(t),\text{在 } C([0,T];L^2(\Omega;V)),$$

$$v_m(t)\to v(t),\text{在 } C([0,T];L^2(\Omega;H)),$$

$$R(m;A)f(u)\to f(u),\text{在 } L^2([0,T];L^2(\Omega;H)).$$

则在式(5.2.36)中，令 $m\to\infty$，可得

$$\mathbf{E}\varphi(t,u,v) \leqslant \frac{1}{2}\mathbf{E}\sum_{i=1}^{\infty}\lambda_i\int_0^t\int_D \rho(d_K(x)-s)\mid \sigma(u)e_i\mid^2 \mathrm{d}x\mathrm{d}s -$$

$$\mathbf{E}\int_0^t\int_D \rho(d_K(x)-s)\frac{\partial}{\partial s}F(u(s))\mathrm{d}x\mathrm{d}s. \tag{5.2.37}$$

由条件(A1)知，在 $\mathbf{R}$ 上 $F(s)\geqslant 0$. 此外，由公式(5.2.20)可得，对任意的 $x\in D$，$\rho(d_K(x))F(u_0)\equiv 0$，则式(5.2.37)可化为：

$$\mathbf{E}\varphi(t,u,v) \leqslant \frac{1}{2}\mathbf{E}\sum_{i=1}^{\infty}\lambda_i\int_0^t\int_D \rho(d_K(x)-s)\mid \sigma(u)e_i\mid^2 \mathrm{d}x\mathrm{d}s. \tag{5.2.38}$$

由于 $\mathrm{Tr}Q<\infty$，$c_0:=\sup_{i\geqslant 1}\left\|e_i\right\|_\infty<\infty$，由式(5.2.38)可知，对任意的 $t\geqslant 0$ 有

$$\mathbf{E}\varphi(t,u,v) \leqslant C\int_0^t \mathbf{E}\varphi(s,u(s),v(s))\mathrm{d}s.$$

由于 $t\mapsto\varphi(t,u,v)$是在概率意义下几乎处处连续的，利用 Gronwall's 不等式可得，对任意的 $t\geqslant 0$ 有

$$\varphi(t,u,v)=0,t\geqslant 0,\mathbb{P}-\text{a. s.}$$

此外，对 $\forall\, t\geqslant 0$，$\mathbb{P}$—a. s. 有：

$$\rho(d_K(x)-t)\left[\left(1-\int_0^t g(s)\mathrm{d}s\right)\mid\nabla u\mid^2+\mid v\mid^2+\int_0^t g(t-s)\mid\nabla u(s)-\nabla u(t)\mid^2\mathrm{d}s\right]=0, \tag{5.2.39}$$

其中 $\mathrm{d}x$—a. e. $x\in D$. 注意到式(5.2.22)及 $u(t)\in V$，若 $\mathrm{d}x$—a. e. $x\in D$，则在$\{t<d_K(x)\}$上：$u(t,x)=0$，这也就意味着式(5.2.21)成立.

注 5.4 要指出的是，定理 5.1 并未确定方程(5.2.1)的解满足式(5.2.20)，仅指出它的解具有有限速度传播性质. 换句话说式(5.2.21)意味着解在 t 时刻的波前在集合 K 的邻域 K_t 上. 即方程(5.2.1)的任意解以概率 1 具有小于或等于 1 的传播速度. 方程(5.2.1)的解 $u(t)$在锥体$\{(t,x)\in(0,\infty)\times D;d_K(x)\leqslant t\}$上有支集.

注 5.5 从式(5.2.27)可知，对于具有非线性耗散阻尼的随机黏弹性波动方程(5.2.1)，也就是下列方程：

$$u_{tt}-\Delta u+\int_0^t g(t-s)\Delta u(s)\mathrm{d}s+f(u)+h(u_t)=\sigma(u)\mathrm{d}W, \tag{5.2.40}$$

其中 h 是满足多项式增长条件的单调非减的 C^1 函数，定理 5.11 仍成立. 除了方程(5.2.40)解的存在性问题，我们注意到能量方程(5.2.32)额外增加了一项，

$$-\int_0^t\int_D\rho(d_K(x)-s)v_m h(v_m)\mathrm{d}s\mathrm{d}x,$$

由于该项是非负的，因而可以完成前面的定理证明.

5.3 非高斯 Lévy 过程驱动的随机黏弹性波方程的不变测度

5.3.1 引言

众所周知，黏弹性材料表现出天然的阻尼，这是由于这些材料的特殊性质，具有记忆性. 从数学的角度来看，这些阻尼效应可以由积分微分算子模拟. 举一个简单的例子黏弹性膜方程，如下所示，

$$\begin{cases}u_{tt}+\Delta u+\int_0^t g(t-s)div(a(x)\nabla u)\mathrm{d}s+f(t,u,u_t)=0, & (x,t)\in D\times(0,T),\\ u(x,t)=0, & (x,t)\in\partial D\times(0,T),\\ u(x,0)=u_0(x),u_t(x,0)=u_1(x), & x\in D.\end{cases}\tag{5.3.1}$$

它描述了一种黏弹性材料，其中 $u(x,t)$ 表示材料颗粒 x 在 t 时刻的位置，g 是松弛函数. 许多科研工作者对方程(5.3.1)解的性质进行了深入的研究 (见[94,99,160,93]). 对于阻尼项为零($f(t,u,u_t)=f(t,u)$)的情况，Dafermos[94] 证明了随着时间的推移黏弹性方程的解趋于零. 不幸的是，没有获得明确的显式速率. Rivera[99] 基于二阶估计，得到了具有记忆的线性黏弹性系统的解的均匀衰减率. 对于部分黏弹性的情况，Rivera 和 Salvatierra[160] 证明，当 g 呈指数衰减时，解的能量呈指数衰减. 另一方面，Cavalcanti 和 Oquendo[93] 研究了具有非线性和局部摩擦阻尼的非线性方程，并证明了能量的指数和多项式衰减率. 在这些论文中，对一些扰动能量的衰变估计证明的主要工具是 Lyapunov 方法，并辅之以 Komornik 和 Zuazua [161] 引入的方法. 最近，Alalau-Boussouira 等[162] 提出了一般二阶积分微分方程能量衰减估计的统一方法. 关于问题(5.3.1)解的渐近衰减的更多细节，可参考[12,105,107,108,163,164]及其中的参考文献.

在本节中，我们要考虑随机外力对方程(5.3.1)的影响. 首先介绍 Lévy 过程的一些基本符号. 令$(\Omega,\mathscr{F},(\widetilde{\mathscr{F}}_t)_{t\geqslant 0},\mathbf{P})$是一个滤过的完备概率空间，$\widetilde{N}(\mathrm{d}z,\mathrm{d}t):=N(\mathrm{d}z,\mathrm{d}t)-\pi(\mathrm{d}z)\mathrm{d}t$ 表示当 $Z=\mathbf{R}^m(m\in N)$时，$(Z,B(Z))$上特征测度为 $\pi(\cdot)$Poisson 随机测度 $N:B(Z\times[0,\infty))\times\Omega\to N\cup\{0\}$的补偿 Poisson 随机测度，其中特征测度 $\pi(\cdot)$满足

$$\pi(\{0\})=0,\int_Z 1\wedge|z|^2\pi(\mathrm{d}z)<\infty.\tag{5.3.2}$$

根据式(5.3.2)，对 $Z_1=\{z\in Z;|z|\leqslant 1\}$，定义

$$\bar{\theta}=\int_{Z_1}|z|^2\pi(\mathrm{d}z),\underline{\theta}=\pi(Z\backslash Z_1). \tag{5.3.3}$$

受气动弹性(由气动力激发的弹性面板的大幅度振动)引起的问题的启发,我们考虑具有非高斯 Lévy 噪声扰动的随机黏弹性波动方程:

$$\begin{cases}u_{tt}(t,x)-\Delta u+\int_0^t g(t-\tau)\Delta u(\tau)\mathrm{d}\tau+\kappa u_t(t,x)\\ =\int_{Z_1}a(u(t-,x),z)\widetilde{N}(\mathrm{d}z,\mathrm{d}t)+\int_{Z\backslash Z_1}b(u(t-,x),z)N(\mathrm{d}z,\mathrm{d}t), & x\in D,t\in(0,T),\\ u(x,t)=\dfrac{\partial u}{\partial v}=0, & x\in\partial D,t\in(0,T),\\ u(x,0)=u_0(x),u_t(x,0)=v_0(x), & x\in D.\end{cases} \tag{5.3.4}$$

其中 D 是 $\mathbf{R}^d$ 中的光滑边界的有界域∂D,$\frac{\partial}{\partial v}$是外法向导数,$\kappa>0$ 表示阻尼系数,随机测度 $\widetilde{N}(\mathrm{d}z,\mathrm{d}t):=N(\mathrm{d}z,\mathrm{d}t)-\pi(\mathrm{d}z)\mathrm{d}t$ 表示通过 $N(\mathrm{d}z,\mathrm{d}t)$补偿器的补偿 Poisson 随机测度. 此外,函数 $g,a:\mathbf{R}\times Z_1\rightarrow\mathbf{R}$ 和 $b:\mathbf{R}\times Z\backslash Z_1\rightarrow\mathbf{R}$ 是正则函数,详细定义将在后面给出说明.

本节主要研究扰动问题(5.3.4),其中方程包含了一个比在文献[155]中考虑得更广泛的一般非 Gauss-Lévy 噪声. 与随机波相比,记忆项$\int_0^t g(t-s)\Delta u(s)\mathrm{d}s$ 给这个问题求解带来了困难. 与文献[155] 相比,它具有更广泛的扰动. 我们使用了文献[134]中的拉回法证明了方程(5.3.4)弱解的局部存在性. 特别地,在证明弱解的存在性和唯一性的过程中,我们并没有对 Lévy 测度做任何假设,这是比温和解概念更强的形式. 此外,文献[155]中主要考虑利用 Lyapunov 函数法分析了指数稳定性. 在本节中,我们主要证明了在温和条件下与过渡半群有关的唯一不变测度的存在性.

5.3.2 预备知识

首先,介绍一下在本节中使用的一些符号. 令 $H=L^2(D)$表示具有内积$(\cdot,\cdot)$和范数$\|\cdot\|$的 L^2空间. 令 V 表示 Sobolev 空间 $H_0^1(D)$,那么可以对任意的 $\varphi\in V$,装备范数$\|\varphi\|_V=\|\nabla\varphi\|$. 对于任意的 $U=(u,v)^{\mathrm{T}}\in\mathscr{H}$,令 $\mathscr{H}=V\times H$ 表示具有范数$\|U\|_{\mathscr{H}}=(\|\nabla u\|^2+\|v\|^2)^{\frac{1}{2}}$的空间,对于函数 g,a 和 b 给出如下假设:

(G1) $g\in C^1[0,\infty)$是一个满足

$$1-\int_0^\infty g(s)\mathrm{d}s=l>0$$

的非负递减函数.

(G2) 存在一个正常数 $\alpha>0$ 使得

$$g'(t)\leqslant-\alpha g(t),\forall t\geqslant 0.$$

(G3) $a:\mathbf{R}\times Z\to\mathbf{R}$ 是一个测度，且存在一个正常数 $L_a>0$ 使得

$$a(0,z)\equiv 0,$$
$$|a(r_1,z)-a(r_2,z)|^2\leqslant L_a|r_1-r_2|^2|z|^2.$$

(G4) $b:\mathbf{R}\times Z\backslash Z_1\to\mathbf{R}$ 是可测的，且存在一个正常数 $L_b>0$ 使得

$$b(0,z)\equiv 0,$$
$$|b(r_1,z)-b(r_2,z)|^2\leqslant L_b|r_1-r_2|^2|z|^p,\ p\geqslant 2.$$
$$\theta_p=\int_{Z\backslash Z_1}|z|^p\pi(\mathrm{d}z)<\infty.$$

注 5.6 对于假设(G3)和(G4)中的函数 a 和 b，不妨取 $a(r,z)=b(r,z)=\sigma(r)z$，其中 $\sigma:\mathbf{R}\to\mathbf{R}$ 是一个 Lipschitzian 映射，其中 Lipschitzian 系数为 $\sqrt{L_a}$ 且 $\sigma(0)=0$. 在这种情况下，问题(5.3.4)中的扰动可以改写为

$$\sigma(u(t))dN_t,$$

其中 $(N_t)_{t\geqslant 0}$ 由下式给出

$$N_t=\int_0^t\int_{Z_1}z\widetilde{N}(\mathrm{d}z,\mathrm{d}s)+\int_0^t\int_{Z\backslash Z_1}zN(\mathrm{d}z,\mathrm{d}s).$$

注意到 $\widetilde{N}(\mathrm{d}z,\mathrm{d}t)=N(\mathrm{d}z,\mathrm{d}t)-\pi(\mathrm{d}z)\mathrm{d}t$，$N$ 是一个随机测度，结合式(5.3.2)可得，

$$\mathbf{E}[e^{i\theta N_t}]=\exp[t(i\theta\lambda+\int_Z(e^{i\theta z}-1-i\theta z1_{|z|<1})\pi(\mathrm{d}z))],\tag{5.3.5}$$

其中 λ 是 Poisson 跳跃度. 利用 Lévy-Khintchine 定理(参见 Sato[147])，得到 $(N_t)_{t\geqslant 0}$ 是一个 Lévy 测度.

众所周知，方程(5.3.4)相当于下面的 Itô 系统

$$\begin{cases}\mathrm{d}u=v\mathrm{d}t,\\ \mathrm{d}v=(\Delta u-\int_0^t g(t-s)\Delta u(s)\mathrm{d}s-\kappa v)\mathrm{d}t+\int_{Z_1}a(u(t-),z)\widetilde{N}(\mathrm{d}z,\mathrm{d}t)+\\ \qquad\int_{Z\backslash Z_1}b(u(t-),z)N(\mathrm{d}z,\mathrm{d}t),\\ u(x,0)=u_0(x),v(x,0)=v_0(x).\end{cases}\tag{5.3.6}$$

令

$$\Lambda=\begin{pmatrix}0 & I\\ \Delta & -\kappa I\end{pmatrix},$$

$G(U(t))=$

$$\begin{pmatrix}0\\ -\int_0^t g(t-s)\Delta u(s)\mathrm{d}s+\int_{Z_1}a(u(t-),z)\widetilde{N}(\mathrm{d}z,\mathrm{d}t)+\int_{Z\backslash Z_1}b(u(t-),z)N(\mathrm{d}z,\mathrm{d}t)\end{pmatrix}.$$

那么式(5.3.6)可以被视为一个随机微分方程

$$\begin{cases}\mathrm{d}U(t)=\Lambda U(t)\mathrm{d}t+G(U(t))\mathrm{d}t,\\ U(0)=u(0).\end{cases}\tag{5.3.7}$$

因此，我们给出问题(5.3.4)的解的定义.

定义 5.8 称初值为 $U(0)=(u_0(x),v_0(x))^{\mathrm{T}}\in\mathscr{H}$ 的 $\mathscr{H}$ 值 $(\widetilde{F}_t)_{t\geqslant 0}$ 自适应过程 $U(t)=(u,v)^{\mathrm{T}}$ 为问题(5.3.4)的弱解. 若它满足以下两个条件:

(1) 对于每个 $T>0$, $U\in C([0,T];V)\times\mathbb{D}([0,T];H)$, $\mathbb{P}$—a. s, 其中 $\mathbb{D}([0,T];H)$ 表示所有 RCLL$(\widetilde{F}_t)_{t\geqslant 0}$ 自适应随机过程的空间.

(2) 对于所有的检验对 $\varphi=(\varphi_1,\varphi_2)^{\mathrm{T}}\in D(\Lambda^*)$, 对 $t\geqslant 0$, 几乎处处成立

$$(U(t),\varphi)=(U(0),\varphi)+\int_0^t(U(s),\Lambda^*\varphi)\mathrm{d}s+\int_0^t(G(U(t)),\varphi)\mathrm{d}s,$$

其中 Λ^* 表示 Λ 的伴随算子, $D(\Lambda^*)$ 是其定义域.

基于 g 和 a 的假设，可以得到基于补偿 Poisson 随机测度的随机方程的唯一的全局温和解，

$$\begin{cases}\mathrm{d}u=v\mathrm{d}t,\\ \mathrm{d}v=(\Delta u-\int_0^t g(t-s)\Delta u(s)\mathrm{d}s-\kappa v)\mathrm{d}t+\int_{Z_1}a(u(t-),z)\widetilde{N}(\mathrm{d}z,\mathrm{d}t),\\ u(x,0)=u_0(x),v(x,0)=v_0(x).\end{cases}\tag{5.3.8}$$

定理 5.12(见[155]中定理 5.4.14) 设函数 g 和 a 满足条件(G1),(G3)且 $(u_0,u_1)\in V\times H$, 则系统(5.3.8)存在唯一的全局弱解.

定理 5.13 假设条件(G1),(G2)和(G4)成立. 那么对于任意 $U(0)=(u_0(x),v_0(x))\in\mathscr{H}$, 式(5.3.4)存在唯一的弱解 $U(t)=(u(t),v(t))_{t\geqslant 0}$.

证明 从式(5.3.2)可知, $\pi(Z\backslash Z_1)<\infty$. 因此, $(N(Z\backslash Z_1\times[0,t]))_{t\geqslant 0}$ 的过程在 $\mathbf{R}^+$ 的每个有限区间内只有有限次跳跃，即存在单调递增的跳跃时间序列 $0<\tau_1<\tau_2<\cdots<\tau_n<\cdots$. 此外，可以用一个 $\mathbf{R}^+$ 上的可数子集 D_p 为定义域的 Z 值点过程 $(p(t))_{t\geqslant 0}$ 来表示 $(N(A\times[0,t]))_{(A,t)\in B(Z\backslash Z_1)\times\mathbf{R}^+}$, 即当 $t>0$, $A\in B(Z\backslash Z_1)$ 时，

$$N(A\times[0,t])=\sum_{s\in D_p,s\leqslant t}1_A(p(s))\tag{5.3.9}$$

因此，当 $k=1,2,\cdots$, $\tau_k\in\{t\in D_p;p(t)\in Z\backslash Z_1\}$ 时，可知 τ_k 是一个 $(\widetilde{\mathscr{F}}_t)_{t\geqslant 0}$ 停时，且当 $k\to\infty$ 时, $\tau_k\to\infty$. 对于每个 $T\in(0,\tau_1)$, 由定理 5.12, 在 $[0,\tau_1)$ 上，方程(5.3.8)存在唯一的弱解 $U^0(t)\in C([0,T];V)\times\mathbb{D}([0,T];H)$. 构建下式

$$U^1(t)=\begin{cases}U^0(t),t\in[0,\tau_1),\\ U^0(\tau_1-)+\begin{pmatrix}0\\ b(u(\tau_1-),p(\tau_1))\end{pmatrix}^{\mathrm{T}},t=\tau_1.\end{cases}$$

那么 $(U^1(t))_{0\leqslant t\leqslant\tau_1}$ 是时间段 $[0,\tau_1]$ 中(5.3.8)唯一的解. 此外，定义

$$\begin{cases}\widetilde{U}_0^1=U^1(\tau_1),\\ \widetilde{p}(t)=p(t+\tau_1),\\ D_{\widetilde{p}}=\{t\geqslant 0;t+\tau_1\in D_p\},\\ \widetilde{\mathscr{F}}_t=\widetilde{\mathscr{F}}_{\tau_1+t}.\end{cases}$$

注意到 $\tau_2-\tau_1\in\{t\in D_{\tilde{p}},\tilde{p}(t)\in Z\backslash Z_1\}$，那么可以用类似于构造 $(U^1(t))_{0<t\leqslant\tau_1}$ 的方法构造一个过程 $(\widetilde{U}^1(t))_{0<t\leqslant\tau_2-\tau_1}$. 令

$$U^2(t)=\begin{cases}U^1(t),t\in[0,\tau_1],\\ \widetilde{U}^1(t-\tau_1),t\in[\tau_1,\tau_2].\end{cases}$$

那么 $U^2(t)$ 是时间段 $[0,\tau_2]$ 中式(5.3.4)的唯一弱解. 因此，唯一的全局弱解的存在性可继续由以下证明完成.

5.3.3 不变测度

在本节中，将研究一个瞬态半群 $(S_t)_{t\geqslant0}$ 的唯一不变测度的存在性，半群 $(S_t)_{t\geqslant0}$ 定义为

$$S_t\Phi((u_0,v_0))=\mathbf{E}[\Phi(U_t^0((u_0,v_0)))],(u_0,v_0)\in\mathscr{H},\Phi\in C_b(\mathscr{H}),\tag{5.3.10}$$

其中 $U_t^0((u_0,v_0))=(u_t^0(u_0),v_t^0(v_0))$ 表示初值为 $(u_0,v_0)\in\mathscr{H}$ 时，问题(5.3.4) 的弱解. 关于 $U_t^0((u_0,v_0))$ 的 Markov 性质，可参考 Applebaum[129].

为了建立 $(S_t)_{t\geqslant0}$ 的不变量，令

$$\delta_0=\min\left\{\frac{\lambda_1}{2\kappa},\frac{\kappa}{4},\frac{\alpha}{2}\right\},\tag{5.3.11}$$

其中 λ_1 是齐次 Dirichlet 边界条件下 $-\Delta$ 的第一个特征值，κ 是阻尼系数，α 由(G2)给定. 将 $\rho_\delta(t)=\delta u(t)+v(t)$ 和弱解 $(U(t))_{t\geqslant0}=(u(t),v(t))_{t\geqslant0}$ 代入到式(5.3.4). 由式(5.3.4)，过程 $(\rho_\delta(t))_{t\geqslant0}$ 是一个的 RCLL $(\widetilde{F}_t)_{t\geqslant0}$ 自适应半鞅，且满足下述动力系统

$$\begin{cases}\mathrm{d}\rho_\delta(t)=(\delta-\kappa)\rho_\delta(t)\mathrm{d}t-[\delta(\delta-\kappa)-\Delta]u(t)\mathrm{d}t-\int_0^t g(t-s)\Delta u(s)\mathrm{d}s+\\ \qquad\int_{Z_1}a(u(t-),z)\widetilde{N}(\mathrm{d}z,\mathrm{d}s)+\int_{Z\backslash Z_1}b(u(t-),z)N(\mathrm{d}z,\mathrm{d}s),\quad t>0,\\ \rho_\delta(0)=\delta u_0+u_1,\end{cases}\tag{5.3.12}$$

那么可以在 $\mathscr{H}$ 上定义能量函数，

$$\varepsilon^\delta(u(t))=\left\|\rho_\delta(t)\right\|_2^2+(1-\int_0^t g(s)\mathrm{d}s)\left\|\nabla u\right\|_2^2+(g\circ\nabla u)(t),$$

其中

$$(g\circ w)(t)=\int_0^t g(t-s)\left\|w(t)-w(s)\right\|^2\mathrm{d}s.$$

引理 5.1 假设条件(G1)和(G2)成立. 如果 $l>\frac{5}{6}$ 且 L_a,L_b,κ 满足

$$\frac{2\bar{\theta}L_a+4\theta_pL_b}{\lambda_1}<\delta_0,\kappa>\theta_p.\tag{5.3.13}$$

则在条件(G3)～条件(G4)下存在正常数 $\delta\leqslant\delta_0$ 和 $\lambda=\lambda(\delta)$ 使得

$$\varepsilon^\delta(u(t),v(t))\leqslant\varepsilon^\delta(u_0,v_0)-\lambda\int_0^t\varepsilon^\delta(u(s),v(s))\mathrm{d}s+M_t,$$

其中$(M_t)_{t\geqslant 0}$是一个均值为零的 RCLL $(\widetilde{F}_t)_{t\geqslant 0}$-鞅,具体见下式

$$M_t=\int_0^t\int_{Z_1}\left[\left\|\rho_\delta(s-)+a(u(s-),z)\right\|^2-\left\|\rho_\delta(s-)\right\|^2\right]\widetilde{N}(\mathrm{d}z,\mathrm{d}s)+$$
$$\int_0^t\int_{Z\setminus Z_1}\left[\left\|\rho_\delta(s-)+b(u(s-),z)\right\|^2-\left\|\rho_\delta(s-)\right\|^2\right]\widetilde{N}(\mathrm{d}z,\mathrm{d}s),t\geqslant 0.$$

证明 对于任意的正数$\delta\leqslant\delta_0$,对$\left\|\rho_\delta(t)\right\|^2$应用 Itô 公式,可得

$$\begin{aligned}\left\|\rho_\delta(t)\right\|^2+\left\|\nabla u(t)\right\|^2=&\left\|\delta u_0+v_0\right\|^2+\left\|\nabla u_0\right\|^2-2\delta(\delta-\kappa)\int_0^t(u(s),\rho_\delta(s))\mathrm{d}s-2\delta\int_0^t\left\|\nabla u\right\|^2\mathrm{d}s+\\&2(\delta-\kappa)\int_0^t\left\|\rho_\delta(s)\right\|^2\mathrm{d}s-2\int_0^t(\rho_\delta(s),\int_0^s g(s-\xi)\Delta u(\xi)\mathrm{d}\xi)\mathrm{d}s+\\&\int_0^t\int_{Z_1}\left\|a(u(s),z)\right\|^2\pi(\mathrm{d}z)\mathrm{d}s+\int_0^t\int_{Z\setminus Z_1}\left[\left\|b(u(s),z)\right\|^2+\right.\\&\left.2\langle\rho_\delta(s),b(u(s),z)\rangle\right]\pi(\mathrm{d}z)\mathrm{d}s+M_t.\end{aligned}\tag{5.3.14}$$

利用 Poincare 和 Cauchy-Schwartz 不等式,并考虑$\delta\leqslant\delta_0$,有

$$\begin{aligned}&\delta(\kappa-\delta)(\rho_\delta(s),u(s))-(\kappa-\delta)\left\|\rho_\delta(s)\right\|_2^2-\delta\left\|\nabla u(s)\right\|_2^2\\&\leqslant\delta(\kappa-\delta)\frac{\sqrt{2\delta}}{\sqrt{\lambda_1}}\left\|\nabla u(s)\right\|_2\frac{1}{\sqrt{2\delta}}\left\|\rho_\delta(s)\right\|_2-(\kappa-\delta)\left\|\rho_\delta(s)\right\|_2^2-\delta\left\|\nabla u(s)\right\|_2^2\\&\leqslant\delta(\kappa-\delta)\left(\frac{\delta}{\lambda_1}\left\|\nabla u(s)\right\|_2^2+\frac{1}{4\delta}\left\|\rho_\delta(s)\right\|_2^2\right)-(\kappa-\delta)\left\|\rho_\delta(s)\right\|_2^2-\delta\left\|\nabla u(s)\right\|_2^2\\&\leqslant-\delta\left(1-\frac{\kappa\delta}{\lambda_1}\right)\left\|\nabla u(s)\right\|_2^2-\frac{3(\kappa-\delta)}{4}\left\|\rho_\delta(s)\right\|_2^2\\&\leqslant-\frac{1}{2}\delta\left\|\nabla u(s)\right\|_2^2-\frac{\kappa}{2}\left\|\rho_\delta(s)\right\|_2^2.\end{aligned}\tag{5.3.15}$$

应用(G1),(G2),有

$$\begin{aligned}&-2\int_0^t(\rho_\delta(s),\int_0^s g(s-\xi)\Delta u(\xi)\mathrm{d}\xi)\mathrm{d}s\\&=2\delta\int_0^t\int_0^s g(s-\xi)\int_D\nabla u(\xi)\nabla u(s)\mathrm{d}x\mathrm{d}\xi\mathrm{d}s+2\int_0^t\int_0^s g(s-\xi)\int_D\nabla u(\xi)\nabla v(s)\mathrm{d}x\mathrm{d}\xi\mathrm{d}s\\&=2\delta\int_0^t\int_0^s g(\xi)\mathrm{d}\xi\left\|\nabla u(s)\right\|^2\mathrm{d}s+2\delta\int_0^t\int_0^\xi g(s-\xi)\int_D(\nabla u(\xi)-\nabla u))\nabla u(s)\mathrm{d}x\mathrm{d}\xi\mathrm{d}s+\\&\quad 2\int_0^t\int_0^s g(\xi)\mathrm{d}\xi\int_D\nabla u(s)\nabla v(s)\mathrm{d}x\mathrm{d}s+2\int_0^t\int_0^s g(s-\xi)\int_D(\nabla u(\xi)-\nabla u(s))\nabla v(s)\mathrm{d}x\mathrm{d}\xi\mathrm{d}s\\&=3\delta\int_0^t\int_0^s g(\xi)\mathrm{d}\xi\left\|\nabla u(s)\right\|^2\mathrm{d}s+\delta\int_0^t(g\circ\nabla u)(s)\mathrm{d}s+\int_0^t\int_0^s g(\xi)\mathrm{d}\xi\frac{\mathrm{d}}{\mathrm{d}s}\int_D|\nabla u(s)|^2\mathrm{d}x\mathrm{d}s-\\&\quad\int_0^t\int_0^s g(s-\xi)\frac{\mathrm{d}}{\mathrm{d}s}\int_D|\nabla u(\xi)-\nabla u(s)|^2\mathrm{d}x\mathrm{d}\xi\\&=3\delta\int_0^t\int_0^s g(\xi)\mathrm{d}\xi\left\|\nabla u(s)\right\|^2\mathrm{d}s+\delta\int_0^t(g\circ\nabla u)(s)\mathrm{d}s+\int_0^t g(s)\mathrm{d}s\left\|\nabla u(t)\right\|^2-\\&\quad\int_0^t g(s)\left\|\nabla u(s)\right\|^2\mathrm{d}s-(g\circ\nabla u)(t)+\int_0^t(g'\circ\nabla u)(s)\mathrm{d}s\end{aligned}$$

$$\leqslant 3\delta(1-l)\int_0^t \left\|\nabla u(s)\right\|^2 ds + (\delta-\alpha)\int_0^t (g\circ\nabla u)(s)ds + \int_0^t g(s)ds\left\|\nabla u(t)\right\|^2 - (g\circ\nabla u)(t). \tag{5.3.16}$$

将式(5.3.15),式(5.3.16)带入式(5.3.14),且考虑 $l>\frac{5}{6}$,可得

$$\begin{aligned}&\left\|\rho_\delta(t)\right\|^2 + (1-\int_0^t g(s)ds)\left\|\nabla u(t)\right\|^2 + (g\circ\nabla u)(t)\\ &\quad\leqslant \left\|\delta u_0 + v_0\right\|^2 + \left\|\nabla u_0\right\|^2 - \\ &\quad\quad \int_0^t\left[\frac{1}{2}\delta\left\|\nabla u(s)\right\|^2 + \delta(g\circ\nabla u)(s) + \kappa\left\|\rho_\delta(s)\right\|^2\right]ds + \int_0^t\int_{Z_1}\left\|a(u(s),z)\right\|^2\pi(dz)ds + \\ &\quad\quad \int_0^t\int_{Z\setminus Z_1}\left[\left\|b(u(s),z)\right\|^2 + 2\langle\rho_\delta(s), b(u(s),z)\rangle\right]\pi(dz)ds + M_t.\end{aligned} \tag{5.3.17}$$

根据条件(G3)和条件(G4),可得

$$\int_{Z_1}\left\|a(u(s),z)\right\|^2\pi(dz) \leqslant \frac{\bar{\theta}L_a}{\lambda_1}\left\|\Delta u(t)\right\|^2 \tag{5.3.18}$$

及

$$\left|\int_{Z\setminus Z_1}\left[\left\|b(u(t),z)\right\|^2 + 2\langle\rho_\delta(s), b(u(s),z)\rangle\right]\pi(dz)\right| \leqslant \frac{2\theta_p L_b}{\lambda_1}\left\|\Delta u(t)\right\|^2 + \theta_p\left\|\rho_\delta(t)\right\|^2. \tag{5.3.19}$$

由式(5.3.13),我们可以选择一个正实数 $\delta\in\left(\frac{\bar{\theta}L_a + 2\theta_p L_b}{\lambda_1}, \delta_0\right]$,那么由式(5.3.17)可得

$$\varepsilon^\delta(u(t),v(t)) \leqslant \varepsilon^\delta(u_0,v_0) - \lambda\int_0^t \varepsilon^\delta(u(s),v(s))ds + M_t,$$

其中

$$\lambda = \min\left(\delta - \frac{2\bar{\theta}L_a + 4\theta_p L_b}{\lambda_1}, \kappa - \theta_p\right] > 0.$$

注 5.7 值得注意的是,参数 δ_0 依赖于参数 κ,可以选择适当的 L_a 和 L_b(至少当它们足够小时)使得

$$\theta_p \vee \sqrt{2\lambda_1} < \frac{\lambda_1^2}{2\bar{\theta}L_a + 4\theta_p L_b},$$

且令

$$\kappa\in\left(\theta_p\vee\sqrt{2\lambda_1}, \frac{\lambda_1^2}{2\bar{\theta}L_a + 4\theta_p L_b}\right),$$

则式(5.3.11)和式(5.3.13)就可以同时成立,从而定理得证.

接下来采用文献[50]中 Chow 介绍的方法来讨论本节的主要结果,即

定理 5.14 在引理 5.1 的条件下,由(5.3.10)定义的瞬态半群 $(S_t)_{t\geqslant 0}$,在 $(\mathscr{H}, \mathscr{B}(\mathscr{H}))$ 上存在一个唯一的不变测度 $\mu(\cdot)$.

证明 为了将方程(5.3.4)的时域扩展到整个实数域 $\mathbf{R}$,当 $t\geqslant 0$ 时,令

$(\overline{N}(A\times[0,t]))_{A\in\mathscr{B}(Z)}$ 是 Poisson 随机测度 $(N(A\times[0,t]))_{A\in(Z)}$ 的独立副本. 对于任意 $A\in\mathscr{B}(Z)$ 和 $t\in\mathbf{R}$,定义

$$\hat{N}=\begin{cases}N(A\times[0,t]),t\geqslant 0,\\ \overline{N}(A\times[0,-t]),t<0.\end{cases}$$

令 $\widetilde{\hat{N}}$ 是 $\hat{N}$ 的补偿 Poisson 随机测度. 对于每个 $s\in\mathbf{R}$,考虑系统

$$\begin{cases}\mathrm{d}u=v\mathrm{d}t,\\ \mathrm{d}v=(\Delta u-\int_0^t g(t-s)\Delta u(S)\mathrm{d}s-\kappa v)\mathrm{d}t+\int_{Z_1}a(u(t-),z)\widetilde{N}(\mathrm{d}z,\mathrm{d}t)+\\ \qquad\int_{Z\backslash Z_1}b(u(t-),z)N(\mathrm{d}z,\mathrm{d}t),\\ u(x,0)=u_0(x),v(x,0)=v_0(x).\end{cases}\tag{5.3.20}$$

由定理 5.10 可知,若 $(u_0,v_0)\in V\times H$,对于每一个 $T>0$,存在一个唯一的解 $(U_t^s((u_0,v_0)))_{t>s}\in C([s,T];V)\times\mathbb{D}([s,T];H)$. 因此,根据 Gronwall's 引理和引理 5.1,对于某些正常数 $\delta\leqslant\delta_0$ 和 $\lambda=\lambda(\delta)$,

$$\mathbf{E}[\varepsilon^\delta(U_t^s((u_0,v_0)))]\leqslant e^{-\lambda(t-s)}\mathbf{E}[\varepsilon^\delta(u_0,v_0)],t>s.\tag{5.3.21}$$

当 $s_1>s_2>0$ 时,定义

$$\hat{U}_t((u_0,v_0))=(\hat{u}(t),\hat{v}(t))=(u_t^{-S_1}(u_0)-u_t^{-S_2}(u_0),v_t^{-S_1}(v_0)-v_t^{-S_2}(v_0)).$$

那么 $\hat{U}_t^{1,2}((u_0,v_0))$ 就满足

$$\begin{cases}\mathrm{d}\hat{u}=\hat{v}\mathrm{d}t,\\ \mathrm{d}\hat{v}=(\Delta\hat{u}-\int_0^t g(t-s)(\Delta u_t^{-S_1}-\Delta u_t^{-S_2})\mathrm{d}t-\kappa\hat{v})\mathrm{d}t+\int_{Z_1}\hat{a}(u_{t-}^{-S_1},u_{t-}^{-S_2},z)\widetilde{\hat{N}}(\mathrm{d}z,\mathrm{d}t)+\\ \qquad\int_{Z\backslash Z_1}\hat{b}(u_{t-}^{-S_1},u_{t-}^{-S_2},z)\hat{N}(\mathrm{d}z,\mathrm{d}t),\\ \hat{u}(x,-S_2)=u_{-S_2}^{-S_1}(x)-u_0(x),\hat{v}(x,-S_2)=v_{-S_2}^{-S_1}(x)-v_0(x),x\in D.\end{cases}\tag{5.3.22}$$

其中

$$\hat{m}(\hat{u}(t))=m(\left\|\nabla u_t^{-S_1}\right\|^2)\Delta u_t^{-S_1}-m(\left\|\nabla u_t^{-S_2}\right\|^2)\Delta u_t^{-S_2},$$

$$\hat{a}(u_{t-}^{-S_1},u_{t-}^{-S_2},z)=a(u_{t-}^{-S_1},z)-a(u_{t-}^{-S_2},z),$$

$$\hat{b}(u_{t-}^{-S_1},u_{t-}^{-S_2},z)=b(u_{t-}^{-S_1},z)-b(u_{t-}^{-S_2},z).$$

令 $\hat{\rho}=\delta\hat{u}+\hat{v}$. 存在正常数 $\delta\leqslant\delta_0$ 和 $\lambda=\lambda(\delta)$ 使得

$$\mathbf{E}[\varepsilon^\delta(\hat{U}_t^{1,2}((u_0,v_0)))]\leqslant e^{-\lambda(t+S_2)}\mathbf{E}[\varepsilon^\delta(\hat{u}(-s_2),\hat{v}(-s_2))],t>-S_2.$$

根据式(5.3.20),存在一个正常数 $C>0$ 使得

$$\mathbf{E}[\varepsilon^\delta(\hat{u}(-S_2),\hat{v}(-S_2))]\leqslant C[1+\varepsilon^\delta(u_0,v_0)].\tag{5.3.23}$$

结合式(5.3.22)和式(5.3.23)，有

$$\begin{aligned}\mathbf{E}[\varepsilon^{\delta}(\hat{U}_t^{1,2}((u_0,v_0)))]&=\mathbf{E}[\varepsilon^{\delta}(U_t^{-S_1}((u_0,v_0))-U_t^{-S_2}((u_0,v_0)))]\\&\leqslant Ce^{-\lambda(t+S_2)}[1+\varepsilon^{\delta}(u_0,v_0)],t>-S_2.\end{aligned}$$

通过在上述不等式中取 $t=0$，可得对任意$(u_0,v_0)\in\mathscr{H}$，可得

$$\mathbf{E}[\varepsilon^{\delta}(U_0^{-S_1}((u_0,v_0))-U_0^{-S_2}((u_0,v_0)))]\leqslant Ce^{-\lambda S_2}[1+\varepsilon^{\delta}(u_0,v_0)],$$

当 $S_2\to\infty$时趋于零. 这意味着$(U_0^{-S})_{S\geqslant 0}$是 $L^2(\Omega;\mathscr{H})$中的 Cauchy 序列. 因此，存在一个唯一的随机向量 $U_0^{-\infty}((u_0,v_0))\in L^2(\Omega;H)$，使得当 $S\to\infty$时在 $L^2(\Omega;\mathscr{H})$上 $U_0^{-S}((u_0,v_0))\to U_0^{-\infty}((u_0,v_0))$. 注意到向量过程

$$U_0^{-S}((u_0,v_0))=(u_0^{-S}(u_0),v_0^{-S}(u_0))\text{和}U_S^0((u_0,v_0))=(u_S^0(u_0),v_S^0(v_0))$$

在同一概率空间中当 $S\geqslant 0$ 时，服从同一分布. 令 $\mu(\cdot)$是在$(V\times H,\mathscr{B}(V\times H))$上 $U_0^{-\infty}((u_0,v_0))$的诱导概率测度，那么 $\mu(\cdot)$是瞬态半群$(S_t)_{t\geqslant 0}$的唯一不变测度.

5.4 非高斯 Lévy 过程驱动的随机梁方程的不变测度

5.4.1 引言

非线性梁方程

$$\frac{\partial^2 u}{\partial t^2}+\gamma\frac{\partial^4 u}{\partial x^4}=\left(a+b\int_0^l\left(\frac{\partial u}{\partial x}\right)^2\mathrm{d}x\right)\frac{\partial^2 u}{\partial x^2}\tag{5.4.1}$$

是由 Woinowsky-Krieger[151]提出的一个模型，用于描述在轴向力的作用下，其端部固定在支座上，自然长度为 l 的可伸缩梁的横向扰度. 这一模型在多种实际问题中出现. 例如，文献[63]表明方程(5.4.1)解的性质与动力屈曲现象有关. 已经讨论了类似于(5.4.1)中两个空间变量的方程，作为超音速气流中板的非线性振荡的模型，参见文献[138]. 对于方程(5.4.1)的物理背景，也可以参考文献[65,146]或[141]. 目前关于方程(5.4.1)的研究热点是正解的存在唯一性，全局解的渐近性以及爆破解的爆破分析(参见文献[140,72,70,150,148]).

在本节中，将要考虑随机外力对方程(5.4.1)的影响. 所以，首先定义一些基本符号. 令$(\Omega,\mathsf{F},(\widetilde{\mathsf{F}}_t)_{t\geqslant 0},\mathsf{P})$是一个完备的过滤概率空间，其中，$\widetilde{N}(\mathrm{d}z,\mathrm{d}t):=N(\mathrm{d}z,\mathrm{d}t)-\pi(\mathrm{d}z)\mathrm{d}t$ 表示定义了在 $Z=\mathbf{R}^m(m\in\mathbb{N})(\mathscr{Z},B(Z))$的具有特征测度 $\pi(\cdot)$的 Poisson 随机测度 N: $\mathrm{B}(Z\times[0,\infty))\times\Omega\to N\cup\{0\}$的补偿 Poisson 随机测度. 特征测度 $\pi(\cdot)$满足

$$\pi(\{0\})=0,\int_Z 1\wedge|z|^2\pi(\mathrm{d}z)<\infty.\tag{5.4.2}$$

基于式(5.4.2)，在 $Z_1=\{z\in Z;|z|\leqslant 1\}$上，定义

$$\bar{\theta}=\int_{Z_1}|z|^2\pi(\mathrm{d}z),\underline{\theta}=\pi(Z\backslash Z_1).\tag{5.4.3}$$

基于对气动弹性(由气动力激发弹性面板的大幅度振动)引起的问题的研究，我们考虑

具有非高斯 Lévy 噪声扰动的随机黏弹性波动方程：

$$\begin{cases} u_{tt}(t,x)-\gamma\Delta^2 u(t,x)-m(\|\nabla u\|^2)\Delta u+\kappa u_t(t,x) \\ =\int_{Z_1} a(u(t-,x),z)\tilde{N}(\mathrm{d}z,\mathrm{d}t)+\int_{Z\setminus Z_1} b(u(t-,x),z)N(\mathrm{d}z,\mathrm{d}t), & x\in D,t\in(0,T), \\ u(x,t)=\dfrac{\partial u}{\partial v}=0,x\in\partial D, & t\in(0,T), \\ u(x,0)=u_0(x),u_t(x,0)=v_0(x), & x\in D, \end{cases} \tag{5.4.4}$$

其中 D 是光滑边界的 $\mathbf{R}^d$ 中的有界域∂D,$\partial u/\partial v$ 是外法向导数,$\kappa>0$ 表示阻尼系数. 随机测度 $\tilde{N}(\mathrm{d}z,\mathrm{d}t)=N(\mathrm{d}z,\mathrm{d}t)-\pi(\mathrm{d}z)\mathrm{d}t$ 表示通过 $N(\mathrm{d}z,\mathrm{d}t)$补偿器的补偿泊松随机测度. 此外，函数 $a:\mathbf{R}\times Z_1\to\mathbf{R}$ 和 $b:\mathbf{R}\times Z\setminus Z_1\to\mathbf{R}$ 是一些正则函数，具体形式将在后面详细说明.

当 $\gamma=0$ 和 $m\equiv1$ 时的白噪声扰动随机波动方程已经被广泛研究，并且已经获得了关于渐近稳定性、不变测度和爆炸(爆破)的几个结果. 文献[49]中，对于渐近稳定性和不变测度，在不同的假设下，证明了吸引子的存在性，这意味着存在一个不变测度. Chow 考虑了一类半线性随机波动方程解的大时间渐近性质. 首先建立了能量不等式和线性随机方程的指数界. 在一定的条件下，给出了全局解的存在唯一性定理. 其次在均方差和几乎处处的意义下，研究了平衡有界解和平衡解的指数稳定性问题. 最后，在一些充分的条件下，证明了不变测度的存在唯一性[53]. 一些科研工作者在随机波动方程解的全局存在性和不变测度方面也做了许多其他的工作，参见文献[56,61,121,130,139]. 对于爆炸(爆破)的结果，Chow 讨论了一类当 $d\leqslant3$ 时在 $\mathbf{R}^d$ 中的多项式非线性的非耗散随机波动方程[46]. 利用能量不等式，Chow 以在 L^2 范数意义上爆破或以正概率在有限时间内爆破为例，研究了随机波动方程解的全局存在性，并在文献[136]中推广了这个爆破的结果. 最近，利用能量不等式，Bo 等人提出了充分条件：在正概率或 L^2 意义下爆破的一类随机波动方程解的爆破性[117].

当 $\gamma\neq0$ 和 m 是一个函数时，Chow 和 Menaldi 在文献[137]中的考虑了方程(5.4.1)，描述了受到随机波动的外力一个梁. 他们建立了方程全局解的存在唯一性. Brzeźniak 等人在文献[132]中研究了以下具有白噪声类型的随机外力的抽象梁方程

$$u_{tt}+A^2u+g(u,u_t)+m(\|B^{1/2}u\|^2)Bu=\sigma(u,u_t)\frac{\partial W(x,t)}{\partial t}, \tag{5.4.5}$$

其中 A 和 B 是自伴随算子，$D(A)\subset D(B)$. 设噪声项 $\sigma(u,u_t)$是 Lipschitz 连续的，在有界子集 $\mathscr{H}$ 上 $g(u,u_t)$是线性连续增长的，在 $\mathscr{H}$ 的有界子集上 $g(u,u_t)$是 Lipschitz 连续的，他们首先证明了方程(5.4.5)的全局温和解的存在性. 此外，如果 $g(u,u_t)=\beta u_t(\beta>0)$，则利用 Lyapunov 函数特性得到零解的渐近稳定性. 我们在文献[143]中考虑给方程(5.4.5)添加非线性源项 $f(u)$，并假设 σ 只是局部 Lipschitz 的连续且在 $\mathscr{H}$ 中非线性递增. 我们首先证明方程(5.4.5)温和解的局部存在唯一性. 利用能量不等式，证明了解或者以正概率在有限时间内爆破，或者在 L^2 中爆破. 此外，我们还推导了爆破时间 T^* 的上限估计.

在文献[144]和[145]中，Peszat 和 Zabczyk 考虑了以下由脉冲噪声驱动的波动方程：

$$u_{tt} - \Delta u = f(u) + b(u) P\mathrm{d}Z(t), \tag{5.4.6}$$

其中 $f, b: \mathbf{R} \to \mathbf{R}$ 是 Lipschitz 连续，P 是正则的线性算子，而可加噪声 $Z = (Z_t)_{t \geqslant 0}$ 被定义为一个 Poisson 随机测度. 假设 Laplace 算子的特征函数在 Z 的列紧测度下形成的无穷级数是有限的，通过估计相对于 Poisson 随机测度的随机卷积，他们证明式(5.4.6)存在唯一的温和解. 在文献[131]中，Bo 等人考虑当 $\gamma = 0$ 和 $m \equiv 1$ 时的问题(5.4.4)，并证明在温和条件下存在与过渡半群有关的唯一不变量. Brzeźniak 和 Zhu 考虑了一类随机非线性梁方程

$$u_{tt} + A^2 u + f(u, u_t) + m(\| B^{1/2} u \|^2) Bu = \int_Z g(u(t-, x), u_t(t-), z) \widetilde{N}(\mathrm{d}z, \mathrm{d}t).$$

通过使用合适的 Lyapunov 函数和应用 Khasminskii 测试，他们证明了温和解的非爆破性. 另外，在一些附加的假设下，他们证明了解的指数稳定性[133].

在本节中，我们研究了扰动问题(5.4.4)，其中包括一个比文献[144,145]和[133]中考虑得更广泛的一般非高斯 Lévy 噪声. 与文献[131]相比，非线性项 $m(\| \nabla u \|^2)$ 给这个问题的求解带来了一些困难，不能直接获得问题的全局解. 与文献[133]相比，不仅扰动更广泛，温和解的局部存在性的证明也是完全不同的方法. 在文献[133]中，Brzeźniak 和 Zhu 在非线性项 f 和 g 的一些适当假设下通过收缩映射定理得到了温和解的局部存在性. 本节首先导出一个确定性方程的存在性结果，并将存在性结果推广到小跳变的修正随机方程. 然后用截断函数方法得到解的局部存在唯一性，并且 Cauchy 收敛性原理将小幅跳跃. 最后，Caraballo利用回拉法[134]证明式(5.4.4)的弱解的局部存在性. 特别地，在证明弱解的存在唯一性的过程中，我们没有对 Lévy 测度做任何的假设，这个弱解的形式比温和的概念更强. Brzeźniak 和 Zhu[133]主要考虑 Lyapunov 函数法的解的指数稳定性. 在本节中，我们主要展示了在温和条件下与过渡半群有关的唯一不变测度的存在性.

本小节将致力于在温和条件下证明与过渡半群有关的唯一不变测度的存在性.

5.4.2 预备知识

首先，介绍一下在本节中使用的一些符号. 令 $H = L^2(D)$ 表示具有内积 $\langle \cdot, \cdot \rangle$ 和范数 $\| \cdot \|$ 的 L^2 可测空间. 设 $H^k = W^{k,2}$ 是秩为 k，具有范数 $\| \cdot \|_k$ 的 L^2 Sobolev 空间，H_0^k 表示 C_0^∞ 在空间 H^k 中的闭包. 设 $\lambda_1 > 0$ 是 $-\Delta$ 的第一个特征值，那么，对于任意的 $0 \leqslant \alpha \leqslant \beta$，下面的 Poincare 型不等式是众所周知的(Temam[149]和 Zeidler[85])

$$\| u \|_{H^\alpha} \leqslant \lambda_1^{\frac{\alpha - \beta}{2}} \| u \|_{H^\beta}, u \in D((-\Delta)^{\frac{\beta}{2}}). \tag{5.4.7}$$

特别地，令 V 表示 Sobolev 空间 $H_0^2(D)$，那么我们就可以对于 $\phi \in V$ 装备范数 $\| \phi \|_V = \| \Delta \varphi \|$. 对于函数 m, a 和 b 给出如下假设：

(A1) $m \in C_b^1[0, \infty)$ 是一个非负函数，且存在正常数 m_0 使得对任意的 $s \geqslant 0$，

$$m(s) \geqslant m_0 \text{ 和 } M(s) \leqslant m(s)s,$$

其中 $M(s) = \int_0^s m(r) \mathrm{d}r$.

(A2) $a,b:\mathbf{R}\times Z\to\mathbf{R}$ 是可测函数，且存在一个正常数 $L_a>0$ 使得

$$a(0,z)\equiv 0,$$

$$|a(r_1,z)-a(r_2,z)|^2\leqslant L_a\ |r_1-r_2|^2\ |z|^2.$$

注 5.8 在(A2)中的一个函数对 (a,b) 例子是 $a(r,z)=b(r,z)=\sigma(r)z$，其中 $\sigma:\mathbf{R}\to\mathbf{R}$ 是一个 Lipschitzian 映射，Lipschitzian 系数为 $\sqrt{L_a}$ 且 $\sigma(0)=0$. 在这种情况下，式(5.4.4)中的扰动就可以改写为

$$\sigma(u(t))\mathrm{d}N_t,$$

其中 $(N_t)_{t\geqslant 0}$ 由下式给出

$$N_t=\int_0^t\int_{Z_1} z\widetilde{N}(\mathrm{d}z,\mathrm{d}s)+\int_0^t\int_{Z\backslash Z_1} zN(\mathrm{d}z,\mathrm{d}s).$$

注意到 $\widetilde{N}(\mathrm{d}z,\mathrm{d}t)=N(\mathrm{d}z,\mathrm{d}t)-\pi(\mathrm{d}z)\mathrm{d}t$，$N$ 是一个 Poisson 随机测度，且满足式(5.4.2)，

$$E[e^{i\theta N_t}]=\exp\left[t\left(i\theta\lambda+\int_Z(e^{i\theta z}-1-i\theta z1_{|z|<1})\pi(\mathrm{d}z)\right)\right],$$

其中 λ 是泊松跳跃度. 由 Lévy-Khintchine 定理(参见 Sato[147])，可得到 $(N_t)_{t\geqslant 0}$ 是一个 Lévy 测度.

众所周知，方程(5.4.4)相当于下面的 Itô 系统

$$\begin{cases}\mathrm{d}u=v\mathrm{d}t,\\ \mathrm{d}v=(-\gamma\Delta^2u-m(\|\nabla u\|^2)\Delta u-\kappa v)\mathrm{d}t+\int_{Z_1}a(u(t-),z)\widetilde{N}(\mathrm{d}z,\mathrm{d}t)+\\ \qquad\int_{Z\backslash Z_1}b(u(t-),z)N(\mathrm{d}z,\mathrm{d}t),\\ u(x,0)=u_0(x),v(x,0)=v_0(x).\end{cases}\tag{5.4.8}$$

为了简化起见，我们设 $\gamma=1$. 对于任意的 $U=(u,v)\in\mathscr{H}$，令 $\mathscr{H}=V\times H$，是基于范数 $\|U\|_{\mathscr{H}}=(\|\Delta u\|^2+\|v\|^2)^{\frac{1}{2}}$ 的，定义

$$\boldsymbol{\Lambda}=\begin{pmatrix}0 & \boldsymbol{I}\\ -\Delta^2 & -\kappa\boldsymbol{I}\end{pmatrix},$$

$$G(U^{\mathrm{T}}(t))=\begin{pmatrix}0\\ m(\|\nabla u\|^2)\Delta u+\int_{Z_1}a(u(t-),z)\widetilde{N}(\mathrm{d}z,\mathrm{d}t)+\int_{Z\backslash Z_1}b(u(t-),z)N(\mathrm{d}z,\mathrm{d}t)\end{pmatrix}.$$

因此，我们给出问题(5.4.4)解的定义.

定义 5.10 一个初值为 $U(0)=(u_0(x),v_0(x))\in\mathscr{H}$ 的 $\mathscr{H}$ 值 $(\widetilde{\mathscr{F}}_t)_{t\geqslant 0}$ 自适应过程 $U(t)=(u,v)$ 被称为问题(5.4.4)的弱解. 若它满足以下两个条件：

(1) 对于每个 $T>0$ $\mathbb{P}-$a. s, $U\in C([0,T];V)\times\mathbb{D}([0,T];H)$，其中 $\mathbb{D}([0,T];H)$ 表示所有 RCLL $(\widetilde{\mathscr{F}}_t)_{t\geqslant 0}$ 自适应随机过程的空间.

(2) 对于所有的测试对 $\boldsymbol{\phi}=(\phi_1,\phi_2)^{\mathrm{T}}\in D(\boldsymbol{\Lambda}^*)$，当 $t\geqslant 0$ 时，几乎必然

$$\langle U^{\mathrm{T}}(t),\boldsymbol{\phi}\rangle = (U^{\mathrm{T}}(0),\boldsymbol{\phi}) + \int_0^t \langle U^{\mathrm{T}}(s),\boldsymbol{\Lambda}^*\boldsymbol{\phi}\rangle \mathrm{d}s + \int_0^t \langle G(U^{\mathrm{T}}(t),\boldsymbol{\varphi}\rangle \mathrm{d}s$$

成立，其中 $\boldsymbol{\Lambda}^*$ 表示 $\boldsymbol{\Lambda}$ 的伴随算子，$D(\boldsymbol{\Lambda}^*)$是其定义域.

5.4.3 全局解的存在唯一性

在这一节中，我们处理问题(5.4.4)的解的全局存在唯一性. 对于每个 $N\geqslant 1$，定义一个 C^1 函数 χ_N 如下：

$$\chi_N(x)=\begin{cases}1, & x\leqslant N,\\ 0\sim 1, & N<x<N+1,\\ 0, & x\geqslant N+1,\end{cases}$$

并进一步假设 $\|\chi'_N\|_\infty\leqslant 2$. 通过文献 [135]的推导过程，我们可以推导出确定性方程解的存在性定理：

引理 5.2 给定正整数 N，$0<T<\infty$. 设条件(A1)成立，$N(t)\in L^2([0,T];V)$，$U(0)=(u_0(x),v_0(x))\in\mathscr{H}$，则问题(5.4.9)存在一个唯一的弱解

$$U(t)=(u(t),v(t))\in C([0,T];V)\times C([0,T];H).$$

$$\begin{cases}u_{tt}(t,x)+\Delta^2 u(t,x)-\chi_N(\|\Delta u\|)m(\|\nabla u\|^2)\Delta u+\kappa u_t(t,x)=\dfrac{\partial N}{\partial t},\\ u(x,t)=\dfrac{\partial u}{\partial v}=0,\\ u(x,0)=u_0(x),u_t(x,0)=v_0(x).\end{cases}\tag{5.4.9}$$

我们首先建立具有小跳跃的改进随机方程解的存在性结果.

引理 5.3 设条件(A1)成立，$h\in L^2([0,T]\times Z_1;V)$，$U(0)=(u_0(x),v_0(x))\in\mathscr{H}$. 那么对任意的 $0<T<\infty$，给定的正整数 N，则问题(5.4.10)存在唯一的弱解

$$U(t)=(u(t),v(t))\in C([0,T];V)\times\mathbb{D}([0,T];H)$$

$$\begin{cases}\mathrm{d}u=v\mathrm{d}t,\\ \mathrm{d}v=(-\Delta^2 u+\chi_N(\|\Delta u\|)m(\|\nabla u\|^2)\Delta u-\kappa v)\mathrm{d}t+\\ \qquad\displaystyle\int_{Z_1}h(t-,z)\widetilde{N}(\mathrm{d}z,\mathrm{d}t),\\ u(x,0)=u_0(x),v(x,0)=v_0(x).\end{cases}\tag{5.4.10}$$

证明 令

$$N(t)=\int_0^t\int_{Z_1}h(t-,z)\widetilde{N}(\mathrm{d}z,\mathrm{d}s),t\geqslant 0.$$

由于 $h\in L^2([0,T]\times Z_1;V)$，$N(t)\in L^2([0,T];V)$. 由引理 5.3 可知，(5.4.10)存在一个唯一的弱解 $U(t)=(u(t),v(t))\in C([0,T];V)\times C([0,T];H)$，即

$$U(t)\in C([0,T];V)\times\mathbb{D}([0,T];H).$$

引理 5.4 设条件(A1)，(A2)成立，$U(0)=(u_0(x),v_0(x))\in\mathscr{H}$. 那么，对任意 $T>0$，问题(5.4.11)存在一个唯一的弱解 $U(t)=(u(t),v(t))$：

$$\begin{cases} du = v dt, \\ dv = (-\Delta^2 u + m(\| \nabla u \|^2)\Delta u - \kappa v) dt + \int_{Z_1} a(u(t-),z)\widetilde{N}(dz,dt), \\ u(x,0) = u_0(x), v(x,0) = v_0(x). \end{cases} \tag{5.4.11}$$

证明 首先考虑截断系统

$$\begin{cases} du = v dt, \\ dv = (-\Delta^2 u + \chi_N(\| \Delta u \|) m(\| \nabla u \|^2)\Delta u - \kappa v) dt + \\ \qquad \int_{Z_1} a(u(t-),z)\widetilde{N}(dz,dt), \\ u(x,0) = u_0(x), v(x,0) = v_0(x). \end{cases} \tag{5.4.12}$$

对给定的 N,通过 $U_N^0=(u_0(x),v_0(x))$ 构建一个 $(\widetilde{\mathscr{F}}_t)_{t\geqslant 0}$ 自适应随机过程序列 $(U_N^n)_{n\geqslant 0}(t)$. 对 $n\geqslant 0$,令 $U_N^{n+1}(t)=(u_N^{n+1}(t),v_N^{n+1}(t))\in C([0,T];V)\times \mathbb{D}([0,T];H)$ 是问题(5.4.13)的唯一弱解

$$\begin{cases} du_N^{n+1} = v_N^{n+1} dt, \\ dv_N^{n+1} = (-\Delta^2 u_N^{n+1} + \chi_N(\| \Delta u_N^{n+1} \|) m(\| \nabla u_N^{n+1} \|^2)\Delta u_N^{n+1} - \kappa v_N^{n+1}) dt + \\ \qquad \int_{Z_1} a(u_N^{n+1}(t-),z)\widetilde{N}(dz,dt), \\ u_N^{n+1}(x,0) = u_0(x), v_N^{n+1}(x,0) = v_0(x). \end{cases} \tag{5.4.13}$$

由引理 5.3 可知,当 $0<T<\infty$ 时,都存在 $U_N^{n+1}(t)$. 给定任意 $0<T<\infty$ 为一个定值,首先证明在装备距离 $d(U,V)=\mathbf{E}\sup\limits_{0\leqslant t\leqslant T}\| U-V \|_{\mathscr{H}}$, $\forall U,V\in C([0,T];V)\times \mathbb{D}([0,T];H)$ 的空间 $C([0,T];V)\times \mathbb{D}([0,T];H)$ 上,$\{U_N^n\}_{n\geqslant 1}$ 是一个 Cauchy 序列,对于 $\| v_N^{n+1}-v_N^n \|$ 应用 Itô 规则(参见 Ikeda 和 Watanabe[142])可得

$$\begin{aligned} \| U_N^{n+1} - U_N^n \|_{\mathscr{H}} = & \| \Delta(u_N^{n+1}(t) - u_N^n(t)) \|^2 + \| v_N^{n+1}(t) - v_N^n(t) \|^2 \\ = & 2\int_0^t \langle \chi_N(\| \Delta u_N^{n+1} \|) m(\| \nabla u_N^{n+1} \|^2)\Delta u_N^{n+1}, v_N^{n+1} - v_N^n \rangle ds - \\ & 2\int_0^t \langle \chi_N(\| \Delta u_N^n \|) m(\| \nabla u_N^n \|^2)\Delta u_N^n, v_N^{n+1} - v_N^n \rangle ds - \\ & 2\kappa \int_0^t \| v_N^{n+1}(s) - v_N^n(s) \|^2 ds + \int_0^t\int_{Z_1} \| a(u_N^n(s),z) - \\ & a(u_N^{n-1}(s),z) \|^2 \pi(dz) ds + \int_0^t\int_{Z_1} [\| (v_N^{n+1}(s-) - v_N^n(s-)) + \\ & (a(u_N^n(s-),z) - a(u_N^{n-1}(s-),z)) \|^2 - \| v_N^{n+1}(s-) - \\ & v_N^n(s-) \|^2]\widetilde{N}(dz,ds) \end{aligned} \tag{5.4.14}$$

当 $t\in[0,T]$,$n\geqslant 1$ 时. 下面的 C_N 表示仅依赖于 $N\geqslant 1$ 的任意正常数. 根据条件(A2)和 Poincare 型不等式(5.4.7),得到

$$\int_0^t\int_{Z_1}\|a(u_N^n(s),z)-a(u_N^{n-1}(s),z)\|^2\pi(\mathrm{d}z)\mathrm{d}s$$
$$\leqslant L_a\int_0^t\int_{Z_1}\|u_N^n(s)-u_N^{n-1}(s)\|^2\,|z|^2\pi(\mathrm{d}z)\mathrm{d}s$$
$$\leqslant\frac{\bar{\theta}L_a}{\lambda_1^2}\int_0^t\|\Delta(u_N^n(s)-u_N^{n-1}(s))\|^2\mathrm{d}s. \tag{5.4.15}$$

接下来对 Q 进行估计

$$Q=|\langle\chi_N(\|\Delta u_N^{n+1}\|)m(\|\nabla u_N^{n+1}\|^2)\Delta u_N^{n+1}-\chi_N(\|\Delta u_N^n\|)m(\|\nabla u_N^n\|^2)\Delta u_N^n,v_N^{n+1}-v_N^n\rangle|.$$

情况 1:如果 $\|\Delta u_N^{n+1}\|\geqslant N+1$ 且 $\|\Delta u_N^n\|\geqslant N+1$,则 $Q=0$.

情况 2:如果 $\|\Delta u_N^{n+1}\|\leqslant N+1$ 且 $\|\Delta u_N^n\|\geqslant 2N$,或者 $\|\Delta u_N^{n+1}\|\geqslant 2N$ 且 $\|\Delta u_N^n\|\leqslant N+1$,则

$$Q=|\langle m(\|\nabla u_N^{n+1}\|^2)\Delta u_N^{n+1},v_N^{n+1}(s)-v_N^n(s)\rangle|\leqslant C_N\|\Delta u_N^{n+1}\|\,\|v_N^{n+1}(s)-v_N^n(s)\|$$
$$\leqslant 2C_N\|\Delta u_N^{n+1}-\Delta u_N^n\|\,\|v_N^{n+1}(s)-v_N^n(s)\|,$$

或者

$$Q=|\langle m(\|\nabla u_N^n\|^2)\Delta u_N^n,v_N^{n+1}(s)-v_N^n(s)\rangle|\leqslant C_N\|\Delta u_N^n\|\,\|v_N^{n+1}(s)-v_N^n(s)\|$$
$$\leqslant 2C_N\|\Delta u_N^{n+1}-\Delta u_N^n\|\,\|v_N^{n+1}(s)-v_N^n(s)\|,$$

其中应用了条件(A1)和 Poincare 不等式 $\|\nabla\varphi\|_2\leqslant\lambda_1^{\frac{1}{2}}\|\Delta\varphi\|_2$,$(\varphi\in V)$.

情况 3:如果 $\|\Delta u_N^{n+1}\|\leqslant 2N$, $\|\Delta u_N^n\|\leqslant 2N$,那么由条件(A1)和 Poincare 不等式,我们有

$$|\langle(\chi_N(\|\Delta u_N^{n+1}\|)-\chi_N(\|\Delta u_N^n\|))m(\|\nabla u_N^{n+1}\|^2)\Delta u_N^{n+1},v_N^{n+1}(s)-v_N^n(s)\rangle|$$
$$\leqslant C_N|\chi_N(\|\Delta u_N^{n+1}\|)-\chi_N(\|\Delta u_N^n\|)|\,\|v_N^{n+1}(s)-v_N^n(s)\|$$
$$\leqslant C_N\|\chi'_N\|_\infty\|\Delta u_N^{n+1}-\Delta u_N^n\|\,\|v_N^{n+1}(s)-v_N^n(s)\|$$
$$\leqslant 2C_N\|\Delta u_N^{n+1}-\Delta u_N^n\|\,\|v_N^{n+1}(s)-v_N^n(s)\|,$$
$$|\langle\chi_N(\|\Delta u_N^n\|)(m(\|\nabla u_N^{n+1}\|^2)-m(\|\nabla u_N^n\|^2))\Delta u_N^{n+1},v_N^{n+1}(s)-v_N^n(s)\rangle|$$
$$\leqslant C_N|m(\|\nabla u_N^{n+1}\|^2)-m(\|\nabla u_N^n\|^2)|\,\|v_N^{n+1}(s)-v_N^n(s)\|$$
$$\leqslant C_NM|\,\|\nabla u_N^{n+1}\|-\|\nabla u_N^n\|\,|\,\|v_N^{n+1}(s)-v_N^n(s)\|$$
$$\leqslant C_NM\|\Delta u_N^{n+1}-\Delta u_N^n\|\,\|v_N^{n+1}(s)-v_N^n(s)\|,$$

其中 $M=\max\limits_{0\leqslant s\leqslant\lambda_1^{-1}4N^2}m'(s)$,且

$$|\langle\chi_N(\|\Delta u_N^n\|)m(\|\nabla u_N^n\|^2)(\Delta u_N^{n+1}-\Delta u_N^n),v_N^{n+1}(s)-v_N^n(s)\rangle|$$
$$\leqslant C_N\|\Delta u_N^{n+1}-\Delta u_N^n\|\,\|v_N^{n+1}(s)-v_N^n(s)\|.$$

因此,可以推出

$$Q\leqslant C_N\|\Delta u_N^{n+1}-\Delta u_N^n\|\,\|v_N^{n+1}(s)-v_N^n(s)\|$$
$$\leqslant\frac{1}{2}C_N(\|\Delta u_N^{n+1}-\Delta u_N^n\|^2+\|v_N^{n+1}(s)-v_N^n(s)\|^2). \tag{5.4.16}$$

对于式(5.4.14)的 r.h.s. 的最后一项,当 $t\in[0,T]$ 时,定义下式

$$I(t) = 2\int_0^t\int_{Z_1} \langle v_N^{n+1}(s-) - v_N^n(s-), a(u_N^n(s-),z) - a(u_N^{n-1}(s-),z)\rangle \widetilde{N}(dz,ds) + \int_0^t\int_{Z_1} \| a(u_N^n(s-),z) - a(u_N^{n-1}(s-),z)\|^2 \widetilde{N}(dz,ds) = I_1(t) + I_2(t). \tag{5.4.17}$$

那么对于 $I_1(t)$ 项，有

$$\begin{aligned}[I_1, I_1]_t^{1/2} &= \left[\int_0^t\int_{Z_1} \langle v_N^{n+1}(s-) - v_N^n(s-), a(u_N^n(s-),z) - a(u_N^{n-1}(s-),z)\rangle^2 N(dz,ds)\right]^{\frac{1}{2}} \\ &\leqslant 2\left[\int_0^t\int_{Z_1} \| v_N^{n+1}(s-) - v_N^n(s-)\|^2 \| a(u_N^n(s-),z) - a(u_N^{n-1}(s-),z)\|^2 N(dz,ds)\right]^{\frac{1}{2}} \\ &\leqslant 2\sup_{0\leqslant s\leqslant t} \| v_N^{n+1}(s) - v_N^n(s)\| \left[\int_0^t\int_{Z_1} \| a(u_N^n(s-),z) - a(u_N^{n-1}(s-),z)\|^2 N(dz,ds)\right]^{\frac{1}{2}} \\ &\leqslant \frac{1}{4\sqrt{6}}\sup_{0\leqslant s\leqslant t} \| v_N^{n+1}(s) - v_N^n(s)\|^2 + \\ &\quad 4\sqrt{6}\left[\int_0^t\int_{Z_1} \| a(u_N^n(s-),z) - a(u_N^{n-1}(s-),z)\|^2 N(dz,ds)\right], \forall t \in [0,T].\end{aligned} \tag{5.4.18}$$

由此可得，联合应用 Davis 不等式和 Poincare 型不等式(5.4.7)可得

$$\begin{aligned}\mathbf{E}[\sup_{0\leqslant s\leqslant t} |I_1|] &\leqslant 2\sqrt{6}\,\mathbf{E}[[I_1, I_1]_t^{1/2}] \\ &\leqslant \frac{1}{2}\mathbf{E}[\sup_{0\leqslant s\leqslant t} \| v_N^{n+1}(s) - v_N^n(s)\|^2] + \frac{48\bar{\theta}L_a}{\lambda_1^2}\int_0^t \mathbf{E}\| \Delta u_N^n - \Delta u_N^{n-1}\|^2 ds.\end{aligned} \tag{5.4.19}$$

对于 $I_2(t)$，类似地有

$$\begin{aligned}[I_2, I_2]_t^{1/2} &= \left[\int_0^t\int_{Z_1} \| a(u_N^n(s-),z) - a(u_N^{n-1}(s-),z)\|^4 N(dz,ds)\right]^{\frac{1}{2}} \\ &\leqslant L_a\left[\int_0^t\int_{Z_1} \| u_N^n(s-) - u_N^{n-1}(s-)\|^4 z^4 N(dz,ds)\right]^{\frac{1}{2}} \\ &\leqslant \frac{1}{16\sqrt{6}\,e^{2C_NT}}\sup_{0\leqslant s\leqslant t} \| \Delta u_N^n(s) - \Delta u_N^{n-1}(s)\|^2 + \\ &\quad \frac{4\sqrt{6}L_a^2 e^{2C_NT}}{\lambda_1^4}\int_0^t\int_{Z_1} \| \Delta u_N^n(s-) - \Delta u_N^{n-1}(s-)\|^2 z^4 N(dz,ds),\end{aligned} \tag{5.4.20}$$

且当 $t\in[0,T]$，$n\geqslant 1$ 时，并注意到 $\int_{Z_1} |z|^4\pi(dZ)\leqslant\bar{\theta}$. 这一事实，可得

$$\begin{aligned}\mathbf{E}[\sup_{0\leqslant s\leqslant t} |I_2|] &\leqslant \frac{1}{8e^{2C_NT}}\mathbf{E}[\sup_{0\leqslant s\leqslant t} \| \Delta u_N^n(s) - \Delta u_N^{n-1}(s)\|^2] + \\ &\quad \frac{48\bar{\theta}L_a^2 e^{2C_NT}}{\lambda_1^4}\int_0^t \mathbf{E}\| \Delta u_N^n(s) - \Delta u_N^{n-1}(s)\|^2 ds,\end{aligned} \tag{5.4.21}$$

根据式(5.4.14)～式(5.4.21)，可以得出如下结论：对于所有 $t\in[0,T]$，

$$\begin{aligned}&\mathbf{E}[\sup_{0\leqslant s\leqslant t} \| \Delta u_N^{n+1}(s) - \Delta u_N^n(s)\|^2] + \mathbf{E}[\sup_{0\leqslant s\leqslant t} \| v_N^{n+1}(s) - v_N^n(s)\|^2] \\ &\leqslant C_N\int_0^t \mathbf{E}[\| \Delta u_N^{n+1}(s) - \Delta u_N^n(s)\|^2 + \| v_N^{n+1}(s) - v_N^n(s)\|^2] ds +\end{aligned}$$

$$\frac{\bar{\theta}L_\alpha}{\lambda_1^2}\int_0^t \mathbf{E}\ \|\Delta(u_N^n(s)-u_N^{n-1}(s))\|^2 ds+\mathbf{E}[\sup_{0\leqslant s\leqslant t}|I_1|]+\mathbf{E}[\sup_{0\leqslant s\leqslant t}|I_2|]$$

$$\leqslant C_N\int_0^t \mathbf{E}[\ \|\Delta u_N^{n+1}(s)-\Delta u_N^n(s)\|^2+\|v_N^{n+1}(s)-v_N^n(s)\|^2]ds+$$

$$C\int_0^t \mathbf{E}\ \|\Delta(u_N^n(s)-u_N^{n-1}(s))\|^2 ds+\frac{1}{2}\mathbf{E}[\sup_{0\leqslant s\leqslant t}\ \|v_N^{n+1}(s)-v_N^n(s)\|^2]+$$

$$\frac{1}{8e^{2C_NT}}\mathbf{E}[\sup_{0\leqslant s\leqslant t}\ \|\Delta u_N^n(s)-\Delta u_N^{n-1}(s)\|^2],$$

其中 $C=\frac{49\bar{\theta}\lambda_1^2L_\alpha+48\bar{\theta}L_\alpha^2e^{2C_NT}}{\lambda_1^4}$,这意味着

$$\mathbf{E}[\sup_{0\leqslant s\leqslant t}\ \|\Delta u_N^{n+1}(s)-\Delta u_N^n(s)\|^2]+\mathbf{E}[\sup_{0\leqslant s\leqslant t}\ \|v_N^{n+1}(s)-v_N^n(s)\|^2]$$

$$\leqslant 2C_N\int_0^t \mathbf{E}[\ \|\Delta u_N^{n+1}(s)-\Delta u_N^n(s)\|^2+\|v_N^{n+1}(s)-v_N^n(s)\|^2]ds+$$

$$2C\int_0^t \mathbf{E}\ \|\Delta(u_N^n-u_N^{n-1})\|^2 ds++\frac{1}{4e^{2C_NT}}(\mathbf{E}[\sup_{0\leqslant s\leqslant t}\ \|\Delta u_N^n(s)-\Delta u_N^{n-1}(s)\|^2]+$$

$$\mathbf{E}[\sup_{0\leqslant s\leqslant t}\ \|v_N^n(s)-v_N^{n-1}(s)\|^2]).\tag{5.4.22}$$

当 $0<t<T$ 和 $n\geqslant 0$ 时,令

$$\Phi_N^n(t)=\mathbf{E}[\sup_{0\leqslant s\leqslant t}\|\Delta u_N^{n+1}(s)-\Delta u_N^n(s)\|^2]+\mathbf{E}[\sup_{0\leqslant s\leqslant t}\|v_N^{n+1}(s)-v_N^n(s)\|^2].$$

那么由式(5.4.22)得

$$\Phi_N^n(t)\leqslant 2C_N\int_0^t\Phi_N^n(s)ds+2C\int_0^t\Phi_N^{n-1}(s)ds+\frac{1}{4e^{2C_NT}}\Phi_N^{n-1}(t).\tag{5.4.23}$$

通过对式(5.4.23)应用 Gronwall's 不等式,可以发现对于所有的 $t\in[0,T]$和所有的 $n\geqslant 0$ 可得

$$\Phi_N^n(t)\leqslant e^{2C_NT}\left(\frac{1}{4e^{2C_NT}}\Phi_N^{n-1}(t)+2C\int_0^t\Phi_N^{n-1}(s)ds\right)$$

$$\leqslant\frac{1}{4}\Phi_N^{n-1}(t)+2Ce^{2C_NT}\int_0^t\Phi_N^{n-1}(s)ds,$$

$\Phi_N^n(t)$和 $\Phi_N^{n-1}(t)$之间的上述关系的递归关系表明,对于每个 $T>0$ 和给定的 N,存在一个与 n 无关的常数 $C_{N,T}>0$,使得

$$\Phi_N^n(t)\leqslant C_{N,T}\sum_{i=0}^n C_n^i\left(\frac{1}{4}\right)^{n-i}\frac{C_{N,T}^i}{i!}$$

$$=C_{N,T}\left(\frac{1}{4}\right)^n\sum_{i=0}^n C_n^i\frac{(4C_{N,T})^i}{i!}\leqslant C_{N,T}\left(\frac{1}{2}\right)^n e^{4C_{N,T}},$$

其中应用了 $\sum_{i=0}^n C_n^i=2^n$ 这个结果,并且当 $i=0,1,\cdots,n$ 时,$C_n^i\leqslant 2^n$.这个递归关系进一步生成了一个随机过程 $U_N\in C([0,T];V)\times\mathbb{D}([0,T];H)$使得

$$\lim_{n\to\infty}\mathbf{E}[\sup_{0\leqslant t\leqslant T}\|U_N^n(t)-U_N(t)\|_{\mathscr{H}}^2]=0.$$

令式(5.4.13)中的 $n\to\infty$,从而得出结论:$U_N(t)$是(5.4.12)的一个弱解.

对于解的证明唯一性.设 U_N 和 V_N 是式(5.4.12)的两个解.那么通过上面类似的论证

过程，当 $t\in[0,T]$ 时有

$$\lim_{n\to\infty}\mathbf{E}[\sup_{0\leqslant t\leqslant T}\|U_N(t)-V_N(t)\|_{\mathscr{H}}^2]=0.$$

因此 $U_N=V_N$.

对于每个 N，定义停时 τ_N，即 $\tau_N=\inf\{t>0: \|\Delta u_N\|_2\geqslant N\}$. 由解的唯一性，当 $[0,\tau_{N_2}]$ 时，对 $N_1>N_2$，有 $u_{N_1}(t)=u_{N_2}(t)$. 因此可以定义问题(5.4.11)的局部解 u，即令 $u(t)=u_N(t)$, $t\in[0,T\wedge\tau_N]$. 当 τ_N 在 N 中递增时，令 $\tau_\infty=\lim\limits_{N\to\infty}\tau_N$. 因此，我们在 $[0,T\wedge\tau_\infty)$ 上构造了问题(5.4.11)的一个唯一连续的局部解.

对任意的 $T>0$，将证明对任意的 $t\leqslant T$，当 $N\to\infty$ 时 $u_N(t)=u(t\wedge\tau_N)$ 几乎处处收敛于 $u(t)$，从而局部解转化为全局解. 为此，只需证明当 $N\to\infty$ 时 τ_N 以概率 1 趋于 ∞ 即可.

当 $t\in[0,\tau_N\wedge T)$ 时，$u_N(t)=u(t\wedge\tau_N)$ 是问题(5.4.11)的局部解. 定义

$$\varepsilon(u(t))=\|\Delta u(t)\|^2+M(\|\nabla u(t)\|^2)+\|v(t)\|^2,$$

其中 $M(s)=\int_0^s m(r)\mathrm{d}r$. 利用 Itô 规则（参见 Ikeda 和 Watanabe[142]），对于 $\|v(t\wedge\tau_N)\|^2$，有

$$\begin{aligned}&\|\Delta u(t\wedge\tau_N)\|^2+\|v(t\wedge\tau_N)\|^2\\&\quad=2\int_0^{t\wedge\tau_N}\langle m(\|\nabla u(s)\|^2)\Delta u(s),v(s)\rangle\mathrm{d}s+\int_0^{t\wedge\tau_N}\int_{Z_1}\|a(u(s),z)\|^2\pi(\mathrm{d}z)\mathrm{d}s+\\&\qquad\int_0^{t\wedge\tau_N}\int_{Z_1}[\|v(s-)+a(u(s-),z)\|^2-\|v(s-)\|^2]\widetilde{N}(\mathrm{d}z,\mathrm{d}s)-\\&\qquad 2\kappa\int_0^{t\wedge\tau_N}\|v(s)\|^2\mathrm{d}s.\end{aligned}\tag{5.4.24}$$

注意到

$$\int_0^{t\wedge\tau_N}\int_{Z_1}[\|v(s-)+a(u(s-),z)\|^2-\|v(s-)\|^2]\widetilde{N}(\mathrm{d}z,\mathrm{d}s)$$

是一个均值为 0 的 RCLL $(\widetilde{\mathscr{F}}_t)_{t\geqslant 0}$ 鞅，且

$$2\int_0^{t\wedge\tau_N}\langle m(\|\nabla u(s)\|^2)\Delta u(s),v(s)\rangle\mathrm{d}s=M(\|\nabla u(t\wedge\tau_N)\|^2)-M(\|\nabla u_0\|^2),$$

那么通过式(5.4.24)有

$$\mathbf{E}\varepsilon(u(t\wedge\tau_N))\leqslant\varepsilon(u_0)+K\int_0^{t\wedge\tau_N}\mathbf{E}\varepsilon(u(s))\mathrm{d}s,$$

其中 $K=\dfrac{\bar{\theta}L_a}{\lambda_1^2}$，通过 Gronwall's 不等式可得

$$\mathbf{E}\varepsilon(u(T\wedge\tau_N))\leqslant\varepsilon(u_0)\mathrm{e}^{KT}\leqslant C_T.\tag{5.4.25}$$

另一方面，有

$$\begin{aligned}\mathbf{E}\varepsilon(u(T\wedge\tau_N))&\geqslant\mathbf{E}(I(\tau_N\leqslant T)\varepsilon(u(\tau_N)))\\&\geqslant C\mathbf{E}(\|\Delta u_{\tau_N}\|^2 I(\tau_N\leqslant T))\geqslant CN^2P(\tau_N\leqslant T),\end{aligned}$$

其中 I 是指标函数. 根据式(5.4.25)，借助于 Borel-Cantelli 引理，上述不等式化为

$$P(\tau_\infty\leqslant T)\leqslant P(\tau_N\leqslant T)\leqslant\frac{C_T}{N^2},$$

意味着

$$P(\tau_\infty \leqslant T)=0,$$

或者

$$\lim_{N\to\infty}\tau_N=\infty. \quad \text{a. s.}$$

因此,在$[0,\tau_\infty \wedge T)=[0,T)$上,$u=\lim\limits_{N\to\infty}u_N(t)$是之前提出的式(5.4.11)的全局解. 由于 $T>0$ 的任意性,从而可以用$[0,T]$取代$[0,T)$.

定理 5.15 假设条件(A1),(A2)成立,对于任意 $U(0)=(u_0(x),v_0(x))\in\mathscr{H}$,问题(5.4.4)有唯一的弱解 $U(t)=(u(t),v(t))_{t\geqslant0}$.

证明 从(5.4.2)可知,$\pi(Z\backslash Z_1)<\infty$. 因此,过程$(N(Z\backslash Z_1\times[0,t]))_{t\geqslant0}$在 $\mathbf{R}^+$ 的每个有限区间内只有有限的跳跃,即跳跃时间单调递增 $0<\tau_1<\tau_2<\cdots<\tau_n<\cdots$. 此外,可以用一个 Z 值点过程$(p(t))_{t\geqslant0}$和 $\mathbf{R}_+$ 的可数子集为值域 D_p 来表示$(N(A\times[0,t]))(A,t)\in\mathrm{B}(Z\backslash Z_1)\times\mathbf{R}_+$,即当$t>0$和 $A\in B(Z\backslash Z_1)$时,有

$$N(A\times[0,t])=\sum_{s\in D_p,s\leqslant t}1_A(p(s)). \tag{5.4.26}$$

因此,对于 $k=1,2,\cdots,\tau_k\in\{t\in D_p;p(t)\in Z\backslash Z_1\}$,易得 τ_k 是一个$(\widetilde{\mathscr{F}_t})_{t\geqslant0}$停时,且当 $k\to\infty$时,$\tau_k\to\infty$. 对于 $T\in(0,\tau_1)$,由定理 3.3,在$[0,\tau_1)$上,式(5.4.11)存在唯一的弱解 $U^0(t)\in C([0,T];V)\times\mathbb{D}([0,T];H)$. 构建下式

$$U^1(t)=\begin{cases}U^0(t),t\in[0,\tau_1),\\ U^0(\tau_1-)+\begin{bmatrix}0\\ b(u(\tau_1-),p(\tau_1))\end{bmatrix}^{\mathrm{T}},t=\tau_1.\end{cases}$$

那么$(U^1(t))_{0<t\leqslant\tau_1}$在$[0,\tau_1]$中是式(5.4.24)的唯一解. 此外,定义

$$\begin{cases}\widetilde{U}_0^1=U^1(\tau_1),\\ \widetilde{p}(t)=p(t+\tau_1),\\ D_{\widetilde{p}}=\{t\geqslant0;t+\tau_1\in D_p\},\\ \widetilde{\mathscr{F}}_t=\widetilde{\mathscr{F}}_{\tau_1+t}.\end{cases}$$

注意 $\tau_2-\tau_1\in\{t\in D_{\widetilde{p}},\widetilde{p}(t)\in Z\backslash Z_1\}$,可以用类似于构造$(U^1(t))_{0<t\leqslant\tau_1}$的方法构造一个过程$(\widetilde{U}^1(t))_{0<t\leqslant\tau_2-\tau_1}$. 令

$$U^2(t)=\begin{cases}U^1(t),t\in[0,\tau_1],\\ \widetilde{U}^1(t-\tau_1),t\in[\tau_1,\tau_2],\end{cases}$$

则 $U^2(t)$是方程(5.4.4)在$[0,\tau_2]$上的唯一弱解. 因此,从上述连续过程可得全局唯一弱解的存在性.

最后,建立一个能量界阻止无限的增长.

定理 5.6 设条件(A1),(A2)成立,且 $U(0)=(u_0(x),v_0(x))\in\mathscr{H}$,那么对于任意$T>0$

问题(5.4.4)的解在$[0,T]$上是均方有界的,即,

$$\mathbf{E}[\sup_{0\leqslant s\leqslant T}\|\Delta u(s)\|^2]+\mathbf{E}[\sup_{0\leqslant s\leqslant T}M(\|\nabla u(s)\|^2)]+\mathbf{E}[\sup_{0\leqslant s\leqslant T}\|v(s)\|^2]<\infty. \tag{5.4.27}$$

证明 对$\|v(t)\|^2$应用Itô公式,有

$$\begin{aligned}\|\Delta u(t)\|^2+\|v(t)\|^2=&2\int_0^t\langle m(\|\nabla u\|^2)\Delta u(s),v(s)\rangle\mathrm{d}s-2\kappa\int_0^t\|v\|^2\mathrm{d}s+\\&\int_0^t\int_{Z_1}\|a(u(s),z)\|^2\pi(\mathrm{d}z)\mathrm{d}s+\\&\int_0^t\int_{Z_1}[\|(v(s-)+a(u(s-),z)\|^2-\|v(s-)\|^2]\widetilde{N}(\mathrm{d}z,\mathrm{d}s).\end{aligned} \tag{5.4.28}$$

与式(5.4.17)类似,定义

$$\begin{aligned}J(t)&=2\int_0^t\int_{Z_1}\langle v(s-),a(u(s-),z)\rangle\widetilde{N}(\mathrm{d}z,\mathrm{d}s)+\int_0^t\int_{Z_1}\|a(u(s-),z)\|^2\widetilde{N}(\mathrm{d}z,\mathrm{d}s)\\&=J_1(t)+J_2(t).\end{aligned}$$

可参照推导式(5.4.15),式(5.4.19)和式(5.4.21)的推导过程.类似可得

$$\int_0^t\int_{Z_1}\|a(u(s),z)\|^2\pi(\mathrm{d}z)\mathrm{d}s\leqslant\frac{\bar{\theta}L_\alpha}{\lambda_1^2}\int_0^t\|\Delta u(s)\|^2\mathrm{d}s, \tag{5.4.29}$$

$$\mathbf{E}[\sup_{0\leqslant s\leqslant T}|J_1|]\leqslant\frac{1}{2}\mathbf{E}[\sup_{0\leqslant s\leqslant T}\|v(s)\|^2]+\frac{48\bar{\theta}L_\alpha}{\lambda_1^2}\int_0^{\mathrm{T}}\mathbf{E}\|\Delta u(s)\|^2\mathrm{d}s, \tag{5.4.30}$$

$$\mathbf{E}[\sup_{0\leqslant s\leqslant T}|J_2|]\leqslant\frac{1}{2}\mathbf{E}[\sup_{0\leqslant s\leqslant T}\|\Delta u(s)\|^2]+\frac{24\bar{\theta}L_\alpha^2}{\lambda_1^4}\int_0^{\mathrm{T}}\mathbf{E}\|\Delta u(s)\|^2\mathrm{d}s. \tag{5.4.31}$$

因此,通过式(5.4.28)~式(5.4.31)可得

$$\begin{aligned}&\mathbf{E}[\sup_{0\leqslant s\leqslant T}\|\Delta u(s)\|^2]+\mathbf{E}[\sup_{0\leqslant s\leqslant T}M(\|\nabla u(s)\|^2)]+\mathbf{E}[\sup_{0\leqslant s\leqslant T}\|v(s)\|^2]\\&\leqslant\|\Delta u_0\|^2+M(\|\nabla u_0\|^2)+\|v_0\|^2+\frac{1}{2}\mathbf{E}[\sup_{0\leqslant s\leqslant T}\|\Delta u(s)\|^2]+\frac{1}{2}\mathbf{E}[\sup_{0\leqslant s\leqslant T}\|v(s)\|^2]+\\&\quad\frac{49\bar{\theta}L_\alpha}{\lambda_1^2}\int_0^{\mathrm{T}}\mathbf{E}\|\Delta u(s)\|^2\mathrm{d}s+\frac{24\bar{\theta}L_\alpha^2}{\lambda_1^4}\int_0^{\mathrm{T}}\mathbf{E}\|\Delta u(s)\|^2\mathrm{d}s.\end{aligned} \tag{5.4.32}$$

令

$$\Psi(t)=\mathbf{E}[\sup_{0\leqslant s\leqslant t}\|\Delta u(s)\|^2]+\mathbf{E}[\sup_{0\leqslant s\leqslant t}M(\|\nabla u(s)\|^2)]+\mathbf{E}[\sup_{0\leqslant s\leqslant t}\|v(s)\|^2],$$

由式(5.4.32)可得

$$\Psi(T)\leqslant K_1+K_2\int_0^{\mathrm{T}}\mathbf{E}\Psi(s)\mathrm{d}s,$$

其中$K_1=2(\|\Delta u_0\|^2+M(\|\nabla u_0\|^2)+\|v_0\|^2)$且$K_2=\frac{98\bar{\theta}L_\alpha}{\lambda_1^2}+\frac{48\bar{\theta}L_\alpha^2}{\lambda_1^4}$.利用Gronwall's不等式可得

$$\Psi(T)\leqslant K_1\mathrm{e}^{K_2T}\leqslant C_T, \tag{5.4.33}$$

这意味着能量有上界(5.4.27).

5.4.4 不变测度

在本节中，我们将研究一个基于瞬态半群$(S_t)_{t\geqslant 0}$定义的

$$S_t\Phi((u_0,v_0)) = \mathbf{E}[\Phi(U_t^0((u_0,v_0)))],(u_0,v_0)\in\mathscr{H},\Phi\in C_b(\mathscr{H}), \tag{5.4.34}$$

唯一不变量的存在性，其中$U_t^0((u_0,v_0))=(u_t^0(u_0),v_t^0(v_0))$表示式(5.4.4)在零时刻的弱解，初始值为$(u_0,v_0)\in\mathscr{H}$. 关于$U_t^0((u_0,v_0))$的 Markov 性，可参考 Applebaum 的证明[129].

以下建立$(S_t)_{t\geqslant 0}$的不变测度，令

$$\delta_0 = \frac{\lambda_1^2}{2\kappa}\wedge\frac{\kappa}{4} \tag{5.4.35}$$

将$\rho_\delta(t)=\delta u(t)+v(t)$和弱解$(U(t))_{t\geqslant 0}=(u(t),v(t))_{t\geqslant 0}$代入式(5.4.4). 则有：

引理 5.5 设条件(A1)成立，对于所有的正数$\delta\leqslant\delta_0$和$t\geqslant 0$，则有下述不等式

$$\begin{aligned}
&\|\rho_\delta(t)\|^2+\|\Delta u(t)\|^2+M(\|\nabla u(t)\|^2)\\
&\leqslant\|\delta u_0+v_0\|^2+\|\Delta u_0\|^2+M(\|\nabla u_0\|^2)-\int_0^t[\delta\|\Delta u(s)\|^2+2\delta M(\|\nabla u(s)\|^2)+\\
&\quad\kappa\|\rho_\delta(s)\|^2]\mathrm{d}s+M_t+\int_0^t\int_{Z_1}\|a(u(s),z)\|^2\pi(\mathrm{d}z)\mathrm{d}s+\\
&\quad\int_0^t\int_{Z\backslash Z_1}[\|b(u(s),z)\|^2+2\langle\rho_\delta(s),b(u(s),z)\rangle]\pi(\mathrm{d}z)\mathrm{d}s,
\end{aligned}\tag{5.4.36}$$

成立，其中$(M_t)_{t\geqslant 0}$是一个由下式定义的均值为零的 RCLL $(\widetilde{\mathscr{F}}_t)_{t\geqslant 0}$-鞅，

$$\begin{aligned}
M_t=&\int_0^t\int_{Z_1}[\|\rho_\delta(s-)+a(u(s-),z)\|^2-\|\rho_\delta(s-)\|^2]\widetilde{N}(\mathrm{d}z,\mathrm{d}s)+\\
&\int_0^t\int_{Z\backslash Z_1}[\|\rho_\delta(s-)+b(u(s-),z)\|^2-\|\rho_\delta(s-)\|^2]\widetilde{N}(\mathrm{d}z,\mathrm{d}s),t\geqslant 0.
\end{aligned}$$

证明 由式(5.4.4)，随机过程$(\rho_\delta(t))_{t\geqslant 0}$是一个 RCLL $(\widetilde{\mathscr{F}}_t)_{t\geqslant 0}$半鞅，满足如下动力系统，

$$\begin{cases}
\mathrm{d}\rho_\delta(t)=(\delta-\kappa)\rho_\delta(t)\mathrm{d}t-[\delta(\delta-\kappa)+\Delta^2-m(\|\nabla u\|^2)\Delta]u(t)\mathrm{d}t+\\
\qquad\int_{Z_1}a(u(t-),z)\widetilde{N}(\mathrm{d}z,\mathrm{d}s)+\int_{Z\backslash Z_1}b(u(t-),z)N(\mathrm{d}z,\mathrm{d}s),t>0,\\
\rho_\delta(0)=\delta u_0+v_0.
\end{cases}\tag{5.4.37}$$

对$\|\rho_\delta(t)\|^2$应用 Itô 公式有

$$\begin{aligned}
&\|\rho_\delta(t)\|^2+\|\Delta u(t)\|^2+M(\|\nabla u(t)\|^2)\\
&\leqslant\|\delta u_0+v_0\|^2+\|\Delta u\|^2+M(\|\nabla u_0\|^2)-2\delta(\delta-\kappa)\int_0^t\langle u(s),\rho_\delta(s)\rangle\mathrm{d}s-\\
&\quad 2\delta\int_0^t\|\Delta u\|^2\mathrm{d}s+2(\delta-\kappa)\int_0^t\|\rho_\delta(s)\|^2\mathrm{d}s-\\
&\quad 2\delta\int_0^t m(\|\nabla u(s)\|^2)\|\nabla u(s)\|^2\mathrm{d}s+\\
&\quad M_t+\int_0^t\int_{Z\backslash Z_1}[\|b(u(s),z)\|^2+2\langle\rho_\delta(s),b(u(s),z)\rangle]\pi(\mathrm{d}z)\mathrm{d}s+
\end{aligned}$$

$$\int_0^t\int_{Z_1}\|a(u(s),z)\|^2\pi(\mathrm{d}z)\mathrm{d}s. \tag{5.4.38}$$

根据式(5.4.35)有

$$\begin{aligned}
&\delta(\kappa-\delta)\langle u(t),\rho_\delta(t)\rangle-(\kappa-\delta)\|\rho_\delta(t)\|^2-\delta\|\Delta u(s)\|^2\\
&\leqslant\delta(\kappa-\delta)\frac{\|\Delta u\|}{\lambda_1}\|\rho_\delta(t)\|-(\kappa-\delta)\|\rho_\delta(t)\|^2-\delta\|\Delta u(s)\|^2\\
&\leqslant\delta(\kappa-\delta)\left[\delta\frac{\|\Delta u\|^2}{\lambda_1^2}+\frac{\|\rho_\delta(t)\|^2}{4\delta}\right]-(\kappa-\delta)\|\rho_\delta(t)\|^2-\delta\|\Delta u(s)\|^2\\
&\leqslant-\delta\left(1-\frac{\delta\kappa}{\lambda_1^2}\right)\|\Delta u(s)\|^2-\frac{3(\kappa-\delta)}{4}\|\rho_\delta(t)\|^2\\
&\leqslant-\frac{\delta}{2}\|\Delta u(s)\|^2-\frac{\kappa}{2}\|\rho_\delta(t)\|^2.
\end{aligned} \tag{5.4.39}$$

由条件(A1)，可得

$$-M(\|\nabla u\|^2)\geqslant-m(\|\nabla u\|^2)\|\nabla u\|^2. \tag{5.4.40}$$

将式(5.4.39)，式(5.4.40)带入式(5.4.38)，可以得到所需的结果(5.4.36).

为了深入研究不变测度，对函数 $b:\mathbf{R}\times Z\backslash Z_1\to\mathbf{R}$ 增加了下述条件：

(A3) 存在 $L_b>0$ 使得

$$b(0,z)\equiv0,$$

$$|b(r_1,z)-b(r_2,z)|^2\leqslant L_b|r_1-r_2|^2.$$

注意条件(A3)不符合注 5.8 中 $b(r,z)=\sigma(r)z$ 的情况. 为了将这种情况纳入条件(A3)中，对条件(A3)进行了改进.

(A3′) 存在 $L_b>0$ 使得

$$b(0,z)\equiv0,$$

$$|b(r_1,z)-b(r_2,z)|^2\leqslant L_b|r_1-r_2|^2|z|^p,p\geqslant2.$$

$$\theta_p=\int_{Z\backslash Z_1}|z|^p\pi(\mathrm{d}z)<\infty.$$

注 5.9　(A3′)中的第 3 个条件等价于有限 p 阶矩的 Lévy 过程$(N_t)_{t\geqslant0}$. (A3)与(A3′)相比，可以发现，如果(A3)成立，那么 Lévy 测度 $\pi(\cdot)$是不受限制的. 但是它不符合注 5.8 的情况. 如果(A3′)成立，则注 5.8 中的情况就被包含进来，但是必须加入条件 $\pi(\cdot)$：$\theta_2<\infty$. 但是，条件(A3)和条件(A3′)的证明没有显著的差异. 定义 $\mathscr{H}$ 上的能量泛函 ε^δ 如下

$$\varepsilon^\delta(u,v)=\|\delta u+v\|^2+M(\|\nabla u\|^2)+\|\Delta u\|^2,(u,v)\in\mathscr{H}.$$

引理 5.6　假设条件(A1)成立. 如果 L_a,L_b,κ 满足

$$\frac{\bar{\theta}L_a+2\underline{\theta}L_b}{\lambda_1^2}<\delta_0\text{ 和 }\kappa>\underline{\theta}, \tag{5.4.41}$$

其中 $\bar{\theta}$ 和 $\underline{\theta}$ 由式(5.4.3)定义，那么在条件(A2)～(A3)或条件(A2)～(A′3)中用(5.4.41)中的 θ_p 代替 $\underline{\theta}$，则存在正常数 $\delta\leqslant\delta_0$ 和 $\lambda=\lambda(\delta)$使得

$$\varepsilon^{\delta}(u(t),v(t))\leqslant\varepsilon^{\delta}(u_0,v_0)-\lambda\int_0^t\varepsilon^{\delta}(u(s),v(s))\mathrm{d}s+M_t,$$

其中 M_t 在引理 5.5 中定义过.

证明 根据条件(A2)～(A3),可得

$$\int_{Z_1}\|a(u(t),z)\|^2\pi(\mathrm{d}z)\leqslant\frac{\bar{\theta}L_a}{\lambda_1^2}\|\Delta u(t)\|^2 \tag{5.4.42}$$

且

$$\left|\int_{Z\setminus Z_1}[\|b(u(t),z)\|^2+2\langle\rho_\delta(t),b(u(t),z)\rangle]\pi(\mathrm{d}z)\right|\leqslant\frac{2\underline{\theta}L_b}{\lambda_1^2}\|\Delta u(t)\|^2+\underline{\theta}\|\rho_\delta(t)\|^2. \tag{5.4.43}$$

从式(5.4.41),可以选择一个正数 $\delta\in\left[\dfrac{\bar{\theta}L_a+2\underline{\theta}L_b}{\lambda_1^2},\delta_0\right]$,那么由式(5.4.36)可得

$$\varepsilon^{\delta}(u(t),v(t))\leqslant\varepsilon^{\delta}(u_0,v_0)-\lambda\int_0^t\varepsilon^{\delta}(u(s),v(s))\mathrm{d}s+M_t,$$

其中

$$\lambda=\min\left\{\delta-\frac{\bar{\theta}L_a+2\underline{\theta}L_b}{\lambda_1^2},\kappa-\underline{\theta}\right\}>0.$$

当满足条件(A2)～(A3′)时,估计式(5.4.42)和式(5.4.43) θ_p 也可以由 $\underline{\theta}$ 代替.

注 5.10 值得注意的是,参数 δ_0 依赖于参数 κ,可以选择适当的 L_a 和 L_b(至少当它们充分小时)使得

$$\underline{\theta}\vee\sqrt{2}\lambda_1<\frac{\lambda_1^4}{2\bar{\theta}L_a+4\underline{\theta}L_b},$$

取

$$\kappa\in\left(\underline{\theta}\vee\sqrt{2}\lambda_1,\frac{\lambda_1^4}{2\bar{\theta}L_a+4\underline{\theta}L_b}\right),$$

那么式(5.4.35)和式(5.4.41)就可以同时成立.若用条件(A3′)替换条件(A3),那么用常数 $\underline{\theta}$ 替换 θ_p.

下面,采用文献 [11]中的方法来讨论本节的主要结果,即

定理 5.17 在引理 5.6 的条件下,由式(5.4.4)定义的瞬态半群 $(S_t)_{t\geqslant0}$,在 $(\mathrm{H},\mathcal{B}(\mathrm{H}))$ 上存在一个唯一的不变测度 $\mu(\cdot)$.

证明 为了将系统(5.4.4)的时域扩展到整个实数域 $\mathbf{R}$,当 $t\geqslant0$ 时,令 $(\overline{N}(A\times[0,t]))$,$A\in B(Z)$是泊松随机测度$(N(A\times[0,t]))$,$A\in\mathcal{B}(Z)$的独立副本.对于任意 $A\in\mathcal{B}(Z)$,$t\in\mathbf{R}$,定义

$$\hat{N}=\begin{cases}N(A\times[0,t)),t\geqslant0,\\ \overline{N}(A\times[0,-t)),t<0.\end{cases}$$

设$\widetilde{\hat{N}}$是$\hat{N}$的补偿泊松随机测度.当 $s\in\mathbf{R}$ 时,考虑如下系统

$$\begin{cases} \mathrm{d}u = v\mathrm{d}t, \\ \mathrm{d}v = (-\Delta^2 u + m(\|\nabla u\|^2)\Delta u - \kappa v)\mathrm{d}t + \int_{Z_1} a(u(t-),z)\widetilde{\hat{N}}(\mathrm{d}z,\mathrm{d}t) + \\ \quad \int_{Z\setminus Z_1} b(u(t-),z)\hat{N}(\mathrm{d}z,\mathrm{d}t), \\ u(x,s) = u_0(x), v(x,s) = v_0(x), x \in D. \end{cases} \tag{5.4.44}$$

由定理 5.15 可知，对于每一个 $T>0$，若 $(u_0, v_0) \in V \times H$，存在一个唯一的解 $(U_t^s((u_0,v_0)))_{t>s} \in C([s,T];V) \times \mathbb{D}([s,T];H)$. 因此，根据 Gronwall's 不等式和引理 5.6，对于某些正常数 $\delta \leqslant \delta_0, \lambda = \lambda(\delta)$，

$$\mathbf{E}[\varepsilon^\delta(U_t^s((u_0,v_0)))] \leqslant e^{-\lambda(t-s)}\mathbf{E}[\varepsilon^\delta(u_0,v_0)], t > s. \tag{5.4.45}$$

对 $s_1 > s_2 > 0$，定义

$$\hat{U}_t^{1,2}((u_0,v_0)) = (\hat{u}(t), \hat{v}(t)) = (u_t^{-s_1}(u_0) - u_t^{-s_2}(u_0), v_t^{-s_1}(v_0) - v_t^{-s_2}(v_0)).$$

则 $\hat{U}_t^{1,2}((u_0,v_0))$ 满足

$$\begin{cases} \mathrm{d}\hat{u} = \hat{v}\mathrm{d}t, \\ \mathrm{d}\hat{v} = (-\Delta^2\hat{u} - \hat{m}(\hat{u}(t)) - \kappa\hat{v})\mathrm{d}t + \int_{Z_1} \hat{a}(u_{t-}^{-s_1}, u_{t-}^{-s_2}, z)\widetilde{\hat{N}}(\mathrm{d}z,\mathrm{d}t) + \\ \quad \int_{Z\setminus Z_1} \hat{b}(u_{t-}^{-s_1}, u_{t-}^{-s_2}, z)\hat{N}(\mathrm{d}z,\mathrm{d}t), \\ \hat{u}(x,-s_2) = u_{-s_2}^{-s_1}(x) - u_0(x), \hat{v}(x,-s_2) = v_{-s_2}^{-s_1}(x) - v_0(x), x \in D, \end{cases} \tag{5.4.46}$$

其中

$$\hat{m}(\hat{u}(t)) = m(\|\nabla u_t^{-s_1}\|^2)\Delta u_t^{-s_1} - m(\|\nabla u_t^{-s_2}\|^2)\Delta u_t^{-s_2},$$

$$\hat{a}(u_{t-}^{-s_1}, u_{t-}^{-s_2}, z) = a(u_t^{-s_1}, z) - a(u_t^{-s_2}, z),$$

$$\hat{b}(u_{t-}^{-s_1}, u_{t-}^{-s_2}, z) = b(u_t^{-s_1}, z) - b(u_t^{-s_2}, z).$$

令 $\hat{\rho} = \delta\hat{u} + \hat{v}$. 正如引理 5.6，存在正常数 $\delta \leqslant \delta_0$ 和 $\lambda = \lambda(\delta)$ 使得

$$\mathbf{E}[\varepsilon^\delta(\hat{U}_t^{1,2}((u_0,v_0)))] \leqslant e^{-\lambda(t+s_2)}\mathbf{E}[\varepsilon^\delta(\hat{u}(-s_2), \hat{v}(-s_2))], t > -s_2. \tag{5.4.47}$$

根据式(5.4.45)和 $m(s) \in C_b^1[0,\infty)$，存在一个正常数 $C>0$ 使得

$$\mathbf{E}[\varepsilon^\delta(\hat{u}(-s_2), \hat{v}(-s_2))] \leqslant C[1 + \varepsilon^\delta(u_0,v_0)]. \tag{5.4.48}$$

结合式(5.4.47)和式(5.4.48)，有

$$\begin{aligned} \mathbf{E}[\varepsilon^\delta(\hat{U}_t^{1,2}((u_0,v_0)))] &= \mathbf{E}[\varepsilon^\delta(U_t^{-s_1}((u_0,v_0)) - U_t^{-s_2}((u_0,v_0)))] \\ &\leqslant C\mathrm{e}^{-\lambda(t+s_2)}[1 + \varepsilon^\delta(u_0,v_0)], t > -s_2. \end{aligned}$$

在上述不等式中令 $t=0$,可得对任意$(u_0,v_0)\in\mathscr{H}$,

$$\mathbf{E}[\varepsilon^\delta(U_0^{-s_1}((u_0,v_0))-U_0^{-s_2}((u_0,v_0)))]\leqslant Ce^{-\lambda s_2}[1+\varepsilon^\delta(u_0,v_0)],$$

当 $s_2\to\infty$时趋于零. 意味着$(U_0^{-s})_{s\geqslant0}$是 $L^2(\Omega;\mathscr{H})$中的 Cauchy 序列. 因此,存在一个唯一的随机向量 $U_0^{-\infty}((u_0,v_0))\in L^2(\Omega;\mathscr{H})$,使得在空间 $L^2(\Omega;\mathscr{H})$上 $s\to\infty$时, $U_0^{-s}((u_0,v_0))\to U_0^{-\infty}((u_0,v_0))$. 注意到向量过程

$$U_0^{-s}((u_0,v_0))=(u_0^{-s}(u_0),v_0^{-s}(v_0))\text{和 }U_s^0((u_0,v_0))=(u_s^0(u_0),v_s^0(v_0))$$

对于每一个 $s\geqslant0$ 在同一概率空间上服从同一分布. 令 $\mu(\cdot)$是 $U_0^{-\infty}((u_0,v_0))$在空间$(V\times H,\mathrm{B}(V\times H))$上的诱导概率测度. 那么 $\mu(\cdot)$是瞬态半群$(S_t)_{t\geqslant0}$的唯一不变测度.

第 6 章　随机黏弹性方程解的渐近性

6.1　带有记忆项的二阶随机微分方程的渐近行为

6.1.1　引言

众所周知,黏弹性阻尼材料是一种专门用作阻尼层的材料. 其主要特征与温度及频率有关. 研究黏弹性材料的力学性能,使其在工程应用中发挥良好的阻尼性能和耗散性能,关键是构建能够精确描述材料的黏弹性本构模型. 从数学角度看,可以通过积分微分算子来描述这些阻尼效应. 例如黏弹性壳动力学方程

$$\begin{cases} u_{tt} - \Delta u + \int_0^t g(t-s)\operatorname{div}(a(x)\ \nabla u)\mathrm{d}s + f(t,u,u_t) = 0, (x,t) \in D \times (0,T), \\ u(x,t) = 0, (x,t) \in \partial D \times (0,T), \\ u(x,0) = u_0(x), u_t(x,0) = u_1(x), x \in D, \end{cases} \tag{6.1.1}$$

该系统描述了一种黏弹性物质,$u(x,t)$表示材质上的微粒 x 在 t 时刻的位移,g 为松弛函数. 问题(6.1.1)解的性质已被很多学者进行了广泛研究(见文献[93,94,99,160]). 当阻尼项为零时,$(f(t,u,u_t)=f(t,u))$,Dafermos[94]证明了当时间趋于无穷时,黏弹性系统的解将退化为 0,但没有给出精确的退化率. Rivera[99]利用二阶估计的方法,给出了一类带有记忆项的线性黏弹性系统解的一致退化率. 对于特殊的情形,Rivera 和 Salvatierra[160]证明了当 g 指数衰减时,解的能量也是指数衰减的. 另一方面,Cavalcanti 和 Oquendo[93]考虑具有非线性局部分数阶阻尼项的非线性方程,并证明了能量的指数多项式退化率. 在这些文献中,证明退化估计的主要方法是 Komornik 和 Zuazua[161]对某些扰动能量引入的 Lyapunov 泛函方法. 最近,Alabau-Boussouira 等[162]给出了一般二阶积分微分方程能量退化估计的一般方法. 有关方程(6.1.1)解的渐近性退化估计的更多细节,参见[12,105,107,108,163,164]及其他文献.

本节将探讨上述理论是否可以扩展到随机的问题,这更具有现实意义. 在本节中,将研究在希尔伯特空间 X 上的随机积分微分方程

$$\begin{cases} u_{tt} + \Lambda u - \int_0^t g(t-\tau)\Lambda u(\tau)\mathrm{d}\tau + h(u,u_t) = \sigma(u,u_t)\partial_t W(t,x), \\ u(x,0) = u_0(x), u_t(x,0) = u_1(x), \end{cases} \tag{6.1.2}$$

其中 $\Lambda: D(\Lambda) \subset X \to X$ 是一个稠密域上的自伴线性增生算子，W 是一个无限维 Wiener 过程，g 是一个正的函数，其满足的一些条件将在后文给出. 特别地，系统(6.1.2)符合其他几个经典的数学物理方程模型.

为了促进当前的研究工作，我们首先回顾一些关于随机双曲型方程渐近行为的结果. 在文献[50,53]中，Chow 研究了一类具有有界域内线性阻尼的半线性随机波动方程解的大时间渐近性. 在适当的条件下，作者利用能量不等式得到了均方误差和几乎处处意义下等价解的指数稳定性. Brzeźniak 等[74]利用 Lyapunov 方法证明了随机非线性梁方程解的全局存在性和稳定性. 对方程(6.1.2)，记忆项的存在使得原有随机波动方程中的估计方法对其进行能量估计变得困难. 利用预解算子方法，Wei[33]研究了具有附加噪声和线性阻尼的方程，即 $\sigma(u,u_t)\equiv 1$ 和 $h(u,u_t) = f(u) + \mu u_t$，

$$u_{tt} - \Delta u + \int_0^t g(t-\tau)\Delta u(\tau)\mathrm{d}\tau + h(u,u_t) = \sigma(u,u_t)\partial_t W(t,x). \tag{6.1.3}$$

他们证明了方程(6.1.3)解的存在唯一性，并在对 g 和 f 做出一些适当假设下，获得了解的能量函数的衰减估计. 在文献[104]中，作者将文献[33]中解的存在性和唯一性结果推广到乘法噪声的情况中. 而且，当 $\sigma = \sigma(x,t)$，他们利用能量不等式，证明了解要么在有限时间内以正概率爆破，要么在 L^2 空间爆破.

本节的主要目标是获得具有乘法噪声一般方程解的渐近稳定性，并扩展了文献[33]中衰减估计的结果. 然而，文献[33]中用于解决加法噪声的方法不再适用本问题. 首先通过适当的能量不等式和估计来获得全局温和解. 其次，通过改进文献[166]中线性确定性双曲型方程和文献[165]中随机双曲型方程的 Lyapunov 方法，证明了当 $h(u,u_t) = \mu u_t, \mu > 0$ 时方程(6.1.2)解的渐近稳定性.

6.1.2 预备知识

令 X 是内积为 $\langle\cdot,\cdot\rangle$ 和范数为 $\|\cdot\|$ 的实 Hilbert 空间. 令 $W(t,x)$ 是在实可分 Hilbert 空间 K 在概率空间 $(\Omega, \mathbb{P}, \mathscr{F})$ 上有一个 σ-代数族 $\{\mathscr{F}_t, t \geq 0\}$ 的 Q-Wiener 过程. 设空间 $\mathrm{Rng}Q^{1/2}$ 具有自然 Hilbert 空间结构，$\mathscr{L}_2$ 表示 Hilbert-Schmidt 算子空间. 对任意 $U = (x_1, x_2) \in \mathscr{H}$，令 $\mathscr{H} = D(\sqrt{\Lambda}) \times X$ 是具有范数 $\|U\|_{\mathscr{H}}^2 = \|\sqrt{\Lambda}x_1\|^2 + \|x_2\|^2$ 的空间. 继而给出如下假设：

(G1) Λ 是在 X 的稠密域 $D(\Lambda)$ 上的自伴线性算子，对某些 $\beta > 0$ 满足

$$\langle \Lambda x, x\rangle \geq \beta\|x\|^2, \forall x \in X.$$

(G2) 函数 $g \in C^1[0,\infty)$ 是一个非负和递减的函数且满足

$$1-\int_0^\infty g(s)\mathrm{d}s = l > 0.$$

(G3) 存在正常数 $\alpha>0$ 使得

$$g'(t)\leqslant -\alpha g(t),\ \forall t\geqslant 0.$$

(G4) 函数 $h:\mathscr{H}\to X$ 是 $\mathscr{H}$ 的有界子集上 Lipschitz 连续，即存在正的常数 L_h 使得

$$\langle x_2, h(x_1,x_2)\rangle \geqslant -L_h(1+\|U\|_{\mathscr{H}}^2),\ \forall U=(x_1,x_2)\in\mathscr{H}. \tag{6.1.4}$$

(G5) $\sigma:\mathscr{H}\to\mathscr{L}(\mathrm{Rng}Q^{1/2},X)$ 在 $\mathscr{H}$ 的有界集上 Lipschitz 连续，且线性递增，即，对任意 U，$V\in\mathscr{H}$，$\|U\|_{\mathscr{H}}\leqslant N$，$\|V\|_{\mathscr{H}}\leqslant N$，有

$$\forall N\in\mathbb{N},\ \exists L_\sigma(N)<\infty,\ \|(\sigma(U)-\sigma(V))Q^{1/2}\|_{HS}\leqslant L_\sigma(N)\|U-V\|_{\mathscr{H}},$$

此外，

$$\exists L_\sigma<\infty,\ \forall U\in\mathscr{H},\ \|\sigma(U)Q^{1/2}\|_{HS}\leqslant L_\sigma(1+\|U\|_{\mathscr{H}}), \tag{6.1.5}$$

其中 $\|\cdot\|_{HS}$ 表示 $\mathscr{L}_2(\mathscr{K},X)$ 和 $\mathscr{L}_2(\mathscr{K},\mathscr{H})$ 的范数.

在以上对 Λ,g,h 和 σ 的假设下，可以根据文献[104]中的论证方法获得问题(6.1.2)的唯一极大局部温和解.

定理 6.1　设条件(G1)，(G2)，(G3)，(G4)和(G5)均成立且 $(u_0(x),u_1(x)):\Omega\to\mathscr{H}$ 为 $\mathscr{F}_0$-可测. 那么问题(6.1.2)有唯一局部温和解 $u\in C^1([0,\tau_\infty)\times D;X)\cap C([0,\tau_\infty);D(\sqrt{\Lambda}))$，且对所有的 $t>0$ 和 $k\in\mathbb{N}$ 满足

$$\limsup_{t\to\tau_\infty}\|\sqrt{\Lambda}u\|=+\infty,$$

$$u(t\wedge\tau_k)=S(t\wedge\tau_k)u_0+\int_0^{t\wedge\tau_k}S(\tau)u_1\mathrm{d}\tau-\int_0^{t\wedge\tau_k}1*S(t\wedge\tau_k-\tau)h(u,u_t)\mathrm{d}\tau+I_{\tau_k}(\sigma)(t\wedge\tau_k)$$

其中 τ_∞ 是停时，由下式定义

$$\tau_\infty=\lim_{k\to\infty}\tau_k,\ (\tau_k=\inf\{t\geqslant 0;\|\nabla u\|\geqslant k\})$$

以及

$$I_{\tau_k}(\sigma)(t)=\int_0^t 1_{[0,\tau_k)}(\tau)1*S(t-\tau)\sigma(u(\tau\wedge\tau_k),u_t(\tau\wedge\tau_k))\mathrm{d}W(\tau).$$

此外，若 $u_0\in D(\Lambda)$，$u_1\in D(\sqrt{\Lambda})$，那么问题(6.1.2)的温和解是强解，且属于 $C^1([0,\tau_\infty)\times D;D(\sqrt{\Lambda}))$.

6.1.3　全局解的存在性和唯一性

在本节中，我们将应用 Khasminskii 引理来证明，问题(6.1.2)的唯一局部温和解是全局温和解. 注意到，Itô 公式仅适用于方程(6.1.2)的强解. 然而，$D(\sqrt{\Lambda})$ 在 $D(\Lambda)$ 上是稠密的且强解同时也是弱解. 因此，可以构造一个能量函数序列，使得强解序列 $\{u_n\}$ 收敛于

u,进而估计弱解 u 的能量函数. 从而,以下推导强解的过程可以很容易地推广到求弱解的过程.

对于系统(6.1.2)定义的能量泛函 $\varepsilon(t)$

$$\varepsilon(u(t)) = \left\|u_t(t)\right\|^2 + (1-\int_0^t g(s)\mathrm{d}s) \left\| \sqrt{\Lambda}u(t)\right\|^2 + (g \circ \sqrt{\Lambda}u)(t),$$

其中

$$(g \circ w)(t) = \int_0^t g(t-s) \left\|w(t) - w(s)\right\|^2 \mathrm{d}s.$$

定理 6.2 设条件(G1),(G2), G4)和(G5)均成立且 $u(0)=(u_0(x),u_1(x)):\Omega\to\mathscr{H}$ 是 $\mathscr{F}_0$-可测的. 令 u 是问题(6.1.2)的唯一局部温和解,其生命周期为 τ_∞,那么 $\tau_\infty=\infty\quad \mathbb{P}$—a. s.

证明 首先,考虑 $\varepsilon(u(0))<\infty$ 的情形. 令 $u(t)$,$(0\leqslant t<\tau_\infty)$是问题(6.1.2)的一个极大局部温和解. 定义停时序列

$$\tau_k=\inf\left\{t\geqslant 0:\left\| \sqrt{\Lambda}u\right\|\geqslant k\right\},k\geqslant 1.$$

由定理 6.1 有 $\lim\limits_{k\to\infty}\tau_k=\tau_\infty$. 对任意 $t\geqslant 0$,我们将证明当 $k\to\infty$ 时,有 $u(t\wedge t_k)\to u(t)$ a. s.,从而局部解变成全局解. 最后,证明当 $k\to\infty$ 时,τ_k 以概率 1 趋于无穷.

现在主要的困难是,问题(6.1.2)解可能仅有有限的生命周期,即,$\tau_\infty<\infty$. 对此,我们固定 $k\in\mathbb{N}$ 并引入以下函数

$$\widetilde{h}(t)=1_{[0,\tau_k)}(t)h(u(t\wedge\tau_k),u_t(t\wedge\tau_k)),$$
$$\widetilde{\sigma}(t)=1_{[0,\tau_k)}(t)\sigma(u(t\wedge\tau_k),u_t(t\wedge\tau_k)),t\geqslant 0.$$

可见过程 $\widetilde{f}$ 和 $\widetilde{\sigma}$ 有界. 考虑以下线性非齐次随机方程

$$\begin{cases} v_{tt} = -\Lambda v + \int_0^t g(t-s)\Lambda v(s)\mathrm{d}s - \widetilde{h}(t) + \widetilde{\sigma}(t)\partial W(x,t), t>0, \\ v(x,0) = u_0(x), u_t(x,0) = u_1(x). \end{cases} \tag{6.1.6}$$

由文献[33]中的定理 3.1,问题(6.1.6)存在如下一个唯一的全局温和解

$$v(t) = S(t)u_0 + \int_0^t S(\tau)u_1\mathrm{d}\tau - \int_0^t 1 * S(t-\tau)\widetilde{h}(\tau)\mathrm{d}\tau + \int_0^t 1 * S(t-\tau)\,\widetilde{\sigma}(\tau)\mathrm{d}W(\tau), t\geqslant 0.$$

因此停时过程 $v(\cdot\wedge\tau_k)$满足

$$v(t\wedge\tau_k) = S(t\wedge\tau_k)u_0 + \int_0^{t\wedge\tau_k} S(s)u_1\mathrm{d}s - \int_0^{t\wedge\tau_k} 1 * S(t\wedge\tau_k - s)\widetilde{h}(s)\mathrm{d}s + I_{\tau_k}(\widetilde{\sigma})(t\wedge$$

$\tau_k),t\geqslant 0$,其中

$$I_{\tau_k}(\widetilde{\sigma})(t) = \int_0^t 1_{[0,\tau_k)}(s)1 * S(t-s)\,\widetilde{\sigma}(s)\mathrm{d}W(s,x).$$

由此可见(见文献[74])

$$\begin{aligned} I_{\tau_k}(\widetilde{\sigma})(t) &= \int_0^t 1_{[0,\tau_k)}(s)1 * S(t-s)\,\widetilde{\sigma}(s)\mathrm{d}W(s,x) \\ &= \int_0^t 1_{[0,\tau_k)}(s)1 * S(t-s)\sigma(u(t\wedge\tau_k),u_t(\tau\wedge\tau_k))\mathrm{d}W(s,x) \end{aligned}$$

$$= I_{\tau_k}(\sigma)(t), t \geqslant 0.$$

因此，对每一个 $k \geqslant 1$，由定理 6.1，有

$$\begin{aligned}
v(t \wedge \tau_k) &= S(t \wedge \tau_k)u_0 + \int_0^{t\wedge\tau_k} S(s)u_1 \mathrm{d}s - \int_0^{t\wedge\tau_k} 1 * S(t \wedge \tau_k - s)\widetilde{h}(s)\mathrm{d}s + I_{\tau_k}(\widetilde{\sigma})(t \wedge \tau_k) \\
&= S(t \wedge \tau_k)u_0 + \int_0^{t\wedge\tau_k} S(s)u_1 \mathrm{d}s - \int_0^{t\wedge\tau_k} 1 * S(t \wedge \tau_k - s)\widetilde{h}(s)\mathrm{d}s + I_{\tau_k}(\sigma)(t \wedge \tau_k) \\
&= S(t \wedge \tau_n)u_0 + \int_0^{t\wedge\tau_n} S(s)u_1 \mathrm{d}s + I_{\tau_k}(\sigma)(t \wedge \tau_k) - \\
&\quad \int_0^{t\wedge\tau_k} 1 * S(t \wedge \tau_k - s)1_{[0,\tau_k)}(s)h(u(s \wedge \tau_k), u_t(s \wedge \tau_k))\mathrm{d}s \\
&= S(t \wedge \tau_k)u_0 + \int_0^{t\wedge\tau_k} S(\tau)u_1 \mathrm{d}\tau - \int_0^{t\wedge\tau_k} 1 * S(t \wedge \tau_k - \tau)h(u, u_t)\mathrm{d}\tau + I_{\tau_k}(\sigma)(t \wedge \tau_k) \\
&= u(t \wedge \tau_k), \mathbb{P}-\text{a.s.}\, t \geqslant 0.
\end{aligned}$$

对 $\left\| v_t(t \wedge \tau_k) \right\|^2$ 应用 Itô 公式，有

$$\begin{aligned}
\left\| v_t(t \wedge \tau_k) \right\|^2 &= \left\| u_1 \right\|^2 + \left\| \sqrt{\Lambda} u_0 \right\|^2 - \left\| \sqrt{\Lambda} v(t \wedge \tau_k) \right\|^2 + \\
&\quad 2\int_0^{t\wedge\tau_k} \langle \int_0^s g(s-r)\sqrt{\Lambda}v(r)\mathrm{d}r, \sqrt{\Lambda}v_t(s)\rangle \mathrm{d}s - 2\int_0^{t\wedge\tau_k} \langle v_t, \widetilde{h}(s)\rangle \mathrm{d}s + \\
&\quad \int_0^{t\wedge\tau_k} \langle v_t(s), \widetilde{\sigma}(s)\mathrm{d}W(x,s)\rangle + \int_0^{t\wedge\tau_k} \mathrm{Tr}(Q^{1/2}\widetilde{\sigma}^*(s)\widetilde{\sigma}(s)Q^{1/2})\mathrm{d}s. \qquad (6.1.7)
\end{aligned}$$

由条件(G1)，有

$$\begin{aligned}
&\langle \int_0^s g(s-r)\sqrt{\Lambda}v(r)\mathrm{d}r, \sqrt{\Lambda}v_t(s)\rangle \\
&= \int_0^s g(s-r)\int_D \sqrt{\Lambda}v_t(s) \cdot \sqrt{\Lambda}v(r)\mathrm{d}r\mathrm{d}x \\
&= \int_0^s g(s-r)\int_D \sqrt{\Lambda}v_t(s)(\sqrt{\Lambda}v(r) - \sqrt{\Lambda}v(s))\mathrm{d}x\mathrm{d}r + \int_0^s g(s-r)\int_D \sqrt{\Lambda}v_t(s)\sqrt{\Lambda}v(s)\mathrm{d}x\mathrm{d}r \\
&= -\frac{1}{2}\int_0^s g(s-r)\frac{\mathrm{d}}{\mathrm{d}s}\int_D \left| \sqrt{\Lambda}v(r) - \sqrt{\Lambda}v(s) \right|^2 \mathrm{d}x\mathrm{d}r + \frac{1}{2}\int_0^s g(r)\frac{\mathrm{d}}{\mathrm{d}s}\int_D \left| \sqrt{\Lambda}v(s) \right|^2 \mathrm{d}x\mathrm{d}r \\
&= \frac{1}{2}\frac{\mathrm{d}}{\mathrm{d}s}(\int_0^s g(r)\mathrm{d}r \left\| \sqrt{\Lambda}v(s) \right\|^2 - (g \circ \sqrt{\Lambda}v)(s)) + \frac{1}{2}(g' \circ \sqrt{\Lambda}v)(s) - \frac{1}{2}g(s)\left\| \sqrt{\Lambda}v(s) \right\|^2 \\
&\leqslant \frac{1}{2}\frac{\mathrm{d}}{\mathrm{d}s}(\int_0^s g(r)\mathrm{d}r \left\| \sqrt{\Lambda}v(s) \right\|^2 - (g \circ \sqrt{\Lambda}v)(s)). \qquad (6.1.8)
\end{aligned}$$

这意味着

$$\begin{aligned}
2\int_0^{t\wedge\tau_k} \langle \int_0^s g(s-r)\sqrt{\Lambda}v(r)\mathrm{d}r, \sqrt{\Lambda}v_t(s)\rangle \mathrm{d}s &\leqslant \int_0^{t\wedge\tau_k} g(r)\mathrm{d}r \left\| \sqrt{\Lambda}v(t \wedge \tau_k) \right\|^2 - \\
&\quad (g \circ \sqrt{\Lambda}v)(t \wedge \tau_k). \qquad (6.1.9)
\end{aligned}$$

由 $\widetilde{h}$ 和 $\widetilde{\sigma}$ 的定义，有

$$2\int_0^{t\wedge\tau_k} \langle v_t, \widetilde{h}(s)\rangle \mathrm{d}s = 2\int_0^{t\wedge\tau_k} \langle v_t(s), 1_{[0,\tau_k)}(s)h(u(s \wedge \tau_k), u_t(s \wedge \tau_k))\rangle \mathrm{d}s$$

$$= 2\int_0^{t\wedge\tau_k} \langle v_t(s), h(u(s), u_t(s))\rangle \mathrm{d}s. \tag{6.1.10}$$

和

$$\begin{aligned}\int_0^{t\wedge\tau_k} \mathrm{Tr}(Q^{1/2}\,\tilde{\sigma}^*(s)\,\tilde{\sigma}(s)Q^{1/2})\mathrm{d}s &= \int_0^{t\wedge\tau_k} \sum_{i\in I} \langle \tilde{\sigma}^*(s)\,\tilde{\sigma}(s)Q^{1/2}e_i, Q^{1/2}e_i\rangle_{\kappa} \\ &= \int_0^{t\wedge\tau_k} \sum_{i\in I} \left\|\tilde{\sigma}^*(s)Q^{1/2}e_i\right\|^2 \mathrm{d}s \\ &= \int_0^{t\wedge\tau_k} \left\|\sigma(u(s), u_t(s))Q^{1/2}\right\|_{HS}^2 \mathrm{d}s. \end{aligned} \tag{6.1.11}$$

将式(6.1.9)，式(6.1.10)和式(6.1.11)代入式(6.1.7)并对等式两边取期望得到

$$\mathbf{E}\varepsilon(v(t\wedge\tau_k)) \leqslant \mathbf{E}\varepsilon(v(0)) - 2\mathbf{E}\int_0^{t\wedge\tau_k} \langle v_t(s), h(u(s), u_t(s))\rangle \mathrm{d}s + \mathbf{E}\int_0^{t\wedge\tau_k} \left\|\sigma(u(s), u_t(s))Q^{1/2}\right\|_{HS}^2 \mathrm{d}s, \tag{6.1.12}$$

其中使用了 $\varepsilon(t)$的定义. 由于对 $t\leqslant\tau_k$ 有 $v(t)=u(t)$并利用条件(G4)，(G5)，由式(6.1.12)可得

$$\begin{aligned}\mathbf{E}\varepsilon(u(t\wedge\tau_k)) &\leqslant \mathbf{E}\varepsilon(u(0)) - 2\mathbf{E}\int_0^{t\wedge\tau_k} \langle u_t(s), h(u(s), u_t(s))\rangle \mathrm{d}s + \mathbf{E}\int_0^{t\wedge\tau_k} \left\|\sigma(u(s), u_t(s))Q^{1/2}\right\|_{HS}^2 \mathrm{d}s \\ &\leqslant \mathbf{E}\varepsilon(u(0)) - 2\int_0^t \langle u_t(s\wedge\tau_k), h(u(s\wedge\tau_k), u_t(s\wedge\tau_k))\rangle \mathrm{d}s + \\ &\quad \mathbf{E}\int_0^t \left\|\sigma(u(s\wedge\tau_k), u_t(s\wedge\tau_k))Q^{1/2}\right\|_{HS}^2 \mathrm{d}s \\ &\leqslant \mathbf{E}\varepsilon(u(0)) + (2L_h + L_\sigma)\int_0^t (1 + \mathbf{E}(\left\|\sqrt{\Lambda}u(s\wedge\tau_n)\right\|^2 + \left\|u_t(s\wedge\tau_n)\right\|^2))\mathrm{d}s \\ &\leqslant \mathbf{E}\varepsilon(u(0)) + \frac{1}{l}(2L_h + L_\sigma)\int_0^t (1 + \mathbf{E}\varepsilon(u(s\wedge\tau_n)))\mathrm{d}s, \end{aligned} \tag{6.1.13}$$

其中 $l>0$ 在条件(G2)中给出定义. 对式(6.1.13)应用 Gronwall's 不等式，则对任意 $k\geqslant1$ 和$t\geqslant0$有

$$1 + \mathbf{E}\varepsilon(u(t\wedge\tau_k)) \leqslant (1 + \mathbf{E}\varepsilon(u(0)))\mathrm{e}^{Ct}, \tag{6.1.14}$$

其中 $C=\frac{1}{l}(2L_h+L_\sigma)$. 进而有

$$\begin{aligned}\mathbf{P}(\{\tau_k < t\}) = \mathbf{E}1_{\{\tau_k<t\}} &= \int_\Omega \frac{\left\|\sqrt{\Lambda}u(\tau_k)\right\|^2}{\left\|\sqrt{\Lambda}u(\tau_k)\right\|^2} 1_{\{\tau_k<t\}}\,\mathrm{d}\mathbf{P} \\ &\leqslant \frac{1}{l\left\|\sqrt{\Lambda}u(\tau_k)\right\|^2}\int_\Omega \varepsilon(u(t\wedge\tau_k))1_{\{\tau_n<t\}}\,\mathrm{d}\mathbf{P} \\ &\leqslant \frac{1}{lk^2}\mathbf{E}\varepsilon(u(t\wedge\tau_k)) \leqslant \frac{1}{lk^2}[(1+\mathbf{E}\varepsilon(u(0)))\mathrm{e}^{Ct} - 1]. \end{aligned}$$

由于 $\varepsilon(u(0))<\infty$，上述不等式给出 $\mathbb{P}(\{\tau_k<t\})\leqslant\frac{C_t}{k^2}$，再由 Borel-Cantelli 引理，可得 $\mathbf{P}(\{\tau_\infty<t\})=0$ 或 $\tau_\infty=\infty$，$\mathbb{P}-$a. s.

因此，定理 6.2 在附加条件 $\varepsilon(u(0))<\infty$ 下成立．事实上，对于确定性初始条件 $u(0)=(u_0(x),u_1(x))\in\mathscr{H}$，可以得到问题(6.1.2)的一个唯一全局温和解．因此，对于在 $\mathscr{H}$ 上的任意 Borel 概率测度 μ，在文献[16]中的初始条件 μ 下，式(6.1.2)存在鞅解．利用路径唯一性和 Yamada-Watanabe 理论(见[12，定理 2])，对每一个 $\mathscr{F}_0$-可测的初始条件 $u(0):\Omega\to\mathscr{H}$，都能得到问题(6.1.2)的一个唯一全局温和解．

6.1.4　解的稳定性

在本节中，将讨论由定理 6.2 给出的解的稳定性结果．为了简化问题，我们考虑问题(6.1.2)带有如下阻尼项 h，即

$$h(x,y)=\mu y,\mu\geqslant 0,(x,y)\in\mathscr{H}. \tag{6.1.15}$$

此外，强化了对 σ 的线性增长假设，即，$\exists R_\sigma<\infty$ 使得对所有的 $(x,y)\in\mathscr{H}$ 有

$$\left\|\sigma(x,y)Q^{1/2}\right\|_{HS}^2\leqslant R_\sigma\left(\left\|\sqrt{\Lambda}x\right\|^2+\left\|y\right\|^2\right). \tag{6.1.16}$$

因此，式(6.1.2)存在平凡解 $(u,u_t)=(0,0)$．令

$$U(t)=\begin{pmatrix}u(t)\\ u_t(t)\end{pmatrix}\in\mathscr{H},\Gamma=\begin{pmatrix}0 & I\\ -\Lambda & 0\end{pmatrix},$$

和

$$F(\mathrm{U}(t))=\begin{pmatrix}0\\ \int_0^t g(t-s)\ \Lambda\ u(s)\mathrm{d}s-\mu u_t\end{pmatrix},\Sigma(U(t))=\begin{pmatrix}0\\ \sigma(u,u_t)\end{pmatrix}.$$

则(6.1.2)可被看作是一个随机微分方程

$$\begin{cases}\mathrm{d}U(t)=\Gamma U(t)\mathrm{d}t+F(U(t))\mathrm{d}t+\Sigma(U(t))\mathrm{d}W(t),\\ U(0)=(u_0(0),u_1(0))^{\mathrm{T}}.\end{cases} \tag{6.1.17}$$

定义算子 L：

$$L:\mathscr{H}\to\mathscr{H},\begin{pmatrix}x\\ y\end{pmatrix}\mapsto\begin{pmatrix}\mu^2\Lambda^{-1}x+2x+\mu\Lambda^{-1}y\\ \mu x+2y\end{pmatrix}.$$

那么对算子 L 有以下引理．

引理 6.1　算子 L 是 $\mathscr{H}$ 的自伴线性同构．此外，对任意 $\boldsymbol{\xi}=(x,y)^{\mathrm{T}}\in\mathscr{H}$，有

$$\left\|L\right\|_{\mathscr{L}(\mathscr{H})}^{-1}\langle L\xi,\xi\rangle_{\mathscr{H}}\leqslant\left\|\xi\right\|_{\mathscr{H}}\leqslant\langle L\xi,\xi\rangle_{\mathscr{H}}, \tag{6.1.18}$$

且对任意 $\xi=(x,y)^{\mathrm{T}}\in D(\Gamma)=D(\Lambda)\times D(\sqrt{\Lambda})$，有

$$\langle\Gamma\xi,L\xi\rangle_{\mathscr{H}}=-\mu\left\|\sqrt{\Lambda}x\right\|^2+\mu^2\langle x,y\rangle+\mu\left\|y\right\|^2. \tag{6.1.19}$$

证明　由 $L\in\mathscr{L}(\mathscr{H})$，对任意 $\boldsymbol{\xi}_i=(x_i,y_i)^{\mathrm{T}}\in\mathscr{H}(i=1,2)$，有

$$\langle L\xi_1,\xi_2\rangle_{\mathscr{H}}=\mu^2\langle x_1,x_2\rangle+2\langle\sqrt{\Lambda}x_1,\sqrt{\Lambda}x_2\rangle+\mu\langle y_1,x_2\rangle+\mu\langle x_1,y_2\rangle+2\langle y_1,y_2\rangle=\langle\xi_1,L\xi_2\rangle_{\mathscr{H}},$$

因此 $L=L^*$．显然，由式(6.1.18)易得

$$\langle L\xi,\xi\rangle_{\mathscr{H}}=2\left\|\sqrt{\Lambda}x\right\|^2+\left\|y\right\|^2+\left\|\mu x+y\right\|^2.$$

易见满足式(6.1.19)，定理得证.

定义 $\Psi:\mathscr{H}\to\mathbf{R}_+$ 为

$$\Psi(\xi)=\mathscr{L}(\xi)-\int_0^t g(\tau)\mathrm{d}\tau\left\|\sqrt{\Lambda}x\right\|^2+(g\circ\sqrt{\Lambda}x)(t),\ \forall\,\boldsymbol{\xi}=(x,y)^{\mathrm{T}}\in\mathscr{H},$$

其中

$$\mathscr{L}(\xi)=\frac{1}{2}\langle L\xi,\xi\rangle_{\mathscr{H}}.$$

它最先应用于文献[17]中的线性确定性双曲型方程和文献[13]中的随机双曲型方程. 显然，对任意 $\xi,\eta,\zeta\in\mathscr{H}$，有

$$D\mathscr{L}(\xi)\eta=\langle L\xi,\eta\rangle_{\mathscr{H}},D^2\mathscr{L}(\xi)(\eta,\zeta)=\langle L\eta,\zeta\rangle_{\mathscr{H}},\tag{6.1.20}$$

其中 $D\mathscr{L}$ 和 $D^2\mathscr{L}$ 表示函数 $\mathscr{L}$ 的一阶和二阶 Fréchet 导数.

定理 6.3 设条件(G1)～(G3)和(G5)及式(6.1.2)和式(6.1.3)成立，若 l 和 R_σ 满足

$$l>\frac{\mu}{2\alpha+\mu}\text{ 和 }R_\sigma<\frac{\mu(2\alpha+\mu)l-\mu^2}{2\alpha},\tag{6.1.21}$$

其中 α,μ 分别在(G3)和式(6.1.15)中给出定义. 则(6.1.2)的零解指数是均方稳定的，即，存在常数 $C<\infty$ 和 $\gamma>0$，若式(6.1.2)的解 u 满足 $\mathbf{E}\varepsilon(u(0))<\infty$，那么我们有

$$\mathbf{E}\left(\left\|\sqrt{\Lambda}u\right\|^2+\left\|u_t\right\|^2\right)\leqslant C\mathrm{e}^{-\gamma t}\mathbf{E}\varepsilon(u(0)),\ \forall\,t\geqslant 0.\tag{6.1.22}$$

此外，解以概率 1 指数稳定，即，对每一个 $\gamma^*\in(0,\gamma)$，存在一个几乎处处有限的函数 $t_0:\Omega\to[0,\infty)$ 使得

$$\left\|\sqrt{\Lambda}u\right\|^2+\left\|u_t\right\|^2\leqslant C\mathrm{e}^{-\gamma^* t}\mathbf{E}\varepsilon(u(0)),\ \forall\,t\geqslant t_0\ \mathbb{P}-\text{a. s.}\tag{6.1.23}$$

证明 对 $\mathrm{e}^{\gamma t}\mathscr{L}(U(t))$ 利用 Itô 公式(这里 γ 将在后面给出详细说明)，对任意 $0\leqslant s\leqslant t<\infty$，由式(6.1.17)可得

$$\begin{aligned}\mathrm{e}^{\gamma t}\mathscr{L}(U(t))=&\ \mathrm{e}^{\gamma s}\mathscr{L}(U(s))+\int_s^t\gamma\mathrm{e}^{\gamma r}\mathscr{L}(U(r))\mathrm{d}r+\int_s^t\mathrm{e}^{\gamma r}\langle\Gamma(U(r)),D\mathscr{L}(U(r))\rangle_{\mathscr{H}}\mathrm{d}r+\\&\int_s^t\mathrm{e}^{\gamma r}\langle F(U(r)),D\mathscr{L}(U(r))\rangle_{\mathscr{H}}\mathrm{d}r+\int_s^t\mathrm{e}^{\gamma r}\Sigma^*(U(r))D\mathscr{L}(U(r))\mathrm{d}W(r,x)+\\&\frac{1}{2}\int_s^t\mathrm{e}^{\gamma r}\mathrm{Tr}(Q^{1/2}\Sigma^*(U(r))D^2\mathscr{L}(U(r))\Sigma(U(r))Q^{1/2})\mathrm{d}r.\end{aligned}\tag{6.1.24}$$

接下来对式(6.1.24)等号右侧的项逐一进行估计. 对于式(6.1.24)右侧的第 3 项，由式(6.1.19)，有

$$\begin{aligned}&\int_s^t\mathrm{e}^{\gamma r}\langle\Gamma(U(r)),D\mathscr{L}(U(r))\rangle_{\mathscr{H}}\mathrm{d}r\\&=\int_s^t\mathrm{e}^{\gamma r}\langle\Gamma(U(r)),\mathscr{L}(U(r))\rangle_{\mathscr{H}}\mathrm{d}r\\&=\int_s^t\mathrm{e}^{\gamma r}\left[-\mu\left\|\sqrt{\Lambda}u(r)\right\|^2+\mu^2\langle u(r),u_t(r)\rangle+\mu\left\|u_t(r)\right\|^2\right]\mathrm{d}r.\end{aligned}\tag{6.1.25}$$

对于式(6.1.24)右侧的第 4 项

$$\begin{aligned}\int_s^t \mathrm{e}^{\gamma r}\langle F(U(r)),D\mathscr{L}(U(r))\rangle_{\mathscr{H}}\mathrm{d}r &= \int_s^t \mathrm{e}^{\gamma r}\langle F(U(r)),L(U(r))\rangle_{\mathscr{H}}\mathrm{d}r\\ &= \int_s^t \mathrm{e}^{\gamma r}[-\mu^2\langle u(r),u_t(r)\rangle - 2\mu\|u_t(r)\|^2]\mathrm{d}r +\\ &\quad \int_s^t \mathrm{e}^{\gamma r}\langle \mu u + 2u_t,\int_0^r g(r-\tau)\Lambda u(\tau)\mathrm{d}\tau\rangle\mathrm{d}r\\ &= \int_s^t \mathrm{e}^{\gamma r}[-\mu^2\langle u(r),u_t(r)\rangle - 2\mu\|u_t(r)\|^2]\mathrm{d}r +\\ &\quad \mu\int_s^t \mathrm{e}^{\gamma r}\int_0^r g(r-\tau)\int_D \sqrt{\Lambda}u(\tau)\sqrt{\Lambda}u(r)\mathrm{d}x\mathrm{d}\tau\mathrm{d}r +\\ &\quad 2\int_s^t \mathrm{e}^{\gamma r}\int_0^r g(r-\tau)\int_D \sqrt{\Lambda}u(\tau)\sqrt{\Lambda}u_t(r)\mathrm{d}x\mathrm{d}\tau\mathrm{d}r. \end{aligned}\tag{6.1.26}$$

由 Hölder 不等式，有

$$\begin{aligned}&\int_s^t \mathrm{e}^{\gamma r}\int_0^r g(r-\tau)\int_D \sqrt{\Lambda}u(\tau)\sqrt{\Lambda}u(r)\mathrm{d}x\mathrm{d}\tau\mathrm{d}r\\ &= \int_s^t \mathrm{e}^{\gamma r}\int_0^r g(r-\tau)\int_D \sqrt{\Lambda}u(r)(\sqrt{\Lambda}u(\tau)-\sqrt{\Lambda}u(r))\mathrm{d}x\mathrm{d}\tau\mathrm{d}r + \int_s^t \mathrm{e}^{\gamma r}\int_0^r g(\tau)\mathrm{d}\tau\|\sqrt{\Lambda}u(r)\|^2\mathrm{d}r\\ &\leqslant \left(\frac{\mu}{2\alpha}+1\right)\int_s^t \mathrm{e}^{\gamma r}\int_0^r g(\tau)\mathrm{d}\tau\|\sqrt{\Lambda}u(r)\|^2\mathrm{d}r + \frac{\alpha}{2\mu}\int_s^t \mathrm{e}^{\gamma r}(g\circ\sqrt{\Lambda}u)(r)\mathrm{d}r. \end{aligned}\tag{6.1.27}$$

利用条件(G2)和式(6.1.18)，可得

$$\begin{aligned}&2\int_s^t \mathrm{e}^{\gamma r}\int_0^r g(r-\tau)\int_D \sqrt{\Lambda}u(\tau)\sqrt{\Lambda}u_t(r)\mathrm{d}x\mathrm{d}\tau\mathrm{d}r\\ &= \int_s^t \mathrm{e}^{\gamma r}\frac{\mathrm{d}}{\mathrm{d}r}\left[\int_0^r g(\tau)\mathrm{d}\tau\|\sqrt{\Lambda}u(r)\|^2 - (g\circ\sqrt{\Lambda}u)(r)\right]\mathrm{d}r + \int_s^t \mathrm{e}^{\gamma r}[(g'\circ\sqrt{\Lambda}u)(r) -\\ &\quad g(r)\|\sqrt{\Lambda}u(r)\|^2]\mathrm{d}r\\ &\leqslant \mathrm{e}^{\gamma t}\left[\int_0^t g(\tau)\mathrm{d}\tau\|\sqrt{\Lambda}u(t)\|^2 - (g\circ\sqrt{\Lambda}u)(t)\right] - \mathrm{e}^{\gamma s}\left[\int_0^s g(\tau)\mathrm{d}\tau\|\sqrt{\Lambda}u(s)\|^2 - (g\circ\sqrt{\Lambda}u)(s)\right] -\\ &\quad \int_s^t \gamma\mathrm{e}^{\gamma r}\left[\int_0^r g(\tau)\mathrm{d}\tau\|\sqrt{\Lambda}u(r)\|^2 - (g\circ\sqrt{\Lambda}u)(r)\right]\mathrm{d}r + \int_s^t \mathrm{e}^{\gamma r}(g'\circ\sqrt{\Lambda}u)(r)\mathrm{d}r. \end{aligned}\tag{6.1.28}$$

将(6.1.27)式和(6.1.28)式代入(6.1.26)式可得

$$\begin{aligned}&\int_s^t \mathrm{e}^{\gamma r}\langle F(U(r)),D\mathscr{L}(U(r))\rangle_{\mathscr{H}}\mathrm{d}r\\ &\leqslant \int_s^t \mathrm{e}^{\gamma r}[-\mu^2\langle u(r),u_t(r)\rangle - 2\mu\|u_t(r)\|^2]\mathrm{d}r + \mathrm{e}^{\gamma t}\left[\int_0^t g(\tau)\mathrm{d}\tau\|\sqrt{\Lambda}u(t)\|^2 - (g\circ\sqrt{\Lambda}u)(t)\right] -\\ &\quad \mathrm{e}^{\gamma s}\left[\int_0^s g(\tau)\mathrm{d}\tau\|\sqrt{\Lambda}u(s)\|^2 - (g\circ\sqrt{\Lambda}u)(s)\right] + \mu\left(\frac{\mu}{2\alpha}+1\right)\int_s^t \mathrm{e}^{\gamma r}\int_0^r g(\tau)\mathrm{d}\tau\|\sqrt{\Lambda}u(r)\|^2\mathrm{d}r +\\ &\quad \left(\frac{\alpha}{2}+\gamma\right)\int_s^t \mathrm{e}^{\gamma r}(g\circ\sqrt{\Lambda}u)(r)\mathrm{d}r + \int_s^t \mathrm{e}^{\gamma r}(g'\circ\sqrt{\Lambda}u)(r)\mathrm{d}r. \end{aligned}\tag{6.1.29}$$

对式(6.1.24)右侧的最后一项,由式(6.1.20)可得

$$\frac{1}{2}\int_s^t e^{\gamma r}\operatorname{Tr}(Q^{1/2}\Sigma^*(U(r))D^2\mathscr{L}(U(r))\Sigma(U(r))Q^{1/2})dr$$

$$=\frac{1}{2}\int_s^t e^{\gamma r}\sum_{k\in I}\langle\Sigma^*(U(r))D^2\mathscr{L}(U(r))\begin{pmatrix}0\\ \sigma(u,u_t)Q^{1/2}e_k\end{pmatrix},Q^{1/2}e_k\rangle dr$$

$$=\frac{1}{2}\int_s^t e^{\gamma r}\sum_{k\in I}\langle\Sigma^*(U(r))\mathscr{L}\begin{pmatrix}0\\ \sigma(u,u_t)Q^{1/2}e_k\end{pmatrix},Q^{1/2}e_k\rangle dr$$

$$=\frac{1}{2}\int_s^t e^{\gamma r}\sum_{k\in I}\langle\Sigma^*(U(r))\begin{pmatrix}\mu\Lambda^{-1}\sigma(u,u_t)Q^{1/2}e_k\\ 2\sigma(u,u_t)Q^{1/2}e_k\end{pmatrix},Q^{1/2}e_k\rangle dr$$

$$=\frac{1}{2}\int_s^t e^{\gamma r}\sum_{k\in I}\langle 2\sigma^*(u,u_t)\sigma(u,u_t)Q^{1/2}e_k,Q^{1/2}e_k\rangle dr$$

$$=\int_s^t e^{\gamma r}\left\|\sigma(u,u_t)Q^{1/2}\right\|_{HS}^2 dr. \tag{6.1.30}$$

对随机项有

$$\int_s^t e^{\gamma r}\Sigma^*(U(r))D\mathscr{L}(U(r))dW(r,x)=\int_s^t e^{\gamma r}\sigma^*(U(r))(\mu u(r)+2u_t(r))dW(r,x). \tag{6.1.31}$$

将式(6.1.25)和式(6.1.29)~式(6.1.31)代入式(6.1.24),再由 $\Psi(U(t))$ 的定义,我们有

$$\begin{aligned}e^{\gamma t}\Psi(U(t))\leqslant{}& e^{\gamma s}\Psi(U(s))+\int_s^t e^{\gamma r}\left[\gamma\mathscr{L}(U(r))+\left\|\sigma(u,u_t)Q^{1/2}\right\|_{HS}^2-\mu\left\|U(r)\right\|_{\mathscr{H}}^2\right]dr+\\ &\mu\left(\frac{\mu}{2\alpha}+1\right)\int_s^t e^{\gamma r}\int_0^r g(\tau)d\tau\left\|\sqrt{\Lambda}u(r)\right\|^2dr+\left(\frac{\alpha}{2}+\gamma\right)\int_s^t e^{\gamma r}(g\circ\sqrt{\Lambda}u)(r)dr+\\ &\int_s^t e^{\gamma r}(g'\circ\sqrt{\Lambda}u)(r)dr+\int_s^t e^{\gamma r}\sigma^*(U(r))(\mu u(r)+2u_t(r))dW(r,x).\end{aligned} \tag{6.1.32}$$

由条件(G2),(G3)及式(6.1.16)和式(6.1.18),那么式(6.1.32)化为

$$\begin{aligned}e^{\gamma t}\Psi(U(t))\leqslant{}& e^{\gamma s}\Psi(U(s))+\left(\gamma C_{\mathscr{L}}+R_\sigma-\frac{\mu(\mu l+2\alpha l-\mu)}{2\alpha}\right)\int_s^t e^{\gamma r}\left\|U(r)\right\|_{\mathscr{H}}^2dr+\\ &\left(\gamma-\frac{\alpha}{2}\right)\int_s^t e^{\gamma r}(g\circ\sqrt{\Lambda}u)(r)dr+\int_s^t e^{\gamma r}\sigma^*(U(r))(\mu u(r)+2u_t(r))dW(r,x),\end{aligned} \tag{6.1.33}$$

这里 $C_{\mathscr{L}}=\left\|\mathscr{L}\right\|_{\mathscr{L}(\mathscr{H})}$. 由条件式(6.1.21),可以选择适当的 γ 使得

$$0<\gamma<\min\left\{\frac{\alpha}{2},\frac{\mu(\mu l+2\alpha l-\mu)-2\alpha R_\sigma}{2\alpha C_{\mathscr{L}}}\right\}.$$

则不等式(6.1.33)化为

$$e^{\gamma t}\Psi(U(t))\leqslant e^{\gamma s}\Psi(U(s))+\int_s^t e^{\gamma r}\sigma^*(U(r))(\mu u(r)+2u_t(r))dW(r,x). \tag{6.1.34}$$

对式(6.1.34)两边取条件期望并令 $s=0$ 可得

$$\mathbf{E}\Psi(U(t))\leqslant \mathrm{e}^{-\gamma t}\mathbf{E}\Psi(U(0)),\ \forall t\geqslant 0. \tag{6.1.35}$$

由于

$$\left\|\sqrt{\Lambda}u(t)\right\|^{2}+\left\|u_t(t)\right\|^{2}\leqslant\frac{1}{l}\Psi(U(t)),\ \mathbf{E}\Psi(U(0))\leqslant\frac{1}{2}\mathbf{E}\varepsilon(U(0)),$$

可从式(6.1.35)得式(6.1.22). 此外，令 $\gamma^{*}\in(0,\gamma)$，注意到每一个 $k=0,1,2\cdots$，有

$$\sup_{t\in[k,k+1]}\mathrm{e}^{\gamma^{*}t}\varepsilon(u(t))=\sup_{t\in[k,k+1]}\mathrm{e}^{(\gamma^{*}-\gamma)t}\mathrm{e}^{\gamma t}\varepsilon(u(t))\leqslant \mathrm{e}^{(\gamma^{*}-\gamma)k}\sup_{t\in[k,k+1]}\mathrm{e}^{\gamma t}\varepsilon(u(t)).$$

由 Doob 上鞅不等式和式(6.1.35)，有

$$\begin{aligned}\mathbf{P}\{\sup_{t\in[k,k+1]}\mathrm{e}^{\gamma^{*}t}\Psi(U(t))\geqslant\mathbf{E}\Psi(U(0))\}&\leqslant\mathbb{P}\{\sup_{t\in[k,k+1]}\mathrm{e}^{\gamma t}\Psi(U(t))\geqslant \mathrm{e}^{(\gamma^{*}-\gamma)k}\mathbf{E}\Psi(U(0))\}\\&\leqslant\frac{\mathbf{E}(\mathrm{e}^{\gamma k}\Psi(U(k)))}{\mathrm{e}^{(\gamma^{*}-\gamma)k}\mathbf{E}\Psi(U(0))}\leqslant\frac{\mathbf{E}\Psi(U(0))}{\mathrm{e}^{(\gamma^{*}-\gamma)k}\mathbf{E}\Psi(U(0))}=\mathrm{e}^{-(\gamma-\gamma^{*})k}.\end{aligned}$$

由比值判别法，序列 $\sum\limits_{k=1}^{\infty}\mathrm{e}^{-(\gamma-\gamma^{*})k}$ 收敛. 因此，有

$$\sum_{k=1}^{\infty}\mathbf{P}\{\sup_{t\in[k,k+1]}\mathrm{e}^{\gamma^{*}t}\Psi(U(t))\geqslant\mathbf{E}\Psi(U(0))\}\leqslant\sum_{k=1}^{\infty}\mathrm{e}^{-(\gamma-\gamma^{*})k}<\infty.$$

由 Borel-Cantelli 引理，我们有

$$\mathbf{P}(\bigcap_{j=1}^{\infty}\bigcup_{k\geqslant j}\{\sup_{t\in[k,k+1]}\mathrm{e}^{\gamma^{*}t}\Psi(U(t))\geqslant\mathbf{E}\Psi(U(0))\})=0.$$

这意味着

$$\mathbf{P}(\bigcup_{j=1}^{\infty}\bigcap_{k\geqslant j}\{\sup_{t\in[k,k+1]}\mathrm{e}^{\gamma^{*}t}\Psi(U(t))\geqslant\mathbf{E}\Psi(U(0))\})=1.$$

因此，存在 $j\in\mathbb{N}$ 使得对每一个 $k\geqslant j$ 都有

$$\sup_{t\in[k,k+1]}\mathrm{e}^{\gamma^{*}t}\Psi(U(t))\leqslant\mathbf{E}\Psi(U(0))\quad \mathbb{P}-\text{a. s.}.$$

进而对任意 $t\geqslant j$，有

$$\Psi(U(t))\leqslant \mathrm{e}^{-\gamma^{*}t}\mathbf{E}\Psi(U(0)),\ \forall t\geqslant j\quad \mathbb{P}-\text{a. s.},$$

即，式(6.1.23)成立.

注 6.1　在定理 6.1 的证明中，容易看出，$\Psi(U(t))$在 L^2 意义上几乎处处以指数的速度快速衰减到零. 比较 $\varepsilon(u(t))$和 $\Psi(u(t))$的能量函数，有 $\varepsilon(u(t))\leqslant 2\Psi(u(t))$. 所以我们证明了在各自意义下能量的指数耗散.

注 6.2　如果感兴趣的是解的最终有界性，而不是稳定性，在定理 6.3 中，可以用(6.1.5)式替换(6.1.16)式. 则有：

设条件(G1)～(G3)，(G5)，(6.1.5)和(6.1.15)均成立. 若 l,L_σ 满足

$$l>\frac{\mu}{2\alpha+\mu}\text{和 }L_\sigma<\frac{\mu(2\alpha+\mu)l-\mu^{2}}{2\alpha},$$

则系统(6.1.2)的解是均方指数最终有界：存在常数 $\overline{C}$ 和 $\overline{\gamma}$ 使得

$$\mathbf{E}(\left\|\sqrt{\Lambda}u\right\|^{2}+\left\|u_t\right\|^{2})\leqslant\overline{C}(1+\mathrm{e}^{-\overline{\gamma}t}\mathbf{E}\varepsilon(u(0))),$$

则 $\mathbf{E}\varepsilon(u(0))<\infty$.

注 6.3 对定理 6.3 的证明作一简单分析，可以用完全相同的过程来研究更一般的带有阻尼项的方程(6.1.2). 考虑系统

$$\begin{cases} u_{tt}+\Lambda u-\int_0^t g(t-s)\Lambda u\,\mathrm{d}s+f(u)+\mu u_t=\sigma(t,u,u_t)\partial_t W(t,x), & (x,t)\in D\times(0,T),\\ u(x,t)=0, & (x,t)\in\partial D\times(0,T),\\ u(x,0)=u_0(x),u_t(x,0)=u_1(x), & x\in D,\end{cases}$$

其中 f 满足以下假设：

(1) 对任意的 $x\in\mathbf{R}$，存在常数 $C>0$ 使得

$$|f(x)|\leqslant C(1+|x|^{p-1})|x|,$$

N 为空间维数，其中 $1\leqslant p\leqslant N/(N-2)$.

(2) 对任意 $x,y\in\mathbf{R}$，

$$|f(x)-f(y)|\leqslant C(1+|x|^{p-1}+|y|^{p-1})|x-y|.$$

(3) 对任意的 $x\in\mathbf{R}$，

$$f(x)x\geqslant 0,\quad (p+1)F(x)\leqslant f(x)x,$$

其中 $F(x)=\int_0^x f(s)\mathrm{d}s$.

定义 Lyapunov 函数 Ψ_1 为

$$\begin{aligned}\Psi_1(\xi)&=\mathscr{L}(\xi)-\int_0^t g(\tau)\mathrm{d}\tau\left\|\sqrt{\Lambda}x\right\|^2+(g\circ\sqrt{\Lambda}x)(t)+2\int_D F(x)\mathrm{d}x,\forall\xi\\ &=(x,y)^{\mathrm{T}}\in\mathscr{H}.\end{aligned}$$

从而可以得到和定理 6.2 相同的结果.

注 6.4 特别地，我们注意到在文献[20]中分析了带有记忆项的半线性波动方程，即，

$$\begin{cases} u_{tt}-\Delta u+\int_0^t g(t-s)\Delta u\,\mathrm{d}s+f(u)+\mu u_t=\partial_t W(t,x), & (x,t)\in D\times(0,T),\\ u(x,t)=0, & (x,t)\in\partial D\times(0,T),\\ u(x,0)=u_0(x),u_t(x,0)=u_1(x), & x\in D,\end{cases}$$

其中，f 满足注 6.3 中的假设且协方差算子 Q 对某些 $\lambda_i\geqslant 0$，有 $Q=\sum_{i=1}^{\infty}\lambda_i e_i\otimes e_i$，且存在标准正交基$\{e_i\}$使得$\sup_{i\geqslant 1}\left\|e_i\right\|_{L^\infty(D)}<\infty$. 显然条件(G1)～(G4)成立. 由注 6.2 和注 6.3，存在 C' 和 γ' 使得

$$\mathbf{E}\left(\left\|\sqrt{\Lambda}u\right\|^2+\left\|u_t\right\|^2\right)\leqslant C'(1+e^{-\gamma' t}\mathbf{E}\varepsilon_1(u(0))),\forall t>0,$$

因此可得 $\mathbf{E}\varepsilon_1(u(0))<\infty$. 由此可见，本节的定理包含了文献[33]中的结果.

定理 6.4 在定理 6.3 的假设下，方程(6.1.2)的零解是概率稳定的，即，对任意 $\varepsilon>0$，存在$\delta>0$使得方程(6.1.2)在 $\varepsilon(U(0))<\infty$下，任意解 $U(t)=(u(t),u_t(t))$，有

$$\mathbf{P}\left\{\left\|U(0)\right\|_{\mathscr{H}}>\delta\right\}<\delta,\text{进而 }\mathbf{P}\left\{\sup_{t\geqslant 0}\left\|U(t)\right\|_{\mathscr{H}}>\varepsilon\right\}<\varepsilon.$$

证明　由于方程(6.1.2)的解具有 Markov 性,可以假设 $U(t)$ 是具有确定性初始条件 $U(0)\in\mathscr{H}$ 的解.对给定的 $\varepsilon>0$,令

$$\rho_\varepsilon=\inf\left\{t\geqslant 0;\left\|U(t)\right\|_{\mathscr{H}}\geqslant\varepsilon\right\}.$$

由式(6.1.35)和可选抽样定理,可得

$$\mathbf{E}\Psi(U(t\wedge\rho_\varepsilon))\leqslant\Psi(U(0)),\ \forall\, t\in\mathbf{R}_+.$$

由条件(G2),我们有

$$\theta\varepsilon^2\mathbf{P}\{\rho_\varepsilon<t\}\leqslant\Psi(U(0)),\ \forall\, t\in\mathbf{R}_+,$$

其中 $\theta=\min\{1/2,l\}$.由于当 $t\to\infty$ 时有 $\{\rho_\varepsilon<t\}\uparrow\{\rho_\varepsilon<\infty\}$,有

$$\mathbf{P}\{\rho_\varepsilon<\infty\}\leqslant\frac{\Psi(U(0))}{\theta\varepsilon^2}$$

或等价的

$$\mathbb{P}\left\{\sup_{t\geqslant 0}\left\|U(t)\right\|_{\mathscr{H}}>\varepsilon\right\}\leqslant\frac{\Psi(U(0))}{\theta\varepsilon^2}.\tag{6.1.36}$$

注意到 $\Psi(0)=0$ 和 Ψ 在 $\mathscr{H}$ 上连续,令 $\delta>0$ 及 $\xi\in\mathscr{H}$ 使得 $\left\|\xi\right\|_{\mathscr{H}}<\delta$ 时有 $\Psi(\xi)\leqslant\theta\varepsilon^3$.从而可以得到不等式(6.1.36).

6.1.5　应用

接下来,把稳定性结果应用于基于各种偏微分算子构造的具体模型.令 $D\subseteq\mathbf{R}^N$ 是一个有充分光滑边界 ∂D 的有界域.$g:[0,\infty)\to[0,\infty)$ 是一个满足条件(G2)和(G3)的局部绝对连续函数.

例 6.1　考虑下列随机黏弹性波动方程

$$\begin{cases}u_{tt}-\Delta u+\displaystyle\int_0^t g(t-\tau)\Delta u(\tau)\mathrm{d}\tau+\mu u_t=\Theta(x,u,\nabla u,u_t)\partial W(t,x), & x\in D,\\ u(x,t)=0, & (x,t)\in\partial D,\\ u(x,0)=u_0(x),u_t(x,0)=u_1(x), & x\in D,\end{cases}\tag{6.1.37}$$

其中 $W(x,t)$ 是在某个概率空间 $(\Omega,P,\mathscr{F})$ 上 $L^2(D)$ 的 Wiener 过程,其方差算子 Q 满足 $\mathrm{Tr}Q<\infty$.此外,假设 Q 有如下形式

$$Qe_i=\lambda_i e_i,\ i=1,2,\cdots,$$

其中 λ_i 是 Q 的特征值且 $\sum_{i=1}^\infty\lambda_i<\infty$,$\{e_i\}$ 是相应的特征函数且有 $c_0:=\sup_{i\geqslant 1}\left\|e_i\right\|_\infty<\infty$,它们构成了 $L^2(D)$ 的一组标准正交基.设

$$\Theta(x,u,\nabla u,u_t):=H_0^1(D)\times L^2(D)\to L^2(D)$$

在有界集上满足 Lipschitz 条件.我们将证明式(6.1.37)可以转换为式(6.1.2)类型的抽象问题.

事实上，在 $X=L^2(D)$ 上赋予普通的内积和范数

$$\|u\|=(\int_D u^2\mathrm{d}x)^{\frac{1}{2}},u\in L^2(D).$$

给出由算子 $\Lambda:D(\Lambda)\subseteq X\to X$ 定义的

$$\Lambda u(x)=-\Delta u(x),u\in D(\Lambda)=H^2(D)\cap H_0^1(D).$$

可知 Λ 满足条件(G1). 此外，Λ 的分数次幂 $\sqrt{\Lambda}$ 容易定义且 $D(\sqrt{\Lambda})=H_0^1(D)$. 令 $h(u,u_t)=\mu u_t$，显然 h 满足条件(G4). 令

$$\sigma(u,u_t)=\Theta(x,u,\nabla u,u_t),(u,u_t)\in H_0^1(D)\times L^2(D).$$

由于对每个 $\varphi\in L^2(D)$，都有

$$\begin{aligned}\|Q^{1/2}\varphi\|_{L^\infty(D)}&=\Big\|\sum_{i=1}^{\infty}\lambda_i^{1/2}\langle\varphi,e_i\rangle e_i\Big\|_{L^\infty(D)}\leqslant\sum_{i=1}^{\infty}\lambda_i^{1/2}\mid\varphi,e_i\mid\|e_i\|_{L^\infty(D)}\\&\leqslant(\sum_{i=1}^{\infty}\lambda_i)^{1/2}(\sum_{i=1}^{\infty}|\langle\varphi,e_i\rangle|^2)^{1/2}\sup_{i\geqslant1}\|e_i\|_{L^\infty(D)}\\&\leqslant\sqrt{\mathrm{Tr}Q}(\sup_{i\geqslant1}\|e_i\|_{L^\infty(D)})\|\varphi\|<\infty,\end{aligned}$$

这表明 $\mathrm{Rng}Q^{1/2}\subseteq L^\infty(D)$. 注意到 $\sigma(u,u_t)\in L^2(D)$，因此 $\sigma(u,u_t):L^\infty(D)\mapsto L^2(D)$ 是有界乘法算子，

$$\|\sigma(u,u_t)\|_{\mathscr{L}(L^\infty(D),L^2(D))}=\|\Theta(x,u,\nabla u,u_t)\|.$$

所以有 $\sigma(u,u_t)\in L(\mathscr{L}^2(D))$ 及

$$\begin{aligned}\|\sigma(u,u_t)Q^{1/2}\|_{HS}^2&=\sum_{i=1}^{\infty}\|\sigma(u,u_t)Q^{1/2}e_i\|^2=\sum_{i=1}^{\infty}\lambda_i\|\sigma(u,u_t)e_i\|^2\\&\leqslant\mathrm{Tr}Q(\sup_{i\geqslant1}\|e_i\|_{L^\infty(D)}^2)\|\sigma(u,u_t)\|_{\mathscr{L}(L^\infty(D),L^2(D))}.\end{aligned}$$

因此 $\sigma(u,u_t)$ 满足条件(G5). 因而我们可以通过定理 6.3 或注 6.2 得到问题(6.1.37)解的稳定性或指数最终有界性.

例 6.2 在例 6.1 的假设下，考虑下面的随机黏弹性波动方程

$$\begin{cases}u_{tt}-\Delta u+\int_0^t g(t-\tau)\Delta u(\tau)\mathrm{d}\tau+\mu u_t+|u|^{p-1}u=\Theta(x,u,\nabla u,u_t)\partial W(t,x), & x\in D,\\u(x,t)=0, & x\in\partial D,\\u(x,0)=u_0(x),u_t(x,0)=u_1(x), & x\in D,\end{cases}\tag{6.1.38}$$

其中 $1\leqslant p\leqslant N/(N-2)$. 令 $f(u)=|u|^{p-1}u$. 显然 f 满足注 6.3 中的假设. 定义能量函数 $\varepsilon_1(t)$ 为

$$\varepsilon_1(u(t))=\|u_t(t)\|^2+(1-\int_0^t g(s)\mathrm{d}s)\|\nabla u(t)\|^2+(g\circ\nabla u)(t)+\frac{2}{p+1}\|u\|_{p+1}^{p+1},$$

其中 $\|\cdot\|_{p+1}$ 表示 $L^{p+1}(D)$ 中的范数. 所以，类似于定理 6.2 的证明过程，问题(6.1.38)存在唯一的全局温和解 $u\in C^1([0,\infty)\times D;X)\cap C([0,\infty);H_0^1(D))$ 且满足

$$u(t)=S(t)u_0+\mu\int_0^t S(\tau)u_0\,\mathrm{d}\tau+\int_0^t S(\tau)u_1\,\mathrm{d}\tau-\mu\int_0^t S(t-\tau)u(\tau)\,\mathrm{d}\tau-$$
$$\int_0^t 1*S(t-\tau)\ |u|^{p-1}u\,\mathrm{d}\tau+\varepsilon\int_0^t 1*S(t-\tau)\Theta(x,u,\nabla u,u_t)\,\mathrm{d}W(\tau).$$

定义如下形式的 Lyapunov 函数 Ψ_1 为

$$\Psi_1(\xi)=\mathscr{L}(u)-\int_0^t g(\tau)\,\mathrm{d}\tau\left\|\nabla x\right\|^2+(g\circ\nabla x)(t)+\frac{2}{p+1}\left\|u\right\|_{p+1}^{p+1}.$$

那么可得到例 6.2 的零解指数均方稳定，即，存在常数 $\widetilde{C}<\infty$ 和 $\widetilde{\gamma}>0$ 使得若 u 是例 6.2 的一个满足 $\mathbf{E}\varepsilon_1(u(0))<\infty$ 的解，那么有

$$\mathbf{E}\left(\left\|\nabla u\right\|^2+\left\|u_t\right\|^2\right)\leqslant\widetilde{C}\mathrm{e}^{-\widetilde{\gamma}t}\mathbf{E}\varepsilon_1(u(0)),\ \forall\, t\geqslant 0.$$

此外，这个解也是以概率 1 指数稳定的，即，对每一个 $\widetilde{\gamma}^*\in(0,\widetilde{\gamma})$，可以找到一个几乎处处有界的函数 $t_0:\Omega\to[0,\infty)$ 使得

$$\left\|\nabla u\right\|^2+\left\|u_t\right\|^2\leqslant C\mathrm{e}^{-\widetilde{\gamma}^*t}\mathbf{E}\varepsilon_1(u(0)),\ \forall\, t\geqslant t_0,\mathbb{P}-\text{a. s.}$$

6.2　带补偿 Poisson 随机测度驱动的随机记忆的随机弹黏性波动方程

6.2.1　引言

首先给出以下具有记忆性的波动方程

$$\begin{cases}u_{tt}-\Delta u+\displaystyle\int_0^t g(t-s)\,\mathrm{div}(a(x)\,\nabla u)\,\mathrm{d}s+f(t,u,u_t)=0, & (x,t)\in D\times(0,T),\\ u(x,t)=0, & (x,t)\in\partial D\times(0,T),\\ u(x,0)=u_0(x),u_t(x,0)=u_1(x), & x\in D,\end{cases}\tag{6.2.1}$$

该方程描述了一类黏弹性材料，其中 $u(x,t)$ 表示材料颗粒 x 在 t 时刻的位置，g 是松弛函数. 该问题起源于黏弹性材料的数学描述. 众所周知，黏弹性材料表现出天然的阻尼，这是由于这些材料的特殊性质，可以保留它们过去的历史记忆. 问题(6.2.1)解的性质已经被许多作者研究过[93,94,99,160,162]. 对于阻尼项为零($f(t,u,u_t)=f(t,u)$)的情况，Dafermos 证明了随着时间趋于无穷黏弹性系统的解趋近于零[94]. 遗憾的是，没有得到显式速率. Rivera 基于二阶估计，得到了具有记忆性的线性黏弹性系统解的均匀衰减率[99]. 对于部分黏弹性的情况，Rivera 和 Salvatierra 证明，当 g 呈指数衰减时，解的能量也呈指数衰减[160]. 另一方面，Cavalcanti 和 Oquendo 研究了具有非线性和局部摩擦阻尼的非线性方程，并证明了能量的指数和多项式衰减率[93]. 最近，Alalau-Boussouira 等提出了一般二阶积分微分方程能量衰减估计的统一方法[162]. 关于问题(6.2.1)解的渐近衰减性的更多细节，请参阅文献 [12,63,107,164]及其中的参考文献. 此外，问题(6.2.1)适用于具有记忆的热传导理论，参见文

献[18,167-170].因此,问题(6.2.1)的动力学性能在自然科学中有着广泛的应用,具有重要的意义和价值.

事实上,驱动力可能会随机地受到外界环境影响.鉴于此,Wei 和 Jiang 研究了以下包含白噪声类型带有记忆的随机波动方程

$$u_{tt}-\Delta u+\int_0^t g(t-s)\Delta u(s)\mathrm{d}s+\alpha u_t+f(u)=\sigma(t,u,\nabla u)\partial_t W(t,x),x\in D,t\in(0,T). \tag{6.2.2}$$

这些学者证明了式(6.2.2)中 $\sigma\equiv 1$ 时解的存在性和唯一性,在对 g 作出适当假设下,得到了解的能量函数的衰减估计[33].文献[104],扩展了文献[33]在 $\sigma=\sigma(u,\nabla u,x,t)$ 情况下的存在性和唯一性结果.此外,在 $\sigma=\sigma(x,t)$ 的情况下,利用能量不等式证明了解或者以正概率在有限时间内爆破,或者是 L^2 爆破.

值得注意的是,研究以上理论是否可以扩展到具有跳噪声问题,在一定程度上更具有现实意义.本节研究了在 Hilbert 空间 E 上带跳噪声的一类具有记忆性的随机波动方程,具体形式如下

$$\begin{cases}u_{tt}-\Delta u+\int_0^t g(t-s)\Delta u\mathrm{d}s+\alpha u_t+f(u)=\int_Z\sigma(t,u(t-),z)\dot{\tilde{N}}(\mathrm{d}z,t), & x\in D,t>0,\\ u(x,t)=0, & x\in\partial D,t>0,\\ u(x,0)=u_0(x),u_t(x,0)=u_1(x), & x\in D,\end{cases} \tag{6.2.3}$$

其中 D 是 $\mathbf{R}^d$ 上一个具有光滑边界 ∂D 的有界域,g 是满足一些特定条件的一个正函数,具体条件在后文中描述,$\tilde{N}(\mathrm{d}z,\mathrm{d}t)=N(\mathrm{d}z,\mathrm{d}t)-v(\mathrm{d}z)\mathrm{d}t$ 是泊松随机测度的补偿测度.

由于不连续噪声驱动的随机偏微分方程是一个新的课题,目前仅研究了有 Lipschitz 系数的问题,具体可参阅文献[76,144,171,172,144].Röchner 和 Zhang 研究了解的存在性,唯一性,以及在 Lipschitz 系数假设下的随机方程,变分解的大偏差[171].对于具有 Lévy 噪声一维随机 Burgers 方程的弱解,Dong 和 Xu 考虑了与之相关的不变测度[172].特别地,在文献[144]和[76]中,Peszat 和 Zabzyk 考虑了下面的由加法噪声驱动的波动方程:

$$u_{tt}-\Delta u=f(u)+b(u)P\mathrm{d}Z(t), \tag{6.2.4}$$

其中 $f,b:\mathbf{R}\to\mathbf{R}$ 是 Lipschitz 连续,P 是正则线性算子,而加法噪声 $Z=(Z_t)_{t\geqslant 0}$ 由 Poisson 随机测度描述.通过对 Poisson 随机测度的随机卷积进行估计,作者证明了方程(6.2.4)有唯一的温和解,若 Z 的列紧测度和 Laplace 算子的特征值均满足一个无穷级数收敛的条件.在文献[77]中,Gyöngy 和 Krylov 研究了在有限维情况下受不连续噪动驱动的单调强制系数随机偏微分方程,其假设条件弱于一般的 Lipschitz 和线性增长条件,Gyöngy 在文献[78]中将结果扩展到无限维空间的情况.在文献[133]中,Brzeźniak 和 Zhu 考虑了一种具有局部 Lipschitz 系数的随机非线性梁方程.通过建立适当的 Lyapunov 泛函和应用 Khasminskii 验证方法他们证明了温和解的非爆破性.此外,在一些附加的条件下,他们证明了解的

指数稳定性. Jiang 等人研究了一类有非线性阻尼带跳的随机双曲型方程[173]. 他们首次基于能量方法获得了此类方程全局弱解和强解的存在唯一性. 其次，它们基于解的 Markov 性，在弱解半群的不变测度支持下证明了解的存在性.

在本节中，将在适当的局部 Lipschitz 连续和 f 的系数线性增长的假设下，具有记忆性的随机波动方程(6.2.3)有唯一的最大局部弱解，也证明了局部极大解的非爆破性. 研究的基本方法是 Banach 不动点定理，主要工具是在可分 Banach 空间上关于 Poisson 测度的补偿测度的随机积分 Itô 公式(参见文献[174]). 众所周知，Itô 公式不能直接地应用于温和解，那么可以构造一个收敛到温和解 u 的强解序列 $\{u_n\}$，使得其能量函数序列可以对 u 的能量函数进行估计. 事实上，总可以通过序列 $\{u_n\}$ 估计 u，就像文献[175]和[176]中取极限后获得期望的能量不等式估计. 此外，通过适当选择能量函数，也可以同样建立解的渐近稳定性和一致有界性. 根据本书所得到的结果和 Brzeźniak 和 Gatarek 在文献[177]中提到的方法，将问题推广到具有 Lévy 噪声的情况下. 此外，问题(6.2.3) 解的 Feller 性也可获得. 而本节提出的方法不同之处在于，不需使用任意的列紧方法，而采用了一种更自然的思路，收缩局部极大解并证明其生命线趋于无穷大.

6.2.2　预备知识

设 $H=L^2(D)$ 和 $V=H_0^1(D)$，分别具有 $\left\|\cdot\right\|_2$ 和 $\left\|\nabla\cdot\right\|_2$. 另外，如果对 H 和 V 分别赋予通常的内积 $(\cdot,\cdot)$ 和 $\langle\cdot,\cdot\rangle$，那么 H 和 V 都是 Hilbert 空间. 对于松弛函数 g，设

(G1) $g\in C^1[0,\infty)$ 是一个非负递减函数，满足

$$1-\int_0^{\infty} g(s)\mathrm{d}s = l > 0.$$

(G2) 存在一个正常数 $\beta>0$ 使得

$$g'(t)\leqslant -\beta g(t),\quad \forall\, t\geqslant 0.$$

注 6.5　条件(G1)对于保证方程(6.2.3)双曲性和解的存在性是必要的. 条件(G2)对于解的稳定性结果是必不可少的.

注 6.6　有许多满足(G1)和(G2)的函数. 例如函数 $g(s)=a\mathrm{e}^{-bs}$.

根据文献[89]和[9]中的论证过程，将方程(6.2.1)视为一个积分微分方程进行求解. 更确切地说，考虑下面的积分-微分方程

$$\begin{cases} u_{tt}-\Delta u+\displaystyle\int_0^t g(t-s)\Delta u\mathrm{d}s+f(u)+h(u_t)=0, & (x,t)\in D\times(0,T),\\ u(x,t)=0, & (x,t)\in\partial D\times(0,T),\\ u(x,0)=u_0(x),u_t(x,0)=u_1(x), & x\in D, \end{cases} \tag{6.2.5}$$

其中 $u\in L^1([0,T];H)$. 在 H 上定义的线性算子 A 和 B 如下

$$Au=-\Delta u,\quad B(t)u=g(t)\Delta u,\quad u\in D(A)=H^2(D)\cap H_0^1(D), \tag{6.2.6}$$

其中 Δ 是 D 上满足 Dirichlet 边界条件的 Laplace 算子，$g(t)$ 满足条件(G1). 易证 A 和 B 满足文献[89]中的条件，即 A 和 $B(\cdot)$ 分别是域 $D(A)$ 和 $D(B(\cdot))$ 上的线性无界自伴算子，且满足

(A1) 对任意的 $t\geqslant 0$, $D(A)\subset D(B(t))$ 且 $D(A)$ 在 H 上稠密.

(A2) 对于任意 $y\in D(A)$，及某个常数 $c_0>0$，有 $\langle Ay,y\rangle\geqslant c_0\left\|y\right\|^2$.

(A3) 对于任意 $y\in D(A)$, $B(\cdot)y\in W^{1,1}_{\mathrm{loc}}(0,+\infty;H)$.

(A4) $B(t)$ 与 A 可交换，即

$$B(t)D(A^2)\subset D(A) \text{ 且 } AB(t)y=B(t)Ay,\quad y\in D(A^2),t\geqslant 0.$$

定义 6.1 H 上一族有界线性算子 $(S(t))_{t\geqslant 0}$ 称为 $f=0$ 及 $h=0$ 时方程(6.2.5)的预解，如果满足下列条件：

(S1) $S(0)=I$, $S(t)$ 在 $[0,\infty)$ 上是强连续的. 即，对所有 $x\in H$, $S(\cdot)x$ 在 $[0,\infty)$ 上连续.

(S2) $S(t)$ 与 A 可交换，即对于所有的 $y\in D(A)$, $t\geqslant 0$，有 $S(t)D(A)\subset D(A)$ 和 $AS(t)y=S(t)Ay$.

(S3) 在 H 上，对任意的 $y\in D(A)$, $S(\cdot)y$ 在 $[0,\infty)$ 上是连续可微的且 $S'(0)=0$.

(S4) 对于任意的 $y\in D(A)$, $t\geqslant 0$，预解方程为

$$S''(t)y+AS(t)y+\int_0^t B(t-\tau)S(\tau)y\mathrm{d}\tau=0.$$

通过预解 $(S(t))_{t\geqslant 0}$，可以写出方程(6.2.5)当 $f=0$, $h=0$ 时的解

$$u(t)=S(t)u_0+\int_0^t S(s)u_1\mathrm{d}s.$$

根据 A 的定义，有 $V=D(\sqrt{A})=H^1_0(D)$. 因此，可以得出以下命题，而它是文献[89]中定理 2 的一个结果.

命题 6.1 设 A 和 B 满足式(6.2.6)，$f=0$, $h=0$，则方程(6.2.5)存在一个唯一的预解 $S(t)_{t\geqslant 0}$. 此外，该预解有以下性质：

(1) 算子 $S(t)$ 是自伴的.

(2) $S(t)$ 与 $\sqrt{A}$ 可交换，即对所有 $x\in V$, $t\geqslant 0$ 有 $S(t)V\subset V$ 和 $\sqrt{A}S(t)x=S(t)\sqrt{A}x$.

(3) 对任意的 $x\in L^2(D)$，函数 $t\to\int_0^t S(s)x\mathrm{d}s$ 属于 $C([0,\infty);V)$. 对任意的 $T>0$，存在一个常数 C_T 使得

$$\left\|S(t)x\right\|_2+\left\|\sqrt{A}\int_0^t S(s)x\mathrm{d}s\right\|_2\leqslant C_T\left\|x\right\|_2,\ \forall t\in[0,T] \tag{6.2.7}$$

(4) 对任意的 $x\in V$，函数 $t\to\int_0^t S(s)x\mathrm{d}s$ 属于 $C([0,\infty);D(A))$ 且对任意的 $T>0$，存在一个常数 C_T 使得

$$\left\|A\int_0^t S(s)x\mathrm{d}s\right\|_2\leqslant C_T\left\|\sqrt{A}x\right\|_2,t\in[0,T], \tag{6.2.8}$$

$$\left\| S'(t)x \right\|_2 \leqslant C_T(\left\| x \right\|_2 + \left\| \sqrt{A}x \right\|_2), t \in [0,T], \tag{6.2.9}$$

$$S''(t)x + A\int_0^t S(s)x\mathrm{d}s + 1 * B * S(t)x = 0, t > 0, \tag{6.2.10}$$

其中 $*$ 代表两个函数的卷积.

(5) 对任意的 $x\in V$,函数 $S'(\cdot)x$ 属于 $C([0,\infty);V)$.

当 O 是一个拓扑空间时，B 表示 O 上的 Borelσ 代数,$(\Omega,\mathrm{P},\mathrm{F})$是一个具有满足通常假设的滤波 $\mathrm{F}=\{\mathrm{F}_t,t\geqslant 0\}$ 的概率空间，$(Z,\mathscr{Z},\nu)$是一个可测空间,ν 是 σ 有限测度. 用

$$\tilde{\mathrm{N}}((0,\mathrm{t})\times\mathrm{E}) = N((0,t)\times\mathrm{E}) - t\nu(\mathrm{E}), t\geqslant 0,$$

表示具有紧测度 $v(\cdot)$的$[0,T]\times\Omega\times Z$ 上 Poisson 测度的补偿测度,其中 $\mathrm{E}\in\mathscr{Z}$. 令 BF 表示在$[0,T]\times\Omega$ 上的循序可测集 σ 域,即,

$$\mathrm{BF} = \{A\subset[0,T]\times\Omega: \forall t\in[0,T], A\cap([0,T]\times\Omega)\in \mathrm{B}([0,t])\otimes\mathrm{F}_t\}$$

定义 6.2　令 P 表示在$[0,\infty)\times\Omega$ 上由所有实值左连续和 $\mathscr{F}$ 自适应过程生成的 σ 域. 令 $\hat{P}$ 表示在 $\mathbf{R}_+\times\Omega\times Z$ 上由所有实值函数 $\xi:\mathbf{R}_+\times\Omega\times Z\mapsto\mathbf{E}$ 生成的 σ 域. 其中函数 ξ 满足下列性质:

(1) 对任意的 $t>0$,映射$(\omega,z)\mapsto\xi(t,\omega,z)$是 $\mathscr{Z}\otimes\mathrm{F}_t/\mathrm{B}(E)$;

(2) 对每一个(ω,z),路径 $t\mapsto\xi(t,\omega,z)$是左连续的.

如果映射$[0,\infty)\times\Omega\ni(t,\omega)\mapsto\xi(t,\omega)\in E$ 是 $\mathrm{P}/\mathrm{B}(E)$可测的,则称 E 值过程 $\xi=(\xi(t))_{t\geqslant 0}$是可预测的. 如果映射 $\mathrm{P}/\mathrm{B}(E)$可测,则称 E 值函数 $\xi:\mathbf{R}_+\times\Omega\times Z\mapsto E$ 是 $\mathscr{F}$ 可预测的.

令 $\mathscr{M}^2_{\mathrm{loc}}(BF)$是所有 V 值循序可测过程 $\varphi:\mathbf{R}_+\times\Omega\mapsto V$ 的空间,使得对所有 $T>0$,

$$\mathbf{E}\int_0^{\mathrm{T}} \|\varphi(t)\|_V^2\mathrm{d}t < \infty.$$

令 $\mathscr{M}^2_{\mathrm{loc}}(\mathrm{P})$是所有 V 值 $\mathscr{F}$ 可预测过程 $\phi:\mathbf{R}_+\times\Omega\times Z\mapsto V$ 的的空间,使得对所有 $T>0$,

$$\mathbf{E}\int_0^{\mathrm{T}}\int_Z \|\phi(t,z)\|_V^2\nu(\mathrm{d}z)\mathrm{d}t < \infty$$

令 $\xi\in\mathscr{M}^2([0,T]\times\Omega\times Z;E)$使得

$$\int_0^{\mathrm{T}}\int_Z \mathbf{E}\,|\xi(t,z)|_E^2\nu(\mathrm{d}z)\mathrm{d}t < \infty$$

进一步,令

$$I_t(\xi) = \int_0^t\int_Z \xi(s,z)\tilde{N}(\mathrm{d}s,\mathrm{d}z) = I_T(1_{(0,t]}\xi)$$

下述的结果首先在 Rüdiger 的一项重要工作中得到了证明[31],也可以参见文献[179].

命题 6.2　令 $\xi\in\mathscr{M}^2([0,T]\times\Omega\times Z;E)$,那么 $I_t(\xi)$,$(0\leqslant t\leqslant T)$是一个均值为 0 的 càdlàg L^2-可积鞅. 更准确地说,$I_t(\xi)$是一个几乎处处有 càdlàg 轨迹的改进. 此外,它满足以下条件:

$$\mathbf{E}\,|I_t(\xi)|_E^2 = \mathbf{E}\left|\int_0^t\int_Z \xi(s,z)\tilde{N}(\mathrm{d}s,\mathrm{d}z)\right|_E^2 \leqslant C\mathbf{E}\int_0^t\int_Z |\xi(s,z)|_E^2\nu(\mathrm{d}z)\mathrm{d}s.$$

根据命题 6.2,考虑随机过程

$$\int_0^t\int_Z \xi(s,z)\widetilde{N}(\mathrm{d}s,\mathrm{d}z),\ 0\leqslant t\leqslant T,\xi\in \mathscr{M}^2([0,T]\times\Omega\times Z;E),$$

假设这个过程几乎处处有 càdlàg 轨迹.

定义 6.3 (1) 如果 u 是具有 càdlàg 路径的 $\mathscr{F}$ 自适应随机过程,则称 u 是方程(6.2.3)的一个强解,使得

(i) $u(t)\in C^2([0,T]\times D;H)\cap C([0,T]\times D;D(A))$且满足

$$\int_0^t g(t-s)\,|\Delta u(s)|\,\mathrm{d}s<\infty.$$

(ii) 对任意 $t\geqslant 0$,u 几乎处处满足(6.2.3).

(2) 如果 u 是具有 càdlàg 路径的 V 值 $\mathscr{F}$ 自适应的随机过程,则称 u 是(6.2.3)的一个温和解,使得

(i) 过程 φ,ϕ 由下式定义

$$\varphi(t,\omega)=1*S(t-s)f(u(t,\omega)),(t,\omega)\in\mathbf{R}_+\times\Omega,$$

$$\phi(t,\omega,z)=1*S(t-s)\sigma(t,u(s-,\omega),\nabla u(s-,\omega),z),(t,\omega,z)\in\mathbf{R}_+\times\Omega\times Z$$

分别属于空间 $\mathscr{M}^2_{\mathrm{loc}}(\mathrm{BF})$和 $\mathscr{M}^2_{\mathrm{loc}}(\mathrm{P})$.

(ii) 对任意 $t\geqslant 0$,方程

$$\begin{aligned}u(t)&=S(t)u_0+\int_0^t S(s)u_1\mathrm{d}s-\alpha\int_0^t 1*S(t-s)u_t(s)\mathrm{d}s-\int_0^t 1*S(t-s)f(u)\mathrm{d}s+\\&\quad\int_0^t\int_Z 1*S(t-s)\sigma(s,u(s-),\nabla u(s-),z)\widetilde{N}(\mathrm{d}s,\mathrm{d}z)\\&=S(t)u_0+\int_0^t S(s)u_1\mathrm{d}s-\\&\quad\alpha\int_0^t\int_0^s S(t-s)u_t(s-r)\mathrm{d}r\mathrm{d}s-\int_0^t 1*S(t-s)f(u)\mathrm{d}s+\int_0^t\int_Z 1*S(t-s)\sigma(s,u(s-),\\&\quad\nabla u(s-),z)\widetilde{N}(\mathrm{d}s,\mathrm{d}z)\\&=S(t)u_0+\int_0^t S(s)u_1\mathrm{d}s-\alpha\int_0^t S(t-s)u(s-r)\,|_s^0\,\mathrm{d}s-\int_0^t 1*S(t-s)f(u)\mathrm{d}s+\\&\quad\int_0^t\int_Z 1*S(t-s)\sigma(s,u(s-),\nabla u(s-),z)\widetilde{N}(\mathrm{d}s,\mathrm{d}z)\\&=S(t)u_0+\alpha\int_0^t S(s)u_0\mathrm{d}s+\int_0^t S(s)u_1\mathrm{d}s-\alpha\int_0^t S(t-s)u(s)\mathrm{d}s-\\&\quad\int_0^t 1*S(t-s)f(u)\mathrm{d}s+\int_0^t\int_Z 1*S(t-s)\sigma(s,u(s-),\nabla u(s-),z)\widetilde{N}(\mathrm{d}s,\mathrm{d}z),\end{aligned}\tag{6.2.11}$$

几乎处处成立,其中 $S(t)$是(6.2.5)中当 $f=0,h=0$ 时的预解.

注 6.7 根据命题 6.1 中的定义,可知

(1) 求解式(6.2.11)的随机积分是很有必要的.

(2) 求解式(6.2.3)的强解也是一个温和解.

(3) 如果 u 是式(6.2.3)中的一个温和解，且满足

$$(u_0, u_1) \in D(A) \times V, 1 * S(t-s) f(u) \in \mathscr{M}^2_{\text{loc}}(\mathrm{BF}; D(A)),$$

$$1 * S(t-s)\sigma(s, u(s-), \nabla u(s-), z) \in \mathscr{M}^2_{\text{loc}}(\mathrm{P}; D(A)),$$

那么 u 是一个强解.

(4) 通过温和解 u 的定义，不难推断出 u_t 在 H 中有一个很好的自适应过程.

6.2.3　解的存在唯一性

在本节中，将讨论问题(6.2.3)温和解的局部存在性和路径唯一性(或可区分的)，并证明(6.2.3)的解是全局解. 称方程(6.2.3)的解 $(u(t))_{t\geqslant 0}$ 是路径唯一的，如果对于任何其他解 $(v(t))_{t\geqslant 0}$，有

$$\mathbb{P}(u(t) = v(t), \forall t \geqslant 0) = 1.$$

为了获得问题(6.2.3)解的局部存在性和唯一性，首先要建立一个关于正则化问题的定理. 令

$f: \mathbf{R}_+ \times V \ni (t, \xi) \mapsto f(\xi) \in H$ 是一个 $\mathrm{B}(\mathbf{R}_+) \otimes \mathrm{B}(V)/\mathrm{B}(H)$ 可测函数，

$\sigma: \mathbf{R}_+ \times V \times H \times Z(t, \xi, \eta, z) \mapsto \sigma(t, \xi, \eta, z) \in H$ 是一个 $B(\mathbf{R}_+) \otimes \mathrm{B}(V) \otimes \mathrm{B}(H) \otimes Z / \mathrm{B}(H)$ 可测函数. 对函数 f 和 σ 附加一定的增长条件和全局 Lipschitz 条件.

假设 6.1　存在常数 K_f 和 L_f 使得对任意 $t \geqslant 0$ 和 $u, v \in V$，有

$$\| f(u) \|^2 \leqslant K_f(1 + \| u \|_V^2), \tag{6.2.12}$$

$$\| f(u) - f(v) \|^2 \leqslant L_f \| u - v \|_V^2). \tag{6.2.13}$$

假设 6.2　存在常数 K_σ 和 L_σ 使得对任意 $t \geqslant 0$ 和任意 $u, v \in V$，

$$\int_Z \| \sigma(t, u, \nabla u, z) \|^2 v(\mathrm{d}z) \leqslant K_\sigma(1 + \| u \|_V^2) \tag{6.2.14}$$

$$\int_Z \| \sigma(t, u, \nabla u, z) - \sigma(t, v, \nabla v, z) \|_2^2 v(\mathrm{d}z) \leqslant L_\sigma \| u - v \|_V^2 \tag{6.2.15}$$

注 6.8　函数 f 和 σ 也可以假设为随机函数，即

$f: \mathbf{R}_+ \times \Omega \times V \ni (t, w, \xi) \mapsto f(w, \xi) \in H$ 是一个 $\mathrm{BF} \otimes \mathrm{B}(V) \otimes \mathrm{B}(H)/\mathrm{B}(H)$ 可测函数，

$\sigma: \mathbf{R}_+ \times \Omega \times V \times H \times Z \ni (t, w, \xi, \eta, z) \mapsto \sigma(t, w, \xi, \eta, z) \in H$

是一个 $P \otimes B(V) \otimes B(H) \otimes Z / B(H)$ 可测函数. 但是 f 和 σ 需要满足以下这些附加的性质[23]：如果 X 和 Y 是两个 V 值的 càdlàg 过程，并且 τ 是一个停时，使得

$$X 1_{[0,\tau)} = Y 1_{[0,\tau)},$$

进而有

$$1_{[0,\tau]} f(\cdot, \cdot, X) = 1_{[0,\tau]} f(\cdot, \cdot, Y)$$

和

$$1_{[0,\tau]} \sigma(\cdot, \cdot, X, \nabla X, \cdot) = 1_{[0,\tau]} \sigma(\cdot, \cdot, Y, \nabla Y, \cdot).$$

引理 6.2　设 $X(t): \mathbf{R}_+ \to V$ 是一个循序可测过程. 令 $Y(s) = S(t-s) X(s)$，其中 $S(t)$ 是方程(6.2.5) 当 $f=0, h=0$ 时的预解. 那么 $Y(s)$ 是循序可测过程.

证明 注意到 Hilbert 空间中弱可测性和强可测性是一致的，因此可以证明对于每个 $h\in V=D(\sqrt{A})$，有

$$\langle Y(s),h\rangle=\langle X(s),S(t-s)h\rangle$$

因为 $S(t)h$ 在 V 中是连续的，并且 X 由假设可得循序可测.

定理 6.5 设函数 f 和 σ 满足假设 6.1 和 6.2，条件(G1)，且 $(u_0,u_1)\in V\times H$，那么问题(6.2.3)存在路径唯一的温和解 u. 特别地，如果

$$(u_0,u_1)\in D(A)\times V, 1*S(t-s)f(u)\in\mathscr{M}^2_{\text{loc}}(\mathsf{BF};D(A)), 1*S(t-s)\sigma(s,u(s-),\nabla u(s-),z)\in\mathscr{M}^2_{\text{loc}}(\mathsf{P};D(A)),$$

那么在 $\mathbf{R}_+$ 上所有点处温和解与强解以概率 1 一致.

证明 给定 $T>0$，用 $\mathscr{M}^2_T$ 表示所有 V 值循序可测过程 $u:\mathbf{R}_+\times\Omega\to V=D(\sqrt{A})$ 的集合，使得

$$\|u\|_T:=\sup_{0\leqslant t\leqslant T}(\mathbf{E}\|u(t)\|_V^2)^{\frac{1}{2}}<\infty.$$

那么给空间 $\mathscr{M}^2_T$ 赋予范数，

$$\|u\|_\lambda:=\sup_{0\leqslant t\leqslant T}\mathrm{e}^{-\lambda t}(\mathbf{E}\|u(t)\|_V^2)^{\frac{1}{2}},\lambda>0,$$

这是一个 Banach 空间. 注意到，范数 $\|\cdot\|_T$ 和 $\|\cdot\|_\lambda$ 是等价的. 通过

$$\Gamma_T u=S(t)u_0+2\alpha\int_0^t S(s)u_0\mathrm{d}s+\int_0^t S(s)u_1\mathrm{d}s-2\alpha\int_0^t S(t-s)u(s)\mathrm{d}s-\int_0^t 1*S(t-s)f(u)\mathrm{d}s+\int_0^t\int_Z 1*S(t-s)\sigma(s,u(s-),\nabla u(s-),z)\widetilde{N}(\mathrm{d}s,\mathrm{d}z).$$

由定义映射 $\Gamma_T:\mathscr{M}^2_T\to\mathscr{M}^2_T$，$f$ 和 σ 的 Lipschitz 性，可以证明当 λ 充分大时 Γ_T 是严格收缩的. 因此，应用 Banach 不动点定理，可知 Γ_T 在 $\mathscr{M}^2_T$ 中有一个唯一的不动点. 这意味着对于任意的 $0<T<\infty$，存在唯一的过程 $(\bar{u}(t))_{0\leqslant t\leqslant T}\in\mathscr{M}^2_T$ 使得 $\bar{u}(t)=\Gamma_T\bar{u}(t)$. 注意到，在某种意义下存在如下的唯一性：对另外一个满足 $v=\Gamma_T v(v\in\mathscr{M}^2_T)$ 的过程，则对于任意的 $t\in[0,T]$ 有 $\bar{u}(t)=v(t)$ 几乎处处成立，即 $\bar{u}(t)$ 和 $v(t)$ 是随机等效的[127].

令 $\mathsf{N}:=\{\xi\in\mathscr{M}^2_T:\xi=\Gamma_T\xi\}$. 由唯一性，集合 N 包含了过程 $\bar{u}(t)$ 的所有随机等价过程. 在集合 N 上的随机等价过程中，试图找到 $(\bar{u}(t))_{0\leqslant t\leqslant T}$ 一个恰当的版本 $(u(t))_{0\leqslant t\leqslant T}$ 使得 $(u(t))_{0\leqslant t\leqslant T}$ 是 càdlàg 的且满足式(6.2.11). 定义

$$u(t)=\Gamma_T\bar{u}=S(t)u_0+\alpha\int_0^t S(s)u_0\mathrm{d}s+\int_0^t S(s)u_1\mathrm{d}s-2\alpha\int_0^t S(t-s)\bar{u}(s)\mathrm{d}s-\int_0^t 1*S(t-s)f(\bar{u})\mathrm{d}s+\int_0^t\int_Z 1*S(t-s)\sigma(s,\bar{u}(s-),z)\widetilde{N}(\mathrm{d}s,\mathrm{d}z),t\in[0,T].$$

根据假设 6.1,6.2 和命题 6.2，可知这个过程是 càdlàg 的. 因此，可定义

$$v(t)=\Gamma_T u=S(t)u_0+\alpha\int_0^t S(s)u_0\mathrm{d}s+\int_0^t S(s)u_1\mathrm{d}s-2\alpha\int_0^t S(t-s)u(s)\mathrm{d}s-\int_0^t 1*S(t-s)f(u)\mathrm{d}s+\int_0^t\int_Z 1*S(t-s)\sigma(s,u(s-),z)\widetilde{N}(\mathrm{d}s,\mathrm{d}z),t\in[0,T].$$

由 u 和 $\bar{u}$ 这两个过程的定义，可得

$$\mathbf{E}\|u(t)-\bar{u}(t)\|_V^2=0,\forall t\in[0,T],$$

这意味着 u 是$\bar{u}$的一个版本. 而且,还可得到

$$\mathbf{E}\int_0^T\|u(t)-\bar{u}(t)\|_V^2\mathrm{d}t=0.$$

由命题 6.2 和函数 $f(s,x)$和 $\sigma(t,x,z)$关于变量 x 的连续性,有

$$\begin{aligned}&\mathbf{E}\|u(t)-v(t)\|_V^2\\&\leqslant C\alpha\mathbf{E}\left\|\int_0^t S(t-s)(u(s)-v(t))\mathrm{d}s\right\|_V^2+C\mathbf{E}\left\|\int_0^t 1*S(t-s)(f(u)-f(v))\mathrm{d}s\right\|_V^2+\\&\quad C\mathbf{E}\left\|\int_0^t\int_Z 1*S(t-s)(\sigma(s,u(s-),z)-\sigma(s,v(s-),z)\tilde{N}(\mathrm{d}s,\mathrm{d}z)\right\|_V^2\\&\leqslant C\mathbf{E}\int_0^T\|u(t)-\bar{u}(t)\|_V^2=0.\end{aligned}$$

因此,可推出

$$\begin{aligned}u(t)=v(t)=&S(t)u_0+\alpha\int_0^t S(s)u_0\mathrm{d}s+\int_0^t S(s)u_1\mathrm{d}s-\alpha\int_0^t S(t-s)u(s)\mathrm{d}s-\\&\int_0^t 1*S(t-s)f(u)\mathrm{d}s+\int_0^t\int_Z 1*S(t-s)\sigma(s,u(s-),z)\tilde{N}(\mathrm{d}s,\mathrm{d}z),t\in[0,T].\end{aligned}$$

这表明 u 满足式(6.2.11). 由于上述等式的两边都是 càdlàg 的,随机等价成为 $\mathbb{P}$ 等价. 更确切地说,我们在 $\mathscr{M}_T^2$ 上获得了路径唯一的 càdlàg 过程,使得对于任意的 $t\in[0,T]$式(6.2.11)成立. 此外,在任意的给定的先验时间区间$[0,T]$上解的唯一性特征使我们可以将它们合并为 $\mathbf{R}_+$ 上问题(6.2.3)的一个解$(u(t))_{t\geqslant 0}$.

接下来证明 $1*S(t-s)f(u(t))$和 $1*S(t-s)\sigma(t,u(s-),z)$分别属于空间 $\mathscr{M}_{\mathrm{loc}}^2(\mathrm{BF})$和 $\mathscr{M}_{\mathrm{loc}}^2(\hat{\mathrm{P}})$. 事实上,由于 $u\in\mathscr{M}_T^2$,根据命题 6.2,式(6.2.12)和式(6.2.14),对任意 $T>0$,有

$$\begin{aligned}\mathbf{E}\int_0^T\|1*S(t-s)f(u(t))\|_V^2\mathrm{d}t&\leqslant C_T\mathbf{E}\int_0^T\|f(u(t))\|^2\mathrm{d}t\\&\leqslant C_TK_f\mathbf{E}\int_0^T(1+\|u(t)\|_V^2)\mathrm{d}t<\infty,\end{aligned}$$

且

$$\mathbf{E}\int_0^T\int_Z\|1*S(t-s)\sigma(t,u(s-),z)\|_V^2\nu(\mathrm{d}z)\mathrm{d}t\leqslant C_TK_\sigma\mathbf{E}\int_0^T(1+\|u(t)\|_V^2)\mathrm{d}t<\infty.$$

因此,由(6.2.7)的定义,当函数 f 和 σ 满足假设 6.1 和 6.2 时,问题(6.2.3)有一个路径唯一的温和解.

最后,证明倘若$(u_0,u_1)\in D(A)\times V$,$1*S(t-s)f(s,u)\in\mathscr{M}_{\mathrm{loc}}^2(\mathrm{BF};D(A))$,$1*S(t-s)\sigma(s,u(s-),\nabla u(s-),z)\in\mathscr{M}_{\mathrm{loc}}^2(\hat{P};D(A))$,则对任意 $t\geqslant 0$,$u(t)\in D(A)$,固定 $t\geqslant 0$. 由于 $u_0\in D(A)$,由 $S(t)$的定义,可得 $S(t)u_0\in D(A)$. 由命题 6.2,$u_1\in V$ 和 $u\in\mathscr{M}_T^2$,亦可得

$$\int_0^t S(s)u_0\mathrm{d}s\in D(A),$$

$$\int_0^t S(s)u_1\mathrm{d}s\in D(A),$$

$$\int_0^t S(t-s)u(s)\mathrm{d}s \in D(A).$$

令 $R(\lambda,A)=(\lambda I-A)^{-1},\lambda>0$ 是 A 的预解. 由于 $AR(\lambda,A)=\lambda R(\lambda,A)-I$, $AR(\lambda,A)$ 是有界的. 此外 $1*S(t-s)\sigma(s,u(s-),z)\in \mathscr{M}_{\mathrm{loc}}^2(\hat{P};D(A))$, 有

$$\begin{aligned}
&R(\lambda,A)\int_0^t\int_Z A1*S(t-s)\sigma(s,u(s-),z)\widetilde{N}(\mathrm{d}s,\mathrm{d}z)\\
&\quad=\int_0^t\int_Z R(\lambda,A)A1*S(t-s)\sigma(s,u(s-),z)\widetilde{N}(\mathrm{d}s,\mathrm{d}z)\\
&\quad=\lambda R(\lambda,A)\int_0^t\int_Z 1*S(t-s)\sigma(s,u,z)\widetilde{N}(\mathrm{d}s,\mathrm{d}z)-\int_0^t\int_Z 1*S(t-s)\sigma(s,u,z)\widetilde{N}(\mathrm{d}s,\mathrm{d}z),
\end{aligned}$$

这意味着

$$\begin{aligned}
&\int_0^t\int_Z 1*S(t-s)\sigma(s,u(s-),z)\widetilde{N}(\mathrm{d}s,\mathrm{d}z)\\
&\quad=R(\lambda,A)\left[\int_0^t\int_Z \lambda 1*S(t-s)\sigma(s,u,z)\widetilde{N}(\mathrm{d}s,\mathrm{d}z)-\int_0^t\int_Z A1*S(t-s)\sigma(s,u,z)\widetilde{N}(\mathrm{d}s,\mathrm{d}z)\right].
\end{aligned}$$

由于 $\mathrm{Rng}R(\lambda,A)=D(A)$,可得 $\int_0^t\int_Z 1*S(t-s)\sigma(s,u(s-),z)\widetilde{N}(\mathrm{d}s,\mathrm{d}z)\in D(A)$. 类似可得 $\int_0^t 1*S(t-s)f(s,u(s))\mathrm{d}s\in D(A)$. 因此,$u(t)\in D(A)$. 由定义 6.3 和注 6.7 可知,温和解也是一个强解. 相反地,由注 6.4,显然强解也是一个温和解. 此外,考虑到温和解与强解的 càdlàg 性,随机等价性化为了 $\mathbb{P}$ 等价. 定理从而得证.

以下考虑假设 6.1 中全局 Lipschitz 条件被替换为局部 Lipschitz 条件后,问题(6.2.3)解的局部存在性和唯一性.

假设 6.3 设对任意 $N>0$,存在常数 K_N 和 L_N,使得对所有的 $t\geqslant 0$,且具有范数 $\|u\|_V\leqslant N$ 和 $\|v\|_V\leqslant N$ 的 $u,v\in V$,有

$$\|f(u)\|^2\leqslant C_N(1+\|u\|_V^2) \tag{6.2.16}$$

$$\|f(u)-f(v)\|^2\leqslant L_N\|u-v\|_V^2 \tag{6.2.17}$$

定义 6.4 局部温和解 $u=(u(t))_{0\leqslant t<\tau}$ 称为最大温和解,若对任意几乎处处满足 $\bar{\tau}\geqslant\tau$ 的其他局部温和解 $\bar{u}=(\bar{u}(t))_{0\leqslant t\leqslant\bar{\tau}}$, $\bar{u}|_{[0,\tau)\times\Omega}\sim u$,那么 $\bar{u}=u$. 此外,若 $\mathbb{P}(\tau<\infty)>0$,且若 $\mathbb{P}(\tau=\infty)=1$,停时 τ 称为爆破时,局部温和解 u 称为问题(6.2.3)的全局温和解.

定理 6.6 假设函数 f 和 σ 满足假设 6.2 和 6.3,条件(G1)成立且 $(u_0,u_1)\in V\times H$,那么问题(6.2.3)存在唯一最大局部温和解 u.

证明 由于 f 是局部 Lipschitz 的,由标准论证过程可得时间解的局部存在性. 对于每个 $n\geqslant 1$,定义一个函数 $h_n\in C^1$,即

$$h_n=\begin{cases}1, & x\leqslant n,\\ 0\sim 1, & n<x<n+1\\ 0, & x\geqslant n+1,\end{cases} \tag{6.2.18}$$

并进一步假设 $\|h'_n\|_\infty\leqslant 2$. 对于任意的 $u\in V$,令 $f_n(u)=h_n(\|\sqrt{A}u\|_2)f(u)$,则 $f_n(u)$ 是

全局 Lipschitz 连续的. 接下来考虑用 f_n 代替问题(6.2.3)中的 f，即

$$\begin{cases} u_{tt} - \Delta u + \int_0^t g(t-s)\Delta u \mathrm{d}s + ut + f_n(u) \\ = \int_Z \sigma(t, u(t-), z) \dot{\tilde{N}}(\mathrm{d}z, t), \\ u(x,t) = 0, & x \in \partial D, t \in (0,T), \\ u(x,0) = u_0(x), u_t(x,0) = u_1(x), & x \in D. \end{cases} \tag{6.2.19}$$

然后，由定理 6.5 可得，问题(6.2.19)存在一个唯一的温和解$(u_n(t))_{t\geqslant 0}$，其表达式如下

$$u_n(t) = S(t)u_0 + \alpha\int_0^t S(s)u_0\mathrm{d}s + \int_0^t S(s)u_1\mathrm{d}s - \alpha\int_0^t S(t-s)u_n(s)\mathrm{d}s - \int_0^t 1 * S(t-s)f_n(u_n)\mathrm{d}s + \int_0^t\int_Z 1 * S(t-s)\sigma(s, u_n(s-), z)\tilde{N}(\mathrm{d}s, \mathrm{d}z), t \geqslant 0. \tag{6.2.20}$$

对每一个 n，定义停时序列$\{\tau_n\}_{n=1}^{\infty}$

$$\tau_n := \inf\{t > 0; \|\sqrt{A}u_n\|_2 \geqslant n\}.$$

通过解 u_n 的 càdlàg 性，知道 τ_n 确为一个停时. 对任意的 $n<m$，令 $\tau_{n,m}=\tau_n\wedge\tau_m$. 由定理 3.3 中证明了温和解的唯一性，可得在$[0,\tau_{n,m}]$上几乎处处有 $u_n=u_m$. 而且，通过注6.1，可推得$[0,\tau_{n,m}]$上 $u_n=u_m$. 以下证明当 $n<m$ 时 $\tau_n\leqslant\tau_m$，设 $\mathbb{P}(\tau_n>\tau_m)>0$，通过 τ_n 的定义，当 $t\in[0,\tau_n)$，$\|u_m(\tau_m)\|_V\geqslant m>n$ 时，有 $\|u_n(t)\|_V\leqslant n$. 由于在$[0,\tau_{n,m})$上 u_n 与 u_m 一致，可得 $\|u_m(\tau_m)\|_V=\|u_n(\tau_m)\|_V>n$，这与在 $t\in[0,\tau_n)$上 $\|u_n(t)\|_V\leqslant n$ 这个事实矛盾. 因此，当 $n<m$ 时，有 $\tau_n\leqslant\tau_m$ 几乎处处成立. 这意味着$\{\tau_n\}_{n=1}^{\infty}$是递增序列. 所以$\{\tau_n\}_{n=1}^{\infty}$的极限几乎处处存在. 令 $\tau_\infty=\lim\limits_{n\to\infty}\tau_n$，$\Omega_0=\{\omega:\lim\limits_{n\to\infty}\tau_n=\tau_\infty\}$，那么有 $\mathbb{P}(\Omega_0)=1$.

定义如下局部过程$(u(t))_{0\leqslant t<\tau_\infty}$. 若 $\omega\notin\Omega_0$，对所有的 $0\leqslant t<\tau_\infty$，令 $u(t,\omega)=0$. 若 $\omega\in\Omega_0$，那么存在自然数 n 使得 $t\leqslant\tau_n(\omega)$，设 $u(t,\omega)=u_n(t,\omega)$. 由$[0,\tau_n]$上 $u_n(t)$的唯一性，过程 $u(t)$易于给出定义. 事实上，从注 6.1 和式(6.2.20)，对于任意的 $t\in\mathbf{R}^+$，有

$$u_n(t\wedge\tau_n) = S(t\wedge\tau_n)u_0 + \alpha\int_0^{t\wedge\tau_n} S(s)u_0\mathrm{d}s + \int_0^{t\wedge\tau_n} S(s)u_1\mathrm{d}s - \alpha\int_0^{t\wedge\tau_n} S(t-s)u_n(s)\mathrm{d}s - \int_0^{t\wedge\tau_n} 1 * S(t-s)f(u_n)\mathrm{d}s + \int_0^t\int_Z 1_{[0,\tau_n]}(s) 1 * S(t-s)\sigma(s, u_n(s-), z)\tilde{N}(\mathrm{d}s, \mathrm{d}z).$$

当 $t\leqslant\tau_n$ 时，由 $u(t)=u_n(t)$，可得

$$u(t\wedge\tau_n) = S(t\wedge\tau_n)u_0 + \alpha\int_0^{t\wedge\tau_n} S(s)u_0\mathrm{d}s + \int_0^{t\wedge\tau_n} S(s)u_1\mathrm{d}s - \alpha\int_0^{t\wedge\tau_n} S(t-s)u(s)\mathrm{d}s - \int_0^{t\wedge\tau_n} 1 * S(t-s)f(u)\mathrm{d}s + \int_0^t\int_Z 1_{[0,\tau_n]}(s) 1 * S(t-s)\sigma(s, u(s-), z)\tilde{N}(\mathrm{d}s, \mathrm{d}z).$$

此外，由序列$\{\tau_n\}_{n=1}^{\infty}$的定义，可得

$$\lim_{t\to\tau_\infty}\|u(t,\omega)\|_V=\lim_{n\to\infty}\|u(\tau_n,\omega)\|_V\geqslant\lim_{n\to\infty}n=\infty\quad \text{a. s.} \tag{6.2.21}$$

因此，可在$[0,t\wedge\tau_\infty)$上构造问题(6.2.3)的一个唯一的连续局部温和解$u(t)$，从而满足了定义6.3中温和解的条件. 以下证明局部温和解$(u(t))_{0\leqslant t<\tau_\infty}$是问题(6.2.3)的最大局部温和解. 令$v=(v(t))_{0\leqslant t<\bar{\tau}_\infty}$是问题(6.2.3)的另一个局部温和解，使得$\bar{\tau}\geqslant\tau_\infty$几乎处处成立，$v|_{[0,\tau_\infty)\times\Omega}\sim u$. 通过式(6.2.21)和在$[0,\tau_\infty)$上的$u$和$v$的$\mathbb{P}$等价可知

$$\lim_{t\to\tau_\infty}\|u(t,\omega)\|_V=\lim_{t\to\tau_\infty}\|v(t,\omega)\|_V=\infty. \tag{6.2.22}$$

为了得到u的最大值，只需要证明$\mathbf{P}(\bar{\tau}>\tau_\infty)=0$. 采用反证法，设$\mathbf{P}(\bar{\tau}>\tau_\infty)>0$. 由于$v$是局部温和解，存在一个递增的停时序列$\{\bar{\tau}_n\}$，使得在区间$[0,\bar{\tau}_n]$上$v$满足

$$\begin{aligned}v_n(t\wedge\bar{\tau}_n)&=S(t\wedge\bar{\tau}_n)u_0+\alpha\int_0^{t\wedge\bar{\tau}_n}S(s)u_0\mathrm{d}s+\int_0^{t\wedge\bar{\tau}_n}S(s)u_1\mathrm{d}s-\\&\quad\alpha\int_0^{t\wedge\bar{\tau}_n}S(t-s)v_n(s)\mathrm{d}s-\int_0^{t\wedge\bar{\tau}_n}1*S(t-s)f(v_n)\mathrm{d}s+\\&\quad\int_0^t\int_Z 1_{[0,\bar{\tau}_n]}(s)1*S(t-s)\sigma(s,v_n(s-),z)\widetilde{N}(\mathrm{d}s,\mathrm{d}z).\end{aligned}$$

定义族停时

$$\tilde{\tau}_{n,k}:=\bar{\tau}_n\wedge\inf\{t:\|v\|_V>k\};\tilde{\tau}_k:=\sup\tilde{\tau}_{n,k}.$$

显然，有

$$\tilde{\tau}_{n,k}\leqslant\bar{\tau}_n,\tilde{\tau}_k\leqslant\bar{\tau}_n,\lim_{k\to\infty}\tilde{\tau}_k=\bar{\tau}.$$

由于$\tilde{\tau}_k\nearrow\bar{\tau}$和$\mathbf{P}(\bar{\tau}_k>\tau_\infty)>0$，存在一个自然数$k$使得$\mathbf{P}(\tilde{\tau}_k>\tau_\infty)>0$. 因此，对任意的$t\in[\tau_\infty,\tilde{\tau}_k)$，有$\|v(t,\omega)\|_V\leqslant k$，这与式(6.2.22)矛盾.

最后，通过以上解u构造的唯一性可得解的唯一性. 证明完成.

现在应用Khasminskii的检验证明，问题(6.2.3)的唯一局部温和解是全局温和解. 众所周知，方程(6.2.3)等价于下面的Itô系统

$$\begin{cases}\mathrm{d}u=u_t\mathrm{d}t,\\ \mathrm{d}u_t=(\Delta u-\int_0^t g(t-s)\Delta u(s)\mathrm{d}s-\alpha u_t-f(u))\mathrm{d}t+\int_Z\sigma(t,u(t-),z)\widetilde{N}(\mathrm{d}z,\mathrm{d}t).\end{cases} \tag{6.2.23}$$

定义一个与系统(6.2.23)相关的能量函数$\varepsilon(t)$

$$\varepsilon(u(t))=\|u_t(t)\|^2+(1-\int_0^t g(s)\mathrm{d}s)\|\nabla u(t)\|^2+(g\circ\nabla u)(t),$$

定理6.7 设函数f和σ满足假设6.2和6.3，条件(G1)成立且$(u_0,u_1)\in V\times H$，令u是问题(6.2.3)生命线为τ_∞的唯一最大局部温和解，那么几乎处处有$\tau_\infty=\infty$.

证明 令$u_t(0\leqslant t<\tau_\infty)$，是问题(6.2.3)的最大局部温和解. 定义停时序列

$$\tau_n=\inf\{t\geqslant 0:\|\nabla u\|_2\geqslant n\},n\geqslant 1,$$

由定理 6.6，有 $\lim_{n\to\infty}\tau_n=\tau_\infty$.

对于任意 $t\geqslant 0$，将证明当 $n\to\infty$ 时 $u(t\wedge\tau_n)\to u(t)$ 几乎处处成立，因此局部解成为全局解. 最后，可以证明当 $n\to\infty$ 时 τ_n 以概率 1 趋于 ∞. 众所周知，Itô 公式不能直接应用于温和解，因此将证明过程分为以下两步.

第一步：求解全局强解的能量不等式.

设 u_t 是问题(6.2.3)的全局强解，则 $u(t)$ 满足 Itô 系统(6.2.23). 根据 $\|u_t(t\wedge\tau_n)\|^2$ 的 Itô 规则的性质，有

$$
\begin{aligned}
\|u_t(t\wedge\tau_n)\|^2 = {} & \|u_1\|^2+\|\nabla u_0\|^2-\|\nabla u(t\wedge\tau_n)\|^2+ \\
& 2\int_0^{t\wedge\tau_n}\left(\int_0^s g(s-r)\nabla u(r)\mathrm{d}r,\nabla u_t(s)\right)\mathrm{d}s-2\alpha\int_0^{t\wedge\tau_n}\|u_t(s)\|^2\mathrm{d}s- \\
& 2\int_0^{t\wedge\tau_n}(u_t(s),f(u))\mathrm{d}s+\int_0^{t\wedge\tau_n}\int_Z\|\sigma(s,u)\|^2\nu(\mathrm{d}z)\mathrm{d}s+ \\
& \int_0^{t\wedge\tau_n}\int_Z[\|\sigma(s,u(s-),z)+u_t(s-)\|^2-\|u_t(s-)\|^2]\widetilde{N}(\mathrm{d}z,\mathrm{d}s).
\end{aligned}
\tag{6.2.24}
$$

利用条件(G1)，有

$$
\begin{aligned}
\left(\int_0^s g(s-r)\nabla u(r)\mathrm{d}r,\nabla u_t(s)\right) &= \int_0^s g(s-r)\int_D\nabla u_t(s)\cdot\nabla u(r)\mathrm{d}r\mathrm{d}x \\
&= \int_0^s g(s-r)\int_D\nabla u_t(s)(\nabla u(r)-\nabla u(s))\mathrm{d}x\mathrm{d}r+\int_0^s g(s-r)\int_D\nabla u_t(s)\cdot\nabla u(s)\mathrm{d}x\mathrm{d}r \\
&= -\frac{1}{2}\int_0^s g(s-r)\frac{\mathrm{d}}{\mathrm{d}s}\int_D|\nabla u(r)-\nabla u(s)|^2\mathrm{d}x\mathrm{d}r+\frac{1}{2}\int_0^s g(r)\frac{\mathrm{d}}{\mathrm{d}s}\int_D|\nabla u(s)|^2\mathrm{d}x\mathrm{d}r \\
&= \frac{1}{2}\frac{\mathrm{d}}{\mathrm{d}s}\left(\int_0^s g(r)\mathrm{d}r\|\nabla u(s)\|^2-(g\circ\nabla u)(s)\right)+\frac{1}{2}(g'\circ\nabla u)(s)-\frac{1}{2}g(s)\|\nabla u(s)\|^2 \\
&\leqslant \frac{1}{2}\frac{\mathrm{d}}{\mathrm{d}s}\left(\int_0^s g(r)\mathrm{d}r\|\nabla u(s)\|^2-(g\circ\nabla u)(s)\right),
\end{aligned}
\tag{6.2.25}
$$

这意味着

$$
2\int_0^{t\wedge\tau_n}\left(\int_0^s g(s-r)\nabla u(r)\mathrm{d}r,\nabla u_t(s)\right)\mathrm{d}s\leqslant\int_0^{t\wedge\tau_n}g(r)\mathrm{d}r\|\nabla u(t\wedge\tau_n)\|^2-(g\circ\nabla u)(t\wedge\tau_n).
\tag{6.2.26}
$$

将式(6.2.26)代入式(6.2.24)，得到

$$
\begin{aligned}
\varepsilon(u(t\wedge\tau_n))-\varepsilon(u(0))\leqslant{} & -2\int_0^{t\wedge\tau_n}(u_t(s),f(u))\mathrm{d}s+\int_0^{t\wedge\tau_n}\int_Z\|\sigma(s,u)\|^2\nu(\mathrm{d}z)\mathrm{d}s+ \\
& \int_0^{t\wedge\tau_n}\int_Z[\|\sigma(s,u(s-),z)+u_t(s-)\|^2-\|u_t(s-)\|^2]\widetilde{N}(\mathrm{d}z,\mathrm{d}s).
\end{aligned}
\tag{6.2.27}
$$

对(6.2.27)的两边同时取期望，得到

$$
\begin{aligned}
\mathbf{E}\varepsilon(u(t\wedge\tau_n))\leqslant{} & \mathbf{E}\varepsilon(u(0))-2\mathbf{E}\int_0^t(u_t(s),f(u))1_{(0,t\wedge\tau_n]}(s)\mathrm{d}s+ \\
& \mathbf{E}\int_0^t\int_Z\|\sigma(s,u)\|^2 1_{(0,t\wedge\tau_n]}(s)\nu(\mathrm{d}z)\mathrm{d}s
\end{aligned}
$$

$$\leqslant \mathbf{E}\varepsilon(u(0))+\mathbf{E}\int_0^t \|u_t(s\wedge\tau_n)\|^2+\int_0^t \|f(u(s\wedge\tau_n))\|^2\mathrm{d}s+$$

$$\int_0^t \|\sigma(u(s\wedge\tau_n))\|^2\mathrm{d}s$$

$$\leqslant \mathbf{E}\varepsilon(u(0))+\mathbf{E}\int_0^t \|u_t(s\wedge\tau_n)\|^2+(K_f+K_\sigma)\int_0^t(1+\mathbf{E}\|\nabla u(s\wedge\tau_n)\|^2)\mathrm{d}s$$

$$\leqslant \mathbf{E}\varepsilon(u(0))+\left[\frac{1}{l}(K_f+K_\sigma)+1\right]\int_0^t(1+\mathbf{E}\varepsilon(u(s\wedge\tau_n)))\mathrm{d}s, \tag{6.2.28}$$

其中参数 $l>0$ 在条件(G1)中给出定义.

第二步:证明不等式(6.2.28)适用于局部温和解.

在这种情况下,主要的一个障碍是在假设 6.2 和 6.3 下,问题(6.2.3)的解是一个局部温和解,所以解的生命线 τ_∞ 可能是有限的. 为此,固定 $n\in\mathbb{N}$ 并且引入下述函数

$$\widetilde{f}(t)=1_{[0,\tau_n)}(t)(\alpha u_t(t\wedge\tau_n)+f(u(t\wedge\tau_n))),$$

$$\widetilde{\sigma}(t,z)=1_{[0,\tau_n]}(t)\sigma(t,u(t,u,z),t\geqslant 0,z\in Z,$$

其中函数 $u_t(0\leqslant t<\tau_\infty$ 且 $\tau_\infty=\lim\limits_{n\to\infty}\tau_n)$ 是问题(6.2.3)在假设 6.2 和 6.3 下的唯一局部温和解. 可以看到$\widetilde{f}$和$\widetilde{\sigma}$的过程是有界的. 考虑下面的线性非齐次随机方程

$$\begin{cases} v_{tt}=\Delta v-\int_0^t g(t-s)\Delta v(s)\mathrm{d}s-\widetilde{f}(t)+\int_Z\widetilde{\sigma}(t,z)\widetilde{N}(\mathrm{d}z,\mathrm{d}t), & x\in D,t>0,\\ v(x,t)=0, & x\in\partial D,t>0,\\ v(x,0)=u_0(x),v_t(x,0)=u_1(x), & x\in D. \end{cases} \tag{6.2.29}$$

由定理 6.5,(6.2.29)存在一个唯一的全局温和解,即

$$v(t)=S(t)u_0+\int_0^t S(s)u_1\mathrm{d}s-\int_0^t 1*S(t-s)\,\widetilde{f}(s)\mathrm{d}s+$$

$$\int_0^t\int_Z 1*S(t-s)\,\widetilde{\sigma}(s,z)\widetilde{N}(\mathrm{d}s,\mathrm{d}z),\quad t\geqslant 0. \tag{6.2.30}$$

因此停时过程 $v(\cdot\wedge\tau_n)$ 满足

$$v(t\wedge\tau_n)=S(t\wedge\tau_n)u_0+\int_0^{t\wedge\tau_n}S(s)u_1\mathrm{d}s-\int_0^{t\wedge\tau_n}1*S(t\wedge\tau_n-s)\,\widetilde{f}(s)\mathrm{d}s+$$

$$I_{\tau_n}(\widetilde{\sigma})(t\wedge\tau_n),t\geqslant 0.$$

其中

$$I_{\tau_n}(\widetilde{\sigma})(t)=\int_0^t\int_Z 1_{[0,\tau_n]}(s)1*S(t-s)\,\widetilde{\sigma}(s,z)\widetilde{N}(\mathrm{d}s,\mathrm{d}z).$$

可以发现

$$I_{\tau_n}(\widetilde{\sigma})(t)=\int_0^t\int_Z 1_{[0,\tau_n]}(s)1*S(t-s)\sigma(s,u(s\wedge\tau_n-),z)\widetilde{N}(\mathrm{d}s,\mathrm{d}z)$$

$$=\int_0^t\int_Z 1_{[0,\tau_n]}(s)1*S(t-s)\sigma(s,u(s-),z)\widetilde{N}(\mathrm{d}s,\mathrm{d}z)$$

$$= I_{\tau_n}(\sigma)(t), \quad t \geqslant 0.$$

因此，对每一个 $n \geqslant 1$，有

$$\begin{aligned}
v(t \wedge \tau_n) &= S(t \wedge \tau_n)u_0 + \int_0^{t \wedge \tau_n} S(s)u_1 \mathrm{d}s - \\
&\quad \int_0^{t \wedge \tau_n} 1 * S(t \wedge \tau_n - s)\widetilde{f}(s)\mathrm{d}s + I_{\tau_n}(\widetilde{\sigma})(t \wedge \tau_n) \\
&= S(t \wedge \tau_n)u_0 + \int_0^{t \wedge \tau_n} S(s)u_1 \mathrm{d}s - \\
&\quad \int_0^{t \wedge \tau_n} 1 * S(t \wedge \tau_n - s)\widetilde{f}(s)\mathrm{d}s + I_{\tau_n}(\sigma)(t \wedge \tau_n) \\
&= S(t \wedge \tau_n)u_0 + \int_0^{t \wedge \tau_n} S(s)u_1 \mathrm{d}s + I_{\tau_n}(\sigma)(t \wedge \tau_n) - \\
&\quad \int_0^{t \wedge \tau_n} 1 * S(t \wedge \tau_n - s)1_{(0,\tau_n]}(s)(\alpha u_t(s \wedge \tau_n) + f(u(s \wedge \tau_n)))\mathrm{d}s \\
&= S(t \wedge \tau_n)u_0 + \int_0^{t \wedge \tau_n} S(s)u_1 \mathrm{d}s + \\
&\quad \alpha\int_0^{t \wedge \tau_n} S(s)u_0 \mathrm{d}s - \alpha\int_0^{t \wedge \tau_n} S(t \wedge \tau_n - s)u(s)\mathrm{d}s - \\
&\quad \int_0^{t \wedge \tau_n} 1 * S(t \wedge \tau_n - s)f(u(s))\mathrm{d}s + I_{\tau_n}(\sigma)(t \wedge \tau_n) \\
&= u(t \wedge \tau_n), \quad \mathbb{P}-\text{a. s.}\, t \geqslant 0.
\end{aligned}$$

此处第二个困难是 Itô 的规则只适用于强解. 所以下一步工作是找到一个全局强解序列，使其一致地收敛于全局温和解 v. 令 $R(m;A)=(mI-A)^{-1}$，则 $R(m;A)$ 以 $1/m$ 为界. 设

$$u_{0m}=mR(m;A)u_0, u_{1m}=mR(m;A)u_1,$$

$$\widetilde{f}_m(\omega)=mR(m;A)\widetilde{f}(\omega), \quad (t,\omega)\in \mathbf{R}^+ \times \Omega;$$

$$\widetilde{\sigma}_m(t,\omega,z)=mR(m;A)\widetilde{\sigma}(t,\omega,z), \quad (t,\omega,z)\in \mathbf{R}^+ \times \Omega \times Z.$$

那么 $\widetilde{f}_m(t,\omega)\in D(A)$ 及 $\widetilde{\sigma}_m(t,\omega,z)\in D(A)$. 此外，由 Hille-Yosida 定理，$\widetilde{f}_m(t,\omega)$ 在 $\mathbf{R}^+ \times \Omega$ 上逐点收敛于 $\widetilde{f}(t,\omega)$ 及 $\widetilde{\sigma}_m(t,\omega,z)$. 由于

$$\| \widetilde{f}_m(t,\omega) \|_2 \leqslant \frac{1}{m} \| \widetilde{f} \|_2 \leqslant 2 \| f \|_2 + 2 \| u_t \|^2, \quad \| \widetilde{f}_m(\omega) - \widetilde{f}(\omega) \|_2 \leqslant 4(\| f \|_2 + \| u_t \|_2).$$

对任意的 $T>0$，由 Lebesgue 控制收敛定理有

$$\lim_{m\to\infty} \mathbf{E}\int_0^T \| \widetilde{f}_m(t) - \widetilde{f}(t) \|^2 \mathrm{d}t = 0, \tag{6.2.31}$$

类似可得

$$\lim_{m\to\infty} \mathbf{E}\int_0^T \| \widetilde{\sigma}_m(t,z) - \widetilde{\sigma}(t,z) \|^2 \nu(\mathrm{d}z)\mathrm{d}t = 0. \tag{6.2.32}$$

由 $\widetilde{f}$ 和 $\widetilde{\sigma}$ 的有界性，有

$$\widetilde{f}_m \in \mathscr{M}_{\mathrm{loc}}^2(\mathrm{BF};D(A)) \text{和} \widetilde{\sigma}_m \in \mathscr{M}_{\mathrm{loc}}^2(\hat{P};D(A)), \forall m \geqslant 1.$$

由于预解 $S(t)$ 与 A 是可交换的，即对于所有的 $y\in D(A)$ 和 $t\geqslant 0$ 有 $AS(t)y=S(t)Ay$，

从而

$$1 * S(t-s)\widetilde{f}_m(s) \in \mathscr{M}^2_{\mathrm{loc}}(\mathrm{BF};D(A))\text{和 } 1 * S(t-s)\widetilde{\sigma}_m(s,z) \in \mathscr{M}^2_{\mathrm{loc}}(\hat{P};D(A)).$$

通过定理 6.5,下面的方程

$$\begin{cases} v_{mtt} = \Delta v_m - \int_0^t g(t-s)\Delta v_m(s)\mathrm{d}s - \widetilde{f}_m(t) + \int_Z \widetilde{\sigma}_m(t,z)\widetilde{N}(\mathrm{d}z,\mathrm{d}t), & x \in D, t > 0, \\ v_m(x,t) = 0, & x \in \partial D, t > 0, \\ v_m(x,0) = u_{0m}(x), v_{mt}(x,0) = u_{1m}(x), & x \in D. \end{cases} \tag{6.2.33}$$

有一个唯一的全局强解,即

$$v_m(t) = S(t)u_{0m} + \int_0^t S(s)u_{1m}\mathrm{d}s - \int_0^t 1 * S(t-s)\,\widetilde{f}_m(s)\mathrm{d}s + \int_0^t\int_Z 1 * S(t-s)\,\widetilde{\sigma}_m(s,z)\widetilde{N}(\mathrm{d}s,\mathrm{d}z), \mathbb{P}-\text{a. s.} \quad \forall t \geqslant 0. \tag{6.2.34}$$

由式(6.2.30)和式(6.2.34),有

$$v_m(t) - v(t) = S(t)(u_{0m} - u_0) + \int_0^t S(s)(u_{1m} - u_1)\mathrm{d}s - \int_0^t 1 * S(t-s)(\widetilde{f}_m(s) - \widetilde{f}(s))\mathrm{d}s + \int_0^t\int_Z 1 * S(t-s)(\widetilde{\sigma}_m(s,z) - \widetilde{\sigma}(s,z))\widetilde{N}(\mathrm{d}s,\mathrm{d}z), t \geqslant 0.$$

对任意的 $T>0$,由 u_{0m} 和 u_{1m} 的定义和命题 6.2,有

$$\lim_{m\to\infty}\mathbf{E}\sup_{0\leqslant t\leqslant T}\|\sqrt{A}S(t)(u_{0m} - u_0)\|^2 \leqslant \lim_{m\to\infty}C\mathbf{E}\sup_{0\leqslant t\leqslant T}\|\sqrt{A}(u_{0m} - u_0)\|^2 = 0, \tag{6.2.35}$$

和

$$\lim_{m\to\infty}\mathbf{E}\sup_{0\leqslant t\leqslant T}\|\sqrt{A}\int_0^t S(s)(u_{1m} - u_1)\mathrm{d}s\|^2 \leqslant \lim_{m\to\infty}C\mathbf{E}\sup_{0\leqslant t\leqslant T}\|\sqrt{A}(u_{1m} - u_1)\|^2 = 0. \tag{6.2.36}$$

由命题 6.2,Cauchy-Schwartz 不等式和式(6.2.31),有

$$\begin{aligned} &\lim_{m\to\infty}\mathbf{E}\sup_{0\leqslant t\leqslant T}\|\sqrt{A}\int_0^t 1 * S(t-s)(\widetilde{f}_m(s) - \widetilde{f}(s))\mathrm{d}s\|^2 \\ &\leqslant T\lim_{m\to\infty}\mathbf{E}\sup_{0\leqslant t\leqslant T}\int_0^t \|\sqrt{A}1 * S(t-s)(\widetilde{f}_m(s) - \widetilde{f}(s))\|^2\mathrm{d}s \\ &\leqslant CT\lim_{m\to\infty}\mathbf{E}\sup_{0\leqslant t\leqslant T}\int_0^t \|\widetilde{f}_m(s) - \widetilde{f}(s)\|^2\mathrm{d}s \\ &\leqslant CT\lim_{m\to\infty}\mathbf{E}\int_0^{\mathrm{T}} \|\widetilde{f}_m(t) - \widetilde{f}(t)\|^2\mathrm{d}t = 0. \end{aligned} \tag{6.2.37}$$

同样的,利用定理 2.2,Davis 不等式和(6.2.32)可以得到

$$\begin{aligned} &\lim_{m\to\infty}\mathbf{E}\sup_{0\leqslant t\leqslant T}\|\sqrt{A}\int_0^t\int_Z 1 * S(t-s)(\widetilde{\sigma}_m(s,z) - \widetilde{\sigma}(s,z))\widetilde{N}(\mathrm{d}s,\mathrm{d}z)\|^2 \\ &\leqslant C\lim_{m\to\infty}\mathbf{E}\sup_{0\leqslant t\leqslant T}\int_0^t\int_Z \|\sqrt{A}1 * S(t-s)(\widetilde{\sigma}_m(s,z) - \widetilde{\sigma}(s,z))\|^2\nu(\mathrm{d}z)\mathrm{d}s \end{aligned}$$

$$\leqslant C\lim_{m\to\infty}\mathbf{E}\int_0^T \| \tilde{\sigma}_m(t,z)-\tilde{\sigma}(t,z)\|^2\nu(\mathrm{d}z)\mathrm{d}t=0. \tag{6.2.38}$$

结合式(6.2.35)～式(6.2.38),有

$$\lim_{m\to\infty}\mathbf{E}\sup_{0\leqslant t\leqslant T}\| v_m(t)-v(t)\|_V^2=0,$$

这意味着 $v_m(t)$ 对于任意 $t\in[0,T]$ 一致收敛于 $v(t)$. 因此,不妨设对几乎所有的 $\omega\in\Omega$,当 $m\to\infty$ 时,在任意的停时区间 $[0,\kappa(\omega)]$ 上,有 $v_m(t)\to v(t)$, $\tilde{f}_m(t)\to\tilde{f}(t)$, $\tilde{\sigma}_m(t,z)\to\tilde{\sigma}(t,z)$.

以下证明不等式(6.2.28)关于 $v(t)$ 成立. 可以把(6.2.33)改写成如下 Itô 系统

$$\begin{cases}\mathrm{d}v_m=v_{mt}\mathrm{d}t,\\ \mathrm{d}v_{mt}=\left(\Delta v_m-\int_0^t g(t-s)\Delta v_m(s)\mathrm{d}s-\tilde{f}_m(t)\right)\mathrm{d}t+\int_Z\tilde{\sigma}_m(t,z)\tilde{N}(\mathrm{d}z,\mathrm{d}t).\end{cases}$$

把 Itô 规则应用于 $\|v_{mt}\|^2$,有

$$\begin{aligned}&\varepsilon(v_m(\kappa))-\varepsilon(v_m(0))\leqslant-2\int_0^\kappa(v_{mt}(s),\tilde{f}_m(s))\mathrm{d}s+\\&\int_0^\kappa\int_Z[\|\tilde{\sigma}_m(s-,z)+v_{mt}(s-)\|^2-\|v_{mt}(s-)\|^2]\tilde{N}(\mathrm{d}z,\mathrm{d}s)+\\&\int_0^\kappa\int_Z[\|\tilde{\sigma}_m(s,z)+v_{mt}(s)\|^2-\|v_{mt}(s)\|^2-2(v_{mt}(s),\tilde{\sigma}_m(s,z))]\nu(\mathrm{d}z)\mathrm{d}s.\end{aligned} \tag{6.2.39}$$

由于集合 $\{v_m(t):t\in[0,T]\}$ 对几乎所有的 ω 都是相对紧致的,并且 $v_m(t)$ 几乎处处一致收敛到 v. 集合 $\{v_m(t):t\in[0,T]\}$ 在 V 上有界. 它满足

$$\begin{aligned}(v_{mt}(s),\tilde{f}_m(s))&\leqslant\|v_{mt}(s)\|_2\|\tilde{f}_m(s)\|_2\\&\leqslant\|\tilde{f}_m(s)\|_2\sup_{0\leqslant t\leqslant T}\|v_{mt}(s)\|_2\leqslant C\|\tilde{f}(s)\|_2.\end{aligned}$$

那么由 Lebesgue 控制收敛定理,当 $m\to\infty$ 时,有

$$\int_0^\kappa(v_{mt}(s),\tilde{f}_m(s))\mathrm{d}s\to\int_0^\kappa(v_t(s),\tilde{f}(s))\mathrm{d}s,\mathbb{P}-\text{a. s.}. \tag{6.2.40}$$

由于

$$\|\tilde{\sigma}_m(s,z)+v_{mt}(s)\|^2-\|v_{mt}(s)\|^2-2(v_{mt}(s),\tilde{\sigma}_m(s,z))=\|\tilde{\sigma}_m(s,z)\|^2\to\|\tilde{\sigma}(s,z)\|^2,$$

和

$$\int_0^T\int_Z\|\tilde{\sigma}_m(s,z)\|^2\nu(\mathrm{d}z)\mathrm{d}s\leqslant\int_0^T\int_Z\|\tilde{\sigma}(s,z)\|^2\nu(\mathrm{d}z)\mathrm{d}s<\infty,\forall T>0,$$

由 Lebesgue 控制收敛定理,当 $m\to\infty$ 时,几乎处处有

$$\int_0^\kappa\int_Z[\|\tilde{\sigma}_m(s,z)+v_{mt}(s)\|^2-\|v_{mt}(s)\|^2-2(v_{mt}(s),\tilde{\sigma}_m(s,z))]\nu(\mathrm{d}z)\mathrm{d}s\to\int_0^\kappa\|\tilde{\sigma}(s,z)\|^2\mathrm{d}s. \tag{6.2.41}$$

另一方面,由 $\tilde{\sigma}_m(s,z)$ 和 $v_{mt}(s)$ 的收敛,有

$$\|\tilde{\sigma}_m(s,z)+v_{mt}(s)\|^2-\|v_{mt}(s)\|^2\to2(v_t(s),\tilde{\sigma}(s,z))+\|\tilde{\sigma}(s,z)\|^2=I(s,z).$$

由 Taylor 公式,有

$$|\ \|\tilde{\sigma}_m(s,z)+v_{mt}(s)\|^2-\|v_{mt}(s)\|^2-I(s,z)|^2\leqslant C\|\tilde{\sigma}(s,z)\|^2,$$

那么,对任意的 $T>0$,有

$$\mathbf{E}\int_0^T\int_Z |[\|\tilde{\sigma}_m(s,z)+v_{mt}(s)\|^2-\|v_{mt}(s)\|^2]-I(s,z)|^2\nu(\mathrm{d}z)\mathrm{d}s$$

$$\leqslant C\int_0^T\int_Z \|\tilde{\sigma}(s,z)\|^2\nu(\mathrm{d}z)\mathrm{d}s<\infty.$$

利用随机积分的 Itô 等距性质,有

$$\mathbf{E}\left\|\int_0^\kappa\int_Z[\|\tilde{\sigma}_m(s-,z)+v_{mt}(s-)\|^2-\|v_{mt}(s-)\|^2-I(s-,z)]\tilde{N}(\mathrm{d}z,\mathrm{d}s)\right\|_V^2$$

$$=\mathbf{E}\int_0^\kappa\int_Z |[\|\tilde{\sigma}_m(s,z)+v_{mt}(s)\|^2-\|v_{mt}(s)\|^2]-I(s,z)|^2\nu(\mathrm{d}z)\mathrm{d}s.$$

(6.2.42)

因此,对式(6.2.42)应用 Lebesgue 控制收敛定理,有

$$\lim_{m\to\infty}\mathbf{E}\left\|\int_0^\kappa\int_Z[\|\tilde{\sigma}_m(s-,z)+v_{mt}(s-)\|^2-\|v_{mt}(s-)\|^2-I(s-,z)]\tilde{N}(\mathrm{d}z,\mathrm{d}s)\right\|_V^2=0.$$

因此,选取一个子序列,当 $m\to\infty$时,有

$$\int_0^\kappa\int_Z[\|\tilde{\sigma}_m(s-,z)+v_{mt}(s-)\|^2-\|v_{mt}(s-)\|^2]\tilde{N}(\mathrm{d}z,\mathrm{d}s),\mathbb{P}-\text{a. s.}$$

$$\to\int_0^\kappa\int_Z I(s-,z)\tilde{N}(\mathrm{d}z,\mathrm{d}s). \tag{6.2.43}$$

由 $B=\int_0^t g(t-s)\Delta\in\mathscr{L}(D(\sqrt{A};H))$ 和条件(G1),不难得出

$$\lim_{m\to\infty}\varepsilon(v_m(\kappa))=\varepsilon(v(\kappa)),\lim_{m\to\infty}\varepsilon(v_m(0))=\varepsilon(u(0)). \tag{6.2.44}$$

将式(6.2.40),式(6.2.41),式(6.2.43)和式(6.2.44)代入式(6.2.39),且令 $m\to\infty$,有

$$\varepsilon(v(\kappa))-\varepsilon(u(0))$$

$$\leqslant-2\int_0^\kappa(v_t(s),\tilde{f}(s))\mathrm{d}s+\int_0^\kappa\int_Z\|\tilde{\sigma}(s,z)\|^2\nu(\mathrm{d}z)\mathrm{d}s+$$

$$\int_0^\kappa\int_Z[2(v_t(s-),\tilde{\sigma}(s-,z))+\|\tilde{\sigma}(s-,z)\|^2]\tilde{N}(\mathrm{d}z,\mathrm{d}s). \tag{6.2.45}$$

对式(6.2.45)的两边取期望,得到

$$\mathbf{E}\varepsilon(v(\kappa))-\mathbf{E}\varepsilon(u(0))$$

$$\leqslant-2\mathbf{E}\int_0^\kappa(v_t(s),\tilde{f}(s))\mathrm{d}s+\mathbf{E}\int_0^\kappa\int_Z\|\tilde{\sigma}(s,z)\|^2\nu(\mathrm{d}z)\mathrm{d}s. \tag{6.2.46}$$

由前面可知

$$v(t\wedge\tau_n)=u(t\wedge\tau_n),$$

$$\tilde{f}(t)=1_{[0,\tau_n)}(t)(\alpha u_t(t\wedge\tau_n)+f(t,u(t\wedge\tau_n)))$$

$$\tilde{\sigma}(t,z)=1_{[0,\tau_n]}(t)\sigma(t,u(t\wedge\tau_n-),z),$$

对任意的 $t\geqslant0$,令 $\kappa=t\wedge\tau_n$,从式(6.2.46)可得

$$\mathbf{E}\varepsilon(u(t\wedge\tau_n)-\mathbf{E}\varepsilon(u(0))$$

$$
\begin{aligned}
&\leqslant -2\alpha\mathbf{E}\int_0^{t\wedge\tau_n}(u_t(s),u_t(s\wedge\tau_n))1_{(0,\tau_n]}(s)\mathrm{d}s-\\
&\quad 2\mathbf{E}\int_0^{t\wedge\tau_n}(u_t(s),f(u(s\wedge\tau_n)))1_{(0,\tau_n]}(s)\mathrm{d}s+\\
&\quad \mathbf{E}\int_0^{t\wedge\tau_n}\int_Z\|\sigma(s,u(s\wedge\tau_n))\|^2 1_{(0,\tau_n]}(s)\nu(\mathrm{d}z)\mathrm{d}s\\
&\leqslant -2\alpha\mathbf{E}\int_0^{t\wedge\tau_n}(u_t(s),u_t(s\wedge\tau_n))\mathrm{d}s-2\mathbf{E}\int_0^{t\wedge\tau_n}(u_t(s),f(u(s\wedge\tau_n)))\mathrm{d}s+\\
&\quad \mathbf{E}\int_0^{t\wedge\tau_n}\int_Z\|\sigma(s,u(s\wedge\tau_n))\|^2\nu(\mathrm{d}z)\mathrm{d}s\\
&\leqslant -2\alpha\mathbf{E}\int_0^{t}(u_t(s),u_t(s))1_{(0,\tau_n]}(s)\mathrm{d}s-2\mathbf{E}\int_0^{t}(u_t(s),f(u(s)))1_{(0,t\wedge\tau_n]}(s)\mathrm{d}s+\\
&\quad \mathbf{E}\int_0^{t}\int_Z\|\sigma(s,u(s))\|^2 1_{(0,t\wedge\tau_n]}(s)\nu(\mathrm{d}z)\mathrm{d}s\\
&\leqslant \mathbf{E}\int_0^t\|u_t(s\wedge\tau_n)\|^2+\int_0^t\|f(u(s\wedge\tau_n))\|^2\mathrm{d}s+\int_0^t\|\sigma(u(s\wedge\tau_n))\|^2\mathrm{d}s\\
&\leqslant \mathbf{E}\int_0^t\|u_t(s\wedge\tau_n)\|^2+(K_f+K_\sigma)\int_0^t(1+\mathbf{E}\|\nabla u(s\wedge\tau_n)\|^2)\mathrm{d}s\\
&\leqslant \left[\frac{1}{l}(K_f+K_\sigma)+1\right]\int_0^t(1+\mathbf{E}\varepsilon(u(s\wedge\tau_n)))\mathrm{d}s,
\end{aligned}\tag{6.2.47}
$$

这意味着不等式(6.2.28)对于一个局部温和解 $u(t)$ 是成立的. 对式(6.2.47)应用 Gronwall's 不等式,对于任意的 $n\geqslant 1$ 和 $t\geqslant 0$ 及 $C=\frac{1}{l}(K_f+K_\sigma)+1$,有

$$
1+\mathbf{E}\varepsilon(u(t\wedge\tau_n))\leqslant(1+\mathbf{E}\varepsilon(u(0)))\mathrm{e}^{Ct},
$$

它满足

$$
\begin{aligned}
\mathbf{P}(\{\tau_n<t\})=\mathbf{E}1_{\{\tau_n<t\}}&=\int_\Omega\frac{\|\nabla u(\tau_n)\|^2}{\|\nabla u(\tau_n)\|^2}1_{\{\tau_n<t\}}\mathrm{d}\boldsymbol{P}\\
&\leqslant\frac{1}{\|\nabla u(\tau_n)\|^2}\int_\Omega\varepsilon(u(t\wedge\tau_n))1_{\{\tau_n<t\}}\mathrm{d}\boldsymbol{P}\\
&\leqslant\frac{1}{n^2}\mathbf{E}\varepsilon(u(t\wedge\tau_n))\leqslant\frac{1}{n^2}[(1+\mathbf{E}\varepsilon(u(0)))\mathrm{e}^{Ct}-1].
\end{aligned}
$$

由于 $\varepsilon(u(0))<\infty$, 借助于 Borel-Cantelli 引理,上面的不等式给出 $\mathbf{P}(\{\tau_n<t\})\leqslant\frac{C}{n^2}$, 这意味着 $\mathbf{P}(\{\tau_\infty<t\})=0$ 或者 $\tau_\infty=\infty$, $\mathbb{P}-$a. s. 定理得证.

6.2.4　问题(6.2.3)解的稳定性

在本节中,转而讨论问题(6.2.3)解的稳定性. 注意到,Itô 公式只能用于问题(6.2.3)的强解. 但,可以采用定理 6.7 的思想,通过构造相应的收敛于温和解 u 的强解序列 $\{u_n\}$ 的能量函数序列作为温和解 u 能量函数的估计,从而获得能量不等式. 因此,获得强解的论证过程可以容易地扩展到温和解上. 另外,为了简化计算,在本节中特别设 $f(u)=|u|^p u$,其中 p 满足

$$0 < p \leqslant \frac{2}{d-2}, d \geqslant 3, p > 0, d = 1,2, \tag{6.2.48}$$

这意味着 $H_0^1(D)$是连续紧嵌入 $L^p(D)$中. 因此有

$$\| u \|_{2(p+1)} \leqslant C_p \| \nabla u \|_2, \forall u \in H_0^1(D),$$

其中 C_p 是 $H_0^1(D) \hookrightarrow L^p(D)$的嵌入常数. 函数 $f(u)$满足假设 6.3. 此外,还假定存在非负常数 R_σ 和 K 使得

$$\int_Z \| \sigma(t,u,\nabla u,z) \|^2 \nu(\mathrm{d}z) \leqslant R_\sigma \| u \|_V^2 + K. \tag{6.2.49}$$

令

$$\delta_0 = \min\left\{\frac{\lambda_1}{4\alpha}, \frac{\alpha}{4}, \frac{\beta}{2}\right\}, \tag{6.2.50}$$

其中 λ_1 是齐次 Dirichlet 边界条件下 $-\Delta$ 的第一个特征值,$\alpha>0$ 是阻尼系数,且 β 在条件(G3)中给出. 令 $\rho_\delta = \delta u + u_t$. 由式(6.2.3),过程$(\rho_\delta(t))_{t\geqslant 0}$是一个满足下列动力系统的 $\mathbb{F}$ 自适应半鞅

$$\begin{cases} \mathrm{d}\rho_\delta(t) = (\delta-\alpha)\rho_\delta(t)\mathrm{d}t - [\delta(\delta-\alpha)-\Delta]u(t)\mathrm{d}t - |u|^p u\mathrm{d}t - \\ \qquad \int_0^t g(t-s)\Delta u(s)\mathrm{d}s + \int_Z \sigma(t,u(t-),z)\widetilde{N}(\mathrm{d}z,\mathrm{d}t), t > 0, \\ \rho_\delta(0) = \delta u_0 + u_1. \end{cases} \tag{6.2.51}$$

定义能量函数

$$\varepsilon(u(t)) = \| \rho_\delta(t) \|^2 + \left(1 - \int_0^t g(s)\mathrm{d}s\right) \| \nabla u \|^2 + (g \circ \nabla u)(t) + \frac{2}{p+2} \| u \|_{p+2}^{p+2}.$$

定理 6.8 假设 $f=|u|^p u$ 且满足式(6.2.48),σ 满足假设 6.2 和式(6.2.49),条件(G1)和(G2)成立且$(u_0,u_1) \in V \times H$ 满足 $\mathbf{E}\varepsilon(u(0)) < \infty$. 若 l 和 R_σ满足

$$l > \frac{1}{2} \text{ 且 } 3\delta - \frac{3\delta}{2l} - \frac{R_\sigma}{l} + \frac{2\delta^3}{l\lambda_1} > 0. \tag{6.2.52}$$

则

(1) 若 $K=0$,则式(6.2.3)的温和解是指数均方稳定的,即存在常数 $C<\infty$和 $\mu>0$ 使得

$$\mathbf{E} \| \nabla u \|^2 \leqslant C\mathrm{e}^{-\mu t}\mathbf{E}\varepsilon(u(0)), \forall t \geqslant 0. \tag{6.2.53}$$

此外,式(6.2.3)的解也是以概率 1 指数稳定的,即对每一个 $\mu^* \in (0,\mu)$,可以找到一个几乎处处有限函数 t_0,使得

$$\| \nabla u \|^2 \leqslant C\mathrm{e}^{-\lambda^* t}\mathbf{E}\varepsilon(u(0)), \forall t \geqslant t_0 \quad \mathbb{P}-\text{a. s.} \tag{6.2.54}$$

(2) 若 $K>0$,那么

$$\sup_{t\geqslant 0}\mathbf{E} \| \nabla u \|^2 < \infty.$$

证明 对 $\mathrm{e}^{\mu t} \| \rho_\delta(t) \|^2$ 应用 Itô 公式,对任意 $0 \leqslant s \leqslant t < \infty$有

$$\mathrm{e}^{\mu t} \| \rho_\delta(t) \|^2 = \mathrm{e}^{\mu s} \| \rho_\delta(s) \|^2 + \int_s^t \mu \mathrm{e}^{\mu r} \| \rho_\delta(r) \|^2 \mathrm{d}r + 2(\delta-\alpha)\int_s^t \mathrm{e}^{\mu r} \| \rho_\delta(r) \|^2 \mathrm{d}r +$$

$$2\int_s^t \mathrm{e}^{\mu r}[(\rho_\delta(r),\Delta u(r)) - \delta(\delta-\alpha)(\rho_\delta(r),u(r))]\mathrm{d}r -$$

$$2\int_s^t e^{\mu r}(\rho_\delta(r),|u(r)|^p u(r))dr-2\int_s^t e^{\mu r}(\rho_\delta(r),\int_0^r g(r-\xi)\Delta u(\xi)d\xi)dr+$$

$$\int_s^t\int_Z e^{\mu r}[\|\rho_\delta(r)+\sigma(u(r),z)\|^2-\|\rho_\delta(r)\|^2-2(\rho_\delta(r),\sigma(u(r),z))]\nu(dz)dr+$$

$$\int_s^t\int_Z e^{\mu r}[\|\rho_\delta(r-)+\sigma(u(r-),z)\|^2-\|\rho_\delta(r-)\|^2]\widetilde{N}(dz,dr). \tag{6.2.55}$$

下面将逐一估计式(6.2.55)的右边项. 首先有

$$\begin{aligned}2\int_s^t e^{\mu r}(\rho_\delta(r),\Delta u(r))dr&=-2\delta\int_s^t e^{\mu r}\|\nabla u(r)\|^2dr-\int_s^t e^{\mu r}d\|\nabla u(r)\|^2dr\\&=-2\delta\int_s^t e^{\mu r}\|\nabla u(r)\|^2dr-e^{\mu t}\|\nabla u(t)\|^2+\\&\quad e^{\mu s}\|\nabla u(s)\|^2+\int_s^t\mu e^{\mu r}\|\nabla u(r)\|^2dr.\end{aligned} \tag{6.2.56}$$

应用 Poincare 和 Cauchy-Schwartz 不等式,且考虑到 $\delta\leqslant\delta_0$ 有

$$\begin{aligned}&\delta(\alpha-\delta)(\rho_\delta(r),u(r))-(\alpha-\delta)\|\rho_\delta(r)\|^2-\delta\|\nabla u(r)\|^2\\&\leqslant\delta(\alpha-\delta)\frac{\sqrt{2\delta}}{\sqrt{\lambda_1}}\|\nabla u(r)\|^2\frac{1}{\sqrt{2\delta}}\|\rho_\delta(r)\|_2-(\alpha-\delta)\|\rho_\delta(r)\|^2-\delta\|\nabla u(r)\|^2\\&\leqslant\delta(\alpha-\delta)(\frac{\delta}{\lambda_1}\|\nabla u(r)\|^2+\frac{1}{4\delta}\|\rho_\delta(r)\|^2)-(\alpha-\delta)\|\rho_\delta(r)\|^2-\delta\|\nabla u(r)\|^2\\&\leqslant-\delta(1-\frac{\alpha\delta}{\lambda_1})\|\nabla u(r)\|^2-\frac{\delta^3}{\lambda_1}\|\nabla u(r)\|^2-\frac{3(\alpha-\delta)}{4}\|\rho_\delta(r)\|^2\\&\leqslant(-\frac{3}{4}\delta-\frac{\delta^3}{\lambda_1})\|\nabla u(r)\|^2-\frac{9\alpha}{16}\|\rho_\delta(r)\|^2.\end{aligned} \tag{6.2.57}$$

结合式(6.2.56)和式(6.2.57)可得

$$\begin{aligned}&2(\alpha-\delta)\int_s^t e^{\mu r}\|\rho_\delta(r)\|^2dr+2\int_s^t e^{\mu r}[(\rho_\delta(r),\Delta u(r))-\delta(\delta-\alpha)(\rho_\delta(r),u(r))]dr\\&\leqslant-e^{\mu t}\|\nabla u(t)\|^2+e^{\mu s}\|\nabla u(s)\|^2-\frac{9\alpha}{8}\int_s^t e^{\mu r}\|\rho_\delta(r)\|^2dr+\\&\quad(\mu-\frac{3}{2}\delta-\frac{2\delta^3}{\lambda_1})\int_s^t e^{\mu r}\|\nabla u(r)\|^2dr.\end{aligned} \tag{6.2.58}$$

对于式(6.2.55)的右边第 5 项有

$$\begin{aligned}-2\int_s^t e^{\mu r}(\rho_\delta(r),|u(r)|^p u(r))dr&=-2\delta\int_s^t e^{\mu r}\|u(r)\|_{p+2}^{p+2}dr-2\int_s^t e^{\mu r}(u_t(r),|u(r)|^p u(r))dr\\&=2(\frac{\mu}{p+2}-\delta)\int_s^t e^{\mu r}\|u(r)\|_{p+2}^{p+2}dr-\\&\quad\frac{2}{p+2}e^{\mu t}\|u(t)\|_{p+2}^{p+2}+\frac{2}{p+2}e^{\mu s}\|u(s)\|_{p+2}^{p+2}.\end{aligned} \tag{6.2.59}$$

对于式(6.2.55)的右边第 6 项,应用条件(G1),(G3)和式(6.2.25)有

$$-2\int_s^t e^{\mu r}(\rho_\delta(r),\int_0^r g(r-\xi)\Delta u(\xi)d\xi)dr$$

$$=2\delta\int_s^t e^{\mu r}\int_0^r g(r-\xi)\ \nabla u(\xi)\ \nabla u_t(r)d\xi dr+2\delta\int_s^t e^{\mu r}\int_0^r g(r-\xi)\ \nabla u(\xi)\ \nabla u(r)d\xi dr$$

$$=(\int_0^t g(r)dre^{\mu t}\ \|\ \nabla u(t)\ \|^2-(g\circ\nabla u)(t))-$$

$$(\int_0^s g(r)dre^{\mu s}\ \|\ \nabla u(s)\ \|^2-(g\circ\nabla u)(s))+\int_s^t\mu e^{\mu r}(g\circ\nabla u)(r)dr-$$

$$\int_s^t\mu e^{\mu r}\int_0^r g(\xi)d\xi\ \|\ \nabla u(r)\ \|^2dr+\int_s^t e^{\mu r}(g'\circ\nabla u)(r)dr-$$

$$\int_s^t e^{\mu r}g(r)\ \|\ \nabla u(r)\ \|^2dr+2\delta\int_s^t e^{\mu r}\int_0^r g(\xi)d\xi\ \|\ \nabla u(r)\ \|^2dr+$$

$$2\delta\int_s^t e^{\mu r}\int_0^r g(r-\xi)\int_D\nabla u(r)(\nabla u(\xi)-\nabla u(\xi))d\xi dr$$

$$\leqslant(\int_0^t g(r)dre^{\mu t}\ \|\ \nabla u(t)\ \|^2-(g\circ\nabla u)(t))-$$

$$(\int_0^s g(r)dre^{\mu s}\ \|\ \nabla u(s)\ \|^2-(g\circ\nabla u)(s))+$$

$$(3\delta-\mu)\int_s^t e^{\mu r}\int_0^r g(\xi)d\xi\ \|\ \nabla u(r)\ \|^2dr+(\delta+\mu-\beta)\int_s^t e^{\mu r}(g\circ\nabla u)(r)dr.$$

(6.2.60)

对于式(6.2.55)的右边第7项，通过式(6.2.49)有

$$\int_s^t\int_Z e^{\mu r}[\ \|\rho_\delta(r)+\sigma(u(r),z)\ \|^2-\ \|\rho_\delta(r)\ \|^2-2(\rho_\delta(r),\sigma(u(r),z))]\nu(dz)dr$$

$$=\int_s^t\int_Z\ \|\sigma(u(r),z)\ \|^2\nu(dz)dr\leqslant\int_s^t e^{\mu r}(R_\sigma\ \|\ \nabla u\ \|^2+K)dr. \tag{6.2.61}$$

将式(6.2.58)～式(6.2.61)代入式(6.2.55)，并注意 $\varepsilon(u(t))$ 的定义有

$$e^{\mu t}\varepsilon(u(t))\leqslant e^{\mu t}\varepsilon(u(s))+(\mu-\frac{9\alpha}{8})\int_s^t e^{\mu r}\ \|\rho_\delta(r)\ \|^2dr+(\mu-\frac{3}{2}\delta-\frac{2\delta^3}{\lambda_1})\int_s^t e^{\mu r}\ \|\ \nabla(u)r\ \|^2dr+$$

$$2(\frac{\mu}{p+2}-\delta)\int_s^t e^{\mu r}\ \|u(r)\ \|_{p+2}^{p+2}dr+(3\delta-\mu)\int_s^t e^{\mu r}\int_0^r g(\xi)d\xi\ \|\ \nabla u\ \|^2dr+$$

$$(\delta+\mu-\beta)\int_s^t e^{\mu r}(g\circ\nabla u)(r)dr+\int_s^t e^{\mu r}(R_\sigma\ \|\ \nabla u\ \|^2+K)dr+$$

$$\int_s^t\int_Z e^{\mu r}[\ \|\rho_\delta(r-)+\sigma(u(r-),z)\ \|^2-\ \|\rho_\delta(r-)\ \|^2]\widetilde{N}(dz,dr). \tag{6.2.62}$$

由条件(6.2.52)，可以选择适当的 μ 使得

$$0<\mu<\min\left\{\frac{9\alpha}{8},\frac{\beta}{2},3\delta-\frac{3\delta}{2l}-\frac{R_\sigma}{l}+\frac{2\delta^3}{l\lambda_1}\right\}.$$

那么不等式(6.2.62)化为

$$e^{\mu t}\varepsilon(u(t))\leqslant e^{\mu s}\varepsilon(u(s))+\int_s^t e^{\mu r}K\,dr+$$

$$\int_s^t\int_Z e^{\mu r}[\|\rho_\delta(r-)+\sigma(u(r-),z)\|^2-\|\rho_\delta(r-)\|^2]\widetilde{N}(dz,dr). \tag{6.2.63}$$

首先考虑 $K=0$ 的情况. 对(6.2.63)的两边取关于 $\mathscr{F}_s$ 的条件期望可得

$$\begin{aligned}\mathbf{E}(e^{\mu t}\varepsilon(u(t))\mid\mathscr{F}_s)\leqslant&\ \mathbf{E}(e^{\mu s}\varepsilon(u(s))\mid\mathscr{F}_s)+\\&\mathbf{E}(\int_s^t\int_Z e^{\mu r}[\|\rho_\delta(r-)+\sigma(u(r-),z)\|^2-\|\rho_\delta(r-)\|^2]\widetilde{N}(dz,dr)\mid\mathscr{F}_s)\\=&\ e^{\mu s}\varepsilon(u(s)),0\leqslant s\leqslant t<\infty,\end{aligned} \tag{6.2.64}$$

其中最后的等式是根据 $e^{\mu s}\varepsilon(u(s))$关于 $\mathscr{F}_s$ 的可测性和积分与 $\mathscr{F}_s$ 无关而得出的. 这意味着过程 $e^{\mu t}\varepsilon(u(t))$是一个上鞅. 若在式(6.2.64)中取 $s=0$ 有

$$\mathbf{E}\varepsilon(u(t))\leqslant e^{-\mu t}\mathbf{E}\varepsilon(u(0)),\ \forall t\geqslant 0. \tag{6.2.65}$$

由于 $\|\nabla u(t)\|^2\leqslant\frac{1}{l}\varepsilon(u(t))$，从式(6.2.65)即可得式(6.2.53).

取 $\mu^*\in(0,\mu)$，可观察到对每一个 $k=0,1,2\cdots$有

$$\sup_{t\in[k,k+1]}e^{\mu^* t}\varepsilon(u(t))=\sup_{t\in[k,k+1]}e^{(\mu^*-\mu)t}e^{\mu t}\varepsilon(u(t))\leqslant e^{(\mu^*-\mu)k}\sup_{t\in[k,k+1]}e^{\mu t}\varepsilon(u(t)).$$

由 Doob 的上鞅不等式和式(6.2.65)有

$$\begin{aligned}\boldsymbol{P}\{\sup_{t\in[k,k+1]}e^{\mu^* t}\varepsilon(u(t))\geqslant\mathbf{E}\varepsilon(u(0))\}&\leqslant\boldsymbol{P}\{\sup_{t\in[k,k+1]}e^{\mu t}\varepsilon(u(t))\geqslant e^{(\mu^*-\mu)k}\mathbf{E}\varepsilon(u(0))\}\\&\leqslant\frac{\mathbf{E}(e^{\mu k}\varepsilon(u(k)))}{e^{(\mu^*-\mu)k}\mathbf{E}\varepsilon(u(0))}\leqslant\frac{\mathbf{E}\varepsilon(u(0))}{e^{(\mu^*-\mu)k}\mathbf{E}\varepsilon(u(0))}=e^{-(\mu-\mu^*)k}.\end{aligned}$$

由比值判别法，$\sum_{k=1}^{\infty}e^{-(\mu-\mu^*)k}$ 收敛. 因此有

$$\sum_{k=1}^{\infty}\boldsymbol{P}\{\sup_{t\in[k,k+1]}e^{\mu^* t}\varepsilon(u(t))\geqslant\mathbf{E}\varepsilon(u(0))\}\leqslant\sum_{k=1}^{\infty}e^{-(\mu-\mu^*)k}<\infty.$$

由 Borel-Cantelli 引理有

$$\boldsymbol{P}(\bigcap_{j=1}^{\infty}\bigcup_{k\geqslant j}\{\sup_{t\in[k,k+1]}e^{\mu^* t}\varepsilon(u(t))\geqslant\mathbf{E}\varepsilon(u(0))\})=0,$$

这意味着

$$\boldsymbol{P}(\bigcup_{j=1}^{\infty}\bigcap_{k\geqslant j}\{\sup_{t\in[k,k+1]}e^{\mu^* t}\varepsilon(u(t))\geqslant\mathbf{E}\varepsilon(u(0))\})=1.$$

因此，存在 $j\in\mathbb{N}$ 使得对每一个 $k\geqslant j$ 有

$$\sup_{t\in[k,k+1]}e^{\mu^* t}\varepsilon(u(t))\leqslant\mathbf{E}\varepsilon(u(0)),\varepsilon-\text{a. s.}.$$

那么对任意 $t\geqslant j$ 有

$$\varepsilon(u(t))\leqslant e^{-\mu^* t}\mathbf{E}\varepsilon(u(0)),\ \forall t\geqslant j,\varepsilon-\text{a. s.},$$

即为式(6.2.54).

若 $k>0$，对式(6.2.63)的两边取条件期望，取 $s=0$ 有

$$\mathbf{E}(e^{\mu t}\varepsilon(u(t)))\leqslant\mathbf{E}\varepsilon(u(0))+\frac{K}{\mu}(e^{\mu t}-1),\quad\forall t\geqslant 0,$$

这意味着

$$\mathbf{E}\|\nabla u(t)\|^2\leqslant Ce^{-\mu t}\mathbf{E}\varepsilon(u(0))+\frac{CK}{\mu}(1-e^{-\mu t}).$$

因此,可得

$$\sup_{t\geqslant 0}\mathbf{E}\parallel\nabla u(t)\parallel^2\leqslant C\mathbf{E}\varepsilon(u(0))+\frac{CK}{\mu}<\infty.$$

定理得证.

注 6.9 在定理 6.8 的证明中,容易看出 $\varepsilon(u(t))$在 L^2 意义上几乎必然快速指数衰减到零. 比较能量函数 $E(u(t))$和 $\varepsilon(u(t))$,有 $E(u(t))\leqslant\varepsilon(u(t))$,其中 $\varepsilon(u(t))$在第 6.2.2 节中介绍过,它被解释为系统(6.2.3)的能量. 因此证明了在各自意义上能量的指数耗散.

参考文献

[1] MATTINGLY J. The Stochastic Navier-Stokes: Equations-Energy Estimates and Phase Space Contraction[D]. New Jersey:Princeton University,1998.

[2] WEINAN E. Stochastic hydrodynamics[J]. Current development in mathematics,2000(1):109-147.

[3] CARABALLO T,LANGA J A,ROBINSON J C. Stability and random attractors for a reaction-diffusion equation with multiplicative noise[J]. Discrete & continuous dynamical systems,2012,6(4):875-892.

[4] CRAUEL H,FLANDOLI F. Additive noise destroys a pitchfork bifurcation[J]. Journal of dynamics & differential equations,1998,10(2):259-274.

[5] WALSH J B. An Introduction to Stochastic Partial Differential Equations[M]. Berlin: Springer Berlin Heidelberg,1986.

[6] PRATO G D, ZABCZYK J. Stochastic Equations in Infinite Dimensions[M]. Cambridge:Cambridge University Press,1992.

[7] DAFERMOS C M. An abstract Volterra equations with applications to linear viscoelasticiry[J]. Journal of differential equations,1970,7(3):554-569.

[8] FABRIZIO M, MORRO A. Mathematical Problems in Linear Viscoelasticity[M]. Philadelphia:Society for Industrial and Applied Mathematics,1992.

[9] PRÜSS J. Evolutionary Integral Equations and Applications[M]. Basel:Birkhäuser,1993.

[10] RENARDY M,HRUSA W J,NOHEL J A. Mathematical Problems in Viscoelasticity [M]. Essex:Longman Scientific and Technical,1987.

[11] APPLEBY J A D,FABRIZIO M,LAZZARI B,et al. On exponential asymptotic stability in linear viscoelasticity[J]. Mathematical models & methods applied science, 2006,16(10):1677-1694.

[12] DAFERMOS C M. Asymptotic stability in linear viscoelasticity[J]. Archive rational mechanics & analysis,1970,37(4):297-308.

[13] DAFERMOS C M. Contraction semigroups and trend to equilibrium in continuum

mechanics [C]//Applications of Methods of Functional Analysis to Problems in Mechanics. Lecture Notes in Mathematics, 503. Berlin, New York: Springer-Verlag, 1976:295-306.

[14] FABRIZIO M, LAZZARI B. On the existence and the asymptotic stability of solutions for linear viscoelastic solids[J]. Archive for rational mechanics & analysis, 1991,116(2):139-152.

[15] RIVERA J E M, Sobrinho J B. Existence and uniform rates of decay for contact problems in viscoelasticity[J]. Applicable analysis, 1997, 67(3-4):175-199.

[16] RIVERA J E M, Menzala G P. Decay rates of solutions to a von Kármán system for viscoelastic plates with memory [J]. Quarterly applied mathematics, 1997, 57 (1): 181-200.

[17] FABRIZIO M, POLIDORO S. Asymptotic decay for some differential systems with fading memory[J]. Applicable analysis, 2002, 81(6):1245-1264.

[18] BARBU V, IANNELLI M. Controllability of the heat equation with memory[J]. Differential & integral equations, 2000, 13(10-12):1393-1412.

[19] FABRIZIO M, REYNOLDS D W, GENTILI G. On rigid linear heat conductors with memory[J]. International journal of engineering science, 1998, 36(7-8):765-782.

[20] GIORGI C, GENTILI G. Thermodynamic properties and stability for the heat flux equation with linear memory[J]. Quarterly applied mathematics, 1993, 51(2):343-362.

[21] LEUGERING G, HAGEDORN P. Time optimal boundary controllability of a simple linear viscoelastic liquid[J]. Mathematical methods in the applied sciences, 1987, 9 (1):413-430.

[22] MILLER R K. An integrodifferential equation for rigid heat conductors with memory [J]. Journal of mathematical analysis applications, 2017, 66(2):313-332.

[23] CAVALCANTI M M, CAVALCANTI D V N, SORIANO J A. Exponential decay for the solution of semilinear viscoelastic wave equations with localized damping[J]. Electronic journal of differential equations, 2002(44):227-262.

[24] CAVALCANTI M M, OQUENDO H P. Frictional versus viscoelastic damping in a semilinear wave equation[J]. Siam journal on control & optimization, 2006, 42(4): 1310-1324.

[25] BERRIMI S, MESSAOUDI S A. Existence and decay of solutions of a viscoelasticequation with a nonlinear source[J]. Nonlinear analysis, 2006(64):2314-2331.

[26] MESSAOUDI S A. Blow up and global existence in a nonlinear viscoelastic wave equation[J]. Mathematische nachrichten, 2010, 260(1):58-66.

[27] MESSAOUDI S A. Blow up of positive-initial-energy solutions of a nonlinear viscoe-

lastic hyperbolic equation[J]. Journal of mathematical analysis & application, 2006, 320(2): 902-915.

[28] WU S T. Blow-up of solutions for an integro-differential equation with a nonlinear-source[J]. Electronic journal of differential equations, 2006, 14(5): 1-9.

[29] KAFINI M, MESSAOUDI S A. A blow-up result in a Cauchy viscoelastic problem [J]. Applied mathematics letters, 2008, 21(6): 549-553.

[30] SONG H T, ZHONG C K. Blow-up of solutions of a nonlinear viscoelastic wave equation[J]. Nonlinear analysis, 2010, 11: 3877-3883.

[31] PAYNE L E, SATTINGER D H. Saddle points and instability on nonlinear hyperbolic equations[J]. Israel journal of mathematics, 1975, 22(3-4): 273-303.

[32] WANG Y. A global nonexistence theorem for viscoelastic equations with arbitrarily positive initial energy[J]. Applied mathematics letters, 2009, 22(9), 1394-1400.

[33] WEI T T, JIANG Y M. Stochastic wave equations with memory[J]. Chinese annals mathematics(series B), 2010, 31(3): 329-342.

[34] HARAUX A, ZUAZUA E. Decay estimates for some semilinear damped hyperbolic problems[J]. Archive rational mechanics & analysis, 1988, 100(2): 191-206.

[35] KOPACKOVA M. Remarks on bounded solutions of a semilinear dissipative hyperbolic equation [J]. Commentationes mathematicae universitatis Carolinae, 1989, 30 (4): 713-719.

[36] BALL J M. Remarks on blow up and nonexistence theorems for nonlinear evolution equations[J]. Quarterly journal of mathematics, 1977, 28(112): 473-486.

[37] KALANTAROV V K, LADYZHENSKAYA O A. The occurrence of collapse for quasilinear equations of parabolic and hyperbolic type[J]. Journal of Soviet mathematics, 1978, 10(1): 53-70.

[38] LEVINE H A. Instability and nonexistence of global solutions to nonlinear wave equations of the form[J]. Transactions of the American mathematical society, 1974, 192: 1-21.

[39] LEVINE H A. Some additional remarks on the nonexistence of global solutions to nonlinear wave equations [J]. Siam journal on mathematical analysis, 1974, 5 (1): 138-146.

[40] GEORGIEV V, TODOROVA G. Existence of a solution of the wave equation with nonlinear damping and source term[J]. Journal of differential equations, 1994, 109 (2): 295-308.

[41] MESSAOUDI S A. Blow up in a nonlinearly damped wave equation[J]. Mathematische nachrichten, 2015, 231(1): 105-111.

[42] LEVINE H A, SANG R P, SERRIN J. Global existence and global nonexistence of solutions of the Cauchy problem for a nonlinearly damped wave equation[J]. Journal of mathematical analysis & applications, 1998, 228(1): 181-205.

[43] LEVINE H A, SERRIN J. Global nonexistence theorems for quasilinear evolution equation with dissipation[J]. Archive for rational mechanics & analysis, 1997, 137(4): 341-361.

[44] MESSAOUDI S A, HOUARI B S. Blow up of solutions of a class of wave equations with nonlinear damping and source terms[J]. Mathematical methods in the applied sciences, 2004, 27(14): 1687-1696.

[45] VITILLARO E. Global nonexistence theorems for a class of evolution equations with dissipation[J]. Archive rational mechanics & analysis, 1999, 149(2): 155-182.

[46] CHOW P L. Stochastic wave equations with polynomial nonlinearity[J]. Annals of applied probability, 2002, 12(1): 361-381.

[47] CHOW P L. Nonlinear stochastic wave equations: blow-up of second moments in L^2-norm[J]. Annals of applied probability, 2009, 19(6): 2039-2046.

[48] BO L, TANG D, WANG Y. Explosive solutions of stochastic wave equations with damping on Rd[J]. Journal of differential equations, 2008, 244(1): 170-187.

[49] CRAUEL H, DEBUSSCHE A, FLANDOLI F. Random attractors[J]. Journal of dynamics & differential equations, 1997, 9(2): 307-341.

[50] CHOW P L. Asymptotics of solutions to semilinear stochastic wave equations[J]. Annals of applied probability, 2006, 16(2): 757-789.

[51] BRZEŹNIAK Z, ONDREJÁT M. Strong solutions to stochastic wave equations with values in Riemannian manifolds[J]. Journal of function analysis, 2007, 253(2): 449-481.

[52] CARMONA R, NUALART D. Random non-linear wave equation: smoothness of solutions[J]. Probability theory & related fields, 1988, 79(4): 469-508.

[53] CHOW P L. Asymptotic solutions of a nonlinear stochastic beam equation[J]. Discrete and continuous dynamical systems, series B, 2012, 6(4): 735-749.

[54] DALANG R C, FRANGOS N E. The stochastic wave equation in two spatial dimensions[J]. Annals of probability, 1998, 26(1): 187-212.

[55] FUNAKI T. A stochastic partial differential equation with values in a manifold[J]. Journal of functional analysis, 1992(109): 257-288.

[56] MILLET A, MORIEN P L. On a nonlinear stochastic wave equation in the plane: existence and uniqueness of the solution[J]. Annals of applied probability, 2001, 11(3): 922-951.

[57] PESZAT S. The Cauchy problem for a nonlinear stochastic wave equation in any dimension[J]. Journal of evolution equation, 2002, 2(3): 383-394.

[58] PESZAT S, ZABCZYK J. Stochastic evolution equations with a spatially homogeneous Wiener process[J]. Stochastic process & their application, 1997, 72(2): 187-204.

[59] PARDOUXÉ. BSDEs, Weak Convergence and Homogenization of Semilinear PDEs [M]. Berlin: Springer Netherlands, 1999.

[60] BARBU V, PRATO G D, TUBARO L. Stochastic wave equations with dissipative Damping[J]. Stochastic process & their applications, 2007, 117(8): 1001-1013.

[61] KIM J U. On the stochastic wave equation with nonlinear damping[J]. Applied mathematics & optimization, 2008, 58(1): 29-67.

[62] WOINOWSKY-KRIEGER S. The effect of an axial force on the vibration of hinged Bars[J]. Journal of applied mechanics transactions of the ASME, 1950, 17(1): 35-36.

[63] DICKEY R W. Free vibrations and dynamic buckling of the extensible beam[J]. Journal of mathematical analysis & applications, 1970, 29(2): 443-454.

[64] CHUESHOV I D. Introduction to the Theory of Infinite-Dimensional Dissipative Systems[M]. Kharkiv: University Lectures in Contemporary Mathematics, 1999.

[65] EISLEY J G. Nonlinear vibration of beams and rectangular plates[J]. Zeitschrift für angewandte mathematik und physik zamp, 1964, 15(2): 167-175.

[66] HOLMES P, MARSDEN J. A partial differential equation with infinitely many periodic orbits: chaotic oscillations of a forced beam[J]. Archive for rational mechanics & analysis, 1981, 76(2): 135-165.

[67] REISS E L, MATKOWSKY B J. Nonlinear dynamic buckling of a compressed elastic column[J]. Quarterly of applied mathematics, 1971, 29(2): 245-260.

[68] FITZGIBBON W E. Global existence and boundedness of solutions to the extensible beam equation[J]. Siam journal on mathematical analysis, 2012, 13(5): 739-745.

[69] SORAYA L, NASSER-EDDINE T. Blow-up of solutions for a nonlinear beam equation with fractional feedback[J]. Nonlinear analysis theory methods & applications, 2011, 74(4): 1402-1409.

[70] UNAI A. Abstract nonlinear beam equations[J]. Sut journal of mathematics, 1993, 29 (2): 323-336.

[71] VASCONCELLOS C F, TEIXEIRA L M. Existence, uniqueness and stabilization for a nonlinear plate system with nonlinear damping[J]. Annales de la faculté des sciences de toulouse, 1999, 8(6): 173-193.

[72] PATCHEU S K. On a global solution and asymptotic behaviour for the generalized damped extensible beam equation[J]. Journal of differential equations, 1997, 135(2):

229-314.

[73] CHOW P L, MENALDI J L. Stochastic PDE for nonlinear vibration of elastic Panels [J]. Differential & integral equations, 1999, 12(3): 419-434.

[74] BRZEŹNIAK Z, MASLOWSKI B, SEIDLER J. Stochastic nonlinear beam equations [J]. Probability theory & related fields, 2005, 132(1): 119-149.

[75] PESZAT S, ZABCZYK J. Stochastic heat and wave equations driven by an impulsive noise [J]. Stochastic partial differential equations and applications, 2006, 245: 229-242.

[76] PESZAT S, ZABCZYK J. Stochastic Partial Differential Equations with Lévy Noise: An Evolution Equation Approach [M]. Cambridge: Cambridge University Press, 2010.

[77] GYÖNGY I, KRYLOV N V. On stochastics equations with respect to semimartingales ii. itô formula in banach spaces[J]. Stochastics, 1980, 4(3-4): 1-21.

[78] GYÖNGY I. On stochastic equations with respect to semimartingale Ⅲ [J]. Stochastics, 1982, 7(4): 231-254.

[79] BO L J, SHI K H, WANG Y J. On a stochastic wave equation driven by a non-Gaussian Lévy process[J]. Journal of theoretical probability, 2009, 23(1): 328-343.

[80] BRZEŹNIAK Z, ZHU J H. Stochastic nonlinear beam equations driven by compensated Poisson random measures[J]. Mathematics, 2010, 11(24): arXiv: 1011. 5377v1.

[81] LI M R, TSAI L Y. Existence and nonexistence of global solutions of some systems of semilinear wave equations[J]. Nonlinear analysis, 2003, 54: 1397-1415.

[82] FRIEDMAN A, TEICHMANN T. Generalized functions and partial differential equations[J]. Prentice-Hall, 1963, 16(9): 78-80.

[83] ADAMS R A. Sobolev Space[M]. 2nd ed. New York: CRC Press, 1975.

[84] TEMAM R. Infinite-Dimensional Dynamical Systems in Mechanics and Physics[M]. 2nd ed. New York: Springer -Verlag, 1997.

[85] ZEIDLER E. Nonlinear Functional Analysis and Its Applications Ⅱ/B: Nonlinear Monotone Operators[M]. New York: Springer, 1997.

[86] CHOW P L. Stochastic Partial Differential Equations [M]. 2nd ed. London: CRC Press, 2007.

[87] BOGACHEV V I, RÖCKNER M, WANG F Y. Elliptic equations for invariant measures on finite and infinite dimensional manifolds[J]. Journal de mathématiques pures et appliquées, 2001, 80(2): 177-221.

[88] SFORZA D, CANNARSA P. An Existence Result for Semilinear Equations in Viscoelasticity: the Case of Regular Kernels[M]. Singapore: World Scientic Publishing, 2002.

[89] CANNARSA P,SFORZA D. An existence result for semilinear equations in visco elasticity:the case of regular kernels[J]. Mathematical models and methods for smart materials,series on advances in mathematics for applied sciences,2002,62:343-354.

[90] CHOW P L. Stochastic Partial Dierential Equations[M]. Florida:Chapman & Hall/CRC,2014.

[91] FILIPOVIĆ D. Consistency Problems for Heath-Jarrow-Morton Interest Rate Models [M]. Berlin:Springer Berlin Heidelberg,2001.

[92] APPLEBY J A D,FABRIZIO M,LAZZARI B,et al. On exponential asymptotic stability in linear viscoelasticity[J]. Mathematical models & methods in applied sciences,2008,16(10):1677-1694.

[93] CAVALCANTI M, OQUENDO H. Frictional versus viscoelastic damping in a semilinear wave equation[J]. Siam journal on control & optimization,2003,42(4): 1310-1324.

[94] DAFERMOS C M. An abstract Volterra equation with application to linear visco elasticity[J]. Journal of differential equations,1970,7(2):554-589.

[95] RIVERA J E M,NASO M G,VEGNI F M. Asymptotic behavior of the energy for a class of weakly dissipative second-order systems with memory[J]. Journal of mathematical analysis & applications,2003,286(2):692-704.

[96] MESSAOUDI S A. Blow up and global existence in a nonlinear viscoelastic wave equation[J]. Mathematicsche nachrichten,2003,260(1):58-66.

[97] MESSAOUDI S A. Blow up of positive-initial-energy solutions of a nonlinear visco elastic hyperbolic equation[J]. Journal of mathematical analysis & application,2006, 320(2):902-915.

[98] PARK J Y,KANG J R. Global existence and uniform decay for a nonlinear viscoelastic equation with damping[J]. Nonlinear analysis,2009,70(9):3090-3098.

[99] RIVERA J E M. Asymptotic behaviour in linear viscoelasticity[J]. Quarterly of applied mathematics,1994,52(4):629-648.

[100] SANTOS M L,ROCHA M P C,BRAGA P L O. Global solvability and asymptotic behavior for a nonlinear coupled system of viscoelastic waves with memory in a noncylindrical domain[J]. Journal of mathematical analysis and applications,2007,325 (2):1077-1094.

[101] SONG H T,ZHONG C K. Blow-up of solutions of a nonlinear viscoelastic wave equation[J]. Nonlinear analysis real world application,2010,111(1):1-6.

[102] WANG Y J. A global nonexistence theorem for viscoelastic equations with arbitrarily positive initial energy[J]. Applied mathematics letters,2009,22(9):1394-1400.

[103] WU S T. Blow-up of solutions for an integro-differential equation with a nonlinear source[J]. Electronic journal of differential equations,2006(45):1-9.

[104] PAZY A. Semigroups of Linear Operators and Applications to Partial Differential Equations[M]. New York:Springer-Verlag,1983.

[105] GAO H J,LIANG F,GUO B L. Stochastic wave equations with nonlinear damping and source terms[J]. Infinite dimensional analysis quantum probability & related to topics,2013,16(2):1-6.

[106] LIONS J L. Quelques Méthodes De Résolution Des Problémes Aux Limites Non Linéaires[M]. Paris:Gauthier-Villars,1969.

[107] APPLEBY J A D,FABRIZIO M,LAZZARI B,et al. On exponential asymptotic stability in linear viscoelasticity[J]. Mathematical models & methods in applied sciences,2006,16(10):1677-1694.

[108] MNOZ RIVERA J E,PERLA MENZALA G. Decay rates of solutions to a von Krmn system for viscoelastic plates with memory[J]. Quarterly applied mathematics,1997,57(1):181-200.

[109] FAMINSKII A V. Cauchy problem for the Korteweg-de Vries equation in the case of a nonsmooth unbounded initial function[J]. Mathematical notes,2008,83(1-2):107-115.

[110] CAZENAVE T,HARAUX A. An Introduction to Semilinear Evolution Equations [M]. Oxford:Clarendon Press,1998.

[111] LEVINE H A,PARK S R. Global existence and global nonexistence of solutions of the Cauchy problem for a nonlinearly damped wave equation[J]. Journal of mathematical analysis & applications,1998,228(1):181-205.

[112] VITILLARO E. Global nonexistence theorems for a class of evolution equations with dissipation[J]. Archive rational mechanics & analysis,1999,149(2):155-182.

[113] YANG Z J. Existence and asymptotic behavior of solutions for a class of quasilinear evolution equations with non-linear damping and source terms[J]. Mathematical methods applied sciences,2002,25(25):795-814.

[114] LIANG F,GAO H J. Global existence and explosive solution for stochastic viscoelastic wave equation with nonlinear damping[J]. Reviews in mathematical physics,2014,26(7):1-35.

[115] WU S T,TSAI L Y. Blow-up of solutions for some nonlinear wave equations of Kirchho type with some dissipation[J]. Nonlinear analysis theory methods & applications,2006,65(2):243-264.

[116] GEORGIEV V,TODOROVA G. Existence of a solution of the wave equation with

nonlinear damping and source term[J]. Journal of differential equations, 1994, 109 (2): 295-308.

[117] BO L J, TANG D, WANG Y G. Explosive solutions of stochastic wave equations with damping on $\mathbf{R}^d$[J]. Journal of differential equations, 2008, 244(1): 170-187.

[118] CHOW P L. Nonlinear stochastic wave equations: Blow-up of second moments in L^2-norm[J]. Annals of applied probability, 2009, 19(6): 2039-2046.

[119] CHOW P L. Nonexistence of global solutions to nonlinear stochastic wave equations in mean L^p-norm[J]. Stochastic analysis & applications, 2012, 30(3): 543-551.

[120] PARDOUX E. Equations auxderivées partiel less to chastiques nonlinearies monotones[D]. Paris: Université Paris, 1975.

[121] BARBU V, PRATO G D, TUBARO L. Stochastic wave equations with dissipative damping[J]. Stochastic processes & their applications, 2007, 117(8): 1001-1013.

[122] GAO H J, LIANG F, GUO B L. Stochastic wave equations with nonlinear damping and source terms[J]. Infinite dimensional analysis quantum probability & related topics, 2013, 16(2): 1-24.

[123] TANIGUCHI T. Explosion of solutions to nonlinear stochastic wave equations with multiplicative noise[J]. Nonlinear analysis theory methods & applications, 2015, 117: 47-64.

[124] CARMONA R, NUALART D. Random non-linear wave equation: smoothness of solutions[J]. Probability theory & related fields, 1988, 79(4): 469-508.

[125] MILLET A. On a nonlinear stochastic wave equation in the plane: existence and uniqueness of the solution[J]. Slavonic & East European review, 2008, 45(116): 339-354.

[126] CHEN S L, GUO Y T, TANG Y B. Stochastic viscoelastic wave equations with nonlinear damping and source terms[J]. Journal of applied mathematics, 2014(2): 1-15.

[127] PRATO G D, ZABCZYK J. Stochastic Equations in Infinite Dimensions[M]. Cambridge: Cambridge University Press, 1992.

[128] DANCHIN R. The inviscid limit for density-dependent incompressible fluids[J]. Annales de la faculté des sciences de toulouse, 2006, 4(4): 637-688.

[129] APPLEBAUM D. Lévy Process and Stochastic Calculus[M]. 2nd ed. Cambridge: Cambridge University Press, 2009.

[130] BARBU V, PRATO G D. The stochastic nonlinear damped wave equation[J]. Applied mathematics & optimization, 2002, 46(2-3): 125-141.

[131] BO L J, SHI K H, WANG Y J. On a stochastic wave equation driven by a non-Gaussian Lévy process[J]. Journal of theoretical probability, 2009, 23(1): 328-343.

[132] BRZEŹNIAK Z,MASLOWSKI B,SEIDLER J. Stochastic nonlinear beam equations [J]. Probability theory and related fields,2005,132(1):119-149.

[133] BRZEŹNIAK Z,ZHU J H. Stochastic nonlinear beam equations driven by compensated Poisson random measures[J]. Mathematics,2010,11:1-56.

[134] CARABALLO T,KLOEDEN P E,SCHMALFU B. Exponentially stable stationary solutions for stochastic evolution equations and their perturbation[J]. Applied mathematics & optimization,2004,50(23):183-207.

[135] CAVALCANTI M M,DOMINGOS CAVALCANTI V A,SORIANO J A. Global existence and asymptotic stability for the nonlinear and generalized damped extensible plate equation[J]. Communications in contemporary mathematics,2004,6(5):705-731.

[136] CHOW P L. Nonlinear stochastic wave equations:blow-up of second moments in L^2-norm[J]. Annals of applied probability,2009,19(6):2039-2045.

[137] CHOW P L,MENALDI J L. Stochastic PDE for nonlinear vibration of elastic panels [J]. Differential & integral equations,1999,12(3):419-434.

[138] ALBEVERIO S,MAZZUCCHI S. A unified approach to infinite-dimensional integration[J]. Reviews in mathematical physics,2016,28(2):163-194.

[139] FILIPOVIĆ D,TEICHMANN J. Existence of invariant manifolds for stochastic equations in infinite dimensions[J]. Journal of functional analysis,2003,197(2):398-432.

[140] FITZGIBBON W E. Global existence and boundedness of solutions to the extensible beam equation[J]. Siam journal on mathematical analysis,1982,13(5):739-745.

[141] HOLMES P,MARSDEN J. A partial differential equation with infinitely many periodic orbits:chaotic oscillations of a forced beam[J]. Archive for rational mechanics & analysis,1981,76(2):135-165.

[142] IKEDA N,WATANABE S. Stochastic Differential Equations and Diffusion Processes[M]. 2nd ed. Amsterdam:North Holland Mathcmnticnl Library,1981.

[143] LIANG F. Explosive solutions of stochastic nonlinear beam equations with damping [J]. Journal of mathematical analysis & applications,2014,419(2):849-869.

[144] PESZAT S,ZABCZYK J. Stochastic Heat and Wave Equations Driven by an Impulsive Noise[M]. Boca Raton:Chapman Hall,2006.

[145] PESZAT S,ZABCZYK J. Stochastic Partial Diferential Equations With Lévy Noise [M]. Cambridge:Cambridge University Press,2007.

[146] REISS E L,MATKOWSKY B J. Nonlinear dynamic buckling of a compressed elastic column[J]. Quarterly of applied mathematics,1971,29(2):245-260.

[147] SATO K. Lévy Process and Infinitely Divisible Distributions[M]. Cambridge:Cambridge University Press,1999.

[148] LABIDIA S, TATARB N E. Blow-up of solutions for a nonlinear beam equation with fractional feedback[J]. Nonlinear analysis,2011,74(4):1402-1409.

[149] TEMAM R. I nfinite-Dimensional Dynamical Systems in Mechanics and Physics [M]. 2nd ed. New York:Springer,1997.

[150] VASCONCELLOS C F,TEIXEIRA L M. Existence,uniqueness and stabilization for a nonlinear plate system with nonlinear damping[J]. Annales de la faculte sciences de doulouse,1999,8(1):173-193.

[151] WOINOWSKY-KRIEGER S. The effect of an axial force on the vibration of hinged bars[J]. Journal of applied mechanics transactions of the ASME,1950,17(1):35-36.

[152] MARINELLI C,QUER-SARDANYONS L. Existence of weak solutions for a class of semilinear stochastic wave equations[J]. Siam journal on mathematical analysis, 2012,44(2):906-925.

[153] BARBU V,RÖCKNER M. The finite speed of propagation for solutions to nonlinear stochastic wave equations driven by multiplicative noise[J]. Journal of differential equations,2013,255(3):560-571.

[154] LIANG F,GUO Z H. Asymptotic behavior for second order stochastic evolution equations with memory[J]. Journal of mathematical analysis & applications,2014, 419(2):1333-1350.

[155] LIANG F,GUO H J. Stochastic nonlinear wave equation with memory driven by compensated Poisson random measures[J]. Journal of mathematical physics,2014, 55(3):554-589.

[156] REED M,SIMON B. Methods of Modern Mathematical Physics Ⅱ[M]. New York: Academic Press,1975.

[157] TARTAR L. Topics in Nonlinear Analysis[M]. Orsay:Birkhauser Verlag,1978.

[158] ONDREJÁT M. Uniqueness for stochastic evolution equations in Banach space[J]. Dissertationes Mathematicae,2004(426):1-63.

[159] ONDREJÁT M. Brownian representation of cylindrical local martingales,martingale problem and strong Markov property of weak solutions of SPDEs in Banach space [J]. Czechoslovak mathematical journal,2005,55(4):1003-1039.

[160] RIVERA J E M,SALVATIERRA A P. Asymptotic behaviour of the energy in partially viscoelastic materials[J]. Quarterly of applied mathematics, 2001, 59(3): 557-578.

[161] KOMORNIK V,ZUAZUA E. A direct method for the boundary stabilization of the

wave equation[J]. Journal de mathématiques pures et appliquées, 1990, 60(1): 33-54.

[162] ALABAU-BOUSSOUIRA F, CANNARSA P, SFORZA D. Decay estimates for second order evolution equations with memory[J]. Journal of functional analysis, 2008, 254(5): 1342-1372.

[163] CAVALCANTI M M, CAVALCANTI V N D, FIHO J S P, et al. Existence and uniform decay rates for viscoelastic problems with nonlocal boundary damping[J]. Differential & integral equations, 2001, 14(1): 85-116.

[164] ONO K. On global existence, asymptotic stability and blowing up of solutions for some degenerate non-linear wave equations of Kirchhoff type with a strong dissipation[J]. Mathematical methods in the applied sciences, 1997, 20(2): 151-177.

[165] GAO H J, LIANG F. On the stochastic beam equation driven by a Non-Gaussian Lévy process[J]. Discrete continuous dynamical systems, series B, 2014, 19(4): 1027-1045.

[166] PRITCHARD A J, ZABCZYK J. Stability and stabilizability of infinite dimensional systems[J]. Siam review, 2012, 23(1): 25-52.

[167] FABRIZIO M, GENTILI G, REYNOLDS D W. On rigid linear heat conduction with memory[J]. International journal of engineer science, 1998, 36(10): 765-782.

[168] GIORGI C, GENTILI G. Thermodynamic properties and stability for the heat flux equation with linear memory[J]. Quarterly of applied mathematics, 1993, 51(2): 343-362.

[169] LEUGERING G. Time optimal boundary controllability of a simple linear viscoelastic fluid[J]. Mathematical methods in the applied sciences, 1987, 9(1): 413-430.

[170] DING H S, LIANG J, XIAO J. Pseudo almost periodic solutions to integro-differential equations of heat conduction in materials with memory[J]. Nonlinear analysis real world applications, 2012, 13(6): 2659-2670.

[171] RÖCKNER M, ZHANG T. Stochastic evolution equations of jump type: existence, uniqueness and large deviation principles[J]. Potential analysis, 2007, 26(3): 255-279.

[172] DONG Z, XU T. One-dimensional stochastic Burgers equation driven Lévy processes [J]. Journal of function analysis, 2007, 243(2): 631-678.

[173] JIANG Y M, WANG X C, WANG Y J. Stochastic wave equations of jump type: existence, uniqueness and invariant measures[J]. Nonlinear analysis: theory, methods & applications, 2012, 75(13): 5123-5138.

[174] RÜDIGER B, ZIGLIO G. Itô formula for stochastic integral w. r. t. compensated

Poisson random measures on separable Banach spaces[J]. Stochastics,20
377-410.

[175] TUBARO L. On abstract stochastic differential equation in Hilbert spaces with d
sipative drift[J]. Stochastic analysis & applications,1983,1(2):205-214.

[176] TUBARO L. An estimate of Burkholder type for stochastic processes defined by the stochastic integral[J]. Stochastic analysis & applications,1984,2(2):187-192.

[177] BRZEŹNIAK Z,GATAREK D. Martingale solutions and invariant measures for stochastic evolution equations in Banach spaces[J]. Stochastic processes & their applications,1999,84(2):187-225.

[178] RÜDIGER B. Stochastic integration with respect to compensated Poisson random measures on separable Banach spaces[J]. Stochastics,2004,76(3):213-242.

[179] BRZEŹNIAK Z,HAUSENBLAS E. Maximal regularity for stochastic convolutions driven by Lévy processes[J]. Probability theory & related fields,2009,145(3-4):615-637.

[180] MÉTIVIER M. Semimartingales:A Course on Stochastic Processes[M]. Berlin:De Gruyter,1982.

[illegible] 12: 420.
[illegible]
[illegible]
[illegible]
[illegible]
[illegible]